KB271841

차근차근 배워서 손에 익히는
요리의 모든 것

# 요리
# 자신있습니다!

음식 메뉴도 정하고 재료 준비도 다 했는데 막상 주방에 들어서니 막막하기만 하다. 무엇부터
시작해야 할지. 재료는 어떻게 다듬어야 할지, 조리 기구는 어떤 것을 써야 할지, 조려야 할지,
볶아야 할지… 음식 만들기가 손에 익지 않은 경우 당황하게 된다. 이럴 때 '이 책이 곁에 있으면
안심. 음식 만들기 전의 기본 레슨' 편을 꼭 읽어보고 시작하자. 처음에는 재료의 분량
익히기에서부터 간 맞추기, 계량스푼 사용법 등을 정확하게 파악한다.
흔히 1큰술과 1작은술의 비교를 몰라 문의하는 분들이 많다. 또한 계량스푼을 구입하기는 했는데
요리책에 적혀 있는 1큰술, 1작은술과 어떻게 다른지 그것도 판단이 서지 않는다고 한다. 알고
보면 아주 간단한 것을 깨닫게 될 것이다.

이제부터 정확하게 알자. 그리고 모든 음식 만들기에 적용하자. 음식 만들기는 책에 지시한 대로
순서를 밟아 만들면 되지만 분량의 기본을 모르고 시작하면 만들다가 막히게 된다.
손에 익을 때까지 기초 레슨을 거듭 연습하자. 그런 다음 조리별 기초 테크닉을 익히고 기본
메뉴를 만들어 본다. 기본 메뉴는 모두 일상적으로 자주 만들어 먹는 음식이므로 만드는 법을
마스터해 놓으면 응용해서 다른 음식도 만들 수 있는 능력이 생긴다. 특히 초보자를 위해 각
요리마다 조리의 포인트를 달아 이해에 도움이 되도록 한 점도 이 책의 특징이다.
기본 메뉴의 재료 분량은 4인분을 기준으로 했고 음식마다 열량 계산을 하여 가족 건강 체크에
도움이 되게 했다. 또 조리시간을 알려주어 시간 가늠을 할 수 있게 했는데,
한나절 이상 준비해야 하는 밑 손질 시간은 제외, 직접 조리대에서 다듬어 끓이고 찌고 볶는
시간만 따져서 계산했다.

이 책은 독자들의 간곡한 요청에 의해 만들어졌으며 특히 요리 초보자들을 위해 만들어진 책이다.
요리를 처음 만드는 분이나 요리 만들기에 아직 길들여지지 않은 분들에게 많은 도움이 될 것이다.

# 01
# 조리별 기본
# 테크닉&기본요리

# 과일주 · 과일차 &
# TPO별 와인 선택하기

# 02
# 야채요리의 기초 & 기본 요리

## 응용요리



# 07

## 간식·도시락 싸기 기초 & 기본 메뉴



**책속 부록**

# 요리하다 막혔을 때 속 시원히 알려드려요

# *요리 계량의 법칙

요리책에 나와 있는 1큰술, 1컵의 정확한 양은 얼만큼일까. 기초에 강해야 선수가 될 수 있는 법.
요리의 첫걸음, 계량의 기초에 대해 알아보자.

## 계량스푼 →

- **구성** 스테인리스 스틸이나 플라스틱 소재로 큰술은 테이블스푼(1Ts), 작은술은 티스푼(1ts)로 나타낸다.
- **단위** 계량스푼에 계량 단위가 적혀 있다. 1큰술은 15cc, 1작은술은 5cc이다.
- **계량법** 고춧가루나 설탕 등 가루를 잴 때는 계량스푼에 재료를 듬뿍 얹은 뒤 윗면을 젓가락 등으로 반듯하게 깎는다. 간장, 참기름 등의 액체는 가득 차게 잰다.

## → 계량컵

- **구성** 보통 1컵, 1/2컵, 1/3컵, 1/4컵으로 네 가지 용량의 컵이 한 세트로 구성되어 있거나 투명한 컵에 눈금이 표시되어 있다. 1/4컵 이하 양은 계량스푼을 쓴다.
- **단위** 단위는 cc나 ㎖를 쓰는데 나라에 따라 계량컵 용량의 차이가 있다. 미국식 계량컵은 1컵이 240cc, 우리나라와 일본은 200cc, 유럽은 245cc이다. 따라서 요리책 볼 때 1컵의 용량을 꼭 확인한다.
- **계량법** 재료가 덩어리지거나 계량컵에 물기가 있는지 확인후 잰다.

## ← 계량저울

- **계량법** 눈금저울을 사용할 때는 바늘 눈금이 0인 것을 확인한 후 저울 접시 중앙에 재료를 놓고 재야 한다. 눈금을 읽을 때는 눈높이를 맞춘 후 읽어야 정확하다. 그릇에 재료를 담아서 잴 경우라면 먼저 그릇만 올려 저울 눈금을 0에 맞춘 후에 잰다.

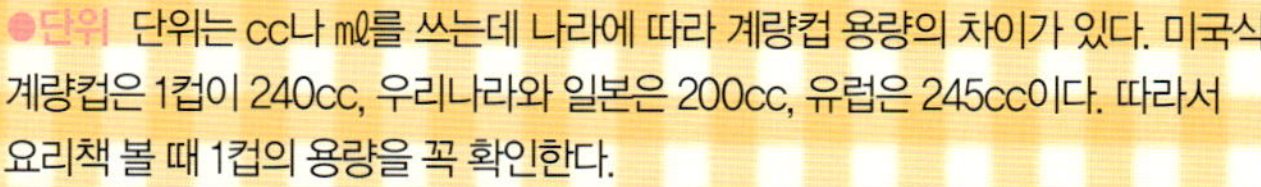

# * 눈 대중 손 대중 어림짐작 계량법

## 계량컵이 없을 때

200ml 1컵은

**200㎖ 우유팩**
접히는 부분에서 1cm
내려오는 부분까지
담으면 1컵

**그린 자이언트 옥수수캔**
작은 것은 용량이 200㎖
이므로 1cm 내려오는
부분까지 재면 1컵

**떠먹는 요구르트**
뚜껑 부분에서
1cm 내려온 부분이
1/2컵

## 계량스푼이 없을 때

**가루**

**액체**

※밀도가 다르므로 1작은술은 액체를 잴 때는 5cc, 가루일 경우 7.5g으로 조금 차이가 난다.

계량스푼 1큰술(15g) = 밥숟가락에 수북이 담은 정도

계량스푼 1큰술(15cc) = 밥숟가락 가득

계량스푼 1작은술(7.5g) = 밥숟가락의 가장자리가 차지 않도록 느슨하게 담은 정도

계량스푼 1작은술(5cc) = 찻숟가락 가득

## 계량저울이 없을 때

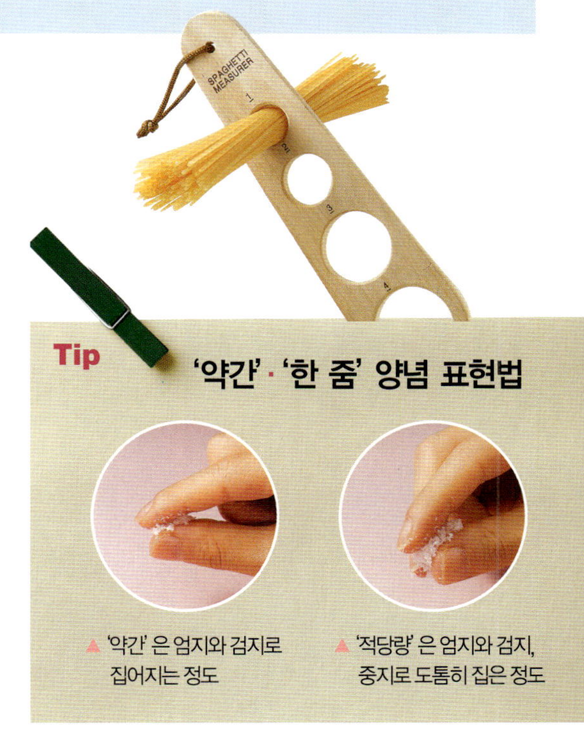

# 요리 솜씨 업그레이드 하는 칼 사용법

주방 칼을 제대로 사용하면 조리 시간도 줄고 일의 효율성도 높아진다.
주방에서 사용하는 칼의 종류와 사용법, 관리법까지….
초보 주부를 위한 칼쓰기 레슨을 시작한다.

## 주방 칼의 종류

**다용도 칼_** 야채, 육류, 어류 등 모든 요리에 사용할 수 있는 만능 칼. 야채 채썰기는 칼끝, 일반 사용은 중간, 육류나 생선을 자를 때는 칼밑을 사용한다.

**야채 썰기 칼_** 칼등이 가늘고 폭이 좁으며 야채 썰기, 무 채 등 갖은 채썰기에 적합하다. 가는 채는 칼끝, 굵은 채는 칼 중앙을 사용한다.

**과도_** 과일 껍질을 벗기거나 간단한 요리에 사용되는 칼. 닭이나 육류의 뼈를 발라낼 때에도 사용하면 편리하다.

## 올바른 칼 선택법

칼날이 인체에 해가 없는 무독성 재질인지 확인한 뒤 손잡이를 고정하는 못이 니켈 실버로 되어 있는지 체크한다. 손잡이가 편안하게 잡히고 칼끝을 손으로 잡았을 때 무게감이 느껴지는 것이 좋은 칼이다.

# 관리법만 제대로 알면 수명이 늘어난다
# 칼 오래 쓰는 법

## → 사후 관리가 칼의 수명을 좌우한다

칼날은 산에 약하므로 레몬이나 김치, 야채 등을 썬 다음에는 미지근한 물에 씻어 마른행주로 물기를 완전히
닦아낸다. 특히 플라스틱 손잡이 칼은 화기가 닿지 않도록 보관해야 하며 플라스틱 도마 대신 나무 도마를 사
용해야 칼날이 상하지 않는다.

## ↓ 안전하게 보관하고 자주 갈아 줘야 오래 쓴다

좋은 칼도 오래 되면 이가 무뎌지거나 빠지기 마련. 칼날에 식용유를 발라 두면 오래 쓸 수 있다고들 하지만
기름을 발라 두면 오히려 얼룩이 남아 지저분해지고 칼날이 상하게 된다. 녹이 생기면 금속 세척제로 깨끗하
게 닦아내고, 칼날을 자주 갈아 줘야 사용 시 힘이 덜 든다.

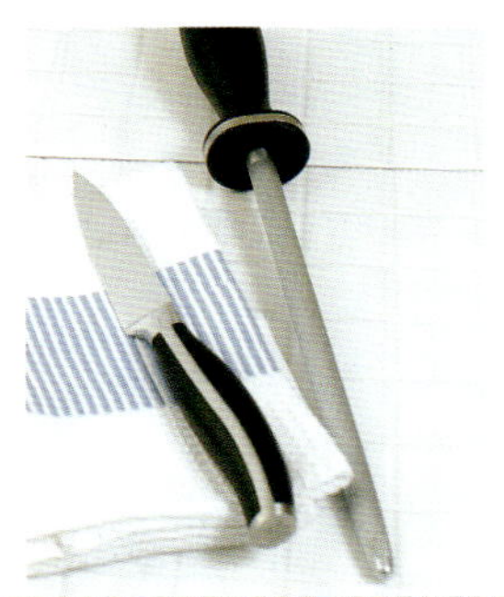

# 알고 쓰면 더 실용적이다 칼의 부위별 사용법

### 칼끝

칼등에 집게손가락을 얹고 고기의 살과 뼈를 가르거나 생선포를 뜰 때, 야채의 꼭지를 딸 때 사용한다.

### 칼등 중간

칼을 거꾸로 쥐고 우엉 껍질을 벗길 때, 고기를 연하게 하거나 생선 비늘을 긁어내는 데 사용한다.

### 칼등 끝 부분

칼등에 가까운 부분을 네 손가락으로 쥐고 야채 껍질을 누르면서 벗길 때 사용한다.

### 칼 중앙

한손으로 주방 칼을 들고 다른 손가락은 ㄱ자로 굽혀 재료 위에 살짝 얹어 일정한 간격을 유지하면서 야채를 채썰 때 사용한다.

### 칼 배

두부나 새우를 으깰 때 사용하는 부위. 칼을 비스듬히 눕혀 한손은 손잡이를 쥐고 다른 손의 검지와 약지를 칼 배 위에 올려 가볍게 눌러 준다.

### 칼 밑동

가운데 손가락, 넷째 손가락, 새끼손가락으로 칼자루를 쥐고 감자 싹을 도려낸다.

부엌에 갖춰야 할

# 기본 조리도구

같은 재료라도 어디에 어떻게 요리하느냐에 따라 맛이 달라진다. 편리한 조리도구를 사용해 모양새도 살리면서 선수처럼 요리해 보자.

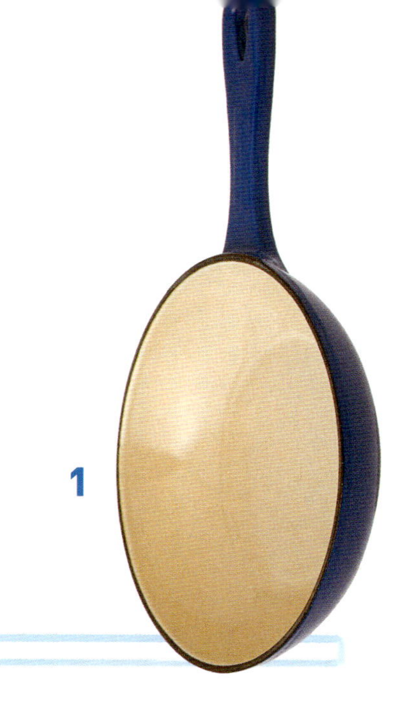

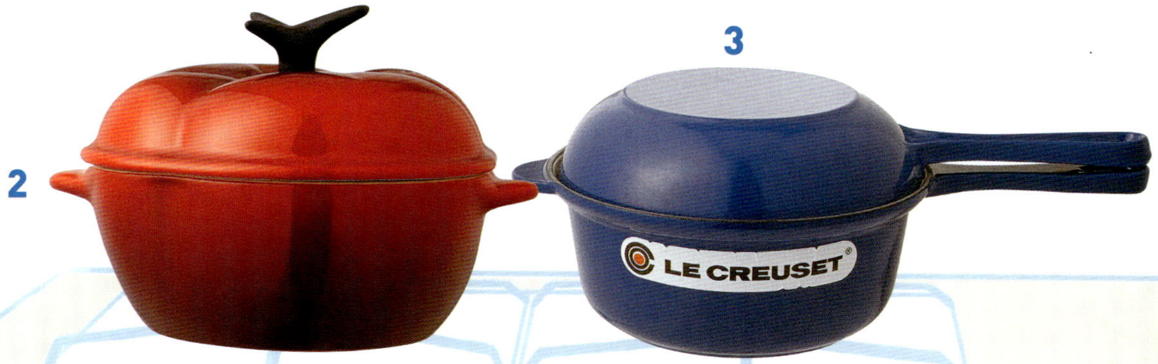


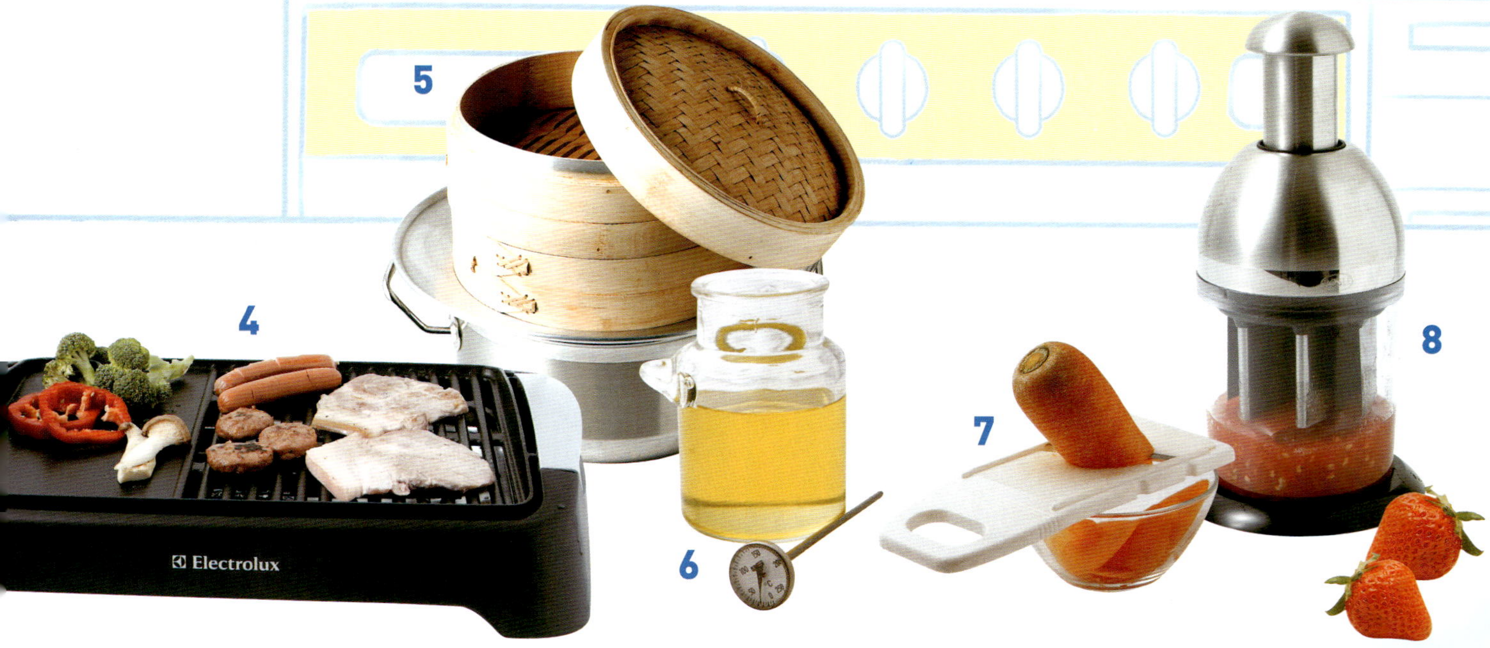

# 추천 조리도구

❶&❸ 냄비는 냄비대로, 뚜껑은 프라이팬으로 변신하는 무쇠 주물 냄비. 르쿠르제

❷ 토마토 모양으로 디자인된 냄비. 열전도율이 뛰어나다. 르쿠르제

❹ 고기와 야채를 따로 구울 수 있는 그릴. 일렉트로룩스

❺ 찜기 위에 얹어서 사용하는 '김올라'. 냄비와 사이즈가 맞지 않는 대나무 찜기를
올려 두면 편리하다. 열기를 한곳으로 모아줘 더욱 맛있게 조리된다. 엠쿠킹

❻ 냄비나 프라이팬에 튀김 요리를 할 때 유용한 기름 온도계. 살짝 담그기만 해도 온도를
정확하게 알 수 있어 편리하다. 이마트

❼ 채칼은 모든 요리를 간편하게 해준다. 야채나 과일 등 무엇이든 척척 썰어 주는 만능 조리도구.

❽ 마늘, 양파, 토마토 등을 손쉽게 다질 수 있는 차퍼. 레슬레

❾ 튀김기만 있으면 명절 때 수고가 반으로 줄어든다. 정확한 튀김 온도 조절로 바삭한
튀김을 맛볼 수 있다. 프리텔 튀김기 엠쿠킹

❿ 갈기, 썰기, 섞기, 다지기, 채썰기 등의 기능이 모두 있는 다용도 믹서기. 생과일주스는
물론이고, 단단한 과일이나 채소도 보기 좋게 잘린다. 매지믹스

⓫ 찜요리, 튀김요리 등이 가능한 다용도 냄비. 샐러드마스터

⓬ 쿠키에서 스테이크 요리까지 다양한 요리를 만들 수 있다. 컨벡스오븐기

⓭ 깔끔한 요리를 원한다면 체국자를 준비하자. 자칫 지나치기 쉬운 기름을 깨끗하게
걸러 줘서 담백한 맛을 낼 수 있다. 롯데마트

⓮ 재료가 주걱에 달라붙지 않아 요리하기 편리하다. 실리콘 주걱 각각 르쿠르제

⓯ 무엇이든 부드럽게 잘리는 세라믹 칼. 칼날의 꽃 프린트가 요리하는 즐거움을 더해준다. 터틀쿡

❶ 쉽게 녹슬지 않고, 부드럽게 조작이 가능한 캔오프너. 테팔
❷ 정확한 조리시간이 맛있는 요리를 만든다. 뒷면에 자석이 붙어
   있어 냉장고에 붙여두고 쓰기 편리하다. 전자타이머 엠쿠킹
❸ 큰 생선이나 피자를 뒤집기에도 편리한 조리용구. 내열성이
   뛰어나 고온에서 안전하다. 굿밸류 조리도구 테팔
❹ 재료가 잘 엉키지 않아 편리한 실리콘 거품기. 르쿠르제
❺ 필터가 과육의 씨와 껍질을 걸러주고, 믹서기에서 바로 신선한
   주스나 콩국수를 만들 수 있다. 퍼포마블렌더 테팔
❻ 열전도율이 뛰어나서 찜요리를 할 때 사용하면 좋은 냄비.
   샐러드마스터
❼ 원터치 버튼 방식의 분리형 손잡이가 세척과 보관을 용이하게
   해준다. 매직핸즈 스테인리스스틸 세트 테팔
❽ 횟감 아래에 무채를 깔고 싶을 때 사용하는 도구. 무를 꽂은 뒤
   돌리기만 하면 무채가 만들어져 나온다. 우진상사
❾ 프라이팬에 노스틱을 깔고 요리하면 기름이 필요 없고, 재료가
   달라붙지 않는다. 사용 후 닦아내기만 하면 다시 사용할 수
   있다. 노스틱 엠쿠킹, 프라이팬 샐러드마스터
❿ 용기가 넓어서 계량하기에 편리한 타원형 볼 저울 엠쿠킹
⓫ 삶은 감자를 으깰 때 이 도구를 사용해보자. 힘들이지 않고
   감자샐러드를 만들 수 있다. 감자으깨기 레슬레
⓬ 원적외선 빛으로 음식물을 속부터 고루 익힌다.
   하이라이트레인지 엠쿠킹, 턱이 낮아서 전이나 계란 프라이
   등의 요리가 편리하다. 크레페팬 엠쿠킹

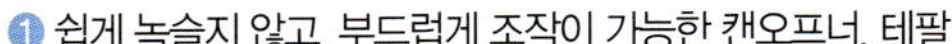

# 아이디어 주방용품

단 한 번에 사과 씨를 빼서 여덟 조각으로 잘라주는 애플 슬라이서, 계란을 켜켜이 보관할 수 있는 전용 용기 등.
할 일 많은 베테랑 주부에게도, 부엌일 서툰 초보 주부에게도 솔깃할 만한 인기만점 아이디어 주방용품을 한자리에 모았다.

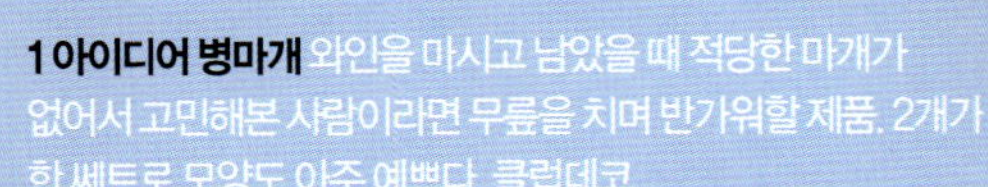

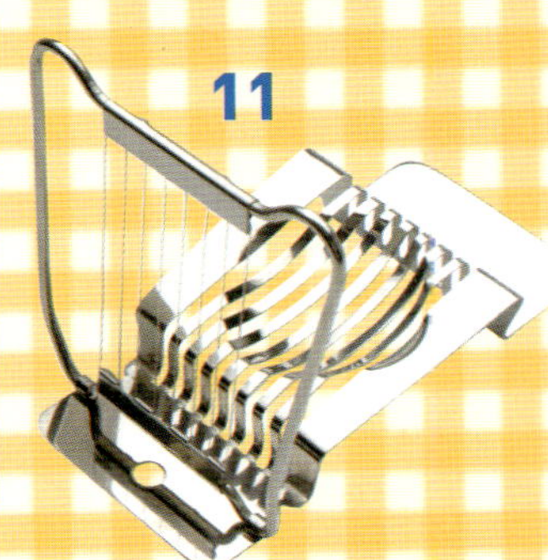

**1 아이디어 병마개** 와인을 마시고 남았을 때 적당한 마개가 없어서 고민해본 사람이라면 무릎을 치며 반가워할 제품. 2개가 한 셋트로 모양도 아주 예쁘다. 클럽데코

**2 두부 보관 용기** 두부 보관을 위한 전용 물받이가 들어 있는 정사각 밀폐용기. 물받이는 양손으로 잡을 수 있어 두부를 쉽게 꺼낼 수 있고 꺼낸 후에는 손잡이를 눕혀서 도마 대용으로 사용하고 남은 두부는 다시 손잡이만 세워서 그대로 용기에 담아 보관한다. 락앤락

**3 애플 슬라이서** 사과의 껍질을 벗기고 씨를 빼내서 조각을 내는 번거로운 과정을 한 번에 해결할 수 있는 아이디어 제품. 애플 슬라이서를 위에서 아래로 눌러만 주면 씨 부분은 가운데로 빠지고 8조각의 사과가 가지런히 잘라진다. 다른 과일에도 사용할 수 있다. 이케아 리빙

**4 수경재배 겸용 야채 탈수기** 바구니 속에 야채를 넣고 뚜껑에 달린 손잡이를 돌리면 물기가 제거되어 아삭아삭한 맛을 즐길 수 있다. 콩을 넣어 콩나물도 재배도 할 수 있는 다용도 야채 탈수기. LG이숍

**5 감자으깨기** 샐러드를 만들 때 감자를 으깰 수 있는 제품으로 껍질을 벗기지 않고 삶은 감자를 통째로 넣어도 껍질만 분리되어 감자가 으깨어져 나온다. 크기가 커서 더욱 유용한 아이디어 용품. 클럽데코

**6 계란용기** 계란을 보관할 수 있는 전용 용기로 계란 껍질에 묻어 있는 이물질로 냉장고 내 잡균 오염을 막아 주고 위로 쌓을 수 있는 구조라서 냉장고 공간을 효율적으로 이용할 수 있다. 보관날짜를 기입할 수 있는 스티커도 들어 있다. 락앤락

**7 포트형 정수기** 수돗물을 여과 깔때기에 넣으면 은활성탄 자연여과방식으로 깨끗한 물로 여과된다. 물맛 좋기로 입소문 난 제품. 뚜껑 부분에 디지털 액정화면이 부착되어 있어 필터의 교체주기를 알려준다. 삼익헬스몰

**8 김치자르미** 도마와 칼, 밀폐 보관용기가 하나로 되어 있는 김치자르미는 손에 김치 국물 한 방울 묻히지 않고 깔끔하게 김치를 자를 수 있다. 국물이 흐르지 않으므로 김치 국물로 얼룩진 도마를 씻느라 고생할 필요 없이 김치를 자른 다음에는 용기 그대로 보관하면 된다. 키친플라워

**9 핫플레이트** 가스사고나 환경오염의 걱정을 덜어주는 전기 핫플레이트. 과열방지 기능이 있고 5단계 자동온도 조절이 가능하며 과열방지 기능이 있어 안전하다. 인터파크

**10 비닐백 디스펜서** 수퍼나 마트에서 받아온 비닐봉지로 싱크대 안이 어수선한 주부들에게 좋은 제품. 비닐봉지를 넣고 쉽게 뺄 수 있는 보관함으로 제품 뒷면에 접착테입이 붙어 있어서 부엌 한 귀퉁이나 싱크대 문에 붙여 사용하면 된다. 이케아 리빙

**11 에그 슬라이서** 힘들이지 않고 삶은 달걀을 예쁘고 편하게 자를 수 있는 도구. 깨지기 쉬운 노른자도 깨끗하게 잘라진다. 클럽데코

# 김치냉장고 별별 사용법

집집마다 한 대씩은 있는 김치냉장고. 김치 없이는 못 사는 한국 사람에게 김치냉장고는 필수가전제품이다. 나날이 발전해가는 김치냉장고. 어떻게 쓰면 잘 쓰는 건지, 어떤 제품이 쓸 만한지 꼼꼼히 따져 보자.

## 살아 숨 쉬는 신선한 야채

수분이 많은 야채는 냉장실 안에 두면 얼어 버릴 위험이 있으므로 김치냉장고에 두는 게 좋다. 깻잎, 오이, 당근 등 시들기 쉬운 야채는 바구니에 담아 눕혀서 차곡차곡 놓는다. 양배추의 경우 심지 부분을 파낸 뒤 젖은 키친타월을 끼워두면 오래 간다.

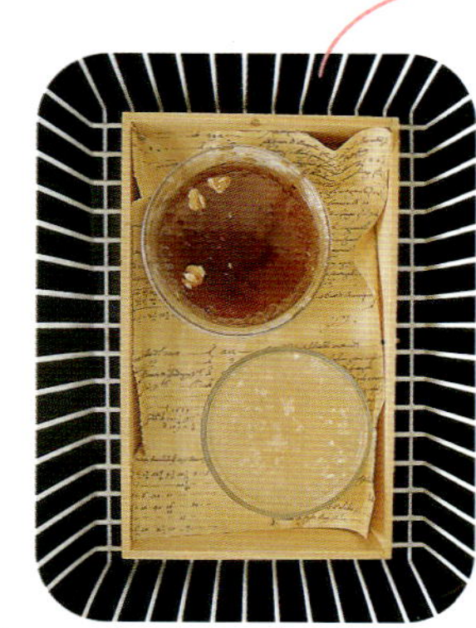

## 살얼음이 동동 뜬 식혜

식혜나 수정과를 먹기 3일 전에 김치냉장고에 넣어 두면 먹기 좋게 살얼음이 동동 뜬다. 이때 온도는 너무 낮지 않도록 조절해두는 게 좋은데, 야채나 과일을 보관할 때 함께 넣어 두면 적당하다.

## 과일은 신문지로 온도조절

껍질이 두꺼운 참외, 파인애플 등은 바구니에 담아서 보관하고, 껍질이 얇은 사과, 복숭아, 포도 등은 신문지에 싸서 보관한다. 신문지는 과일이 숨을 쉴 수 있게 하고, 온도를 적절하게 유지해주므로 과일의 신선도를 오랫동안 유지할 수 있다. 사과는 '에틸린'이란 호르몬이 나와 다른 과일을 쉽게 상하게 만들기 때문에 신문지에 싸서 다른 과일과 분리해 두는 것이 좋다.

## 생선은 깔끔히 손질 후 보관

싱싱한 생선이라도 우선 내장을 제거하고 내부와 표면을 물로 잘 씻어 둔다. 그 다음 물기를 잘 닦은 후 소금을 뿌리고 한 마리씩 랩으로 싸서 공기와 접촉하여 산화되지 않도록 한 뒤 김치 냉장고에 넣어 두면 2일 정도는 신선함을 유지할 수 있다. 김치냉장고에 생선을 보관하면 숙성 기능으로 간이 잘 배고, 냉동할 때보다 생선살이 살아 있어서 더욱 맛있는 생선 요리를 만들 수 있다.

## 육류는 랩으로 돌돌 말아서

얇게 썬 고기는 단면이 넓어서 그만큼 상하기 쉽다. 구입 후 바로 요리하지 않을 때에는 종이타월로 고기를 꾹꾹 눌러서 수분을 제거하고, 100g씩 나누어 밀봉하면 쉽게 상하지 않는다. 고기가 서로 달라붙지 않도록 랩이나 비닐을 깔고 고기를 올려 주고, 다시 랩으로 돌돌 말아 두면 3주 정도 보관이 가능하다.

### 연어는 무즙에 담가 보관

무즙은 생선의 비린내를 없애 주고, 시원한 맛이 배서 생선요리에 감칠맛을 더해 준다. 마트에서 산 연어는 손질 후 밀폐용기 바닥에 무즙을 깔고, 그 위에 연어를 얹어서 랩으로 덮어 보관하면 더욱 신선한 연어 요리를 맛볼 수 있다.

### 예쁜 꽃을 오래 두고 싶을 때

선물 받은 꽃을 꽃꽂이하기 전에 김치 냉장고에 하루 동안 넣어 둔다. 그러면 꽃잎에 생기가 돌아서 더욱 싱싱한 꽃을 오래 볼 수 있다. 바구니 바닥에 신문지나 종이를 깔고, 그 위에 꽃을 얹고 물을 충분히 뿌려 두면 빨리 시들지 않고, 숨 쉬는 것처럼 싱싱하게 보관된다.

### 생강 껍질 손쉽게 벗기기

물에 불렸다 벗겨도 깨끗하게 벗겨지지 않는 것이 생강 껍질이지만 김치냉장고를 이용하면 쉽다. 김치냉장고에 하루 정도 두었다가 다음 날 물에 살짝 담가서 벗기면 손으로 문지르기만 해도 깨끗하게 벗겨진다.

### 화장품이나 매니큐어를 넣어 둔다

김치냉장고는 매니큐어 보관에도 좋다. 매니큐어를 김치 냉장고에 한두 시간 보관했다가 사용하면 거짓말처럼 바른 뒤 금방 마른다. 매니큐어는 오래 보관해도 제품이 얼거나 이상이 생기지 않는다. 또한 스킨이나 로션 등 온도에 민감한 화장품은 일반 냉장고보다 김치 냉장고에 넣어 두는 것이 좋다. 적정온도 영상 4도

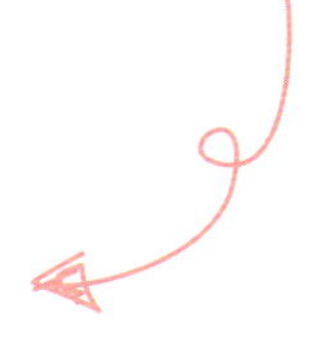

### 냉장고 냄새, 숯만 있으면 OK

김치 냄새는 다른 음식이나 재료에 쉽게 밴다. 김치냉장고에 밴 김치 냄새는 숯이나 녹차가루로 없애 보자. 숯은 탈취 효과가 있어서 넣어 두기만 해도 묵은 냄새를 제거해준다. 또한 녹차가루를 헝겊에 싸서 곳곳에 넣어 두면 향긋한 녹차 향이 밴다.

# ＊요리 맛을 결정하는 비장의 양념

### ❶ 굴소스

굴소스는 생굴을 소금물에 담가 발효시킨 것. 볶음이나 조림요리를 할 때 간장의 양을 줄이고 굴소스를 넣으면 약간의 단맛과 진한 감칠맛이 각종 재료의 맛과 잘 어우러져 더욱 풍부한 맛의 요리가 완성된다. 너무 많이 넣으면 음식이 느끼하고 짜지니 조금만 넣어야 하며 쉽게 변질이 되므로 용량이 작은 것을 사서 재빨리 먹는 것이 좋다. 개봉 후에는 냉장고에 보관해야 한다.

### ❷ 국물용 멸치

담백하고 개운한 국물을 내려면 멸치는 넓적하면서 빛깔이 연하고 푸르스름한 광택이 나는 것이 좋다. 끓일 때는 머리와 내장을 떼고 뚜껑을 열고 끓여야 비린내가 나지 않는다. 식용유를 두르지 않은 팬에서 멸치를 볶아 넣으면 구수한 맛이 깊어진다. 멸치의 양은 물 5컵에 10마리 정도가 적당하다.

### ❸ 마른표고버섯

생표고버섯보다 향도 진하고, 모양도 쉽게 부서지지 않으며 쫄깃쫄깃 씹히는 맛도 더한 마른표고버섯. 마른표고버섯이 잠길 정도로 물을 붓고 전자레인지에 가열하면 쉽게 불릴 수 있다. 주재료로 사용해도 되지만 찌개나 고기, 야채 요리 등 다양한 요리에 부재료로 넣거나 블렌더에 갈아서 천연 조미료로 사용하면 깔끔한 감칠맛과 향을 낼 수 있다.

### ❹ 다시마

다시마는 빛깔이 검고 두꺼우며 표면에 하얀 가루가 고루 분포돼 있는 것이 좋은 것으로 가윗집을 여러 번 넣어 끓이면 더욱 잘 우러난다. 시원한 국물을 내기 위해선 젖은 면보로 하얀 가루를 살짝 닦아 찬물에 넣고 물이 끓으면서 다시마가 떠오르면 바로 건져내야 한다. 이밖에 밥을 지을 때 다시마를 넣으면 밥알에 윤기가 감돌면서 밥맛이 더욱 좋아진다.

### ❺ 마른고추

칼칼하고 매콤한 맛을 재료에 스며들게 해서 더욱 깊이 있는 맛을 만들어 주는 마른고추는 껍질이 두껍고 씨가 적은 것, 꼭지가 단단하게 붙은 것, 반으로 갈라보아 곰팡이가 슬지 않은 것이 좋다. 볶음 요리를 할 경우 프라이팬에 기름을 두르고 뜨겁게 달군 후 다른 재료를 볶기 전에 살짝 볶아야 맛과 향을 제대로 낼 수 있다.

### ❻ 올리브오일

샐러드 드레싱이나 일반 볶음 요리에 엑스트라 버진 올리브 오일을 사용하면 올리브 오일의 신선한 향을 그대로 즐길 수 있다. 올리브 오일을 처음 사용하거나 향이 익숙지 않아 일반 식용유를 대체해서 쓰기에는 엑스트라 라이트 올리브 오일이 적당하다. 플라스틱 용기보다는 유리병에 담겨 있는 것이 좋으며 빛에 조금이나마 덜 노출된 선반 안쪽의 것을 고르는 게 요령.

### ❼ 청주

청주는 쌀을 누룩과 물로 발효시켜 만든 양조주로서 정종이라고도 하는데 생선이나 고기 요리를 할 때 잡냄새를 없애고 육질을 부드럽게 만드는 일등 공신이다. 이 밖에 요리하고 남은 닭고기와 햄의 단면에 청주를 뿌려 랩으로 싸서 보관하면 잡균의 번식을 막아 보관기간을 좀더 늘릴 수 있다.

### ❽ 가다랭이포

가쯔오부시라고 불리는 가다랭이포는 종이처럼 얇게 포로 뜬 상태로 담백한 국물 맛을 내는 식재료. 붉은빛을 띤 독특한 흑갈색으로 윤기가 흐르는 것이 좋은 것으로 뜨거운 물에 너무 오래 담가두면 비린맛이 나고 쓴맛이 우러나므로 불을 끈 상태에서 살짝만 우려내는 게 감칠맛 나는 국물을 만드는 요령이다.

### ❶ 참치액소스

훈연한 가쯔오부시의 엑기스를 추출한 것으로 감칠맛이 뛰어나고 맛의 깊이를 더해주는 액상 조미료. 끓는 물에 넣으면 그 자체로 맛있는 국물이 되어 미역국이나 우동국물, 샤브샤브 국물로 제격이며 각종 무침이나 볶음, 조림에 간장 대신 넣으면 다시마 우린 물을 넣은 듯 구수한 맛을 낼 수 있다.

### ❷ 까나리액젓

맛이 깔끔하면서도 비린내가 많이 나지 않는 까나리 액젓은 김치에 넣으면 익었을 때 시원한 맛과 신선도가 오래 유지되며 나물을 무칠 때나 국을 끓일 때 간장 대신 넣으면 감칠맛을 더할 수 있다. 불고기를 잴 때 넣으면 고기가 연해지고 특유의 잡내가 사라지며 특히 달걀의 비린맛을 말끔히 없애줘 달걀찜과 궁합이 잘 맞는다.

### ❸ 고추기름

칼칼하면서도 매콤한 맛이 나는 중국요리에 빠지지 않고 들어가는 것이 바로 고추기름. 굵은 고춧가루에 식용유와 마늘, 생강, 대파를 넣고 타지 않게 끓여 고운 면보에 거르면 집에서도 손쉽게 만들 수 있다. 각종 해물 요리와 볶음 요리에 매콤한 맛을 더해 풍미를 느끼게 하며 과일즙을 섞은 고추기름은 칼칼하면서도 달콤한 맛을 내 고기 소스로 그만이다.

### ❹ 씨겨자

겨자씨가 통째로 들어 있는 매콤한 홀그레인 머스터드로 톡 쏘는 듯한 매콤하고 개운한 맛이 일품이다. 샌드위치를 만들 때 재료를 토핑하기 전에 빵에 바르거나 연어 샐러드를 비롯한 각종 샐러드의 드레싱에 활용하면 좋다. 닭고기 요리와도 궁합이 잘 맞는 소스로 고기의 잡맛을 확실하게 없앨 뿐만 아니라 톡톡 씹히는 맛이 더해져 색다른 요리가 된다.

### ❺ 치킨스톡

닭 육수를 농축시켜 주사위 모양으로 고형화한 것으로 수프나 전골 등 각종 국물 요리를 할 때 육수를 내는 대신 손쉽게 진한 맛을 낼 수 있어 유용하다. 집에서 치킨 스톡을 만들 경우에는 닭, 대파, 생강을 끓는 소금물에 넣고 40분 정도 끓인 후 체에 걸러 식혔다가 냉동실에 1회 사용분씩 나눠 보관하는데 다른 향이 스며들지 않도록 밀폐하는 것이 중요하다.

### ❻ 두반장

드반장은 우리의 된장과 고추장의 중간 형태라고 볼 수 있는 중국의 전통 장으로 약간 매콤하고 짭짤한 맛을 낸다. 마파두부의 메인 소스로 잘 알려진 두반장은 해물요리나 짬뽕 외에 고기를 재워두었다가 찜이나 구이로 조리를 할 때나 볶음밥이나 스파게티를 할 때 넣으면 매콤하면서도 얼큰한 맛을 즐길 수 있다.

### ❼ 토마토홀

파스타나 수프에 넣는 토마토 소스는 생토마토를 살짝 데쳐 껍질을 벗기고 잘게 다져 쓰는 게 맛내기 요령이나 빨갛게 잘 익은 생토마토의 맛을 그대로 살린 토마토홀을 이용하면 한결 편하다. 토마토 퓨레를 농축시켜 고추장처럼 걸쭉하게 만든 토마토 페이스트도 함께 갖춰놓고 각종 소스를 만들 때 곁들이면 고운 색감과 산뜻한 풍미를 낼 수 있다.

### ❽ 발사믹식초

와인을 발효시켜 만든 검은색을 띤 식초로 일반 식초보다 신맛은 덜하면서 풍미가 깊고 진하다. 고기를 굽기 전에 잠깐 발사믹 식초에 절였다가 구우면 풍미가 더욱 좋아지며 생선 구울 때도 조금 넣어주면 생선살이 단단해지고 비린맛도 제거된다. 또한 올리브오일과 섞어 샐러드에 뿌리거나 빵에 찍어먹으면 새콤, 상큼한 맛을 더할 수 있다.

### ❾ 월계수잎

특유의 향이 좋아 삼겹살이나 갈비를 재거나 해산물 요리를 할 때 넣으면 누린내나 비린맛을 없애고 풍미를 살릴 수 있으며 피클이나 수프에 향신료로 이용해도 그만이다. 강한 향이 나므로 처음에는 조금씩 사용하는 것이 좋으며 방부 효과도 있어서 쌀독에 두세 장 넣어두면 벌레가 안 생긴다.

# 불 조절을 잘해야 음식이 맛있다

조림, 볶음, 찜, 튀김, 구이 등 조리법에 따라 불조절이 조금씩 달라진다. 크게 나누면 센불, 중간 불, 약한 불로 구분되는데
처음부터 센불에서 조리를 하다가 차츰 약한 불로 불을 줄이는 경우도 있고 처음부터 약한 불에서 뭉근히 조리하는 경우도 있다.
이와 같이 조리법에 따라 달라지는 불조절의 요령을 익히면 타지도 설익지도 않은 맛난 음식을 만들어 낼 수 있다.

## 조림
### 센 불에서 조리다가 끓고 나면 약한 불로 조린다

센 불에서 끓이고 나서 일단 끓고 나면 약한 불로 줄여 간이 푹 배도록 조려 주어야 한다. 그렇다고 너무 약한 불로 하면 간이 제대로 배지 않으므로 국물이 약하게 끓을 정도로 조절한다. 재료에 따라 처음부터 양념장을 부어 끓이는 것도 있고 우선 양념장을 끓인 후 주재료를 넣어 다시 한번 끓인 후 불을 줄이는 방법도 있다. 양념이 충분히 배어 다 된 것 같으면 마지막에 다시 불을 세게 하면서 재빨리 뒤적여 재료에 윤기가 나게 하는 것이 포인트. 또 조림장을 한꺼번에 다 붓지 말고 처음에 반만 붓고 중간에 나머지를 부어 주면 간이 더 잘 밴다.

## 구이
### 센 불에서 표면을 익힌 후 약한 불에서 굽는다

일단 센 불에서 겉을 익혀 재료의 맛이 빠져나가지 않게 한 후 약한 불로 줄여 타지 않게 속까지 익히는 것이 요령이다. 자주 뒤집으면 맛도 떨어지고 모양도 나지 않으므로 한쪽이 충분히 익도록 두었다가 뒤집는다.

## 찜
### 센 불에서 끓여 충분히 김이 나기 시작하면 중간 불로 줄인다

찜의 경우, 우선 물을 끓여 김이 충분히 나기 시작하면 재료를 넣어 끓여야 한다.  찬물 위에 얹어 찌기 시작하면 요리가 질퍽해지면서 양념 맛도 빠져버려 실패하게 된다. 나무 찜통이 아닌 경우에는 찜통 안에 면보자기를 씌워 수증기가 떨어지지 않도록 한다.

## 튀김
### 재료에 따라 고온, 중온, 저온을 지켜야 한다

불의 세기에 가장 영향을 받는 것은 바로 튀김요리. 대부분의 튀김은 고온에서 하지만 고기튀김처럼 속까지 완전히 익혀야 하는 것은 중온에서 해야 한다. 재료에 따라 튀김온도를 잘 지켜야 바삭한 튀김을 먹을 수 있다. 고온은 180℃ 이상으로 튀김옷을 떨어뜨렸을 때 표면에서 바로 흩어지는 상태, 중온은 중간까지 가라앉았다 떠오르는 상태, 저온은 바닥까지 가라앉았다가 천천히 떠오르는 상태이다. 생채로 먹는 경우가 아니라면 피해갈 수 없는 불과의 전쟁. 불 조절 능력이 음식 맛을 좌우한다.

## 볶음
### 센 불에서 단숨에 볶는다

센 불에서 단숨에 하는 것이 요령. 재료를 다 준비해 놓고 팬을 충분히 달군 후 기름을 넣고 또 달군 후에 재료를 넣고 끝까지 불을 세게 유지하면서 조리한다. 그러기 위해서는 재빨리 하는 것도 중요하므로 필요한 재료나 양념을 모두 갖춰 놓고 시작해야 한다.

---

## Tip
# 불 조절의 공식

재료 손질과 양념 준비를 완벽하게 해 놓았어도 막상 불 위에 올려 조리할 때
불 조절을 제대로 하지 못하면 제 맛이 나지 않는다.

▲ 센불

▲ 중간불

▲ 약한불

# 조리별
# 기초테크닉&
# 기본요리

조리 방법의 기초를 알면 음식 만들기가 쉬워진다. 우리가 흔히 만들어 먹는 찌개나 전골, 국 또는 조림이나 볶음, 튀김, 구이, 찜, 무침 등 조리법이 어떻게 다른지 기본부터 익혀두자. 조리법의 기초 테크닉을 파악하면 재료가 바뀌어도 얼마든지 응용이 가능하다. 기초 테크닉을 상세하게 익힌 후에 기본이 되는 메뉴를 선정, 자신 있게 음식을 만들어 식탁에 올려 본다. 기초 요령을 익힌 다음 음식을 만들어 보면 손에도 익고 확실하게 만들 수 있는 자신이 생긴다.

# 찌개·전골·국 끓이기의 기초

별다른 반찬이 없어도 입맛에 맞는 찌개 한냄비만 있으면 상이 푸짐해 보인다. 이처럼 찌개와 전골, 국은 우리에 식탁에서 없어서는 안될 메인요리. 따라서 이들 국물음식을 자신있게 끓일 수 있으면 요리의 반은 마스터한 셈이다.
쉬운 듯해도 맛내기가 까다로운 국물음식. 감칠맛나는 국물 내는 요령과 찌개, 전골, 토장국, 맑은국, 곰국, 냉국 등 국물음식을 총망라, 재료의 손질과 맛내기 비결을 자세히 소개한다.

## 국물 내기 요령 미리 만들어 두고 필요할 때 사용한다

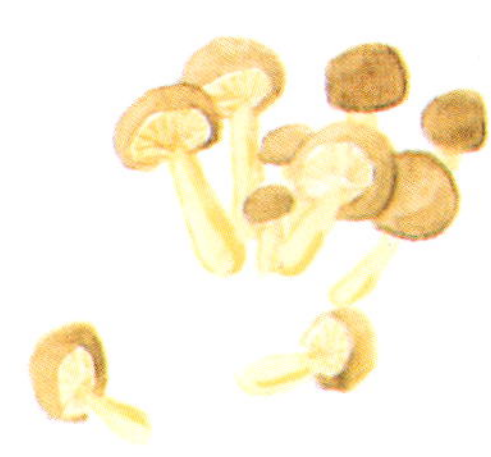

*멸칫국물을 낼 때 무를 함께 넣고 끓이면 국물맛도 시원해지고 멸치의 잡냄새를 무가 흡수해서 개운한 국물이 된다.

찌개는 전골이나 국에 비하면 국물을 좀 적게 잡아 바특하고 맛이 진한 게 특징이지만 어쨌거나 이들 음식은 모두가 국물이 맛있어야 제맛을 낼 수 있다. 물론 생선·해물찌개나 고깃국 등은 재료 자체에서 우러나는 맛이 있어 굳이 따로 국물을 만들어 끓일 필요는 없겠지만 된장찌개라든가 전골 또는 콩나물국, 우거지국 등은 나름대로 그에 어울리는 맛의 국물을 준비해서 끓여야 한층 더 깊은 맛을 낼 수가 있다.

국물 음식의 기본은 뭐니뭐니해도 감칠맛 나는 국물 만들기다. 멸치, 다시마, 조개, 고깃국물 등 국·찌개·전골을 끓일 때 가장 많이 이용되는 국물 내는 요령을 철저하게 배워 두자.

### 멸칫국물 내기

구수하고 개운한 국물 맛을 내는 데는 쇠고기 육수보다는 멸칫국물이 좋다. 된장, 고추장을 풀어서 끓이는 국·찌개에 잘 어울린다. 때론 멸치에 다시마를 넣어 함께 국물을 내기도 하는데 여기에 술, 간장으로 맛을 낸 국물은 담백한 전골 국물로 자주 이용되며 특히 일본식 고기 전골의 맛을 더해 준다.

국물용 멸치로는 조금 크고 넓적한 것, 전체적으로 연한 색을 띠며 푸르스름하고 광택이 있는 것이 좋다.

무조건 오래 끓인다고 국물이 더 진해지는 것은 아니며 오히려 국물이 텁텁해질 수 있다. 끓기 시작해서 10~15분이면 충분하고 멸치는 반드시 건져내도록 한다.

**1** 큰 멸치일수록 머리를 떼고 사용한다. 국물용 멸치는 약간 기역자로 구부러진 게 좋다. 배쪽의 검은 내장은 반드시 제거한다. 그냥 끓이면 씁쓸한 맛이 난다.

**2** 멸치 역시 특유의 비린내(쩐내) 같은 것이 있다. 마른 냄비에 살짝 볶아 냄새를 날려 보낸다.

**3** 멸치는 찬물에서부터 끓여 국물을 낸다. 이때 멸치와 물의 비율은 물 5컵당 멸치 10마리쯤이면 적당하다.

**4** 끓어오르면서 생기는 거품은 숟갈로 떠낸다. 그래야 국물맛이 깨끗하다. 끓기 시작해서 10~15분이면 국물은 충분히 우러난다.

**5** 국물을 낸 멸치는 반드시 건져낸다. 그냥 두면 풀어져서 국물도 지저분해지고 쩐내도 난다. 맑은 국물을 얻으려면 형겊을 깔고 걸러내도록 한다.

## 다시마 국물내기

**1** **다시마 표면의** 흰 가루를 털어내고 젖은 헝겊으로 깨끗이 문질러 닦는다.

**2** **물 5컵에** 다시마는 10cm×10cm 크기 1장이면 적당하다. 찬물에 잠시 담갔다가 끓인다.

**3** **다시마 국물은** 오래 끓일 필요가 없다. 5~10분이면 국물은 충분히 우러난다. 그냥 두면 끈끈한 점액질이 녹아나므로 바로 건진다.

**4** **다시마를 고명으로** 쓰고 싶을 때는 국물을 내고 난 다시마를 건져서 가늘게 채썰어 두었다가 나중에 얹어 낸다.

## 조갯국물 내기

**1** **껍질째 끓일** 것이므로 깨끗이 박박 문질러 씻어 연한 소금물에 담가 해감시킨 다음 다시 한번 씻어 냄비에 담고 찬물을 부어 끓인다.

### 조갯국물

생선이나 해물류를 사용하는 찌개, 전골에는 단연 조개나 새우국물이 최고다. 해물된장찌개에도 멸칫국물 대신 조갯국물을 쓰면 한결 시원한 맛을 살릴 수 있다.

조개류 특유의 감칠맛과 시원하고 담백한 맛이 특징. 중요한 건 끓이기 전에 반드시 해감시켜야 한다는 것, 그리고 국물을 좀더 깨끗이 하려면 끓인 국물을 면헝겊에 걸러서 사용하도록 한다.

국물을 내는 데는 모시조개나 소합과 같이 크기가 작은 것이 좋으며 홍합이나 새우의 껍질 또는 머리 등을 함께 넣고 끓여도 좋다.

**2** **끓으면서 생기는** 거품은 걷어내고, 국물이 뽀얘지고 조개가 입을 벌릴 때까지 끓이면 된다.

**3** **해감시킨 조개라도** 약간은 지금거리는 게 남아 있기 쉽다. 맑은 국물을 만들려면 체에 헝겊을 깔고 밭쳐서 사용한다.

## 가다랭이국물 내기

**물 5컵 분량에** 가다랭이포 20g이면 적당하다. 센불에서 한소끔 팔팔 끓인 후에 불을 줄여 약한 불에서 맛이 우러나도록 5분 정도 둔다. 불을 끄고 체에 밭쳐 가다랭이포는 걸러내 버린다.

### 다시마국물

국물맛이 진한 건 아니지만 감칠맛이 있다. 맑은 국물의 찌개, 전골과 잘 어울린다. 다시마만 따로 국물을 내기도 하지만 주로 멸치와 함께 우려낸다.

멸치와 함께 끓일 때는 처음부터 넣지 않고 멸치를 한소끔 끓인 뒤에 넣어 잠깐만 끓인다.

다시마는 얇은 것 보다는 도톰하고 검은 빛이 나며 표면에 흰가루가 덮여 있는 것이 좋다.

### 가다랭이국물

참다랑어를 말린 것으로 마치 나무토막처럼 생겼는데 이것을 대패 같은 것에 갈아서 쓴다. 구하기도 쉽지 않을 뿐더러 값이 꽤 비싸서 자주 이용하지는 못하지만 멸치보다 국물맛이 좀더 깔끔하고 개운해서 좋다. 주로 일본식의 맑은 국과 잘 어울린다. 이것 역시 오래 끓일 필요는 없다.

### 꼭 알아두자

# 다시마를 보관하려면

다시마는 봉지째 보관하면 매번 꺼내 쓸 때마다 불편하다. 작은 크기로 잘라 유리병에 담아두면 양을 가늠하기도 쉽고 사용할 때도 편하다.

**1** **양지머리나** 사태살은 찬물에 한두 시간 정도 담가두어 핏물을 뺀다.

**2** **냄비에 쇠고기를** 넣고 물을 부은 뒤 파와 통마늘을 넣고 끓인다. 고기 600g에 대해 물은 15컵 정도가 적당하다.

**3** **도중에 거품은** 걷어내고 한소끔 끓으면 불을 줄여 은근하게 푹 곤다.

**4** **고기가 부드럽게** 익으면 고기는 건져 놓고 국물은 맑게 걸러 놓는다.

## 사골국물 내기 포인트

**1** **사골이나 꼬리** 등은 찬물에 한 시간 정도 담가 핏물을 뺀 다음 사용한다.

**2** **팔팔 끓는** 물에 사골을 넣어 살짝 데쳐내듯 잠깐 끓인 후 검게 우러난 첫물은 따라 버린다.

**3** **뼈에 엉겨 붙은** 찌꺼기를 다시 한 번 씻어 냄비에 담고 다시 찬물을 부어 푹 끓인다. 양파나 파, 마늘 등을 넣으면 누린내가 없어진다.

**4** **끓으면 불을** 줄여 뽀얀 국물이 우러날 때까지 푹 곤다. 도중에 물러진 파나, 마늘, 양파 등은 건져 내야 국물이 깨끗하게 된다.

## 쇠고기국물

쇠고기 육수는 대체로 어느 음식에나 잘 어울린다. 떡국이나 무장국 같은 맑은 국은 물론 된장찌개에도 멸치 대신 쇠고기국물을 쓰면 좀 더 진한 맛을 낼 수 있다.

많은 양의 국물을 내는 데는 양지머리나 사태가 적당하며 작은 양일 때는 기름기가 약간 있는 등심을 잘게 썰어서 볶다가 물을 부어 끓이는 게 낫다. 덩어리 고기로 국물을 내는 데는 무엇보다도 찬물에 담가 핏물을 빼는 것이 중요하다. 그래야 누린내가 나지 않는다.



### 고깃국물 걸러낸 고기는 수육으로 사용한다

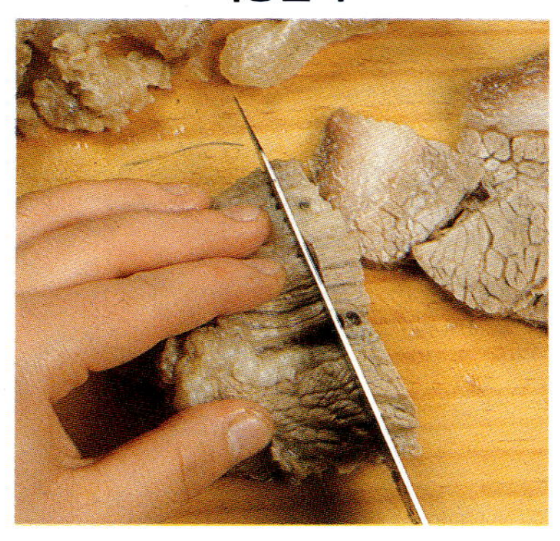

국물을 낸 고기는 사실 국건지로 쓰기엔 양이 많은 편이다. 맛있을 때 썰어 수육으로 먹고 나머지는 적당히 썰어 양념해서 국건지로 쓰는 편이 합리적이다.

## 사골국물

사골이나 꼬리 등을 푹 곤 진한 국물은 고소하면서도 단맛이 있어 소금간을 해서 송송 썬 파만 넣어 먹어도 맛있다. 몇 번 우려서 좀 묽어진 국물은 전골, 우거지국, 김치찌개 등을 끓일 때 사용하면 진하고 고소한 맛을 낼 수 있다.

누린내가 나지 않게 핏물을 빼고 밑손질을 잘 해서 끓이는 게 중요하다.

**5** **우려낸 국물은** 차게 식혀 위에 굳은 기름을 걸러 낸다.

# 찌개맛 살리기 포인트 종류에 따라 조리 요령을 달리한다

## 매운탕 맛살리기

**신선한 재료를 고른다** 생선은 신선도가 생명이다. 재료가 신선힐수록 개운한 맛, 달콤한 맛, 감칠맛 등 재료 자체의 맛이 살아나 찌개맛이 좋다. 선도가 떨어지면 비린내도 나고 맛도 없다.

**밑손질을 철저하게 한다** 생선이나 해물찌개는 비린내가 나지 않게 끓이는 게 중요하다. 조개류는 말끔히 해감시키고 점액질이 많은 낙지는 소금물에 깨끗이 씻고 생선은 뼈 사이사이에 박힌 피찌꺼기 등을 깨끗이 씻어내야 냄새가 덜 난다.

찌개는 국보다 국물을 적게 잡아서 건더기를 많이 넣고 바특하게 끓이는 국물 요리로 맛이 진한 게 특징이다.

찌개는 생선·해물을 주재료로 해서 담백하게 끓이는 지리가 있다. 이와는 달리 된장이나 고추장을 풀어 구수하고 얼큰하게 끓이는 토속 찌개, 장이나 소금 대신 새우젓으로 간하여 끓이는 새우젓찌개가 있다.

고추장과 고춧가루로 얼큰한 맛을 내는 생선·해물찌개는 생선과 해물 외에도 두부라든가 미나리, 쑥갓 등의 채소를 넣어야 제맛이 나며 된장찌개와 고추장찌개에도 채소와 두부가 들어가면 맛이 더욱 좋아진다.

종류에 따라 재료 손질에서 맛내기 비법까지 기본 조리 요령을 하나하나 꼼꼼하게 배워 근사한 찌개를 끓여 보자.

**매운맛은 고춧가루로 조절한다** 매운탕의 매력은 땀을 뻘뻘 흘리며 먹는 얼큰함에 있다. 매운맛은 주로 고추장이나 고춧가루로 내는데 고추장만으로 맛을 내면 국물이 텁텁해지고 장맛이 많이 나서 개운치가 않다. 매운맛은 고춧가루로 조절한다.

**마늘과 생강을 넣어 끓인다** 매운탕 양념은 진해야 맛있다. 마늘, 생강을 넉넉히 넣고 끓이면 비린 맛도 덜해지고 맛이 바특하면서도 개운하다.

**매운탕 양념은 섞어서 사용한다** 고추장 따로 풀어 넣고, 마늘 따로, 고춧가루 따로… 이렇게 하기보다는 고추장에 고춧가루, 간장, 다진 마늘, 생강 등을 한데 섞어 양념장을 만들어 풀어 넣어야 골고루 잘 어우러진다.

**해물은 너무 오래 끓이지 않는다** 생선 매운탕은 양념을 많이 넣고 오래 끓일수록 진하고 감칠맛이 나지만 낙지, 오징어, 조개 등으로 끓인 해물탕은 너무 오래 끓이면 질겨져 맛이 덜하다.

**미나리, 쑥갓 등은 나중에 넣는다** 특히 생선 매운탕에는 야채를 넉넉히 넣는다. 그러나 처음부터 넣고 끓이면 다 풀어지고 색도 변하므로 다 끓인 후 마지막에 넣는다.

**양파는 단맛이 나서 좋지 않다** 생선 매운탕이나 해물탕에 양파를 넣는 건 좋지 않다. 양파가 익으면서 들큼한 맛이 나기 때문에 얼큰하고 개운해야 될 매운탕의 맛을 망치게 된다.

## 생선살이 풀어지지 않게 하려면…

생선살이 풀어지지 않게 하는 방법 중의 하나가 토막낸 생선에 소금을 살짝 뿌려 두었다가 끓이는 것. 살이 단단해져 풀어지지 않고 속까지 간이 배어 맛도 훨씬 좋다.

**기름기가 적고 담백한 생선을 사용한다** 매운탕도 물론 주로 흰살 생선으로 끓이지만 지리의 경우는 특히 더 기름기가 적고 담백한 대구, 도미, 복어 같은 생선이라야 지리 특유의 깔끔하고 담백한 맛을 살릴 수 있다.

**거품은 수시로 걷어 낸다** 맑은 찌개는 국물이 맑은 게 생명이다. 뚜껑을 열고 끓이면 비린내도 날아가고 수시로 거품을 걷어 내기도 편하다.

**국물은 연한 다시마국물이 좋다** 생선 자체의 신선한 맛을 최대한 살리려면 국물맛이 진하면 곤란하다. 다시마국물을 우려서 쓰는 게 가장 좋고 멸치국물을 쓸 때는 멸치맛이 강하지 않게 연하게 우린 것을 사용한다.

**간은 소금으로, 마늘은 넣지 않는다** 마늘, 간장, 고춧가루 등 자극이 있거나 색깔이 나는 양념은 쓰지 않는 게 원칙이다. 소금 만으로 간해 담백하고 시원한 맛을 살린다.



## 찌개를 맛있게 끓이려면…

**끓기 시작하면 불을 줄인다** 찌개를 끓일 때 처음에는 불을 세게 하여 국물이 끓기 시작하면 불을 줄이고 약한 불에서 보글보글 끓인다. 그래야 국물맛이 은근히 우러난다.

**국물의 양을 적당히 잡아야 맛이 있다** 국물을 넉넉하게 끓이는 찌개는 재료의 표면이 수면에 잠길 정도로 국물을 잡는다. 이때 푹 잠기지 않도록 주의한다.

또한 감정 등 국물이 조금 남게 하는 찌개는 재료의 표면이 나타날 정도로만 국물의 양을 잡는다.

**처음에는 심심하게 간을 한다** 찌개는 대개 오래 끓여 국물이 졸아 들게 되므로 처음에는 심심하게 간을 하도록 한다.

**끓이면서 떠오르는 거품은 걷어낸다** 찌개가 한소끔 끓으면 거품이 많이 생기므로 불을 줄이고 거품을 걷어낸다. 그래야 국물맛이 깔끔하고 찌개가 깨끗하다.

**한소끔 끓인 후 먹기 직전에 끓여낸다** 여러 가지 반찬들을 동시에 만들 때 찌개를 맨 먼저 조리하여 한소끔 끓으면 완전히 익지 않았어도 불에서 내려 놓는다. 먹기 직전에 다시 따끈하게 끓여내면 연료도 절약되고 조리시간도 단축할 수 있다.

**생선은 국물이 끓은 다음 넣는다** 생선찌개를 끓일 때는 국물이 끓을 때 생선을 넣는다, 그래야 생선살이 부서지지 않고, 생선 표면의 단백질이 단단해져 생선의 좋은 맛이 흘러나오지 않는다.

**파, 마늘은 거의 다 끓었을 때 넣는다** 파와 마늘의 맵고 향긋한 냄새는 휘발성이 있어 5분 이내에 날아가 버리므로 다 끓었을 때 넣는다.

**쌀뜨물에 끓인다** 된장찌개나 고추장찌개는 맹물보다 쌀뜨물에 끓여야 구수하다. 쌀뜨물에는 전분질이 많아서 열을 가하면 된장과 고추장의 무거운 입자를 균일한 용액으로 만들어 주며 찌개에 웃물이 생기지 않고 매끄러운 감촉과 맛을 더해 준다.

**고기를 넣을 경우, 먼저 고기를 볶다가 국물을 붓는다** 찌개에 넣는 고기는 어느 정도 기름기가 있는 게 좋다. 생고기보다는 갖은 양념을 해서 볶다가 준비한 쌀뜨물을 붓고 된장이나 고추장을 풀면 냄새가 나지 않고 국물맛도 진하다.

**된장에 양념을 한다** 진한 된장찌개의 맛을 원한다면 된장에 약간의 고추장과 참기름, 꿀 등을 섞어 양념해서 볶다가 끓이면 색다른 맛이 있다.



## 지리는 뚜껑을 연 채 끓인다

지리는 담백한 맛을 즐기는 찌개로 제맛을 내기 위해서는 국물의 농도를 잘 조절해야 한다.

국물은 멸치를 우려서 사용하는데, 멸칫국물을 낼 때는 국물 빛깔이 옅은 갈색을 띨 때 얼른 건져내야 생선과 야채가 어우러져 내는 깨끗한 맛을 즐길 수 있다.

지리의 특징은 맑은 국물에 있으므로 처음부터 끝까지 뚜껑을 연 채 조리해야 깔끔하게 끓일 수 있다. 베주머니에 멸치를 넣어서 끓이거나 수시로 거품을 걷어내는 것도 국물이 탁해지는 것을 막을 수 있는 방법이다.

상에 낼 때는 레몬을 띄워 내기도 하는데 국물 전체에 확 퍼지는 향이 혀와 코를 상큼하게 자극한다.

**된장찌개는 오래, 고추장찌개는 잠깐만 끓인다** 된장찌개는 처음엔 센불에서 끓이다가 한소끔 끓으면 보글거릴 정도로만 불을 줄여 오래 끓여야 국물맛이 은근하게 우러나 구수하다.

**거품을 걷어 낸다** 거품은 재료가 가지고 있는 찌꺼기들의 부산물이라고 보면 된다. 따라서 어떤 찌개든 끓이면서 생기는 거품은 걷어 내야 잡맛이 없고 국물이 깨끗하다.

**두부는 나중에 넣는다** 두부를 일찌감치 넣고 끓이면 국물뿐 아니라 다른 맛과 성분들도 모두 흡수해 국물이 적어지고 맛도 없게 된다. 두부에 소금간을 약하게 해서 나중에 넣어 끓여 낸다.

**새우젓은 나중에 넣는다** 젓국찌개에 어울리는 재료는 두부, 호박, 달걀, 명란, 닭고기, 굴 등 순한 맛의 재료들, 새우젓으로 간을 하면 감칠맛이 난다. 새우젓은 나중에 넣어야 비린내가 나지 않아 좋다.

**젓국찌개는 맹물로 끓인다** 쌀뜨물을 쓰면 국물이 오히려 지저분해진다. 맹물에 끓여야 새우젓국의 맛이 더 삼삼하게 살아나고 개운하다. 약간의 감칠맛을 내고 싶다면 다시마국물을 연하게 우려 쓰는 것도 괜찮다.

**파, 마늘은 거의 다 끓었을 때 넣는다** 파와 마늘에는 황화물질이 들어 있어 맵고 향긋한 냄새를 풍긴다. 이 성분은 쉽게 날아가 버리고 국물에 우러나 국물맛을 나쁘게 하므로 다 끓은 후에 넣는 것이 효과적이다.

## 영양곰국 맛내기 포인트

**1 살코기는 덩어리째 쓴다** 고깃덩어리로 국물을 우려낼 때는 덩어리째 하는 것이 좋다. 고기를 미리 썰어서 넣고 끓이면 고기가 질겨질 뿐만 아니라 국물도 충분히 우러나지 않는다. 곰국용 고기로는 양지머리나 사태 등이 좋다.

**2 시원한 맛을 더하고 싶으면 무를 넣는다** 하지만 처음부터 무를 함께 넣고 오랫동안 끓이면 물크러져서 국물도 탁해지고 지저분해진다. 먼저 뼈나 고기를 끓이다가 무를 큼직하게 썰어 넣고 무는 살캉하게 익으면 건져 낸다.

**3 파, 마늘, 생강, 후추 등으로 누린내를 없앤다** 곰국 맛이 없게 되는 건 냄새 때문. 고기 자체가 좋아야겠지만 핏물을 잘 빼는 등 밑손질도 중요하다. 또 끓일 때 파, 마늘, 양파 등 양념을 잘 쓰면 냄새가 없어진다.

**4 살코기나 뼈, 갈비 등의 핏물은 뺀다** 핏물을 빼지 않은 상태에서 끓이면 핏물이 국물로 빠져나와 국물이 탁해지고 누린내가 나기 쉽다.

**5 사골이나 잡뼈 등을 애벌 삶은 물은 따라 버린다** 핏물을 뺀 것이라도 국물을 내기 전 끓는 물에 뼈를 넣고 잠깐 끓여 검은 물을 따라 버린 후 다시 물을 붓고 끓여야 국물이 뽀얗다.

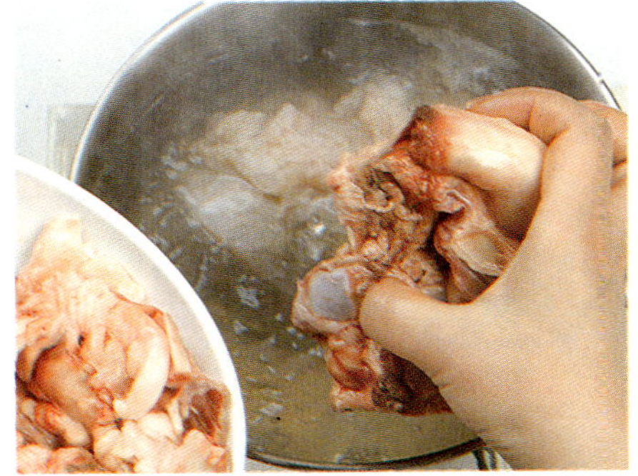

**6 뽀얀 국물을 얻으려면 두세 번 우려 합해서 쓴다** 뽀얀 국물을 내고 싶으면 처음에 많은 물을 조금 부어 우려낸 다음 다시 물을 붓고 두세 번 우린 국물을 합해서 쓰는 게 좋다.

# 전골 맛내기 포인트 재료의 밑손질을 철저하게 해 놓는다

전골이 찌개와 다른 점은 국물이 좀 더 넉넉하고 상 위에서 바로 끓이면서 먹는다는 것. 그리고 비교적 여러 가지 재료를 써서 옆옆에 가지런히 담기 때문에 찌개보다는 화려하고 푸짐해 보인다. 따라서 재료만 준비된다면 비교적 쉽게 푸짐한 식탁을 차릴 수가 있다.

전골은 주재료에 따라 고기야채전골과 생선해물전골로 나눌 수 있는데 국물내는 요령과 재료의 밑손질 등 몇 가지 조리 포인트를 익혀 감칠맛 나는 전골을 끓여 보자.

## 고기야채전골

**국물로는 쇠고기 육수가 제격이다** 고기나 야채전골의 맛을 내는 데는 쇠고기 육수가 제일 좋다. 순살코기보다는 기름이 사이사이 끼여 있는 등심이 부드러우면서도 감칠맛이 있다.

**사골국물을 쓸 때는 연하게 우린다** 전골국물을 만들기 위해 따로 사골 국물을 만들기는 번거롭지만 끓여 먹던 사골이나 다른 뼈국물이 있다면 그걸 이용해도 좋다.

**야채가 주재료일 때는 국물을 적게 잡는다** 무나 배추, 버섯, 양파처럼 익으면서 물이 많이 나오는 재료를 쓸 경우엔 국물을 조금만 붓는 게 요령이다.

**두부는 지져서 넣는다** 두부는 잘 부서지기 때문에 그대로 넣으면 모양이 망가지기 쉽다. 소금을 살짝 뿌렸다가 프라이팬에 노릇하게 지져 넣으면 모양도 좋고 깔끔하다.

**잘 익지 않는 재료는 애벌로 익혀서 넣는다** 미리 살짝 데쳐 넣고, 우엉이나 죽순처럼 떫은 맛이 강한 재료도 미리 끓는 물에 데쳐 잡맛을 없앤 후에 넣어야 국물에 나쁜 맛이 우러나지 않는다.

**고기는 양념해서 넣는다** 전골에 넣을 고기는 반드시 미리 양념을 해서 넣어야 한다. 그래야 고기에 간이 배고 맛도 들어 깊은 맛을 낼 수 있다. 육수를 내고 건져낸 고기를 쓸 때도 일단 양념하여 넣는 것이 맛을 살리는 비결이다.

**곱창은 얼큰하게 양념해서 끓인다** 곱창이나 양 등의 내장은 특히 누린내가 심한 편이다. 깨끗이 손질해서 파, 마늘 등을 넣고 삶은 후에 다시 고추장, 고춧가루, 파, 마늘을 넉넉히 넣고 얼큰하게 밑양념을 해서 끓이는 게 비결이다.

**곱창전골은 오래 끓인다** 대부분의 전골들은 즉석에서 끓여야 맛있지만 곱창전골은 오랫동안 푹 끓여야 구수한 맛이 우러난다.

**국수는 삶아서 넣는다** 전골은 찌개와 달리 재료를 끓이면서 국수나, 당면 등을 넣어 먹기도 하는데 이때 넣는 면 종류는 반드시 삶아서 넣어야 한다.



## 냄비의 선택이 전골맛을 좌우한다

전골의 생명은 국물맛에 있지만 냄비를 제대로 선택하는 것도 전골을 맛있게 끓이는 비결중 하나다.

전골을 끓일 냄비는 가운데는 국물이 고일 정도로 깊이 패어 있고 가장자리는 여러 가지 재료를 넣고 익혀가며 먹을 수 있게 되어 있는 전골용 냄비가 좋다. 그러나 전골냄비가 없을 경우에는 열전도가 잘 되며 열이 쉽게 식지 않은 굽이 낮은 돌냄비나 철냄비, 사기냄비, 범랑냄비 등을 사용한다.

**미더덕이 들어가야 국물맛이 시원하다** 생선해물전골의 참맛은 시원하고 감칠맛 나는 국물맛에 있다. 조개, 새우 등도 물론 좋지만 미더덕 특유의 바다 내음 비슷한 개운하고 시원한 맛에는 미치지 못한다.

**해물전골은 역시 담백한 국물이 어울린다** 생선 해물전골의 국물로 쇠고기장국이나 사골국물은 어울리지 않는다. 조개나 새우, 가다랭이, 다시마, 멸치 등을 우린 국물이라야 생선해물전골의 맛을 한층 돋우어 준다.

**생강즙, 청주로 비린내를 없앤다** 아무리 신선하고 밑손질을 꼼꼼하게 했어도 약간의 비린내는 나기 마련이다. 이것마저 없애고 싶다면 양념이나 국물에 청주나 생강즙을 넣으면 비린내가 싹 가신다.

**콩나물이 시원한 맛을 더해 준다** 쑥갓이나 미나리뿐만 아니라 콩나물도 전골의 부재료로 썩 잘 어울리는 재료다. 단 끓이는 중에는 뚜껑을 덮어 비린내가 나지 않게 주의한다.

**겨자장을 곁들인다** 전골 속의 건더기를 좀 더 맛있게 먹고 싶다면 초간장이나 겨자장을 준비해 건더기를 찍어 먹으면 한결 맛이 더하다.

**생선이나 해물로 전을 부쳐 끓이면 구수하다** 도미 같은 큰 생선으로 전골을 끓일 때 살만 발라내어 한입 크기로 포를 떠서 전을 부쳐 끓이면 다른 생선 전골과는 다른 구수한 맛을 즐길 수 있다. 굴이나 조갯살로 전을 부쳐 넣어도 좋다. 이때 사용하는 국물로 연한 쇠고기장국도 잘 어울린다.

# 맑은국 맛내기 포인트 담백하고 시원한 맛이 나게 한다

밥과 마찬가지로 국은 우리네 식탁에서 빠져서는 안 될 중요한 메뉴다. 그런 만큼 종류도 다양해서 수십 가지가 넘지만 크게 보면 국물을 맑게 해서 국간장과 소금으로 간한 맑은장국과, 된장·고추장으로 간해 구수한 맛을 즐기는 토장국, 고기와 뼈, 내장 등을 폭 고아 진한 국물맛을 즐기는 영양곰국, 그리고 더운 여름철에 미역, 오이 등을 차게 해서 먹는 냉국 등으로 구분할 수가 있다.

사실 국 끓이기는 쉬운 듯해도 제대로 맛내기란 쉽지가 않다. 몇 가지 맛내기 비결을 잘 배워두었다가 솜씨를 발휘해보자. 재료에 변화를 주고 계절 식품을 잘 이용하면 계절의 진미를 즐길 수 있다.

**건지보다 국물을** 넉넉히 한다. 맑은장국은 건더기보다는 시원한 국물맛을 즐긴다. 따라서 국물은 넉넉히 하되 1인에 1컵 반 정도면 적당하다. 건더기는 맛이 우러날 정도로만 넣는다.

**국거리 재료는** 시원한 맛이 나는 게 좋다. 맑은장국맛의 매력은 담백하고 시원한 맛. 따라서 국거리도 콩나물, 무, 미역, 북어, 조개, 홍합, 굴 같은 재료들이 잘 어울린다.

**장국 재료는** 쇠고기장국이 무난하다. 한꺼번에 많은 양을 끓일 때는 양지나 사태를 덩어리째 폭 고아 국물을 내지만 한끼 정도 먹는 것이라면 등심을 양념해서 볶다가 물을 붓고 끓인다.

**간은 국간장과 소금으로 한다** 맑은장국의 간은 보통 간장으로 한다. 하지만 간장만으로 간을 하다 보면 국물색이 너무 진해져 먹음직스럽지가 않으므로 간장으로는 보기 좋게 색깔만 내고 부족한 간은 소금으로 하는 게 국물을 맑게 끓이는 요령이다.

**간장은 처음부터 넣고** 끓기 전에는 휘젓지 않는다. 국이 다 끓고 난 후에 간장을 넣으면 장냄새가 난다. 따라서 간장 간은 초기에 하되 차가운 국물에는 하지 말고 한 번 끓을 때 한다. 또한 간장을 넣자마자 바로 휘저어도 장냄새가 나므로 다시 한 번 끓을 때까지 젓지 말도록 한다.

**간은 약간 싱겁게 한다** 몇 번 간을 봐도 싱거운 것 같아 자꾸 간을 더하다 보면 짜지는 수가 종종 있다. 이유는 뜨거운 국물은 약간 싱겁게 느껴지기 때문이다. 따라서 팔팔 끓을 때 적당하다고 생각될 만큼 간을 맞추면 막상 먹을 때는 짜게 되는 것이다. 그러므로 끓이면서 간을 보았을 때 약간 싱거운듯 한 게 적당하다.

**매운맛을 내려면** 붉은고추를 넣는다. 얼큰한 걸 좋아하는 사람은 맑은 장국에도 고춧가루를 푼다. 하지만 고춧가루가 들어가면 국물이 탁해진다. 매운맛을 내면서 국물을 맑게 하는 비결은 붉은 고추를 국이 거의 다 끓었을 때 조금 넣는 것. 그러면 칼칼한 맛을 즐길 수 있다.



### 시원한 냉국물 만들기

더운 여름철에 입맛이 없을 때 생각나는 것이 시원한 냉국. 얼음을 둥둥 띄워 상에 올리면 새콤달콤한 냉국의 맛이 잃었던 입맛을 되찾아준다.

냉국은 새콤달콤한 맛과 차가운 느낌을 잃지 않는 것이 포인트. 그러기 위해서는 소금과 식초, 설탕의 비율이 잘 맞아야 제대로 된 국물맛을 낼 수 있다.

냉국의 국물은 그냥 찬물보다 팔팔 끓여 식힌 물을 차갑게 해서 사용한다. 식힌 물 4컵에 간장 2큰술, 식초 1큰술 정도가 기준이지만 입맛에 따라 가감할 수 있다. 미리 간을 해서 냉장고에 넣어두면 필요할 때 꺼내 쓸 수 있다.

맹물만으로 좀 허전하다 싶으면 다시마를 조금 넣고 살짝 우려내도 좋다. 또 더운 여름날에는 피로회복과 땀으로 빠져나간 염분을 보충하는 의미에서 소금과 식초를 넉넉히 넣는 것도 맛을 내는 한 방법.

김이나 다시마 등에 부어 냉국으로 만들어도 좋지만 채썬 오이와 통깨를 살짝 뿌려 다른 음식에 곁들이로 내도 좋다. 특히 맛이 진하고 매운 음식을 먹을 때 곁들이는 국물은 뜨겁게 해서 내는 것이 보통이지만 여름철이라면 시원한 국물을 내는 것도 색다른 별미.

# 냉국 맛내기 포인트 조미료의 배합을 잘 해야 한다

**1 다시마 국물이 냉국의 맛을 더해 준다** 여름에 즐겨 먹는 미역오이냉국이나 김냉국, 해초냉국, 콩나물냉국 등에 사용하는 국물은 멸치나 육수보다는 다시마국물을 우려서 차게 해서 쓰면 새콤한 냉국과 잘 어울리는 산뜻한 맛을 낼 수 있다.

**2 간장으로 간을 한다** 닭국물을 이용한 임자수탕이나 콩국 같은 경우엔 물론 소금간을 해야 깨끗하지만 대부분의 냉국에는 간장으로 간을 해야 감칠맛이 있다. 간장은 국간장과 진간장을 섞어 쓰는 게 좋다.

**3 간장과 식초, 설탕의 비율이 맛을 좌우한다** 여름에 먹는 냉국은 약간은 새콤한 듯 시원한 맛이 입맛을 돋운다. 따라서 조미료의 배합 비율이 중요한데 간장과 식초는 같은 양으로 하고, 설탕도 간장 양의 반을 잡으면 된다. 여러 번 하다 보면 가늠할 수 있겠지만 보통 물 4컵에 간장 2큰술 정도를 넣으면 알맞다.

**4 건더기에도 따로 밑양념을 해야 맛이 난다** 냉국은 다른 뜨거운 국과 달라 함께 넣고 끓이는 것이 아니기 때문에 국물에만 간을 해가지고는 건더기에 맛이 잘 배지 않는다. 미역냉국이나 가지냉국 등을 만들 때는 재료에도 간장·깨소금·참기름 조금씩과 파·마늘을 넣고 조물조물 무쳐 놓았다 간한 국물과 함께 섞으면 훨씬 맛이 잘 어우러진다. 이때 조심할 것은 건더기에도 간이 배므로 국물을 너무 짜게 하면 안 된다는 것이다. 약간 싱거운 듯이 해서 보충하도록 한다.

# 토장국 맛내기 포인트 된장에 고추장을 조금 섞어 끓인다

**1 토장국의 간도 소금으로 보충한다** 토장국은 된장과 고추장을 풀어 끓이는 국이므로 어느 정도 간은 되게 마련이다. 하지만 된장, 고추장만으로 간을 맞추면 국물이 텁텁해지므로 적당량만 풀고 다 끓은 후에 부족한 간은 소금으로 보충하도록 한다. 되도록이면 간장은 쓰지 않는 게 토장국의 맛내기 비법이다.

**2 된장 양은 1인당 1½~2작은술이 적당하다** 된장을 풀 때는 국물 1컵에 대해 보통 1½~2작은술 정도가 적당하다. 몇 번의 경험을 통해 자기 나름대로의 기준을 정하면 간 맞추기가 쉽다.

쌀뜨물에 된장으로 간을 맞추고 여러 가지의 건더기를 넣어 끓인 토장국은 봄에 즐겨 찾는 국물 음식이다. 토장국에 주로 사용되는 재료로는 배추, 시래기, 냉이, 시금치, 아욱, 근대 등 다양하다.

배추로 국을 끓일 때는 배추 자체의 단맛을 감안해 고추장을 많이 풀지 않는 것이 포인트. 또 시래기국은 쌀뜨물로 국물을 잡는 것이 야채를 더욱 부드럽게 하고 시원한 맛을 내는 비결이다.

봄철 나물로 으뜸인 냉이와 시금치는 모시조갯국물에 된장을 풀어 끓이면 시원하면서 구수한 맛을 낼 수 있고 아욱이나 근대로 토장국을 끓일 때 마른 새우를 넣어주면 색다른 맛을 즐길 수 있다.

**3 된장은 체에 걸러서 풀어 넣는다** 된장을 풀 때 기본적인 요령은 체에 걸러서 푸는 것. 조리나 체를 국물에 담근 채 숟가락으로 으깨면서 풀고 남은 찌꺼기는 버린다. 이렇게 해서 풀면 국맛이 깔끔하다. 반면에 좀 더 구수하고 진한 맛을 원하면 체에 걸르지 않고 바로 풀면 되는데 작은 그릇에 국물을 조금 털어내어 일단 된장을 잘 풀어서 넣거나 혹은 국물에 바로 넣더라도 잘 저어서 고루 풀리게 한다.

**4 고추장을 조금 섞는다** 국맛이 웬지 씁쓸하고 뭔가 부족한 것 같을 때, 고추장을 조금 섞으면 토장국의 구수한 맛이 더욱 살아난다. 그렇다고 너무 많이 넣으면 오히려 텁텁해질 수도 있다. 고추장의 양은 된장의 1/6을 넘지 않는 게 좋다.

**5 국거리를 콩가루에 묻혀서 끓인다** 충청도 지방에서 즐겨 쓰는 방법으로 쑥이나 냉이 등을 콩가루에 버무려서 끓이면 한층 더 구수한 맛을 살릴 수 있는데 너무 오래 끓이지 말고 센불에서 맛이 어우러질 정도로만 살짝 끓여야 맛있다.

콩가루를 묻힐 때는 물기없는 그릇에 콩가루를 담고 묻혀야 콩가루가 깔끔하게 묻는다. 국에 넣을 때도 얌전하게 넣어야 콩가루가 뭉치지 않는다.

**6 된장을 푸는 타이밍이 중요하다** 시금치, 냉이, 쑥처럼 연한 푸성귀나 오래 끓이면 맛이 떨어지는 것을 주재료로 하는 토장국은 국물에 된장을 먼저 풀어서 끓일만큼 끓여서 구수한 맛이 우러난 다음에 넣어 잠깐만 끓이는 게 순서다. 하지만 무처럼 익는 시간이 오래 걸리는 재료인 경우에는 반대로 국물에 무를 넣고 끓여 어느 정도 익은 후에 된장을 푸는 것이 맛있게 끓이는 비결이다.

**7 국거리는 손질에 따라 맛이 달라진다** 토장국의 재료로는 냉이나 쑥, 아욱, 근대, 시금치, 풋배추, 시래기 등 푸성귀가 많이 사용된다. 그런데 된장국에 이들 야채를 씻어서 그냥 넣고 끓이면 맛이 덜하다. 어떻게 손질하느냐에 따라 맛이 달라질 수 있다.

쑥처럼 독특한 향이 강한 것은 살짝 데쳐서 끓이고, 아욱은 잘 주물러 씻어서 풋내를 뺀 후에 사용한다. 또 시래기나 우거지 등은 삶아서 쓴맛을 충분히 우려낸 다음에 끓이는 게 비결이다.

**8 왜된장국은 살짝 끓인다** 은근하게 푹 끓여야 구수한 재래식 된장과는 달리 왜된장은 오래 끓이면 풍미가 없어지고 감촉도 나쁘다. 살짝만 끓이는 게 포인트다.

# 조림반찬의 기본 테크닉

조림 반찬은 우리 밥상에 자주 올려지는 맛깔스런 반찬들이다. 재료에 따라 조리법이 조금씩 다르기는 하지만 어느 것이든 재료에
양념맛이 골고루 스며들고 간이 잘 배게 하는 것이 중요하다. 일반적으로 조림 반찬을 맛있게 하는 비결 몇 가지와 생선조림,
콩조림, 고기찜·조림의 조리법을 소개한다. 어느 재료로 조림을 하든 응용이 가능하므로 기초편을 철저히 익히도록 하자.

## 맛내기의 포인트  간이 고루 잘 배게 해야 한다

**1** **조리는 재료가** 겹쳐지지 않도록 냄비의 바닥이 넓고 편평
한 것이 좋다.

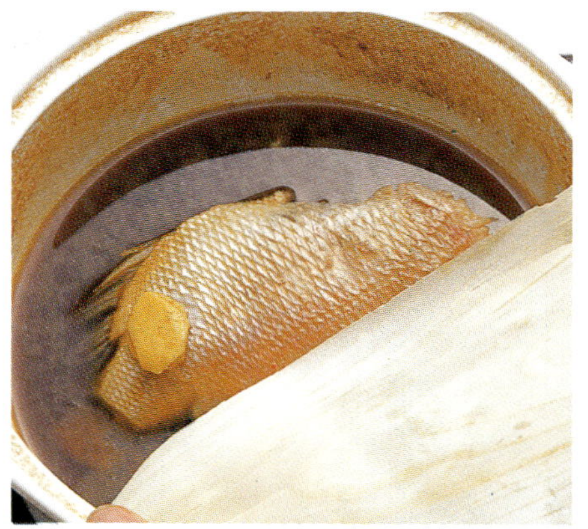

**2** **적은 양의** 국물로도 간이 고루 배도록 얇은 나무껍질 등
으로 속뚜껑을 만들어 덮는다.

**3** **부서지기 쉬운** 재료는 모서리를 둥글게 깎고 오래 익혀
야 하는 재료들이 다 익은 후에 넣는다.

**4** **비린내가 나는** 생선조림의 경우에는 깻잎과 같은 향미채
소나 술을 넣으면 냄새를 제거할 수 있다.

## 콩조림  콩이 어느 정도 물러진 후에 간을 한다

**1** **콩은 잡티를** 골라내고 씻어서 30분 정도 물에 담가 불린다.
주로 검은콩을 사용하긴 하지만 밤콩도 괜찮다.

**2** **불린 콩은** 냄비에 물을 붓고 뚜껑을 덮어 비린내가 나지 않
을 정도로 삶은 후에 간장을 붓고 조린다. 처음부터 간장
을 넣으면 간도 잘 안 배고 딱딱한 채로 잘 물러지지 않는다.

**POINT 1.** 냄비는 바닥이 넓고 편평한 게 좋
다. 같은 용량의 냄비라도 바닥이 좁고 깊이가
있는 냄비는 재료를 겹쳐서 놓아야 하기 때문
에 적합하지 않다. 특히 생선조림을 할 때는 바
닥이 넓어서 생선 토막을 겹쳐지지 않게 쭉 늘
어놓을 수 있는 냄비에 국물을 조금만 부어 조
려야 간이 골고루 배고 빨리 익는다. 냄비가 좁
아서 아래 위로 겹쳐지게 놓으면 간도 골고루
안 배고 자꾸 뒤적이게 되어 부서질 염려도 있
다.

**POINT 2.** 때때로 국물을 끼얹어야 윤기가
있다. 특히 생선조림은 국물을 자작하게 부어
조리기 때문에 생선 표면까지 국물이 닿지 않
는 경우도 있다. 그렇다고 생선을 뒤집으려다
보면 부서지기 쉽다. 그러므로 단시간에 골고
루 맛이 들게 조리려면 끓는 국물을 생선 표면
에 자주 끼얹어 준다. 특히 거의 다 익어갈 때
생선 표면에 국물을 끼얹으면 윤기가 돌아 훨
씬 먹음직스러워 보인다.

**POINT 3.** 불의 세기는 약하게나마 국물이
계속 끓을 정도로 한다. 자칫 방심하다 보면 태
우는 일이 종종 있다. 조림에서 중요한 것은 태
우지 않고 거무스름하면서도 윤기나게 조리는
것이다. 처음엔 센불에서 시작해 한소끔 끓어
오르면 불을 약하게 하는데 이때 약한 불이라
도 국물이 계속 끓을 정도로 해야 맛이 제대로
든다. 이렇게 해서 뚜껑을 덮어 서서히 익힌 후
국물이 거의 잦아들고 간이 다 밴 것 같으면 불
을 세게 하여 뚜껑을 연 채 재빨리 뒤적여서 수
분을 날려 보내야 윤기가 난다.

**POINT 4.** 조림 국물의 양은 자작하게 잡는
다. 냄비에 재료를 안치고 국물을 부었을 때 재
료 윗면이 잠길듯 말듯 할 정도가 적당하다. 처
음부터 한꺼번에 붓고 끓이기도 하지만 한 번
끓은 후 두 번에 나누어 넣기도 한다.

**POINT 5.** 조림 간장에는 물 또는 육수를 섞
는다. 조림은 서서히 오래 끓여야 하는 음식이
므로 간장 만으로 국물 양을 맞추다 보면 너무
짜다. 따라서 조림장을 만들 때 처음부터 섞어
서 쓰기도 하며, 또는 재료를 양념장에 버무려
서 냄비에 안친 다음 따로 물을 자작하게 붓기
도 한다. 비율은 보통 간장 3큰술에 물 1/4컵 정
도면 간이 알맞다.

**POINT 6.** 물을 부을 때는 냄비 가장자리로

# 생선 조림 조림국물을 자주 끼얹어 준다

**1** 생선을 토막낼 때는 칼을 눕혀서 비스듬하게 자른다. 그래야 단면적이 넓어져 간이 잘 밴다.

**2** 생선 조림은 냄비 바닥에 도톰하게 썬 무를 깐다. 이렇게 하면 생선이 눌어 붙는 것도 막을 수 있다.

**3** 토막낸 생선은 서로 겹쳐지지 않게 늘어 놓는다. 그러려면 냄비 바닥이 넓고 편평한 게 좋다.

**4** 조림국물을 자작하게 붓고 조린다. 조리는 도중 조림국물을 자주 끼얹어 주어야 간이 골고루 잘 밴다.

**5** 고추나 파 등은 간이 어느 정도 밴 후에 넣으면 훨씬 먹음직스럽게 보인다.

**6** 생선조림의 비린내를 없애주고 맛을 더해주는 재료는 양파, 마늘, 생강, 파, 고추 같은 향미채소와 술이다.

# 찜·조림 물에 살짝 데쳐서 조리한다

**1** 두툼한 고기에는 칼집을 넣는다. 고기 속까지 잘 익고 간이 속속들이 잘 배게 하려면 군데 군데 칼집을 넣는 게 좋다.

**2** 갈비나 꼬리처럼 뼈가 붙은 고기로 찜을 할 때는 끓는 물에 살짝 데쳐서 조리한다. 그러면 누린내도 없어지고 나쁜 기름도 빠질 뿐 아니라 간도 잘 밴다.

**3** 양념장에 충분히 재어 두었다가 조린다. 생선조림과는 달라 양념장에 버무려서 적어도 1시간 쯤은 재어 두었다가 익혀야 고기도 연하고 양념맛도 골고루 잘 스며든다.

**4** 돼지고기는 팬에 지져서 기름을 뺀다. 돼지고기나 닭고기로 조림을 할 때는 팬에 지져서 노릇하게 색을 낸 후에 조리면 겉도는 기름이 빠지고 색깔도 훨씬 먹음직스럽다. 색채소는 찜이 거의 다 된 후에 살짝만 익힌다.

---

붓는다. 생선조림이든 고기조림이든 양념장에 먼저 버무린 다음에 물을 부어 주는데 반드시 냄비 가장자리로 살며시 돌려 붓도록 한다. 위에서 확 부어 버리면 위에 있던 양념이 다 씻겨 내려가 맛이 덜하다.

*POINT 7.* 냄비 속에 작은 속뚜껑을 덮는다. 속뚜껑은 적은 양의 국물로도 표면 전체에 간이 배게 하고 생선 모양도 흐트러지지 않게 해준다. 일단 생선을 넣고 조리다가 한소끔 끓으면 불을 조금 줄인 다음에 속뚜껑을 덮어주면 된다. 물에 적신 나무 뚜껑이 가장 좋지만 없을 때는 쿠킹 호일을 둥글게 만들어 가운데 구멍을 뚫어 사용하기도 하며, 또 생선회나 초밥을 담았던 얇은 나무껍질 같은 것을 버리지 말고 두었다가 쓰면 효과적이다.

*POINT 8.* 부서지기 쉬운 재료는 나중에 모서리를 다듬어서 넣는다. 특히 갈비찜이나 사태, 꼬리찜 등 고기가 주재료인 경우에는 감자나 당근, 밤 등의 부재료를 섞어서 조리는 경우가 많다. 이럴 때 처음부터 함께 넣으면 서로 익는 속도가 달라 야채는 다 뭉그러지게 된다. 따라서 고기가 어느 정도 익은 후에 넣도록 한다. 또 모서리가 뾰족한 채로 그냥 조리면 뒤적일 때 부서져서 음식이 지저분해지므로 둥글게 다듬어서 넣도록 한다.

*POINT 9.* 향미채소를 넣어 비린내를 없앤다. 아무리 싱싱한 생선이라도 약간의 비린내는 있기 마련이다. 양념할 때 마늘, 생강, 술 등을 넣으면 냄새를 제거할 수 있으며 특히 붉은살 생선을 조릴 때는 고추장을 섞어도 좋고 깻잎처럼 향이 강한 야채를 함께 조리면 서로의 맛이 전해져 냄새도 없어지고 깻잎맛도 구수하다.

*POINT 10.* 녹말물을 넣어 윤기를 더해준다. 조림 중에서도 녹말물을 넣어 끈기있고 국물이 거의 없게 조린 것을 '초'라고 하는데 보통 전복, 홍합, 해삼 같은 해산물 재료에 많이 쓴다. 녹말물을 넣으면 윤기가 나고 또 조리가 끝난 후에도 잘 식지 않는다.

---



### 조림에 어울리는 재료

맛이 진한 양념장에 재어 약한 불에서 조리는 조림은 맛깔스런 밑반찬을 만드는 데 적합한 조리법. 간을 진하게 해서 두고두고 먹으면 상차릴 때 일손을 덜어준다. 이렇게 밑반찬을 위한 조림요리에는 살이 연한 재료보다는 단단하고 쫄깃한 질감이 살아있는 재료가 제격. 어패류라면 날것보다는 말린 건어물 쪽이 조림요리에 적합하다. 말린 조갯살이나 마른 새우 등이 대표적인데 짭짤하게 간을 해서 조려두면 밑반찬으로도 좋고 국물도 흐르지 않아 도시락 반찬으로도 좋다.

살이 연한 재료를 오랜 기간 조리면 쉽게 부스러지고 저장성도 떨어진다. 살이 연한 생선이나 무 같은 야채를 조릴 때는 속까지 간이 밸 정도만 익혀서 바로 먹는 것이 좋다.

# 볶음반찬의 기본 테크닉

불과 기름의 향연이라 할 수 있는 볶음. 비교적 빠르고 간단하게 맛을 낼 수 있어 주부들이 특히 즐겨하는 요리 중의 하나다.
맛의 비결은 국물이 생기지 않게 센불에서 단숨에 익히는 데 있다. 즉 불의 세기와 얼마만큼 빨리 손을 놀리느냐가
관건이다. 집에서는 물론 화력에 한계가 있기 때문에 전문점처럼 되지는 않지만 몇 가지 원칙만 지킨다면
전문점 못지 않은 맛을 흉내낼 수 있다. 재료에서 양념, 상차림까지 모든 준비를 끝낸 후에 시작하도록 한다.

## 맛내기의 포인트 　바닥이 두툼한 프라이팬을 사용한다

중국음식을 조리하는 과정을 보면 크고 두꺼운 프라이팬에 기름을 두르고 활활 타오르는 불길에서 음식을 조리하는 것을 보게 된다. 볶음 요리의 가장 기초적인 테크닉을 보여주는 모습이라고 할 수 있다. 단시간에 기름에서 볶아 내므로 영양소의 손실이 비교적 적은 조리법인 볶음 요리의 장점을 잘 살리려면 기름을 뜨겁게 달구어 단시간 내에 조리하지 않으면 안 된다.

그러기 위해서는 조리에 들어가기 전에 모든 재료의 손질을 끝내고 볶기만 하면 되는 상태로 준비하는 것이 중요하다. 또 기름을 두르기 전에 프라이팬을 충분히 달군 후 기름을 두르고 기름도 연기가 나기 직전까지 달구어야 한다. 연기가 나기 직전의 상태가 되어야 재료를 넣을 때 비로서 적당한 온도가 될 수 있다.

기름의 온도가 낮거나 재료의 준비가 늦어져 재료를 넣는 타이밍을 놓치면 익는 데도 시간이 걸리고 모양새도 흐트러지기 쉬우니 주의할 것.

또한 팬의 선택도 중요한데, 볶음용 팬은 바닥이 넓고 두툼한 것이 좋은데 불이 닿는 바닥면적이 넓은 것이라야 재료에 골고루 열이 전달되어 빨리 볶아진다. 또 바닥이 두툼해서 일단 뜨겁게 달구어지면 잘 식지 않는 것이 좋다. 이런 점에서 보면 볶음용으로는 중국팬이 단연 최고다.

**Point 1** 프라이팬은 회색 연기가 나기 직전까지 달군다. 기름이 채 뜨거워지기도 전에 볶기 시작하면 익히는데 시간이 오래 걸려 색깔도 맛도 볼품없게 된다. 따라서 기름을 두르기 전 팬을 뜨겁게 달군 후에 기름을 두르고 팬 전체에 기름이 골고루 가게 팬을 기울여가며 연기가 나기 직전까지 기름을 뜨겁게 끓인다.

**Point 2** 재료는 일정한 크기로 썬다. 함께 볶을 재료는 서로 비슷한 크기로 썰어야 열이 균일하게 전달되어 단숨에 익힐 수 있고 또 보기도 좋다.

**Point 3** 향미가 나는 것을 먼저 볶는다. 다른 재료를 볶기 전 끓는 기름에 마늘이나 생강, 말린 고추, 양파 같은 향미 채소를 볶아 누릇한 향이 나면 다른 재료들을 볶는 게 맛을 내는 비결이다.

**Point 4** 수분이 많은 재료는 미리 데쳐서 볶는다. 볶음 요리의 포인트는 국물이 생기지 않게 하는 것이다. 따라서 재료 자체에 수분이 많은 버섯류는 미리 데쳐서 물기를 짠 후에 마지막에 넣어 재빨리 볶는 게 맛도 있고 모양도 난다.

**Point 5** 고기, 야채 종류를 함께 볶을 때는 향을 내는 양념류를 먼저 볶은 후 고기나 어패류를 볶는다. 그래야 맛도 충분히 우러난다. 그런 다음 야채는 당근이나 우엉, 죽순처럼 단단한 것부터 순서대로 볶는다. 색깔을 살려야 하는 피망이나 푸른 야채는 맨 마지막에 넣어 살짝만 볶는다.

**Point 6** 팬과 주걱은 대담하게 움직인다. 재료에서 나오는 수분이 달아날 수 있도록 볶는데 사용하는 주걱은 바닥에서부터 들어올리듯, 빠르고 대담하게, 계속해서 움직여 준다.

**Point 7** 볶음 요리에서 간은 재료가 70~80% 정도 익은 후에 하는데 특히 간장을 넣을 때는 재료 바로 위에서 떨어뜨리지 말고 뜨겁게 달구어진 팬 가장자리로 흘려 넣어 약간만 태워 준다. 이렇게 하면 간장에 들어 있는 아미노산과 당류가 열을 받아 독특한 풍미가 난다.

# 찜반찬의 기본 테크닉

찜은 수증기의 열로 재료를 익히는 방법이다. 따라서 냄새가 강한 재료는 찜에 맞지 않으며 닭고기나 흰살생선, 달걀, 배추처럼 담백한
재료에 잘 맞는 조리법이다. 중요한 건 수증기가 재료에 직접 떨어지지 않도록 하는 것이다. 그래야 음식이 깨끗하다.
'찜'은 그 조리법이 분명하게 구별되지 않아서 달걀찜이나 어선처럼 김을 올려서 수증기로 찌는 것이
있는가 하면 닭찜이나 갈비찜처럼 국물을 자작하게 부어 뭉근하게 조리는 마치 조림과 비슷한 형태의 찜도 있다.

## 맛내기의 포인트 수증기가 재료에 떨어지지 않게 조심한다

**Point 1** 가열하기 전에 간을 한다. 찜을 할 때는 가열 도중에 간을 할 수 없으므로 처음부터 간을 해서 찌도록 한다.

**Point 2** 물은 7~8할 정도면 충분하다. 찜통에 넣는 물의 양은 이중 냄비의 경우 아래 냄비 높이의 절반 정도, 많아도 7~8할 정도면 충분하다. 물이 너무 많으면 물이 끓으면서 찜판 위로 넘쳐서 재료에 불필요한 물기가 배고 싱거워진다.

**Point 3** 뜨거운 김이 오른 후에 재료를 넣는다. 아래 냄비에 물을 붓고 팔팔 끓여 뜨거운 김이 오르면 그때 찜판 위에 재료를 안쳐 바로 뜨거운 김을 쏘일 수 있게 한다. 물이 모자라 보충할 때도 역시 뜨거운 물을 부어 주어 온도가 내려가지 않게 한다.

**Point 4** 찜판 위에 깨끗한 행주를 깔고 놓는다. 증기가 재료에 직접 닿아서 모양이 망가지지 않도록 찜판 위에 깨끗한 행주를 깔고 재료를 얹으면 좋다.

**Point 5** 음식 위로 물이 떨어지지 않게 한다. 찜통 안쪽에 묻은 수증기가 재료 위로 바로 떨어지게 되면 보통은 뚜껑을 마른 행주로 싸기도 하며 음식에 따라서는 재료 자체를 깨끗한 행주로 싼 채 찌기도 한다.

**Point 6** 접시에 담아 찌면 간편하다. 특히 생선찜의 경우 접시에 담은 채 조미해서 찌면 그대로 식탁에 낼 수 있어 간편하고 또 작은 재료들은 접시에 담아 찌면 꺼낼 때 편리하다.

## 북어찜 북어찜은 부드럽게 하는 것이 포인트

**1** **통북어로 할** 때는 하룻밤 정도 물에 담가 불린다. 북어포로 할 때는 한 두 시간만 담가두어도 충분하다.

**2** **약한 불에서** 은근히 조린다. 불이 세면 북어살이 바싹 오그라들고 또 딱딱해지는 원인이 된다. 또 북어는 기름기가 적어 다소 퍽퍽한 맛이 있으므로 조릴 때 기름을 섞으면 부드럽다.



### 살이 연한 재료는 찌는 것이 좋다

찜은 찜판 위에 재료를 올리고 뒤적이거나 다른 재료를 더 첨가하는 일 없이 수증기의 열로 가열하는 방법이므로 쉽게 부서질 수 있는 재료에 적합한 조리법. 모든 손질과 간 맞추기를 끝낸 상태에서 김이 오른 찜통에 찌면 음식의 모양도 흐트러지지 않고 깔끔하다. 어선처럼 생선·채썬 야채 등의 재료를 사용해 만드는 음식은 모양이 풀어지지 않도록 가제로 말아서 쪄도 좋다. 너무 쪄서 물러지지 않도록 시간을 잘 맞추는 것이 중요하다. 너무 물러져 버리면 모처럼 깔끔하게 잡아놓은 모양이 흐트러지기 때문이다.

# 구이반찬의 기본 테크닉

구이는 조리법에 따라 소금구이, 양념구이, 꼬치구이로 나눌 수 있으며 사용하는 조리도구에 따라 석쇠구이,
팬구이 혹은 브로일러나 오븐구이 등 매우 다양하다. 어떤 방법을 쓰든지 구이 요리에 있어 중요한 것은 타지
않게 굽기, 먹음직스런 색깔 내기. 그리고 간이 골고루 잘 배게 하는 것이다. 구이의 풍미를 살리기에
좋은 생선과 고기를 중심으로 구이 반찬의 기본 테크닉을 배워 보자.

## 소금구이 — 지느러미가 타지 않게 쿠킹호일로 감싸 준다

### 소금 뿌리기

꼬치에 꿰서 구울 때는 꼬치에 꿴 후에 소금을 뿌린다.

토막낸 생선은 접시에 늘어놓고 재빨리 흩뿌리듯 양면에 골고루 뿌린다.

굽기 바로 직전에 30cm 높이에서 손을 흔들듯이 골고루 뿌린다.

### 구이용 칼집 넣기

머리를 위쪽, 배를 앞쪽에 오게 했을 때 위로 오는 면이 표면이다. 이 표면에 칼집을 넣으면 굽는 도중 껍질이 벗겨지지 않는다.

### 지느러미 보호하기

가슴과 꼬리 지느러미에 약간 축축한 소금을 듬뿍 발라 빳빳하게 세우면 보기도 좋고 열로부터 보호해 지느러미가 까맣게 타는 것을 막을 수 있다.

생선이 채 익기도 전에 지느러미가 까맣게 타는 것을 막으려면 알루미늄 호일로 싸서 굽는다. 소금을 발라 세운 후에도 호일로 싸면 더욱 안전하다.

## 소금구이

생선 자체의 순수한 맛을 충분히 살릴 수 있는 조리법이다. 꽁치, 전갱이, 정어리 등 크지 않은 생선은 통째로 굽는 경우가 많으며 쇠꼬치에 꿰어서 구우면 한결 볼품이 있다.

지느러미가 타지 않게 손질하기, 소금 뿌리는 요령이 중요하다.

*POINT 1.* 생선 껍질애 구멍을 내거나 칼집을 넣는다. 굽기 전에 포크나 젓가락으로 콕콕 찍어 구멍을 내면 불기가 고루 통해서 껍질이 부풀어 오르거나 수축해서 벗겨지는 일이 없다. 혹은 표면에 칼집을 넣어 주면 간도 고루 잘 배고 마찬가지로 껍질 모양도 예쁘게 유지할 수 있다.

*POINT 2.* 소금은 굽기 직전에 30cm 위에서 뿌려 준다. 생선에 소금을 뿌린 후 시간이 지나면 삼투압 작용으로 생선에서 물이 나와 표면이 파삭하게 익지 않는다. 그러므로 소금은 굽기 직전에 뿌린다는 것이 중요하다. 생선 표면에 골고루 뿌리면 적당히 간이 배게 된다. 손에 조금 많다 싶을 정도의 소금을 쥐고 30cm 정도 위 높이에서 손을 흔드는 것처럼 해서 손가락 사이로 소금을 떨어뜨린다. 고운 소금은 자칫 짜게 될 염려가 있으므로 되도록이면 거친 소금을 이용한다.

*POINT 3.* 지느러미는 소금을 듬뿍 바르거나 알루미늄 호일로 감싼다. 특히 통째로 생선을 구울 때 실패하기 쉬운 것 중 하나가 생선이 채 익기도 전에 지느러미가 까맣게 타버리는 것이다. 불이 너무 세기 때문이다.

그렇다고 약한 불에서 구우면 수분과 함께 생선의 맛난 성분이 날아가 맛이 덜하다. 지느러미가 타는 것을 막으려면 소금을 듬뿍 바르거나 알루미늄 호일로 감싸서 굽도록 한다. 특히 가슴과 꼬리 지느러미에 소금을 듬뿍 발라 빳빳하게 세워 구우면 보기에도 좋다.

*POINT 4.* 꼬치에 꿰서 구우면 보기 좋다. 일식집에서 나오는 생선구이를 보면 마치 헤엄을 치고 있는 듯한 모습이어서 보기에 아주 좋다. 생선을 쇠꼬치에 꿰서 구우면 이런 모양을 만들 수 있다. 꼬리에서 머리를 향해 바느질 하듯 두세 번 꿰어 직화로 굽는다.

*POINT 5.* 석쇠는 뜨겁게 달구어 기름을 바른다. 잘못하면 껍질이 석쇠에 모두 들러붙어

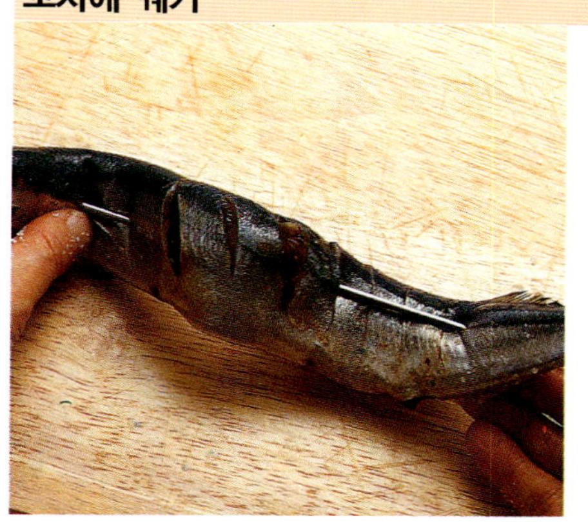

**통으로 꿰기** 윗면이 위로 오게 놓고 꼬리의 아랫면에서부터 꼬치를 찔러 넣는다. 바느질하듯 일정한 간격으로 꿰어 나간다.

**토막낸 생선 꿰기** 토막 생선을 때는 사진과 같이 꼬치 2개를 이용해서 굽는다. 살 두께의 절반보다 껍질 쪽에 가깝게 꼬치를 꿴다.

**새우 꿰기** 새우는 몸을 반듯하게 편 채로 꼬치에 꿰어 구우면 익은 후에도 모양이 구부러지지 않는다.

## 굽기

**석쇠는 뜨겁게** 달구어 기름 또는 식초를 바른 다음에 생선을 올려 놓는다. 그래야 껍질이 단번에 응고되어 들러붙지 않는다.

**긴 쇠꼬치에 꿰면** 직화로 굽기에 편하다. 타지 않게 15~20cm 높이에서 이리저리 돌려가며 굽는다.

**생선의 윗면부터** 구운 후에 뒤집어서 아랫면을 굽는다. 윗면과 아랫면을 6:4 비율로 구우면 적당하다.

---

벗겨져 버리게 된다. 우선 석쇠가 빨갛게 되도록 달군 후에 기름을 골고루 발라서 생선을 올려 놓으면 달라붙지도 않고 맛있게 구워진다.

*POINT 6.* 생선은 윗면부터 굽기 시작하고, 윗면과 아랫면은 6:4 비율로 굽는다. 머리가 달린 생선은 머리를 왼쪽, 배를 앞으로 했을 때 위로 오는 쪽이 윗면이다. 구울 때는 윗면부터 구워 단백질을 재빨리 굳힌 후 뒤집어서 굽는다. 담을 때는 윗면이 위로 오게 놓는다.

*POINT 7.* 붉은살 생선은 바싹, 흰살 생선은 살짝 굽는다. 고등어, 꽁치 같은 붉은살 생선은 불길이 닿도록 바싹 구워야 풍미가 있고 흰살 생선은 은근하게 구워야 부드럽다. 너무 바싹 구우면 살이 단단해져서 맛이 없다. 또 붉은살 생선은 껍질 쪽부터, 흰살 생선은 살 부분부터 굽는 게 순서다.

### 양념장구이

소금구이에 비해 좀 더 진하고 풍부한 맛을 즐길 수 있다. 조리 비결은 양념이 타지 않게 굽는 것과 간이 골고루 배게 하는 게 포인트. 처음부터 양념장을 발라 구우면 생선이 채 익기도 전에 양념만 먼저 타게 된다. 따라서 먼저 팬에 지지거나 또는 기름장을 발라 굽다가 거의 다 익으면 양념장을 발라 간이 배게 두었다가 타지 않게 살짝만 구워야 맛있다.

# 양념장 구이 먼저 프라이팬에 구운 다음 양념장을 바른다

**1** **양념장을 바르기** 전에 먼저 기름장을 바르거나 그냥 구워 거의 익힌다. 이때 칼집을 넣어 두면 양념장이 잘 스며든다.

**2** **앞뒤로 양념장을** 발라 굽는다. 양념장을 바르자마자 구우면 간이 잘 배지 않는다. 약 20분쯤 두었다가 굽는 게 좋다.

**3** **뒤집을 때** 생선을 움직이려면 양념장이 흐르고 번거롭다. 이중 석쇠를 이용, 口자로 덮어서 석쇠째 뒤집으면 쉽다.

# 꼬치 구이 처음에는 센불에서 굽다가 불을 약하게 줄인다

**1** **양념을 바르기** 전 꼬치에 꿴 재료들을 먼저 굽는다. 프라이팬에 굽거나 석쇠에 구울 때도 마찬가지다.

**2** **거의 다** 익을 때까지 구운 후에 양념장을 발라 굽는다. 굽는 도중 계속 양념장을 덧발라 주어 윤기나게 굽는다.


# 프라이팬 구이 프라이팬을 충분히 달군 후에 굽는다

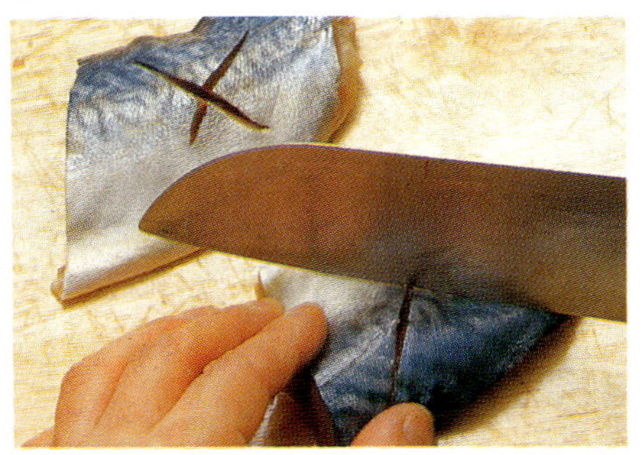

**1** **토막낸 생선을** 구울 때도 껍질에 칼집을 넣어 주면 보기도 좋고 껍질이 들뜨거나 수축될 염려가 없다.

**2** **프라이팬에** 구울 때도 윗면부터 열이 닿게 해서 굽는다. 표면이 건조되기 시작하면 뒤집어 반대쪽도 노릇하게 굽는다.


# 서양식 구이 살 부분부터 굽는다

**1** **밀가루를 체에** 담아서 흔들어 주면 밀가루가 골고루 균일하게 묻어 훨씬 보기 좋게 구울 수 있다.

**2** **껍질째 포뜬** 도미는 껍질부터 구우면 가장자리가 오그라들게 된다. 따라서 살 부분부터 먼저 굽는다.

**3** **노릇한 갈색이** 나면 뒤집어서 마저 익힌다. 처음엔 센불에서 30초쯤 두다가 색깔이 나면 불을 줄여 속까지 익힌다.


## 꼬치구이

일식 스타일의 구이법으로 술안주에 잘 어울린다. 주로 간장에 생강과 술, 설탕을 넣고 끓여 만든 달착지근한 데리소스를 발라 굽는데 고춧가루나 고추장을 섞은 매콤한 양념장을 발라 구워도 독특하다. 어느 것이든 방법은 같은데 일단 재료를 먼저 익힌 후에 양념장을 발라 구워야 간이 잘 밴다.

또 한 가지, 꼬치구이는 불 조절을 잘해야 맛이 있다. 너무 센불에서 구우면 겉은 타고 속은 익지 않으며, 그렇다고 불이 너무 약하면 표면의 단백질이 응고하지 않아 속의 맛난 국물이 흘러나온다.

타지 않게 조심하면서 처음엔 센불에서 구워 표면을 익히고 색을 낸 뒤 불을 줄여 속까지 익게 하는 게 요령이다.

## 프라이팬구이

프라이팬구이는 기름 두른 프라이팬에 굽기 때문에 고소한 맛을 더할 수 있어 좋다. 프라이팬에 구울 때는 우선 프라이팬을 충분히 달군 다음 기름을 두르고 나서 다시 기름이 뜨거워지도록 달군 후에 굽는다. 이 과정이 잘못되면 색깔이 제대로 나지 않고 생선이 프라이팬에 들러붙기 십상이다.

접시에 담을 때 위쪽에 오는 부분부터 센불에서 구워 색깔이 나면 중간불로 낮추어 속까지 익히고 뒤집어서 다시 강한 불에서 구워 색깔이 나면 중간불로 속까지 익힌다.

프라이팬에는 두툼한 생선보다는 얇게 저미듯이 토막낸 생선이 적당하다.

## 서양식 구이

가장 대표적인 형태가 뫼니에르. 소금, 후춧가루를 뿌려 밑간한 생선에 밀가루를 얇게 뿌려서 기름에 지져내듯 굽는 것이 특징.

밀가루를 뿌리는 것은 생선으로부터 수분이 나오는 것을 방지하고 표면을 파삭한 갈색으로 굽기 위한 방법이다. 생선은 육류보다 수분이 많기 때문에 그대로 구우면 물기가 생겨 좀처럼 잘 구워지지 않는다.

중요한 것은 밀가루는 반드시 굽기 직전에 뿌리고 여분의 가루는 털어내도록 한다. 밀가루를 뿌린 채 오래 놔두면 밀가루가 생선에서 나온 물기를 빨아들여 끈적거리고 쉽게 타버린다.




## 전자레인지, 오븐을 이용하면 간단하다

일상적인 구이요리 외에도 빵, 과자, 피자 등 조금 까다로운 요리들도 오븐레인지가 있다면 쉽게 만들 수 있다. 가스불에서처럼 태울 염려도 없고 조리하는 재료에 따라서 뜨거운 정도와 시간을 조절할 수 있으니 조리에 익숙하지 않은 사람이라면 그 쓸모는 더 많아진다.

프라이팬처럼 들여다보면서 자주 뒤집을 수 없으므로 사용서에 써 있는 재료별 기준 조리시간과 온도를 미리 체크해 둔다. 굽는 재료가 큰 덩어리라면 중간에 한두 번 뒤집어 주어야 하지만 문을 자주 열면 온도가 내려가 조리시간이 길어지므로 주의.

오븐팬 외의 다른 그릇을 사용하게 되었다면 내열용기를 고른다. 플라스틱이나 목기, 종이 재질로 된 그릇은 사용해서는 안 된다. 또 사용할 그릇에는 호일을 깔아주면 요리가 한결 깔끔해진다.

# 고기 구이 육즙이 빠지지 않게 센불에서 굽는다

고기구이는 생선구이에 비하면 훨씬 더 손쉬운 조리법이다. 소금구이보다는 갖은양념에 재어 두었다가 굽는 경우가 많은데, 생선과 마찬가지로 불길이 직접 닿게 하는 석쇠구이나 혹은 팬에 지지듯이 굽는 팬구이, 또 서서히 속까지 익히는 오븐구이 등이 있다. 어느 것이든 고기는 질기지 않게 밑손질을 잘 해주고 구울 때는 육즙이 빠지지 않게 센불에서 굽는 것이 맛을 내는 비결이다.

**POINT 1.** 고기를 연하게 만든다. 우선 고기 자체에 붙어 있는 힘줄을 끊어 주고 갈비살은 칼끝으로 자근자근 두들겨서 살을 고루 펴고 연하게 만든다. 또 간장 양념을 하기 전에 배즙이나 양파즙, 설탕, 청주 등에 미리 재어 둔다. 특히 갈비 종류는 반나절쯤은 재어 두어야 한다.

**POINT 2.** 양념장에 충분히 재어 두었다가 굽는다. 양념해서 바로 구우면 양념이 겉돌고 맛이 없다. 살코기나 얇게 썬 고기는 최소한 30분 정도면 충분하지만 갈비나 뼈가 붙어 있는 상태의 닭고기 같은 경우엔 최소한 2~3시간, 반나절쯤은 재어 두어야 간이 잘 밴다.

**POINT 3.** 육즙이 빠지지 않게 센불에서 굽는다. 양념한 고기는 먼저 센불에서 재빨리 익혀 표면의 단백질을 응고시킨 후 불을 줄여 속까지 익도록 구워야 육즙이 빠져나가지 않고 고기 맛이 좋다. 뜨겁게 달군 팬에 고기를 올려 놓자마자 젓가락으로 고기를 눌러서 표면이 빨리 익게 하는 것도 좋은 방법이다.

**POINT 4.** 한 번만 뒤집는다. 채 익기도 전에 자주 뒤집으면 고기 표면이 마르고 쓴맛이 난다. 우선 석쇠나 팬을 뜨겁게 달군 후에 고기를 놓아 센불에서 굽다가 고기 위에 핏물이 고이면 그때 한 번만 뒤집어서 익힌 후 먹는다. 그래야 부드럽고 연하다.

**POINT 5.** 쇠고기는 살짝, 돼지고기는 완전히 익힌다. 쇠고기는 너무 바싹 구우면 오히려 뻑뻑하고 질다. 7할 정도만 익혀서 먹는 게 가장 부드럽다. 하지만 돼지고기는 거의 타기 직전까지 구워 먹는게 훨씬 풍미가 있다. 또 돼지고기는 쇠고기에 비해 고기도 연하고 부드러운 편이며 덜 익힌 것은 기생충의 염려도 있어 완전히 익혀 먹는 게 좋다.

**POINT 6.** 기름이 밑으로 빠지는 고기 전용 팬을 이용한다. 특히 기름이 많은 돼지고기나 닭고기를 구울 때는 기름 때문에 느끼해지지 않도록 하는 게 중요하다. 그러기 위해선 기름이 밑으로 떨어지게 되어 있는 고기 전용 구이 팬을 이용하는게 좋다. 그렇지 못할 때는 굽는 도중에 생기는 기름을 휴지나 식빵 조각으로 자주 닦아내 주도록 한다.

## 고기 연하게 하기

**고기살 사이에** 있는 힘줄을 끊어 주고 갈비살은 칼끝으로 자근자근 두들겨서 살을 얇게 펴 준다.

**갖은양념을 하기** 전에 배즙, 양파즙, 청주, 설탕 등에 재어 반나절쯤 두었다가 굽는다.

## 양념장에 재기

**고기류는 양념해서** 바로 구우면 제맛이 나지 않으므로 밑양념해서 충분히 재어 두었다가 굽는다. 뼈가 붙어 있는 갈비나 닭고기는 더 오래 재어 두도록.



### 고기요리를 연하게 즐기려면

육류요리를 할 때 주의할 점의 하나는 고기를 연하게 손질하는 것이다. 구입할 때부터 연하고 부드러운 고기를 구입하는 것이 가장 좋은 방법이지만 질 좋은 고기를 항상 구입할 수 있는 것은 아니므로 손질하는 요령도 알아두면 좋다.

칼등이나 텐더라이저로 꼼꼼히 두들겨 조직을 연하게 만들어 주는 것이 가장 쉽고 경제적인 방법인데 너무 세게 두들기면 흐물흐물 해지므로 적당한 강도로 두들기는 것이 중요하다.

배, 파인애플처럼 연육작용이 있는 과일을 얇게 썰거나 갈아서 양념할 때 곁들이면 과일 향기가 고기의 누린내를 없애주는 한편 고기를 연하게 해주어 풍미를 돋우어 준다.

## 맛있게 굽기

**쇠고기** 7할 정도만 익혀서 먹는 것이 부드럽고 맛있다. 육즙이 빠지지 않도록 처음에는 센불에서 표면을 응고시킨 다음 불을 줄여 속까지 익도록 한다.

**돼지고기** 쇠고기에 비해 연하고 부드럽지만 덜 익힌 것을 먹으면 기생충의 염려가 있으므로 속까지 완전히 익힌다. 기름이 밑으로 떨어지는 구이 팬을 이용하도록.



### 구이용으로 맛있는 부위는…

고기는 부위에 따라 조리법을 달리해야 제맛을 즐길 수 있는데 구이용으로는 쇠고기의 등심, 안심, 채끝살, 갈비를 치며 돼지고기는 등심, 안심, 삼겹살, 갈비를 꼽는다. 닭고기는 다리살과 안심을 많이 이용한다.

쇠고기의 등심, 안심, 채끝살, 갈비살은 결이 곱고 부드러우며 얼룩 지방으로 되어 있어 고기 원래의 맛을 살리는 구이감으로 그만이다.

돼지고기의 삼겹살은 소금구이로 많이 이용하는데 기름이 많으므로 구이용 팬을 이용해 기름이 빠져 나가도록 한다.

이외에 닭고기의 다리살은 로스트 치킨으로, 가슴살과 안심은 버터구이로 적합하다.

돼지갈비는 고추장 양념에 재었다 구워야 누린내가 나지 않는다.

# 튀김 반찬의 기본 테크닉

어른 아이 할 것 없이 누구나 좋아하는 음식 중 하나가 바로 튀김. 하지만 '바사삭' 소리까지도 고소하게 튀겨 내는 일이란 쉽지 않다.
일식집에서 먹어보던 튀김처럼 바삭바삭하고 볼륨감 있게 튀기려면 몇 가지
꼭 지켜야 될 원칙이 있다. 재료 손질에서 튀김옷 만들기, 튀기는 요령까지 자세히 체크해 본다.
또 유난히 튀기기 어려운 재료들을 실패없이 튀기는 방법도 소개한다.

## 맛내기 포인트 고소하고 바삭하게 튀긴다

### 물기 제거하기

**오징어** 껍질과 살 사이에 물기가 고여 있다. 타월을 이용해 껍질을 벗기고 속껍질도 말끔히 벗겨 낸다.

**야채** 깻잎, 쑥갓, 감자, 고구마 등 튀김 재료로 이용하는 것들을 깨끗이 손질하여 마른 수건으로 물기를 거둔 후 튀긴다.

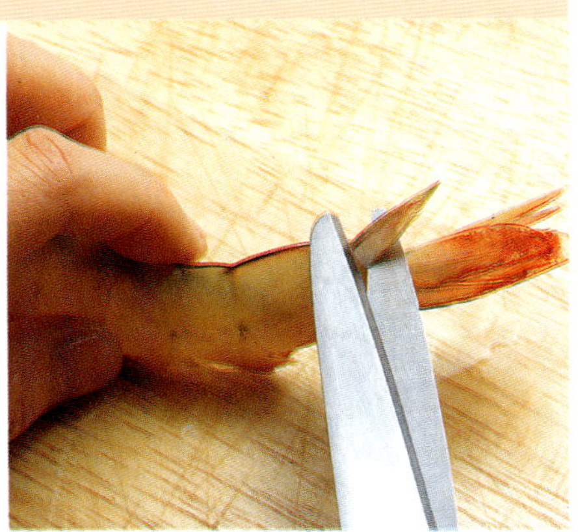

**새우** 꼬리 위쪽의 물집샘을 잘라내고 꼬리 끝의 검은 부분을 칼로 긁어낸다.

**POINT 1.** 재료의 물기를 완전히 제거한다. 재료에 물기가 남아 있으면 튀길 때 기름이 튀어 델 염려도 있거니와 기름을 많이 흡수해 눅눅해지기 쉽다. 표면의 물기뿐 아니라 보이지 않는 수분까지도 없애야 한다.

**오징어** 껍질과 살 사이에 수분이 고여 있다. 겉껍질뿐만 아니라 안쪽의 얇은 흰 막까지도 벗겨낸다.

**새우** 꼬리 위쪽에 붙어있는 뾰족한 것이 물집샘이다. 반드시 이것을 잘라내고 꼬리 끝의 검은 부분도 칼로 긁어내 수분을 제거한다.

**야채** 체에 건져 물기를 뺀 후 키친타월로 가만히 눌러 닦아 물기를 완전히 제거한다.

**POINT 2.** 밀가루를 체에 쳐서 사용한다. 밀가루를 체에 치면 공기 함유량이 많아져 한결 바삭한 튀김을 만드는 데 도움을 준다. 뿐만 아니라 박력분을 사용한다거나 밀가루를 냉장고에 차갑게 두는 것도 좋은 방법이다.

**POINT 3.** 녹말 가루를 섞으면 파삭하다. 얼음물에 밀가루를 넣어 가볍게 섞는 것이 가장 보편적인 방법이긴 하지만 또 다른 방법으로는 녹말가루를 섞기도 한다. 분량은 밀가루의 1/10 정도. 또한 튀김옷을 입히기 전, 재료에 밀가루를 묻히는 대신 녹말가루를 살짝 묻히는 것도 한 방법이다.

**POINT 4.** 달걀은 완전히 푼 다음에 섞는다. 밀가루에 곧바로 달걀을 깨뜨려 넣고 반죽을 하게 되면 달걀을 푸느라고 너무 많이 휘젓게 되어 밀가루에 끈기가 생겨 튀김이 눅눅해진다. 반드시 달걀은 끈기가 없게 완전히 푼 다음에 밀가루를 조금씩 넣어 섞는다.

**POINT 5.** 튀김옷은 젓가락으로 대충 섞는다. 휘젓는 것은 금물. 나무젓가락을 이용해 툭툭 치듯, 가볍게 섞어야 끈기가 생기지 않는다. 너무 오래 저으면 밀가루에서 글루텐 성분이 형성되어 눅진하고 질긴 질감을 갖는 원인이 된다. 날밀가루가 1/3쯤 남아있는 상태에서 그만 저으면 알맞다. 또 튀김옷이 만들어진 후에는 바로 튀길 수 있도록 재료 손질과 기름 준비의 타이밍을 맞추는 것이 가장 이상적이다.

**POINT 6.** 튀김옷이 안 벗겨지게 하려면 날밀가루를 묻힌다. 튀김옷이 벗겨지는 원인은 재료에 묻은 물기 때문이다. 따라서 재료의 물기를 완전히 닦아내는 것이 중요하며 튀김옷을 입히기 전 날밀가루를 묻혀두면 튀김옷이 훨씬 잘 붙어 있게 된다.

**POINT 7.** 튀김옷은 얇게 입혀서 튀긴다. 튀김옷이 너무 두꺼우면 맛도 덜하고, 기름 흡수도 많아 자연 바삭한 맛이 떨어진다. 튀김옷을 얇게 입히려면 재료에 날밀가루를 묻힌 후 여분의 밀가루는 손으로 가볍게 털어내도록 한다. 또 튀김옷의 반죽이 너무 되직해도 튀김옷이 두껍게 입혀진다. 재료에 묻은 날밀가루가 더해지므로 튀김옷 반죽은 약간 흐를 정도로 하고 두껍게 묻은 부분은 그릇 가장자리에 대고 가볍게 훑어내린 후에 튀긴다.

**POINT 8.** 적정 온도에서 튀긴다. 온도가 낮으면 기름지고 눅눅해진다. 너무 낮은 온도에서부터 튀기면 재료 속의 수분이 채 빠져 나오기도 전에 기름이 흡수되어 수분과 섞여 눅눅한 튀김이 된다. 기름이 끓을 때 재료에 따라 알맞은 온도에서 튀겨야 바삭한 맛을 살릴 수 있다.

**POINT 9.** 튀김 기름은 넉넉히, 재료는 조금만 넣어 튀긴다. 양이 많아 빨리 튀기려는 욕심에 튀김 재료를 한꺼번에 많이 넣으면 기름 온도가 금방 내려가 바삭한 튀김이 되지 않는다. 일정 온도를 유지하려면 처음부터 기름을 넉넉히 부어 끓이고 재료는 기름 표면적의 1/2을 넘지 않게 한다.

**POINT 10.** 덩어리 고기는 반드시 두 번 튀긴다. 흔히 튀김은 두 번 튀겨야 바삭하다고 알고 있는데 모든 재료가 모두 두 번 튀겨야 하는 건 아니다. 고기 중에서도 덩어리째 튀기는 경우에만 두 번 튀기면 된다. 처음은 중온에서 익히는 단계, 두번째는 고온에서 수분을 날려 보내 바삭한 질감과 노릇한 색을 내는 단계. 또 튀기는 중에 구멍 국자로 건졌다 뺐다 하는 것도 두 번 튀기는 것과 같은 효과를 낼 수 있다.

그러나 야채는 두 번 튀기면 시꺼멓게 되므로 170~180℃에서 일정 온도를 유지하면서 한 번만 튀기면 된다.

**POINT 11.** 튀긴 것은 기름을 잘 빼 놓는다. 그래야 파삭함이 오래 간다. 튀김의 마지막 포인트는 기름을 빼는 것이다. 모처럼 잘 튀겼어도 기름을 완전히 빼지 않으면 눅눅해지고 만다.

## 튀김옷 만들 때의 주의할 점

**달걀 풀어 넣을 때** 밀가루에 직접 달걀을 풀어 넣으면 너무 휘젓게 되어 밀가루에 끈기가 생긴다. 이렇게 되면 튀김을 해 놓아도 눅눅하다.

**튀김옷 섞을 때** 나무 젓가락으로 툭툭치듯 섞는다. 날밀가루가 ⅓쯤 남아있는 상태에서 그만 젓는다. 너무 휘저으면 끈기가 생긴다.

**튀김옷을 입힐 때** 재료의 물기를 완전히 닦아 내고 튀김옷을 입히기 전 날밀가루를 묻혀 두면 튀김옷이 안 벗겨진다.

**튀길 때** 튀김옷 반죽은 약간 흐를 정도로 하고 너무 두껍게 묻었으면 반죽 그릇에서 빼낼 때 가장자리에 대고 한번 훑어 내린다.

## 바삭하게 튀기는 요령

**온도 맞추기** 온도가 낮으면 튀김이 눅눅해지므로 기름 온도를 잘 맞추어야 한다. 그리고 기름 온도가 오르기 전에 튀김 재료를 넣지 말고 적정 온도가 되었을 때 하나씩 넣어 튀긴다.

**재료 분량 맞추기** 너무 한꺼번에 많이 넣어 튀기면 기름 온도가 낮아져서 튀김이 눅눅해진다. 온도 조절을 하면서 하나씩 넣어 튀기도록.

**두 번 튀기기** 처음에는 재료의 겉이 노릇할 정도로, 즉 속이 70% 정도 익을만큼만 튀겨 내고 충분히 식으면 온도를 높여 다시 한번 재빨리 튀겨 낸다.



### 튀김옷에 변화를 주려면—

같은 재료라도 튀김옷에 따라 맛도, 모양도 달라진다. 밀가루 반죽에 시금치즙이나 카레가루를 풀어서 만들면 보다 먹음직스런 색깔을 낼 수 있고, 빵가루에 아몬드나 파슬리가루, 검은깨 등을 섞어서 사용하면 독특한 맛을 낼 수 있다.

• 밀가루에 카레가루를 섞은 후 체에 쳐서 튀김옷을 만든다.

• 돈까스를 튀길 때 푼 달걀에 파슬리가루를 섞어 옷을 입힌 후, 빵가루를 묻혀 튀긴다.

• 빵가루 대신 크래커 또는 땅콩, 아몬드 부순 것, 검은깨, 식빵 조각을 묻혀서 튀긴다.

# 튀김옷 만들기   얼음물을 사용하고 날밀가루가 보이도록 대충 섞는다

**1** 볼에 달걀 한 개를 깨뜨려 담고 냉수를 붓는다.

**2** 흰자의 점성이 없어질 때까지 완전히 풀어준다.

### 기본 배합 비율
밀가루 100g, 달걀 1개, 냉수 ¾컵

**3** 얼음을 넣어 찬 온도가 유지되게 한다.

**4** 체에 친 밀가루를 흩뿌리듯이 조금씩 섞는다.

**5** 마구 휘젓지 말고 젓가락으로 대충 섞는다. 날밀가루가 듬성듬성 보이는 상태에서 튀김옷을 입힌다.

# 튀김기름 온도 맞추기   튀김옷을 떨어뜨려 확인한다

**1** 튀김옷을 조금 떨어뜨렸을 때 바닥까지 가라앉고 거품도 적으면 150~160℃의 저온이다.

**2** 튀김옷이 중간까지 잠겼다가 잠시 후 떠오르면 170℃ 정도의 중온이다.

**3** 튀김옷을 떨어뜨리자 마자 파르르 소리가 나면서 곧바로 위로 떠오르고 거품도 많으면 190℃ 이상의 고온이다.

## 튀김 기름의 온도 확인 요령

바삭한 튀김을 만들려면 튀김옷 못지 않게 중요한 게 튀김기름의 온도다. 너무 낮은 온도에서 튀기면 기름을 많이 흡수해 기름지고 눅눅해지기 쉽고, 그렇다고 무조건 높은 온도에서 튀기면 어떤 재료는 겉만 타고 속은 익지도 않는다. 따라서 기름이 끓을 때 재료에 따라 알맞은 온도에서 튀겨야 바삭하고 고소한 튀김이 된다.

## 튀김옷을 바삭하게 만들려면

튀김을 바삭하게 튀기려면 튀김옷을 잘 입혀야 한다. 튀김옷을 만들 밀가루는 끈기가 많은 강력분보다는 글루텐 함량이 가장 적은 박력분이 좋다.

반죽할 때도 밀가루만으로 하지 말고 밀가루와 녹말가루를 적당히 섞어 더욱 바삭거리는 맛을 즐긴다. 물은 냉장고에 차게 해 두었다가 사용하는 것이 튀김을 맛있게 만드는 요령이다.

튀김옷을 미리 만들어 두면 끈기가 생겨 눅눅해지므로 필요에 따라 적당량을 그때그때 만들어 사용하도록 한다.

튀김옷에 빵가루를 입혀서 튀길 경우는 바싹 바른 것보다 조금 눅눅한 것으로 해야 타버리지 않는다.

# 바삭바삭한 튀김을 만들기 위한 재료별 체크 포인트

아무리 순서를 지켜 잘 튀겨도 튀김을 해 놓으면 금방 누글누글해진다. 두 번 튀겨 내면 바삭바삭하다고 하여 그렇게 해 봐도 누글누글해지기는 마찬가지. 왜 일식요리에서 나오는 그런 바삭바삭한 튀김을 만들 수 없을까. 그것은 재료마다 손질해야 할 부분이 있는데 그것을 파악하지 못했기 때문이다.

튀김 재료로 많이 이용하는 재료들을 모아 손질해야 할 부분이 어떤 것인지 숨어있는 특성을 찾아본다.

## 새우를 튀길 때

꼬리 끝에 들어 있는 수분도 말끔히 긁어 없앤다. 그래야 기름이 튀지 않는다.

## 고추를 튀길 때

이쑤시개로 콕콕 찔러 숨구멍을 내준다. 그렇지 않으면 기름이 안으로 스며들지 못하고 공기가 빠져나오지 못해 기름이 튄다.

## 오징어를 튀길 때

겉껍질 안쪽의 얇은 흰 막까지도 깨끗이 벗겨 내야 수분이 제거된다.

## 감자를 튀길 때

썬 감자나 고구마는 반드시 물에 담가 표면의 전분기를 씻어 내고 튀겨야 눅눅하지 않다.

젓가락으로 일일이 건져 내려면 시간도 오래 걸리고, 부서지기도 쉽다. 처음부터 망에 담아 튀기면 편리하다.

## 깻잎을 튀길 때

일식집에서와 같은 볼륨있는 튀김을 원하면 튀기는 도중 젓가락으로 튀김옷을 군데군데 덧입히거나 손으로 흩뿌린다.

## 쇠고기를 튀길 때

너무 오래 튀기면 살이 오그라들고 뻣뻣해진다. 중불의 기름에 고기를 넣은 후 곧 불을 세게 해서 파삭하게 튀긴다.

## 닭고기를 튀길 때

닭튀김의 가장 큰 문제는 속까지 푹 익게 하는 것. 되도록이면 토막을 작게 내고 살이 두꺼운 닭다리에는 깊숙히 칼집을 낸다.

## 생선을 튀길 때

생선튀김의 비린내를 없애려면 우유에 담가두었다가 튀긴다. 또한 맛있는 생선튀김을 원한다면 다소 덜 바삭하더라도 반드시 소금간을 해서 튀기는 게 맛있다.



### 생선을 바삭하게 튀기려면…

**• 튀김옷은 튀기기 직전에 만든다**

밀가루는 끈기가 덜 생기는 박력분을 사용하며 냉수에 푼다. 섞을 때는 휘젓지 말고 재빨리 5~6회 정도 섞어서 가루의 입자가 남아 있는 정도면 된다.

또 튀김옷은 시간이 지나면 끈기가 생기므로 튀기기 직전에 갠다.

튀김옷을 담을 그릇은 늘 차게 한다. 그래야 재료를 튀기는 도중에 튀김옷의 온도가 올라가지 않는다.

**• 튀김옷은 확실하게 입힌다**

튀김옷이 벗겨지는 것을 막기 위해서는 약간 두터워지더라도 옷을 확실하게 입히는 것이 좋다. 아니면 빵가루를 묻힌 후 잠깐 두어도 옷이 잘 벗겨지지 않는다.

**• 달걀옷은 물을 타서 입힌다**

달걀옷을 입힐 때 달걀을 풀어 그대로 쓰면 끈기가 있어서 잘 붙지 않는다. 이럴 경우 달걀 1개에 물 ½컵을 섞어 입히면 잘 붙는다.

**• 적합한 기름 온도의 기준을 지킨다**

바삭바삭하게 튀기려면 기름 온도가 제일 중요하다.

튀김은 시작할 때부터 끝날 때까지 같은 온도를 유지해야 하며 재료에 따라 달라지는 적합한 기름 온도를 잘 지켜 주어야 한다.

# 전·적 반찬의 기본 테크닉

전·적은 모두 프라이팬에 지져 내는 음식이다. 옛부터 내려오는 우리 고유의 조리법으로 솥뚜껑같이 생긴 커다란 번철에
돼지기름을 문질러가며 부쳤다. 생선, 야채, 고기류를 얄팍하게 손질하여 밀가루를 묻히고 달걀물에 담갔다가 지졌는데
기름이 너무 많거나 적어도 제맛이 나지 않는다. 전에 비해 적은 고기, 야채류를 길쭉하고 도톰하게 손질하여
꼬치에 꿰어 지지는 것이 특징. 재료에 밀가루를 묻히고 달걀물 씌우는 것은 동일하다.

## 전 요리 맛내기 포인트   덧입힌 밀가루와 달걀물이 벗겨지지 않도록 한다.

**1** 생선전은 보통 흰살생선을 사용한다. 한입 크기로 손질해 둔다.

**2** 양념장에 찍어 먹게 되는 음식이라도 조리하기 전에는 밑간을 해주는 것이 좋다.

**3** 밀가루와 달걀물이 고루 묻혀져야 전을 지졌을 때 모양이 예쁘다.

**4** 프라이팬이 뜨겁게 달구어진 상태에서 중불로 놓고 전을 지져낸다.

**5** 한쪽 면이 충분히 익었을 때 뒤집는다.

### 쑥갓 얹기 | 전을 좀더 화려하게 하고 싶다면 윗면에 쑥갓잎이나 고추 등을 얹어 장식한다

**1** 작은 쑥갓잎을 하나씩 떼어 달걀물에 적신다. 그래야 잘 붙어 있는다.

**2** 뒤집기 전 아직 촉촉한 기가 남아 있을 때 하나씩 얹은 후 뒤집어서 익힌다.

**3** 전의 노르스름한 색과 쑥갓의 파란색, 버섯의 갈색이 어우러져 모양이 예뻐진다.

### 프라이팬 달구는 요령

**1** 우선 기름을 두르지 않은 상태에서 팬을 뜨겁게 달군다.

**2** 팬에 기름을 넉넉히 둘러 기름이 뜨거워질 때까지 달군다.

**3** 여분의 기름은 닦아낸다. 기름이 너무 많으면 표면이 매끄럽지 못하다.

명절 때나 잔칫상, 제삿상 또는 이런저런 손님상에 빠지지 않고 으레 오르게 마련인 음식 중의 하나가 바로 '전'이다. 종류도 다양해서 호박, 깻잎, 고추, 버섯, 연근 등의 야채는 물론 고기, 생선살, 굴, 새우, 조개, 두부 등 온갖 재료로 만들 수 있는데, 재료 손질만 하면 방법은 크게 다른 것이 없다. 기본 요령 몇 가지만 익혀두면 수십가지의 전을 부칠 수 있는 셈이다.

*POINT 1.* 생선전은 보통 동태, 대구, 가자미 등의 흰살 생선을 사용한다. 크게 포떠진 것은 한 입 크기로 저며 썬다.

*POINT 2.* 재료에는 반드시 간을 해야 맛있다. 먹을 때 양념간장이나 초간장이 곁들여지므로 약간 심심하게 한다. 하지만 오징어나 새우처럼 약간 간기가 있는 것은 하지 않아도 된다.

*POINT 3.* 반드시 앞뒤로 밀가루를 골고루 묻혀야 달걀물이 골고루 입혀져 예쁘게 부쳐진다.

*POINT 4.* 프라이팬은 충분히 달군 후에 지진다. 팬이 채 달구어지기도 전에 부치면 달걀물을 묻힌 옷이 깨끗하게 부쳐지지 않는다. 충분히 달군 후에 기름을 넉넉히 두르고 중불에서 노릇노릇하게 익힌다.

*POINT 5.* 한쪽 면이 충분히 익은 후에 한번만 뒤집는 게 요령이다. 자꾸 여러번 뒤집다보면 재료도 잘 안 익고 부서질 염려도 있다.

*POINT 6.* 한 김 식은 후에 그릇에 담는다. 방금 지져낸 전을 바로 접시에 포개어 담으면 옷이 벗겨지기 쉽다. 넓은 채반에 하나씩 펼쳐 놓았다가 한 김 나가면 접시에 담아 따뜻할 때 먹는다.

# 고기소 넣은 전 고기소가 떨어지지 않게 한다

**1** **고기는 다진** 것을 이용한다. 두부를 으깨어 섞기도 하고 고기만 쓰기도 한다.

**2** **고기** 속을 채워 넣을 면에 밀가루를 골고루 켜 바른다.

**3** **고기** 속을 꼭꼭 다지듯이 채워 넣는다. 슬렁슬렁 넣으면 흐트러지기 쉽다.

**4** **고기** 속을 채워 넣어 부치는 전은 밀가루를 한쪽 면에만 묻혀서 달걀물을 입힌다.

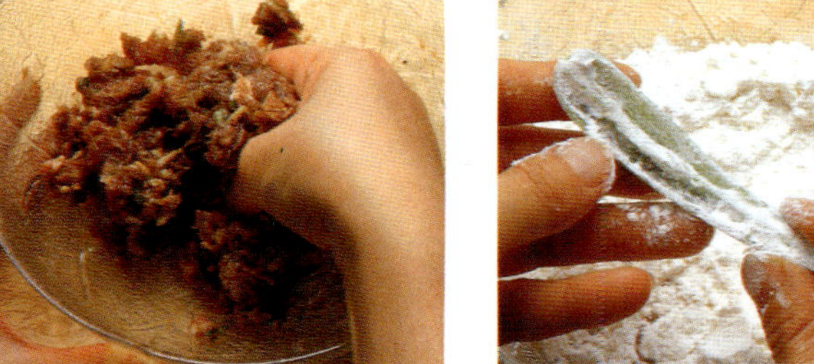

**5** **먼저 고기** 속을 채운 면을 지진다. 손으로 가만히 눌러주어 달라붙게 해 준다.

**6** **체반에 펼쳐** 놓았다가 표면에 붙은 찌꺼기들은 키친 타월로 닦아낸다.

# 적 요리 맛내기 포인트 각각의 재료가 골고루 제맛을 내도록 손질하는 것이 중요하다.

**적 요리 맛내기 포인트**

**1** **재료의 크기가** 일정하도록 손질하는 것이 중요하다.

**2** **당근, 우엉** 등 조직이 단단해 잘 익지 않는 재료는 미리 살짝 데쳐준다.

**3** **밑간은** 미리 해 두어야 재료의 속까지 간이 고루 밴다.

**4** **꼬치에** 꿸 때는 위에 1cm 정도는 남겨 놓아야 꿴 부분이 흐트러지지 않는다.

**5** **달걀물을** 잘 입히려면 먼저 밀가루를 골고루 묻혀야 한다.

**6** **상에 내기** 전에 길이가 고르지 않은 부분을 반듯하게 잘라서 모양을 단정히 정리한다.

## 전 부치는 요령

야채에다 고기 속을 채워서 지지는 전 종류에는 고추전, 깻잎전, 표고전 등이 있으며 연근 사이에도 고기 속을 채워 지지기도 한다. 이것 역시 한 가지만 알아두면 다른 것도 모두 같은 요령으로 쉽게 할 수 있다.

## 적 부치는 요령

'적'은 꼬치에 꿰서 굽거나 또는 기름 두른 팬에 지져낸 것을 말하는데 보통 고기와 야채 종류를 색스럽게 끼워 마련한다. 어느 것이든 간이 잘 되어야 맛있으며 길이를 가지런히 맞추어야 보기가 좋다. 대개는 전처럼 밀가루, 달걀을 씌워 부치지만 누름적이라 하여 옷을 입히지 않고 그냥 지져낸 것도 색다른 맛이 있다.

*POINT 1.* 모든 재료는 같은 크기로 썰어 준비한다. 다만 고기는 익으면 오그라들므로 조금 길게 자른다. 보통은 1cm 너비에 6~7cm 길이로 자른다.

*POINT 2.* 당근이나 우엉처럼 익는데 시간이 걸리는 재료는 미리 살짝 데쳐서 사용한다. 그래야 다른 재료와 함께 지졌을 때 익는 속도가 같고 간도 잘 밴다.

*POINT 3.* 각각의 재료는 따로 밑양념을 해 두었다가 지져야 맛있다. 특히 고기는 갖은 양념으로 조물조물 무쳐야 감칠맛이 난다.

*POINT 4.* 꼬치에 꿸 때는 위에서 1cm쯤 남겨 놓고, 양쪽 가장자리에는 조금 단단한 재료를 꿰어야 꼬치가 빠지지 않는다. 또 주재료는 조금 많이 들어가게 요령껏 끼운다.

*POINT 5.* 반드시 밀가루를 묻힌 후에 달걀물에 담가야 옷이 잘 입혀진다. 재료가 가진 알록달록한 색을 살리려면 옷을 얇게 입히든가 혹은 밀가루를 한쪽면에만 묻히기도 한다.

*POINT 6.* 그릇에 담을 때는 삐죽삐죽 나온 모양을 반듯하게 정리해서 담는다. 잘라낸 자투리는 찌개에 이용하면 좋다.

# 부침 요리 맛내기 포인트 얇게 부쳐야 쫄깃한 맛이 살아난다.

**1** 반죽은 묽으면서도 걸쭉한 끈기가 있는 정도의 상태여야 부침을 했을 때 쫀득쫀득한 맛이 있다.

**2** 반죽을 떠놓고 국자를 움직이면서 적당하게 얄팍한 두께가 되도록 펴준다.

**3** 부치면서 뒤집개로 꾹꾹 눌러주면 얇게 잘 퍼지면서 모양도 더 단정해진다.

**4** 부치는 도중에 기름이 모자라면 프라이팬 가장자리 쪽으로 기름을 흘려 넣는다.

전유어가 정갈하고 품위가 있어 보이는 음식이라면 부침개는 푸짐하고 소박해 보이는 것이 먹음직스러워 정이 가는 음식이다.

계절에 따라 애호박을 가늘게 채썰어 넣기도 하고, 부추나 달래로 맛을 더하기도 하며 햇감자를 갈아 만든 감자부침개는 구수하고 쫄깃한 맛이 일품이다.

또 한겨울에는 김치를 큼직하게 찢어 넣고 부친 김치 부침개가 입맛을 돋우어 준다.

이렇듯 각각의 재료에 따라 서로 다른 맛을 내긴 하지만 어쨌거나 부침개 맛의 매력은 차지고 쫀득쫀득한 데 있다.

반죽은 오래 저어 차지게 하고, 되도록이면 얇게 부쳐 주며 뒤집개로 꾹꾹 눌러 주어야 하는 등 부침개를 더 맛있게 부칠 수 있는 테크닉을 배워보자.

*POINT 1.* 반죽은 다소 묽게 한다. 부침이 쫀득쫀득 맛있으려면 반죽이 잘 돼야 한다. 너무 되면 꾸덕꾸덕해서 맛이 없고 반대로 너무 묽으면 모양이 흐트러진다. 다소 묽은 듯한 걸쭉한 상태라야 차지고 맛있다.

*POINT 2.* 얇게 부친다. 반죽이 잘 되었어도 너무 두껍게 부치면 쫄깃한 맛이 없어진다. 한 국자 떠 놓고 국자로 빙글빙글 움직이면서 얄팍하게 떨어뜨려 놓는다.

*POINT 3.* 뒤집개로 꾹꾹 누른다. 부칠 때 뒤집개로 꾹꾹 눌러주면 얇게 퍼져 더 차지고 쫄깃해지며 섞은 재료끼리도 서로 잘 밀착되어 모양도 흐트러지지 않는다.

*POINT 4.* 기름은 팬 가장자리로 두른다. 기름이 넉넉해야 고소하다. 부치는 도중에 기름이 모자랄 때는 팬 가장자리에 두르는 것이 요령이다.



## 부침가루에 변화를 주면 다양한 맛을 즐길 수 있다

기름을 두르고 부쳐내는 음식을 흔히 부침가라고 통틀어 부르는데 단순히 재료만 부쳐내는 경우도 있지만 대개는 다진 재료를 부침가루로 반죽하거나 썰어 놓은 재료의 겉에 부침가루를 묻혀 지져내기도 한다.

이 부침가루는 반죽한 재료가 잘 엉기도록 하고 재료의 물기를 흡수하고 겉에 묻히는 달걀옷이 재료에 잘 밀착되도록 하는 등의 역할을 한다.

시중에 나와 있는 부침가루를 사용하면 간편하지만 준비가 안 되었을 때는 집에서 밀가루로 손쉽게 부침가루를 대신하는데, 이 부침가루에 조금만 변화를 주어 보면 부침개의 맛을 색다르게 변화시킬 수도 있다.

밀가루 대신 다른 곡물의 가루를 사용한다든지 하는 방법을 통해 부침개의 기본 맛에 변화를 줄 수 있는 것이다. 또 웃기를 얹는 방법을 달리해도 음식의 분위기를 바꿀 수 있다. 쉽게 만드는 음식이라고 늘 상 똑같은 방법을 고수하기보다는 한 번 더 손이 가더라도 맛의 변화를 줄 수 있는 방법을 찾아보자.

### • 밀가루 대신 녹두가루를 사용한다

밀가루 대신 녹두 간 것을 사용해 만든 빈대떡은 제일 흔히 볼 수 있는 빈대떡의 변형인데 밀가루 전병과는 맛이 전혀 다르다.

녹두는 쪼갠 것을 사용해야 껍질 벗기기가 쉽다. 껍질을 벗기지 않으면 부친 후에 녹두 껍질의 푸른 빛이 나고 껍질을 벗겨 파는 것을 사서 쓰면 녹두의 제맛이 안 난다. 쪼갠 것을 써서 물에 불린 후 껍질을 벗겨 사용하는 것이 제맛을 내는 비결.

멥쌀과 녹두의 비율을 1:8로 잡고 따로따로 물에 불린 다음 껍질을 벗겨 함께 갈아 준다. 녹두는 3~4

**크레이프 반죽은** 기름을 두르지 않고 얇게 부쳐낸다

시간 정도 물에 불린 다음 손으로 비비면서 껍질을 벗기면 쉽게 벗길 수 있다.

### • 찹쌀가루를 이용해 부드러운 맛을 살려본다

찹쌀은 멥쌀에 비해 칼로리가 높고 적은 양으로도 포만감을 느낄 수 있어 소화가 잘 되지 않거나 적은 양으로 식사하는 아침 식탁에 적합한 재료. 찹쌀가루를 사용하면 멥쌀이나 밀가루를 사용한 것보다 훨씬 부드럽고 쫄깃한 맛을 살릴 수 있는데 부침개에도 역시 그렇다. 밀가루로 전을 부치는 대신 기름을 두르고 찹쌀 반죽으로 전병처럼 얇게 부쳐내면 질감도 부드럽고 맛도 좋다.

찹쌀 부꾸미는 얇게 부친 찹쌀 전병에 단팥이나 밤 등으로 달콤한 소를 만들어 넣고 반으로 접은 음식인데 맛도 달고 부드러워 어린이나 노인들의 간식으로 좋다. 찹쌀가루와 물을 1:1의 비율로 섞어 반죽한

뒤 얇게 부쳐낸다. 안에 넣을 소는 입맛에 따라 다양하게 변화를 주어도 좋다.

### • 반죽에 우유와 달걀을 섞으면 서양식 부침개이다

밀가루를 우유, 달걀로 반죽한 크레이프는 서양식 밀전병이다. 밀가루 한 컵에 우유 한 컵, 달걀 한 개 정도의 비율로 반죽하는데 한식 부침개에 비하면 달걀이 차지하는 비중이 큰 편이다. 달걀의 비율을 높이면 색이 더 노랗게 되고 달걀지단과 비슷하게 부쳐진다.

크레이프의 특징은 프라이팬에 기름을 두르지 않고 반죽을 얇게 부쳐낸다는 점. 반죽을 30분에서 1시간 정도 재어 반죽이 충분히 퍼지면 뜨겁게 달군 프라이팬에 기름을 살짝 둘렀다가 닦아내고 크레이프 반죽을 한 국자씩 떠 넣고 지져낸다. 그리고 웃기는 따로 준비해 두었다가 완성된 크레이프 속에 담고 쌈밥처럼 싸 먹는다.

### • 웃기를 켜켜로 얹으면 일본식 밀전병이 된다

물과 밀가루를 섞어 반죽한 밀반죽을 얇게 부쳐 그 위에 웃기를 켜켜로 얹는 일본식 밀전병은 반죽보다는 웃기에 변화를 주는 것이 포인트.

밀가루와 물을 1:1의 비율로 반죽해 지름이 10~15cm 정도 되도록 얄팍하게 부쳐낸 다음 그 위에 웃기를 한 켜 얹고 재료가 익으면 그 위에 다시 밀가루 반죽을 얹은 뒤 뒤집어서 익힌다. 그리고 위에 올라온 밀반죽 위에 다시 웃기를 얹고 밀반죽을 얹은 후 다시 뒤집는 식으로 되풀이 해서 샌드위치처럼 계속 웃기를 얹는다.

준비되는 재료는 무엇이든 웃기로 사용할 수 있고 두툼하게 지져내면 모양새도 푸짐하고 다양한 재료로 맛을 낼 수 있어 좋다.

# 월별 식품 저장 계획표

**고기류, 생선류, 채소류 등 제철일 때 싼 값으로 구입해서 가공·저장해 두었다가 언제든지 먹고 싶을 때**
**양념으로 맛을 살려 철 아닐 때 그 독특한 맛을 즐기자.**

| 저장법 / 월별 | 건조법 | 염장법 소금에 절이기 | 염장법 간장에 절이기 | 염장법 된장, 고추장에 넣기 | 염장법 젓갈 담그기 | 담장법 | 움저장, 냉장, 냉동 | 산저장 | 기타 |
|---|---|---|---|---|---|---|---|---|---|
| 1월 | 동태말림, 민어말림, 대구말림 | 고등어자반 | | | 명란젓, 창란젓, 어리굴젓 | 귤마말레이드 | | | 담북장, 유밀과, 강정 |
| 2월 | | | 두부장아찌 | | 어리굴젓 | | | | 간장 담그기, 고추장 담그기 |
| 3월 | 육포, 어포, 김자반 | | 동치미무장아찌, 김장아찌 | | 꼴뚜기젓, 어리굴젓, 곤쟁이젓, 뱅어젓 | | | | 간장, 고추장 |
| 4월 | 취, 고사리말림, 산나물말림, 쑥말림, 가죽나무순말림 | | 더덕장아찌, 마늘종장아찌 | | 꼴뚜기젓, 조개젓, 조기젓, 뱅어젓, 황석어젓, 대합젓, 홍합젓 | | | 마늘종장아찌, 마늘잎장아찌 | 송순주, 살구주 |
| 5월 | 굴비, 고사리말림, 더덕말림, 도라지말림 | | 꽃게장 | 더덕장아찌 | 조기젓, 멸치젓, 준치젓, 소라젓, 정어리젓, 병어젓 | 딸기잼, 사과잼, 딸기주스, 딸기시럽 | 딸기냉동, 완두냉동, 껍질콩냉동 | 마늘장아찌, 양파장아찌 | 매실주, 매화주 |
| 6월 | 미싯가루, 두릅말림, 멸치말림 | 오이지 | 풋고추장아찌, 홍합장아찌, 깻오장아찌 | 매실장아찌, 고기장아찌 | 갈치젓, 오징어젓, 새우젓 | 장미잼 | 완두냉동, 콩냉동 | | 매실주 |
| 7월 | 어란, 감자말림 | 오이지 | | 감장아찌, 오이장아찌, 고추장아찌, 깻잎장아찌 | 오징어젓, 곤쟁이젓 | | | | |
| 8월 | 애호박말림, 감자말림, 도라지말림, 더덕말림, 감자녹말 준비, 풋고추부각, 깻잎부각, 민어말림 | 단무지 | 풋고추장아찌 | 깻잎장아찌, 양파장아찌, 가지장아찌, 참외장아찌, 풋고추장아찌, 수박껍질장아찌, 오이장아찌 | 오징어젓, 대합젓 | | | 오이피클 | 복숭아주, 포도주, 능금주 |
| 9월 | 가지말림, 무말림, 고구마말림, 아주까리잎말림, 버섯말림, 고구마순말림, 참외말림, 박고지말림, 고춧잎말림, 호박말림, 엿기름 준비 | 송이절이기, 갈치절이기, 자반, 어포 | 7-지장아찌, 토란장아찌, 으이장아찌 | 감장아찌, 깻잎장아찌, 오이장아찌, 풋고추장아찌, 참외장아찌 | | 포도즙, 복숭아잼, 포도젤리, 포도잼 | 포도즙냉동 | | 국화주, 인삼주, 머루주, 포도주, 복숭아병조림 |
| 10월 | 토란대말림, 곶감, 버섯말림, 황률, 고구마말림, 김부각, 들깨꽃부각, 풋고추부각 | 짠지, 단무지, 대구말림 | 매운 풋고추절임, 속대장아찌, 무장아찌, 고춧잎장아찌 | 고춧잎장아찌, 송이장아찌, 가지즙장아찌 | 토하젓, 명란젓, 대구알젓 | | | | |
| 11월 | 무청말림 | 김장 | | 김장아찌, 무장아찌 | 전복젓, 명란젓, 창란젓, 어리굴젓 | 편강, 유자청, 모과청 | 무, 배추, 고구마, 파 | | 과일차 (귤, 모과, 생강, 유자, 인삼) |
| 12월 | 포 종류(편포, 육포, 어포) | | | 홍합장아찌 | 굴젓, 뱅어젓 | 귤마말레이드 배잼 | | 유자청, 모과청 | 메주쑤기, 엿, 다식, 청국장, 강정, 유밀과 |

## 염장법과 산(酸) 저장법

*김치와 장아찌는 소금과 간장을 이용한 대표적인 염장식품으로 저장방법이 비교적 간단하고 저장성도 뛰어나다.
채소피클은 끓인 식촛물에 채소를 담가 미생물의 생육을 억제하는 산저장법의 하나로 설탕이나 소금을 함께 이용하면 더욱 큰 효과를 볼 수 있다.

# 나물 반찬의 기본 테크닉

나물은 크게 나누어서 생채, 데쳐서 무치는 나물, 볶는 나물, 데쳐서 볶는 나물로 나누어지는데 조리법이 조금씩 다를 뿐
갖은양념으로 맛을 내는 것은 동일하다. 갖은양념이란 파, 마늘, 깨소금, 고춧가루, 참기름, 간장 등을 일컬으며
이들 양념의 맛을 가장 효과적으로 살릴 수 있는 음식이 바로 나물이다. 어떤 과정을 거쳐 갖은양념 맛을 살리는지 알아보고
서양식 채소 음식인 샐러드 맛을 결정하는 여러 가지 드레싱 만들기의 기본을 익혀 본다.

## 생채나물 먹기 직전에 조물조물 무친다

### 생채 · 무침

**조물조물 무친다** 젓가락으로 대충 무치는 것보다 손으로 조물조물 무쳐야 양념이 고루 배어 맛이 있다.

**양념을 순서대로 넣는다** 초고추장에 무치는 나물은 양념장을 한데 섞어 무치지만, 초무침일 때는 설탕, 식초로 먼저 맛을 들인 후 고춧가루, 간장 순서로 넣어 버무린다.

**먹기 직전에 무친다** 볶지 않고 생채로 무치는 나물은 먹기 직전에 무친다. 미리 무쳐 두면 물기가 생겨 맛이 없다.

### 무생채 무치기

**1** 먼저 고운 고춧가루만 넣고 주물러서 빨갛게 물을 들인다. 다른 양념과 함께 넣으면 고춧가루가 뭉쳐서 물이 곱게 들지 않는다.

**2** 빨갛게 물을 들인 후에 소금 간을 하고 다른 양념도 이때 넣고 무친다. 소금 간을 먼저 하게 되면 무에서 수분이 빠져 나와 싱싱한 맛이 없다.

**3** 생강즙으로 맛을 낸다. 마지막에 생강즙을 한 방울 떨어뜨려 조물조물 무치면 한결 산뜻한 맛을 살릴 수 있다.

## 데쳐서 무치는 나물 소금간을 나중에 해야 물이 생기지 않는다

### 데쳐서 무치는 나물은 익히는 정도가 알맞아야 제맛이 난다

**시금치나물** 깨끗이 다듬은 시금치를 끓는 물에 살짝 데쳐 찬물에 헹궈 물기를 꼭 짠 다음 간장, 소금, 깨소금, 참기름, 다진 마늘을 넣고 살살 털듯이 무친다. 나중에 참기름을 조금 더 떨어뜨려 맛을 낸다.

**콩나물** 깨끗이 다듬어 씻어 냄비에 담고 소금을 조금 뿌리고 물을 ½컵 정도(콩나물 200g)부어 뚜껑을 열지 말고 푹 무르도록 끓여 다진 파·마늘, 고춧가루, 깨소금, 참기름으로 고루 무친다

**숙주나물** 숙주는 껍질이 씻겨 나가도록 흐르는 물에 여러번 씻어 건져서 콩나물과 같은 방법으로 물을 조금만 넣고 삶는다. 굳이 물에 헹구지 않아도 되며, 그릇에 건져 놓았다가 식으면 훌훌 털어 소금간을 해서 갖은양념으로 무친다.

*POINT 1.* 먹기 직전에 무친다. 생채나 겉절이 혹은 볶지 않고 살짝 데쳐서 초고추장 양념에 새콤달콤하게 무쳐내는 나물류는 먹기 직전에 무치는 것이 맛을 살리는 비결이다.

*POINT 2.* 나물은 손맛이 들어가야 맛있다. 이유는 '간'이다. 그래서 젓가락으로 슬렁슬렁 무친 나물은 간이 고루 배지 않아 맛이 없는 것이다. 손으로 조물조물 무쳐야 간이 속속들이 스며들어 맛있는 나물이 된다.

*POINT 3.* 양념에도 순서가 있다. 초고추장에 무치는 나물은 양념맛으로 먹기 때문에 양념장을 한데 섞어 무치지만, 초무침의 경우엔 먼저 설탕, 식초로 버무려 맛을 들인 후 고춧가루, 간장 순으로 차례로 넣어 버무려야 한다. 만일 단맛이나 신맛보다 간장이나 소금 간을 먼저 하게 되면 다른 양념 맛이 스며들기가 힘들기 때문이다.

*POINT 4.* 풋나물, 들나물은 맛이 강한 초고추장에 무친다. 냉이나 원추리, 씀바귀, 고춧잎, 비름 등의 들나물이나 씁쓸한 향이 강한 나물 종류는 삶아서 볶는 것보다는 새콤달콤한 초고추장에 무치는 게 한결 맛있다. 강한 양념맛으로 먹기 때문에 쓴맛도 어느 정도 감소되고 양념 자체가 식욕을 돋우어 주기 때문이다.

*POINT 5.* 수분은 80%만 짜는 게 적당하다. 나물거리는 무조건 물기를 꼭 짜야 하는 건 아니다. 오히려 수분이 너무 없으면 뻣뻣하고 간도 잘 배지 않는다. 콩나물이나 숙주, 가지 등은 물기를 짤 필요없이 삶아 건져 놓았다가 그대로 식히면 되고, 반대로 노각처럼 수분이 많은 것은 가능한 한 꼭 짜는 게 요령이다.

# 볶는 나물 살짝만 절였다가 볶는다

## 호박나물 볶는 요령

**1** 길게 반 갈라 속씨 부분을 도려낸다. 씨가 많으면 지저분해지고 질척거린다.

**2** 호박나물은 2~3mm 두께의 반달 모양으로 썬다. 그래서 는썹나물이라고도 한다.

**3** 호박을 썰어서 소금에 살짝 절였다 볶으면 색도 살고 아작아작 씹는 맛도 있다.

**4** 물기를 짤 때 김발 위에 절인 호박을 놓고 돌돌 말아 짜면 물크러지지 않는다.

**5** 뜨겁게 달군 팬에 기름을 두르고 다진 파·마늘 등으로 양념해서 볶는다.

*기호에 따라 푹 무르게 볶기도 하는데 이때는 절이지 말고 그대로 볶는다. 간은 새우젓이 더 어울린다.

# 삶아서 볶은 나물 무르게 삶아 볶아야 부드럽다

## 묵은 나물 삶기

**말린** 시래기나 토란줄기, 고사리, 취 등은 따뜻한 물에 불렸다가 다시 줄기가 부드럽게 될 때까지 푹 삶아서 쓴다. 시래기는 삶은 후에도 물에 담가 냄새를 우려내고 고사리나 취는 뻣뻣한 게 남아 있으면 잘라버린다.

## 묵은 나물 볶기

**삶은** 나물은 물기를 짜고 알맞은 길이로 썰어 훌훌 털어서 국간장, 다진 파, 마늘, 참기름, 깨소금으로 조물조물 무친 후, 잘 달구어진 프라이팬에 기름을 두르고 볶는다.

## 나물 무칠 때 기본양념

**검은색 나물** 깨소금, 참기름, 국간장, 다진 파·마늘

**흰색 나물** 국간장 대신 소금, 깨소금, 참기름, 다진 파·마늘

## 섬유질 벗기기

**시래기나 토란** 줄기처럼 질긴 나물은 푹 삶은 후에 줄기 끝을 꺾어 얇은 섬유질을 벗겨 낸다.

**POINT 1.** 억센 줄기는 푹 무르게 삶는다. 볶아 먹는 나물은 대개 제철에 말려두었던 묵은 나물이거나 혹은 도라지, 고사리처럼 줄기를 먹는 것들이 많다. 따라서 연한 잎채소처럼 살짝 담갔다가 건지는 정도로만 데쳐서는 뻣뻣해서 맛이 없다. 알맞게 무르도록 삶아야 나물 맛이 부드럽다.

**POINT 2.** 시래기나 토란줄기처럼 질긴 나물을 부드럽게 하는 방법 중 하나는 푹 무르게 삶은 후에 줄기 끝을 꺾어 표면의 섬유질을 한겹 벗겨 내는 것. 그래야 부드럽다.

**POINT 3.** 물기는 70%만 짠다. 볶는 나물의 맛을 내는 가장 중요한 포인트는 부드럽게 볶는 것이다. 그래서 볶을 때 물을 조금 붓는 경우도 많다. 따라서 일부러 힘들게 물기를 꼭 짤 필요는 없다. 적당히 수분을 갖고 있도록 하는 것이 간도 잘 배고 부드럽다.

**POINT 4.** 갖은양념으로 조물조물 무쳐서 맛을 들인 후에 볶는다. 볶으면서 차례로 양념을 해도 안되는 건 아니지만 그것보다는 삶아서 물기를 대충 눌러 짠 후에 갖은양념을 넣고 조물조물 무쳐서 양념 맛이 폭 배게 한 다음 볶는다. 이렇게 조물조물 무치는

동안에 그야말로 손끝 맛이 배게 되는 것이다. 조물거리는 손가락 사이에서 뽀얀 물이 나오도록 양념한 후에 볶아야 깊은 맛이 난다.

**POINT 5.** 묵은 나물의 간은 국간장(청장)으로 해야 감칠맛이 있다. 나물의 간은 집안에 따라 소금으로 하기도 하고 간장을 쓰기도 하는데 대개 흰색 나물에는 소금을 쓰지만 다른 나물에는 간장을 쓰는 게 보통이다. 간장에는 소금과 달리 아미노산이 풍부해서 특유의 감칠맛을 주기 때문인데, 그것도 집에서 담근 순수한 국간장이라야 더 맛있다.

하지만 간장만으로 간을 할 경우, 자칫 색이 너무 검게 되거나 질척거릴 수도 있으므로 소금과 적당히 섞어 쓰는 게 바람직하다. 국간장도 다소 짠 편이므로 특히 초보자들은 너무 많이 들어가지 않게 주의한다.

**POINT 6.** 들기름으로 맛을 낸다. 볶는 나물은 기름 맛도 중요한데 물론 식구들의 기호에 따라 다르겠지만 일반 식용유보다는 참기름이나 들기름이 더 풍미를 좋게 해준다. 특히 들기름이 묵은 나물의 맛과는 잘 어울린다.

**POINT 7.** 물 또는 육수를 붓고 뚜껑을 덮어 익힌다. 반드시 묵은 나물뿐 아니라 도라지처럼 섬유소가 질긴 나물류는 약간 무른 듯하게 볶는 게 맛있다. 이때 효과적으로 사용할 수 있는 게 물이나 육수다. 양념한 나물을 기름을 두르고 얼마간 볶다가 냄비 가장자리로 물이나 육수를 조금 붓고서 뚜껑을 덮어 익히면 간도 폭 배고 한결 부드러워진다. 그런 다음에는 뚜껑을 열고 불을 약하게 해서 남은 수분을 증발시켜 준다.

**POINT 8.** 쓴맛이 너무 강할 때는 설탕을 조금 넣는다. 볶아 먹는 나물엔 설탕을 넣지 않는 게 기본이다. 그런데 도라지나 취처럼 약간 쓸쓸한 맛이 나는 나물을 볶았는데 쓴맛이 너무 강해 맛이 없을 때는 설탕을 조금만 넣는 것도 맛을 살리는 비결이다. 맛이 한결 순해질 것이다.

# 샐러드의 기본테크닉

샐러드 맛의 기본은 역시 소스다. 기본은 프렌치드레싱과 마요네즈이지만 여기에 얼마든지 변화를 줄 수 있다.
기본 프렌치드레싱에 양파즙을 섞기도 하고 깨소금을 첨가하기도 하며 양겨자를 섞기도 한다.
또한 기본 마요네즈에 양파, 피클, 달걀을 섞어 타르타르소스를 만들 수도 있지만 요구르트나 명란젓을 섞어
여러가지 변형 소스를 만들 수도 있다. 샐러드 재료에 따라 소스 맛을 달리하는 것이
제격이므로 여러가지 소스 만들기를 익혀 두자.

## 샐러드 드레싱 맛내기 — 재료의 분량을 정확히 지킨다

### 기본 프렌치드레싱

**1** 물기를 잘 닦은 그릇에 먼저 소금과 후추를 넣고 샐러드 기름을 조금씩 떨어뜨리면서 잘 젓는다.

**2** 잘 섞였으면 식초를 조금씩 넣어가면서 거품기로 잘 저어 준다.

**3** 전체적으로 하얗게 될 때까지 젓는 게 포인트. 식초와 기름은 분리되기 쉬우므로 충분히 휘저어야 한다.

**4** 마지막으로 설탕을 조금 넣고 저어서 부드러운 맛을 준 다음 냉장고에 넣어 차게 식힌다.

### 다양한 맛의 프렌치드레싱

**1** 어니언 드레싱 기본 프렌치드레싱에 양파즙 1큰술, 설탕 1작은술, 파슬리 다진 것 약간을 섞는다. 때론 여기에 겨자 1작은술을 섞기도 한다.

**2** 간장 드레싱 일명 오리엔탈 드레싱. 기본 프렌치드레싱에서 소금을 ⅓로 줄이고 그 분량만큼 간장 1큰술을 넣어 잘 휘젓는다. 때론 깨소금이나 양파, 마늘즙을 첨가하기도 한다.

---

샐러드의 재료가 되는 건 반드시 신선한 야채뿐만이 아니라 과일, 콩, 햄, 소시지, 치즈를 비롯해 갖가지 해물과 닭고기, 편육 등 거의 모든 재료들이 샐러드 재료가 될 수 있다. 중요한 건 소스다.

같은 야채샐러드라도 소스에 따라 맛이 확 달라지는 건 물론이고 또 주재료에 따라 그에 맞는 소스가 더해져야 맛있는 샐러드가 된다.

결국 샐러드를 맛있게 하려면 소스를 잘 만들 줄 알아야 하는데 기본은 두가지, 프렌치드레싱과 마요네즈다. 두가지 소스 만들기를 잘 배워 다양한 맛의 샐러드를 만들어 보자.

#### 기본 프렌치드레싱

프렌치드레싱은 식초와 기름을 잘 섞어서 만드는 가장 간단한 드레싱이다. 재료는 샐러드유 3큰술에 식초 2큰술, 소금 ⅔작은술, 그리고 후추, 설탕 조금씩. 기름과 식초의 비율은 3 : 2가 기본이지만 취향에 따라 기름의 양을 줄여도 좋다.

기본 프렌치드레싱이 만들어지면 양파와 겨자, 오렌지, 간장 등을 첨가해 다양한 맛을 만들어 낼 수 있다.



#### 프렌치 드레싱

조금 넉넉하게 만들어서 병에 담아 냉장고에 넣어 두고 쓰면 편리하다. 사용할 때는 반드시 충분히 흔들어서 쓴다.

**3 머스터드 드레싱** 여기에 사용되는 겨자는 양겨자가 적당하다. 기본 프렌치드레싱에 머스터드를 1큰술 넣고 잘 섞는다. 닭고기나 소시지류가 첨가된 샐러드에 잘 어울린다.

**4 파프리카 드레싱** 기본 프렌치드레싱에 파프리카(향신료) 1작은술, 파슬리 다진 것을 조금 넣고 잘 섞는다. 약간 매콤한 듯한 맛이 생겨 역시 육류에 잘 어울린다.

**칵테일 소스** 칠리 소스 $^3/_4$컵(토마토 케첩에 핫소스 1작은술을 넣으면 된다), 레몬 주스 $^1/_4$컵, 양겨자 혹은 호스래디시 1큰술, 간장(소스간장) 2작은술, 양파 간 것 1작은술을 섞으면 된다.

# 마요네즈 기름과 식초를 교대로 넣으면서 잘 저어준다

**1 그릇에 달걀노른자**, 분말겨자, 소금, 후추를 넣고 글자가써질 정도가 되게 섞는다.

**2 샐러드 기름을** 2~3방울 떨어뜨리고 완전히 섞일 때까지거품기로 잘 젓는다.

### 기본 마요네즈

완제품을 쉽게 사서 쓸 수 있긴 하지만 한번 직접 만들어보자. 부드럽고 고소한 맛이 특징. 기본 재료는 달걀 노른자 1개 분량에 분말겨자 $^1/_2$작은술, 샐러드유 1컵, 식초 1큰술, 설탕 $^1/_3$ 작은술, 소금, 후추 조금.

포인트는 샐러드기름이 분리되지 않게 하는 것. 기름과 식초를 조금씩 교대로 넣으면서 잘 저어야 한다.

**3 다음에 식초를** 2~3방울 떨어뜨려 잘 섞어 분리되지 않으면 다시 기름을 2~3방울 떨어뜨리고 거품기로 잘 젓는다.

**4 이렇게 계속해서** 식초가 다 들어갈 때까지 반복한 다음 나중에는 남은 기름만 조금씩 넣어 가면서 잘 저어 크림상태로 만든다. 마지막에 설탕을 조금 넣으면 윤기가 난다.

**다우전 아일랜드 소스** 가장 평범한 변형 소스. 기본 마요네즈 6큰술에 토마토케첩 2큰술이 기본 배합. 여기에 양파, 셀러리, 피클 다진 것을 조금씩 섞기도 한다.

## 다양한 맛의 마요네즈

**1 타르타르소스** 기본 마요네즈 6큰술에 삶은 달걀 2개, 피클 2개, 양파 $^1/_4$개를 다져서 넣고, 파슬리 다진 것 1큰술을 섞는다.

**2 요구르트 마요네즈** 기본 마요네즈 4큰술에 플레인 요구르트 2큰술을 섞는다. 약간 신맛이 나며 산뜻한 게 특징. 과일 샐러드나 양상추, 달걀 샐러드에 이용하면 상큼해서 좋다.

**3 명란젓 마요네즈** 일본풍의 소스. 기본 마요네즈 4큰술에 명란젓 1큰술, 레몬즙 1큰술을 넣고 잘 섞는다. 명란젓의 풍미가 채소와 잘 어울려 한층 맛을 돋우어준다.

# 밥 짓기의 기본 테크닉

밥을 짓는 데도 나름대로의 비결이 있다. 쌀 씻기, 밥물 정하기, 뜸들이기 등 거쳐야 할 순서를 지켜야 하고 냄비나 일반 솥에
밥을 지을 경우는 불조절이 밥맛을 좌우한다. 요즘은 전기 밥솥을 이용하는 가정이 많아 정해진 대로 따라 하면
실패율이 적긴 하지만 오곡밥이나 초밥용 밥 등 별미밥을 지을 때는 요령을 익혀 두는 것이 안전하다.
기본적인 쌀 씻기에서부터 밥물 정하기, 뜸들이기, 여러 가지 별미밥 만들기 등
주부 초년생을 위해 자세히 소개한다.

## 쌀 씻기  물은 단숨에 부어서 바락바락 문지른다

**1** 전기밥솥에 밥을 지을 경우 쌀의 분량을 정확하게 맞추자.

**2** 물을 넉넉히 부어 재빠르게 휘저어 섞은 다음 곧 물을 따라 버린다.

**3** 쌀을 충분히 문질러 씻는다. 쌀에 붙어 있는 겨가 떨어져 냄새를 없애 준다.

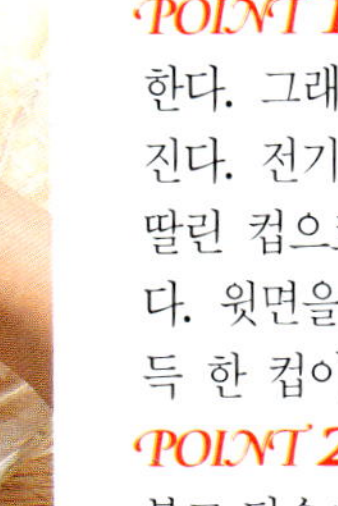

**4** 물을 다시 부어 휘젓고, 따라 버리고 하는 과정을 4~5번 반복한다.

**5** 물이 맑아질 때까지 헹궈 체에 밭친 후 젖은 행주로 1시간쯤 덮어 둔다.

POINT 1. 쌀을 정확하게 계량한다. 그래야 밥물의 양도 정확해진다. 전기밥솥에 할 때는 밥솥에 딸린 컵으로 계량하는 것이 편하다. 윗면을 편평하게 깎아내서 가득 한 컵이 180cc이다.

POINT 2. 큰 그릇에 물을 듬뿍 붓고 단숨에 쌀을 넣어 재빨리 한 번 휘저어 섞은 다음에 곧 물을 버린다.

POINT 3. 손바닥으로 쌀을 움켜잡듯이 눌러 문질러 씻는다. 쌀을 충분히 문지른다는 것은 냄새의 원인이 되는 쌀에 붙어있는 겨를 씻어냄과 동시에 적당한 수분을 흡수시키기 위한 가장 중요한 과정이다.

POINT 4. 문지른 다음엔 다시 물을 부어 씻는다. 물이 맑아질 때까지 4~5회 반복한다. 이 과정에서 두세번째 받은 뽀얀 쌀뜨물을 속뜨물이라고 하는데 이것은 받아 두었다가 된장찌개 끓일 때 이용하면 구수하다.

POINT 5. 물이 맑아지면 씻은 쌀을 체에 밭쳐 물기를 빼고 젖은 행주를 덮어 1시간쯤 두었다가 밥을 짓는다.

## 밥물 정하기  물의 양은 쌀보다 1할 많거나 똑같이 하는 게 기준

**1** 불리지 않은 쌀은 물의 양을 쌀 분량보다 1할 정도 많게 잡는다.

**2** 씻어서 불려 놓은 쌀은 쌀과 물의 분량을 같게 한다.

냄비에 밥을 지을 때는 전기밥솥처럼 눈금이 있는 게 아니기 때문에 쌀과 밥물의 비율을 정확하게 재야 한다. 씻어서 바로 할 때는 물의 양을 쌀보다 1할 정도 많게 잡고, 씻어서 불려 놓은 쌀의 경우에는 1할 정도의 물을 흡수하고 있는 상태이므로 물의 양은 쌀과 같게 잡으면 된다.

한편 현미의 경우는 물을 넉넉히 잡아 1.2~1.3배로 하고 찹쌀은 수분 보유율이 강해 쉽게 호화되므로 물의 양을 0.8 정도로 적게 잡는다.

또 죽을 끓일 때는 쌀 분량의 5~8배로 하는데 된 죽은 1:5, 묽은 죽은 1:7, 미음 정도의 아주 묽은 죽은 1:10의 비율로 한다.

# 냄비밥 짓기 처음엔 센불로 단숨에 끓이고, 불을 차츰차츰 줄인다

**1** 바닥이 두툼하고 속이 깊은 냄비가 좋다. 그래야 타지 않고 넘쳐 흐르지도 않는다.

**2** 쌀의 표면을 편편하게 해준다. 그래야 열이 골고루 전달된다.

**3** 처음에는 센불에서 빨리 끓인 후 서서히 줄인다. 별안간 줄이면 밥이 끈적거린다.

**4** 약한 불에서 13분 정도 두다가 10초 정도 센불로 해서 증기가 나오게 한다.

**POINT 1.** 밥짓기에 적당한 냄비는 바닥이 두툼한 것, 그리고 쉽게 흘러 넘치지 않을 만큼 속이 깊은 게 좋다. 그러려면 최소한 쌀 높이의 4배 정도는 되어야 적당하다. 냄비에 씻어서 불린 쌀을 넣고 쌀과 같은 양의 물을 붓는다.

**POINT 2.** 열이 골고루 전달될 수 있도록 쌀 표면을 편평하게 고른 다음 뚜껑을 덮고 끓인다. 끓어 넘칠까봐 처음부터 불을 약하게 해서는 안된다. 처음에는 센불에서 가열하여 쌀알 한알한알마다 열이 가도록 하는 것이 중요하다.

**POINT 3.** 센불에서 끓여 단숨에 끓는 상태가 되도록 가열한 후 흘러넘치지 않게 천천히 3분 정도에 걸쳐서 불을 약하게 해 나간다. 갑자기 불을 확 줄이면 표면이 끈적끈적한 밥이 되므로 반드시 천천히 줄여야 한다.

**POINT 4.** 불을 줄인 다음에는 13분 정도 두었다가 마지막으로 10초 정도 불을 세게 해서 충분한 증기가 나오도록 한 다음에 불을 끈다. 불을 끈 상태로 12분쯤 뜸을 들인 후, 뚜껑을 열고 주걱으로 크게 한번 휘저어서 속에 차 있는 뜨거운 김을 날려보낸다.

# 오곡밥 짓기 팥 삶은 물로 밥물을 하고 소금간을 한다

**1** 콩은 전날 저녁에 미리 물에 담가 불려 놓고 쌀이나 수수, 조 등은 30분만 불린다.

**2** 팥은 미리 삶아서 쓰는데 우르르 끓인 첫 물은 따라버려야 밥맛이 좋다.

**3** 다시 팥에 물을 넉넉히 붓고 팥알이 터지지 않을 만큼 삶는다.

**4** 냄비에 준비한 오곡을 골고루 섞어 안치고 아까 받아 놓은 팥물을 붓는다.

**5** 소금간이 맛내는 비결이다. 곡식 4컵 정도에 소금 1큰술 정도면 적당하다.

**6** 차조는 처음부터 함께 넣고 지으면 너무 물러 씹는 맛이 덜하다. 뜸들일 때 넣도록.

정월 대보름날의 대표적인 절식으로 꼽히는 오곡밥은 쌀, 보리, 조, 콩, 수수 등 다섯가지 곡식을 섞어서 지은 밥을 말하는데 곡식마다 익는 속도가 다르기 때문에 단단한 것은 미리 삶아 놓거나 충분히 불렸다가 써야 한다.

또한 차수수, 차조, 찹쌀 등 차진 곡식이 많이 들어가므로 물의 양은 그냥 밥보다 다소 적게(1 : 0.8의 비율) 잡아야 질지 않다. 중요한 건 소금 간이다. 소금물을 뿌려 떡찌듯이, 오곡밥은 반드시 밥물에 소금 간을 해서 안쳐야 맛있게 된다. 옛날처럼 시루에 찌는 게 제일 좋겠지만 번거로우므로 그냥 솥이나 냄비에 하는데 이왕이면 돌솥에 하는 게 더 맛있다. 오곡밥만큼은 압력솥을 안 쓰는 게 좋다.

---



## 현미밥을 부드럽게 지으려면 …

**찹쌀 현미로 짓는다** 건강에 대한 관심이 많아지면서 현미밥을 먹는 사람들도 부쩍 많아졌다. 현미밥은 구수하긴 하지만 입안에서의 감촉이 다소 껄끄러운 게 흠이다. 좀더 차지고 부드럽길 원한다면 찹쌀 현미로 짓는 게 그나마 낫다.

**압력밥솥을 이용한다** 아무리 찹쌀 현미라도 그냥 혀얀 쌀밥만큼 차지지는 못하다. 그래서 현미밥은 전기밥솥이나 냄비에 하면 푸석푸석하고 맛이 없다. 현미밥을 맛있게 지으려면 역시 압력밥솥에 최고다.

**물의 양을 2할쯤 더 붓는다** 씻어서 건진 현미는 압력솥에 담고서 밥물을 쌀보다 2할 더 많게 붓고서 그대로 1시간쯤 두어 불려서 물을 충분히 흡수시킨 다음에 짓는다. 그래야 부드럽다.

# 초밥용 밥 짓기 밥물은 쌀과 동량으로, 배합 식초는 뜨거울 때 섞는다

**1** 잘 씻은 쌀은 체에 밭쳐 물기를 빼고 1시간쯤 두어 밥알이 잘 퍼지게 한다.

**2** 밥물의 양은 쌀과 똑같게, 술을 넣을 경우엔 쌀 3컵에 술 1큰술쯤이 적당하다.

**3** 초밥에 술과 다시마를 넣을 경우 밥물이 끓기 시작하면 다시마는 꺼낸다.

약간 새콤한 듯, 달콤한 듯하게 맛을 들인 초밥은 김밥을 쌀 때나 유부초밥 만들 때, 혹은 꾹 뭉쳐서 주먹밥을 만들 때 쓰면 맨밥으로 한 것보다 훨씬 맛이 좋다. 특히 여름날 소풍 도시락에는 초밥을 써야 쉽게 쉬지 않는다.

초밥을 잘 짓는 비결은 첫째, 밥물의 양이다. 쌀과 같은 양으로 해서 약간 고슬고슬하게 하고 다시마와 술로 맛을 낸다. 다음은 초밥의 새콤달콤한 맛을 내는 배합초. 밥과 배합초 모두 따뜻할 때 재빨리 섞어야 맛이 골고루 스며들며 마지막으로는 밥에 남아있는 수분을 날려보내 밥이 끈적거리지 않게 하는 것이 중요하다. 그래서 조리도구도 수분을 흡수해 주는 나무가 좋다.

**4** 배합식초의 비율은 쌀 1컵에 식초 2큰술, 설탕 1큰술, 소금 ½작은술이 기준이다.

**5** 배합식초는 데워서 쓴다. 그래야 설탕과 소금이 잘 녹아 밥에 잘 스며든다.

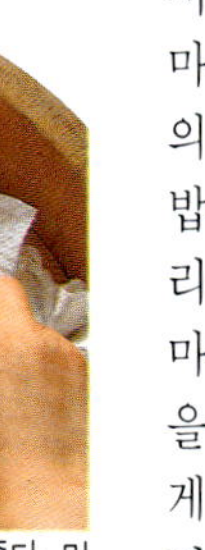

**6** 초밥을 버무릴 통은 나무 통이 좋다. 미리 젖은 행주로 물기를 닦아 놓는다.

**7** 밥이 완성되면 나무통에 쏟아 붓고 주걱으로 풀어 헤친다.

**8** 밥이 뜨거울 때 따끈한 배합식초를 재빨리 넣고 주걱을 세워 자르듯이 섞는다.

**9** 젖은 행주를 덮어서 1분 정도 두어 배합식초의 맛이 밥에 골고루 스며들게 한다.

**10** 아래 위를 뒤집어주면서 부채질을 해 남아있는 증기를 날려 보낸다.

# 주먹밥 만들기 손에 촛물을 발라야 밥알이 들러붙지 않는다

**1** 밥을 대충 뭉친 다음에 오른손을 기역자 모양으로 구부려 삼각형의 틀을 만든다.

**2** 왼손의 손바닥과 손가락으로 눌러서 두께를 만든다.

**3** 1과2의 손 모양을 유지한 채 리드미컬하게 3방향을 돌리면서 모양을 만든다.

주먹밥은 먹을 때 부서지지 않을 정도로 뭉치는 게 중요하다. 너무 세게 쥐면 밥알이 깨져 먹는 맛이 덜하고 반대로 너무 슬슬 뭉치면 들자마자 흐트러져 버린다.

주먹밥 속에 넣는 재료나 겉을 감싸는 재료에 변화를 주면 다양한 맛을 즐길 수 있다.

**POINT 1.** 주먹밥용 역시 약간 고슬고슬한 게 좋으며, 갓 지은 뜨거운 밥이라야 잘 뭉쳐진다. 주먹밥 하나를 만드는 양은 보통 작은 공기에 가볍게 퍼서 한 그릇 정도가 적당하다.

**POINT 2.** 밥을 뭉치기 전에 손가락 끝에 촛물(배합식초)을 묻혀서 손바닥 전체에 펴 바른다. 그래야 밥을 뭉칠 때 밥알이 손에 달라붙지 않는다.

## 원형 주먹밥

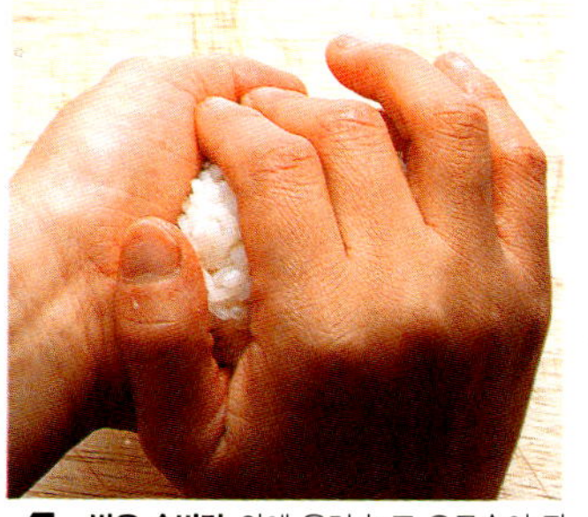  

**1** 밥을 손바닥 위에 올려 놓고 오른손이 자연스럽게 둥그렇게 되도록 뭉친다.

**2** 왼손으로 두께를 조절하면서 빙글 빙글 돌려 원형을 만든다.

**3** 너무 두껍게 되었을 때는 손바닥 위에서 가볍게 눌러준다.

## 타원형 주먹밥

**1** 손바닥 위에 밥을 놓고 타원형으로 만들어간다.

**2** 양 손바닥 사이에서 빙빙 돌려 모양을 만들어 왼손으로 적당히 꼭 쥐어준다.

**3** 오른손 손가락으로 양 끝을 눌러 주어 모양을 다듬는다.

## 주먹밥의 맛을 더해주는 재료들

**1** 명란젓은 알만 숟갈로 파내서 으깬 다음 참기름과 깨소금으로 양념한다.

**2** 쇠고기는 곱게 다져서 갖은양념을 하여 보슬보슬하게 볶아 다시 한번 다진다.

**3** 잔멸치는 간장, 설탕, 술로 간하여 조린다. 표고버섯을 채썰어 조려도 좋다.

**4** 속을 넣을 때는 밥을 뭉친 후 한 가운데를 파고 그 속에 넣어 모양을 만든다.

주먹밥 속에 넣는 재료는 오래 있다가 먹어도 맛이 변하지 않는, 간이 진하게 밴 것이라야 좋다. 또한 잘게 다지거나 채썰어 먹기 쉬운 상태로 만들어 주어야 한다.

재료에 따라 변화를 즐길 수 있다. 중요한 건 주먹밥이 아직 따뜻할 때 감싸주거나 다른 재료를 묻히거나 해야지 완전히 식은 후에는 잘 붙어있지 않는다. 또 물기가 많은 재료로 쌀 때는 물기를 완전히 닦은 후에 해야 한다. 물기가 남아 있으면 밥에 물기가 배어 상하기 쉽다.

## 주먹밥 장식하기

**1** 지단, 김띠 두르기 지단, 김을 주먹밥의 측면 두께 너비로 잘라 띠를 두른다.

**2** 깨 묻히기 주먹밥을 옆으로 굴려 측면에 전체적으로 골고루 묻게 한다.

## 김밥 예쁘게 말기

**1** 김 앞쪽 1cm, 뒤쪽에 2cm를 남겨 두고 밥을 얹어 전체적으로 고르게 얇게 편다.

**2** 밥 중앙이 쏙 들어가게 손가락으로 눌러 자국을 낸 다음 그 위에 속을 넣는다.

**3** 양손으로 밥과 밥의 끝이 맞닿도록 반대 쪽까지 한번에 말아서 위에서 살짝 눌러 준다.

**4** 김 끝에 배합식초를 발라주고 김발에 싸서 끝까지 꼭꼭 눌러 말면 절대 풀어지지 않는다.



## 식초의 선택에 따라 맛이 달라진다

배합초를 만들 때 사용할 식초는 부드러운 산미를 지닌 순 쌀식초가 제일 좋다. 현미 식초는 색이 진해서 밥 색깔을 약간 누렇게 만들어 외관상 좋지 않다. 또한 양조 식초나 와인식초는 신맛이 강해서 김밥용 배합식초로는 적당하지 않다. 또 순 쌀식초라 해도 제조 회사에 따라 산미가 조금씩 다르므로 취향에 따라 고르도록 한다.

만일 가지고 있는 식초가 신맛이 너무 강할 때는 설탕과 소금을 넣고 가열하면 훨씬 부드러워지므로 이 방법을 쓰도록 한다.

여러 가지 재료로 장식한 주먹밥. 김, 달걀지단, 볶은 깨 또는 파슬리가루 등을 다양하게 이용하면 맛도, 모양도 다채롭다. 밥 속에 짭짤하게 간한 고기나 버섯, 명란젓, 멸치, 김치볶은 것 등을 넣으면 맛있다.

# 중국식 볶음밥 센불에서 단숨에 볶는 것이 비결

**1** 뜨겁게 달구어진 프라이팬에 기름을 두르고 야채 재료부터 볶는다.

**2** **야채가 볶아지면** 간장을 팬 가장자리로 부어 색깔을 낸다.

**3** **밥을 넣고** 뭉치지 않게 잘 볶는다. 나무 주걱으로 재빠르게 젓는다.

**4** **밥이 볶아졌으면** 한쪽으로 밀어 놓고 달걀을 풀어 볶는다.

**5** **달걀이 반숙으로** 익으면 밥과 야채 볶은 것을 한데 섞는다.

**6** **소금으로 간을** 맞추고 후춧가루로 맛을 낸다.

볶음밥을 만들 때 중요한 것은 스피드와 불조절이다. 가능하면 센불에서 중국냄비를 사용해 재빨리 볶아야 한다. 따라서 단숨에 진행될 수 있도록 모든 재료와 양념을 옆에 준비해 놓고 시작해야 한다. 볶음밥에 쓸 밥은 약간 고슬고슬한 게 좋다. 진밥은 뭉쳐버리기 때문이다. 보통 볶음밥과 다른 점은 간장으로 색을 낸다는 것이다.

**POINT 1.** 팬을 뜨겁게 달군 후에 기름을 넉넉히 두르고 다시 기름이 뜨거워지면 잘게 썬 재료를 넣어 재빨리 볶는다.

**POINT 2.** 팬 가장자리로 간장을 돌려 넣어 간도 하고 색깔을 낸다. 뜨거운 열로 간장을 약간 태우듯이 넣으면 풍미가 좋아진다.

**POINT 3.** 밥을 넣고 뭉치지 않게 밥을 풀어가면서 볶는다. 주걱을 빠르게 움직여 볶는게 비결.

**POINT 4.** 재료와 밥이 어우러지면 한쪽으로 밀어놓고 기름을 조금 두른 후에 달걀을 풀어 빠르게 휘저어 몽글몽글하게 볶는다.

**POINT 5.** 달걀이 반숙으로 익으면 한쪽으로 밀어 두었던 밥과 야채 볶은 것을 한데 섞어 센불에서 바닥에서부터 뒤집어 올리듯 크게 휘저으면서 볶는다.

# 서양식 버터 라이스 쌀이 투명하게 될 때까지 볶는 게 중요하다

**1** **해물부터 깨끗이** 손질해서 삶아 국물을 만들어 놓는다.

**2** **국물을 체에** 걸러 맑은 국물을 받아 놓고 해물은 건져 둔다.

**3** **뜨겁게 달군** 프라이팬에 버터를 넣어 녹인다.

**4** **씻어 건진** 쌀을 버터 두른 팬에 넣어 볶다가 카레가루를 넣는다.

**5** **카레맛이 들면 해물** 국물을 붓고 뒤섞은 후 뚜껑을 덮어 익힌다.

**6** **한 번 우르르** 끓으면 삶아 놓은 해물을 얹고 뚜껑을 덮고 불을 줄여 뜸을 들인다.

서양식 밥의 기본은 버터라이스. 우리와는 달리 쌀을 잘 볶아서 표면에 버터막을 만들어 준 후에 국물을 붓고 잠깐 익혀내기 때문에 여분의 수분이 흡수되지 않아 밥에 점성이 없고 약간 단단하게 되는게 특징이다.

두툼한 팬을 뜨겁게 달군 후 버터를 넣고 타지 않도록 녹여 은은한 풍미가 나게 한다. 물기를 뺀 쌀을 넣고 불을 조금 강하게 해서 전체적으로 섞어 쌀이 투명하게 될 때까지 4~5분간 볶는다.

밥을 볶을 때 향신료를 섞어 맛을 내기도 하고 해물류나 야채, 고기 등을 섞어 다양한 맛으로 즐길 수도 있다. 밥물도 보통 맑은 육수나 해물 삶아낸 물 등을 쓴다.

# 국수 스파게티의 기본 테크닉

국수요리에서 가장 중요한 건 삶기. 적당이 쫄깃쫄깃하게 잘 삶아져야 맛있는 국수요리가 된다.
또한 다 삶은 후에는 국수 표면의 끈적거리는 전분기를 씻어내야 냄새도 없고 오돌오돌한 쫄깃한
국수가 된다. 그러나 면의 굵기와 생면이나 건면이냐에 따라서 삶은 방법에도
미묘한 차이가 있으므로 잘 익혀두도록 하자.

## 국수 삶기 — 쫄깃쫄깃하게 삶는 것이 포인트

### 소면

**1** 소면을 가지런히 정리해서 다발 끝을 실로 약간 헐렁하게 매준다.

**2** 넉넉하게 물을 끓여 부채 모양으로 퍼지도록 헤쳐 넣는다.

**3** 젓가락으로 실로 묶은 부분 가까이를 펼치듯 벌려 주어 열이 고루 전달되게 한다.

**4** 하얀 거품이 위로 올라오면서 넘칠 것 같으면 물을 1컵 부어 준다.

**5** 다시 한번 끓어 오르면 재빨리 체에 쏟아 부어 식힌다.

**6** 재빨리 찬물에 담가 식을 때까지 젓가락으로 다루고 식으면 손으로 비벼 씻는다.

### 메밀국수

**1** 우동과 마찬가지로 손으로 비비면서 가루를 털어낸다.

**2** 냄비에 넣을 때도 손으로 흔들어 펼치듯이 넣는다.

**3** 바로 젓가락으로 저어 냄비 밑에 눌어붙지 않게 한다.

**4** 다 삶아지면 체에 건져 물기를 뺀다. 얼음물에 담그면 국수가 한결 촉감이 좋다.

### 우동 칼국수

**1** 손으로 비비면서 가루를 털어낸다. 가루가 많으면 삶을 때 넘치기 쉽다.

**2** 하얀 거품이 위로 올라오면서 넘칠 것 같으면 물을 더 붓는다.

### 소면

**중간에 물을 1컵 더 붓고 삶는다**

어떤 국수건 다 마찬가지지만 국수 삶는 물은 넉넉해야 한다. 물이 부족하면 온도 유지가 어렵고 국수끼리 서로 들러붙기도 해서 맛있게 삶아질 수가 없다. 보통 국수 100g에 물 1ℓ를 잡으면 되는데 양이 늘어날수록 물의 양도 늘어나서 국수 300g에는 물 4ℓ쯤은 필요하다.

또 국수를 넣을 때는 손으로 탁탁 쳐서 한꺼번에 잠기도록 하고 센불에서 삶기 시작해서 물이 끓어 넘칠 것 같으면 찬물을 1컵 더 붓는다. 가는 국수일 경우는 한번쯤 하면 되지만 국수가 굵으면 익는데 시간이 걸리므로 굵기에 따라 2~3회 더 물을 부어 주어야 속까지 균일하게 잘 익는다.

다 삶은 후에는 재빨리 찬물에 식혀 국수 표면의 미끈한 전분기를 씻어내야 질척거리지 않고 쫄깃한 국수가 된다.

### 생면

**가루를 털어내고 삶아야 끈적거리지 않는다**

생면은 보통 젖은 국수라고도 하는데 서로 들러붙지 않게 하려고 표면에 밀가루를 뿌린다. 건면의 경우는 말리는 과정에서 이 가루가 자연히 떨어져나가지만 생면은 그대로 남아있게 된다.

그런데 이 밀가루가 많으면 많을수록 국수를 삶을 때 넘치기 쉽고 또 국수 표면에 끈적거리는 것이 남게 된다. 따라서 삶기 전에 반드시 이 가루를 털어내야 한다. 또 넘치기 쉬우므로 큰 냄비에 삶고 중간에 물도 넉넉히 부어 주어야 한다는 사실도 명심하도록.

# 칼국수 쫄득거리는 반죽이 맛의 비결

칼국수는 역시 직접 반죽해서 손으로 밀어 돌돌 말아 칼로 썬 것이라야 제맛이 난다. 구수한 칼국수의 맛의 비결은 쫄득거리는 반죽에 있다.

쫄득쫄득한 맛을 내는 반죽의 비결은 밀가루는 강력분과 박력분을 반씩 섞는다는 것, 그리고 반드시 소금물로 반죽하며 다 된 반죽은 발로 자근자근 밟아 매끈매끈해지게 치대야 비로소 쫄득쫄득한 칼국수를 뽑아낼 수 있다.

## 반죽하기

**1** **강력분과 박력분을** 반씩 섞어서 그릇에 담고 가운데 홈을 파 잘 녹인 소금물을 붓는다. 물 1컵에 소금 1⅓큰술쯤이면 적당하다.

**2** **밀가루와 소금물을** 조금씩 양손으로 비벼 섞어 수분이 골고루 밀가루에 스며들게 한다.

**3** **전체적으로 둥글게 뭉쳐** 한 덩어리로 만들어 입자가 매끈해지도록 열심히 치댄다.

**4** **랩을 씌워 발** 뒤꿈치로 골고루 자근자근 눌러 반죽이 부드럽고 매끈해지게 한다.

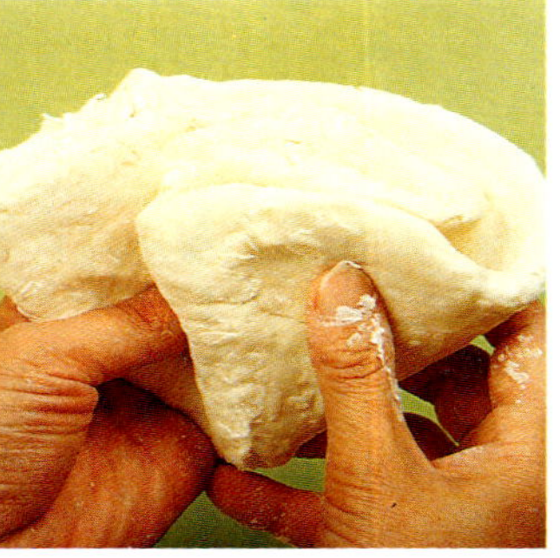

**5** **다시 손으로** 치대 둥글게 펴지면 다시 몇 번 접고, 또 뒤꿈치로 밟아주고, 이런 과정을 3회쯤 반복한다.

**6** **반죽을 밀대로** 위, 아래로 밀고 왼쪽, 오른쪽 순으로 해서 0.5cm 두께로 민다.

**7** **밀어 놓은** 반죽을 달라붙지 않게 밀가루를 조금씩 뿌려가면서 밀대로 감는다.

**8** **넓게 민** 반죽을 세번 정도 접어 0.3~0.5cm 두께로 채썬다.

**9** **채썬 반죽이** 서로 달라붙지 않게 밀가루를 조금씩 뿌려 가닥가닥 헤쳐 놓는다.

## 삶기

**1** **생면 삶는** 요령과 같다. 가루를 털어 낸 후 끓는 물에 넣어 젓가락으로 휘젓는다.

**2** **속까지 투명하게** 익으면 건져서 찬물에 헹구고 소쿠리에 건져 놓아 물기를 뺀다.

# 스파게티 물을 넉넉히 붓고 들러붙지 않게 삶는다

스파게티의 맛은 삶는 방법이 90%를 결정한다고 해도 과언이 아니다. 씹히는 맛을 잘 살려 삶으려면 물을 넉넉히 끓여서 서로 들러붙지 않게 하고, 적당한 양의 소금을 넣어 간을 맞춤과 동시에 면 표면을 재빨리 굳혀서 표면만 많이 삶아지는 것을 막아야 한다.

또 스파게티는 막 삶아내 따뜻할 때 먹어야 맛있다. 따라서 소스와 다른 재료가 완성됨과 동시에 스파게티도 다 삶아질 수 있도록 시간을 잘 맞추도록 한다.

## 삶기

**1** **스파게티는** 조금인 듯해도 양이 꽤 많다. 삶아서 남기지 말고 양을 잘 가늠하도록 한다. 1인분의 양은 약 100g쯤이 적당하다.

**2** **속이 깊은** 냄비에 물을 넉넉히 부어 팔팔 끓여 소금을 넣는다. 스파게티국수 100g에 대해 물을 1ℓ쯤, 소금 양은 1작은술이 기준.

**3** **스파게티는** 아무렇게나 넣으면 밑에서부터 서로 들러붙어 버린다. 그러므로 스파게티 다발을 들고 사진처럼 가볍게 비튼다.

**4** **비튼 채로** 냄비 중앙에 세우듯 넣은 다음 하나, 둘, 셋 하면서 원 상태로 만들고 손을 뗀다.

**5** **사진에서처럼** 방사형으로 펴지도록 한다. 잘 펴지지 않으면 재빨리 손으로 균등해지도록 펴 넣는다.

**6** **스파게티가** 조금씩 가라앉기 시작하면 젓가락으로 부드럽게 휘저으면서 전체가 뜨거운 물에 잠기도록 한다. 불은 계속 강한 불로 한다.

**7** **삶아지기 시작하면** 때때로 젓가락으로 크게 섞어 주어 서로 들러붙어 뭉치거나 냄비 바닥에 들러붙는 것을 막아준다.

**8** **스파게티는 뜨거운** 물 속에서 헤엄치듯 삶는 게 비결. 약간 강한 듯한 중간 불에서 계속 부글부글 끓는 상태가 유지되게 한다.

**9** **양에 따라** 차이가 있긴 하지만 15~20분쯤 삶으면 된다. 한 가닥 들어보아 중심에 철사 끝 정도의 흰이 남아 있을 때가 최적.

**10** **다 삶아졌으면** 단숨에 체에 쏟아 부어 물기를 뺀다. 스파게티는 기름으로 반죽한 것이므로 굳이 찬물에 헹굴 필요는 없다.

**11** **혹시 아직 소스** 준비가 조금 덜 되었다면 올리브기름을 발라 팬에 살짝 볶아두면 붙는 것을 막을 수 있다. 또 먹기 직전에 살짝 볶으면 뜨거운 상태가 유지되어 맛있다.

## 쫄면 삶기

**1** **팔팔 끓는 물에** 넣어 서로 들러붙지 않게 휘저으면서 삶아 바로 건져낸다.

**2** **바로 체에 쏟아** 부어 뜨거운 물기를 뺀 후 다른 국수와 마찬가지로 미끈거리지 않게 찬물에 씻어 건진다.



## 죽 끓이기의 조리 포인트

**두툼한 냄비에 넣어 휘젓지 말고 뭉근하게 끓인다**

죽을 끓이는 방법은 크게 세가지다. 쌀을 참기름에 달달 볶다가 물을 부어 끓이는 방법이 있고 물과 쌀을 처음부터 함께 부어 끓이기도 한다. 끓이는 죽은 좀더 고소한 맛이 나고 후자는 담백한 것이 특징이다. 또 이 두가지 방법과는 다르게 쌀을 갈아서 마치 수프처럼 끓이는 방법도 있다.

어떤 방법을 쓰든 죽을 끓이는 냄비는 두툼한 것이라야 좋다. 그래야 눌어붙지 않기 때문이다.

도중에 너무 휘저으면 밥알이 깨져 마치 풀처럼 되므로 조심하고 소금간은 나중에 해야 삭지 않는다.

흰죽은 보통 쌀 1에 대해 6배 정도의 물을 잡는 게 기본이지만 경우에 따라 7~10배를 잡기도 한다.

❶ 쌀은 반드시 씻어서 불렸다가 쓴다. 그래야 쌀이 수분을 흡수해서 호화가 잘 된다. 보통 1시간 전에 씻어 체에 밭쳐 놓는다.

❷ 좀더 고소한 맛을 원한다면 고기나 야채, 조갯살 다진 것 등 다른 재료와 함께 참기름에 달달 볶다가 끓인다.

❸ 물을 쌀의 6배쯤 되게 붓고 뚜껑을 넣어 처음엔 약간 센 중불에서 끓인다. 한소끔 끓으면 불을 줄여 끓어 넘치지 않도록 한다. 뚜껑을 꼭 덮고 끓이되 도중에 끓어 넘칠 듯 싶으면 약간 뚜껑이 어긋나게 덮이도록 해준다.

❹ 죽을 끓일 냄비는 되도록 잘 눌어붙지 않는 것을 사용해 도중에 자주 휘젓지 않도록 한다. 너무 저으면 밥알이 다 으깨져 풀처럼 된다. 쌀알이 알맞게 퍼졌으면 바로 먹을 것은 소금간을 약하게 한다. 아니면 그대로 담아 상에 내고 소금을 따로 곁들인다.

두툼한 냄비에 넣어 휘젓지 말고 뭉근하게 끓인다.

# 애호박된장찌개

요리 / 한복려

**쉬운 것** 같으면서도 구수한 제맛을 내려면 오랜 경험이 필요한 것이 된장찌개다. 된장찌개의 맛의 비결은 뭐니뭐니 해도 구수하고 텁텁한 국물맛에 있다. 찌개맛을 살리는데는 된장맛이 물론 좋아야 하지만 멸칫국물이나 쌀뜨물에 된장을 풀어 끓이면 더욱 감칠맛이 난다.

멸치된장국에 된장을 풀어 구수한 애호박된장찌개를 끓여 보자. 너무 오래 끓이면 조갯살이 질겨지고 호박이 뭉그러지므로 주의한다. 불린 미역은 깨끗이 헹구어 소쿠리에 건진 후 물기를 빼고 적당한 길이로 잘라 사용한다.

된장찌개는 애호박된장찌개 말고도 들어가는 주재료에 따라 오분자기·우렁이·해물·달래·우거지·콩나물된장찌개 등 다양하게 이름 붙여지며 맛 또한 각기 다르다.

## 재료/4인분　　110 kcal　20

| 재료 | 분량 |
| --- | --- |
| 애호박 | ½개 |
| 미역(불린 것) | ½컵 |
| 생표고버섯 | 4개 |
| 두부 | ½모 |
| 모시조개 | 100g |
| 소금 | ½작은술 |
| **국물** | |
| 멸치 | 20g |
| 된장 | 3큰술 |
| 굵은 파 | 1뿌리 |
| 다진 마늘 | 1큰술 |
| 고춧가루 | 2작은술 |
| 소금 | 조금 |

**1 재료 준비하기** 애호박은 반 갈라 1cm 두께로 반달썰고, 두부는 반 갈라 1cm 두께로 썰며 표고는 한입 크기로 2~3번 쭉쭉 찢고, 미역은 짤막하게 자른다. 모시조개는 엷은 소금물에 담가 해감시킨다.

**2 멸칫국물 끓이기** 멸치는 머리와 내장을 빼고 반으로 갈라 뚝배기에 물을 붓고 국물맛이 우러나도록 끓이다가 위에 떠오르는 거품은 걷어 낸다. 멸치맛이 우러나면 체에 밭쳐 멸치와 부스러기를 걸러 낸다.

**3 된장 풀기** 체에 밭친 맑은 국물에 된장을 풀어 넣는다. 된장을 깨끗하게 잘 거르려면 플라스틱 조리보다 쇠조리에 된장을 담아 숟가락으로 으깨면서 덩어리지지 않게 푸는 것이 효과적이다.

**4 야채, 두부, 조개 넣기** 된장 푼 국물이 팔팔 끓으면 위에 뜨는 거품을 걷어내고 썰어 놓은 호박, 표고버섯, 미역 순서로 넣어 끓이다가 한소끔 끓으면 해감시킨 조개를 넣는다.

**5 파, 마늘 넣고 간하기** 조개가 익어 입이 벌어지기 시작하면 다진 마늘과 두부, 굵게 어슷썬 파를 넣고 고춧가루와 소금을 넣어 간을 한 다음 한소끔 더 끓여 불에서 내린다.

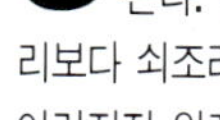

# 참치김치찌개

요리/한복려

특별한 반찬이 없을 때 신 김치만 준비되어 있다면 언제든지 끓여 먹을 수 있는 우리 생활과 친근한 김치찌개. 그러나 자주 해 먹는 음식인 만큼 여러 가지 다양한 부재료로 새롭게 변화를 주어가며 끓이는 것이 질리지 않고 맛있게 먹을 수 있는 요령이다.

김치찌개에 함께 넣는 부재료는 참치 이외에도 꽁치, 고등어, 기름이 조금 붙은 돼지고기나 삼겹살, 가래떡, 우동국수, 청둥호박 등으로 다양한 맛을 낼 수 있다. 그리고 배추김치가 아닌 열무김치로 통조림 꽁치나 고등어를 넣고 고추장을 풀어 찌개를 끓여먹으면 맛있다. 또한 집에 사골국물이 준비되어 있다면 푹 고은 국물에 여러 양념과 재료를 듬뿍 넣어 김치찌개를 끓이면 더욱 진한 맛을 즐길 수 있다.

## 재료/4인분　　102kcal　20

| | |
|---|---|
| 참치(통조림) | 1통 |
| 배추김치 | 1/3포기 |
| 굵은 파 | 1뿌리 |
| 붉은고추 | 1개 |
| 풋고추 | 2개 |
| 마늘 | 2쪽 |
| 다진 생강 | 1/2작은술 |
| 고춧가루 | 2작은술 |
| 소금·후춧가루·식물성기름·간장 | 조금씩 |
| 물 | 4컵 |

### Cooking Point

참치김치찌개를 끓일 때 통조림에 들어 있는 참치 기름을 찌개에 함께 넣어 끓이면 찌개맛이 한결 부드럽고 감칠맛이 난다. 그러나 기름의 느끼한 맛이 싫으면 기름을 따라내고 사용한다.

참치 이외에 돼지고기를 이용할 때는 살코기만 있는 것보다는 기름이 적절하게 붙어 있는 것이 더 부드럽고 고소하다. 또 가래떡이나 우동국수를 함께 넣으려면 김치찌개가 어느 정도 익었을 때 넣는다. 그러나 우동국수는 끓는물에 살짝 삶아 넣고, 가래떡도 너무 굳었으면 미지근한 물에 살짝 불려 말랑말랑하게 한 뒤에 사용한다.

**1 김치, 고추 썰기** 잘 익은 배추김치를 골라 속이 너무 많은 것은 대충만 털어내고 3~4cm 길이로 먹기 좋게 썬다. 붉은고추와 풋고추는 어슷썬 뒤 찬물에 흔들어 씻어 씨를 털어 내고 파도 어슷썬다.

**2 참치 기름에 김치 볶기** 참치 통조림의 뚜껑을 따서 기름을 빼고 건지는 건져 놓는다. 건지를 건지고 남은 참치 기름을 뜨겁게 달구어진 냄비에 붓고 썰어 놓은 배추김치를 넣어 충분히 볶는다.

**3 찌개 끓이다 참치 넣기** 김치가 거의 다 볶아졌으면 국물이 자작하도록 물을 4컵 정도 붓고 다진마늘과 생강을 넣어 한소끔 끓이다가 참치와 고춧가루를 넣어 맛이 한데 어우러지게 충분히 끓인다.

**4 파, 고추 넣고 간하기** 찌개가 충분히 끓어 김치와 참치의 맛이 한데 어우러지면 어슷 썰어 놓은 굵은 파와 풋고추, 붉은고추를 넣은 다음 소금과 간장, 후춧가루로 적절하게 간을 맞춘다.

# 우럭매운탕

요리 / 이종님

**손님상** 술안주로, 술 마신 다음 날 속 풀이 해장음식으로 인기 있는 매운탕. 매운탕을 맛있게 끓이는데 별다른 요령이 필요한 것이 아니다. 시원하고 담백한 국물 맛을 낼 수 있는 싱싱한 생선을 고르는 것이 우선이고 찌개 국물은 맹물보다 조갯국물이나 새우국물이 좋고 생선은 찌갯국물이 끓을 때 넣어야 한다는 것이 포인트.

모시조갯국물에 싱싱한 우럭을 넣고 고추장, 풋고추, 붉은고추를 듬뿍 넣어 끓인 우럭매운탕은 매운탕의 대표. 우럭뿐만 아니라 조기, 도미, 쏘가리, 도루묵, 옥돔 등으로 주재료만 바꿔가면서 콩나물, 양파, 호박, 고추, 쑥갓 등의 각종 야채를 함께 넣으면 맛있는 매운탕을 끓일 수 있다.

## 재료 /4인분

**210 kcal** **20**

| 재료 | 분량 |
|---|---|
| 우럭 | 1마리 |
| 모시조개 · 무 · 콩나물 | 200g씩 |
| 호박 | 80g |
| 두부 | ½모 |
| 풋고추 | 2개 |
| 붉은고추 | 1개 |
| 굵은 파 | ½뿌리 |
| 청주 | 2큰술 |
| 고춧가루 | 1큰술 |
| 다진 마늘 | 3큰술 |
| 다진 생강 | 1큰술 |
| 물 | 5컵 |
| 소금 · 후춧가루 · 쑥갓 | 조금씩 |

## Cooking Point

매운탕은 싱싱한 생선을 고르는 것이 중요하지만 고추장도 맛이 있어야 제맛이 난다. 직접 담근 고추장에 갖은양념을 듬뿍 넣어 끓여 내면 맛이 잘 어우러진다.

매운탕을 끓일 때는 생선살이 부서지지 않도록 고추장 푼 물이 한소끔 끓어오르면 무와 함께 우럭을 넣어 살짝 끓인 다음 준비한 야채를 넣어 팔팔 끓인다. 호박이나 두부 등은 오래 끓이면 뭉그러지므로 재료가 거의 다 끓고 나서 넣어야 하며 쑥갓은 불을 끄기 직전에 넣어 바로 상에 낸다.

상에 낼 때는 개인 접시를 함께 내어 조금씩 덜어 먹게 하면 더욱 깔끔하다.



### 쏘가리매운탕

**재료** : 쏘가리 2마리, 무 200g, 양파 ½개, 풋고추 2개, 굵은 파 2뿌리, 쑥갓 4잎, 미나리 50g, 고추장 · 된장 2큰술씩, 고춧가루 · 다진 생강 1큰술씩, 다진 마늘 3큰술, 청주 2큰술, 소금 · 후춧가루 조금씩, 물 4컵

**만들기** : ❶쏘가리는 지느러미와 머리를 떼내고 어슷하게 저미듯이 3~4토막으로 자른다. ❷무는 1.5×6cm 크기로 막대썰고, 양파는 굵게 채썰며 굵은 파와 풋고추는 어슷썰고 미나리는 줄기만 다듬어 5cm 길이로 썬다. ❸냄비에 물이 끓으면 고추장과 된장을 풀고 국물이 잘 어우러지면 쏘가리와 무를 넣어 센불에서 한소끔 끓인다. ❹한소끔 끓으면 고춧가루, 다진 생강 · 마늘, 청주를 넣고 양파, 풋고추, 파를 넣어 조금 더 끓이다가 마지막에 소금, 후춧가루로 간하고 미나리, 쑥갓을 넣어 상에 낸다.

**1 우럭 손질하기** 칼을 세워 꼬리쪽에서 머리쪽으로 비늘을 긁어낸 다음 아가미쪽을 잘라 내장을 빼내고 깨끗이 씻어 가위로 지느러미와 꼬리 끝쪽을 잘라낸다. 우럭은 눈이 투명하고 살을 눌렀을 때 탄력이 있으며 아가미가 붉은 것이 신선하다.

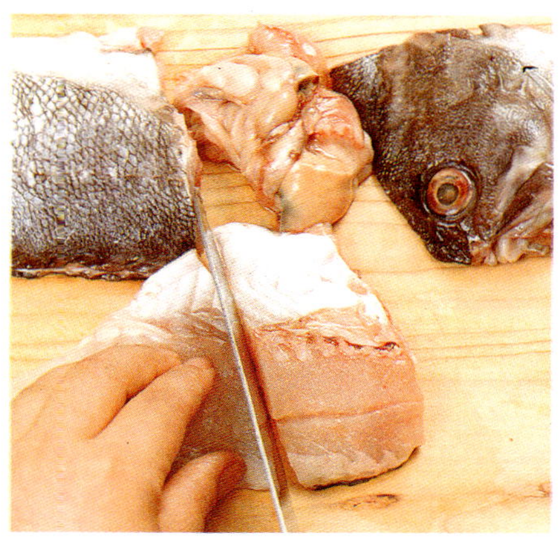

**2 토막내기** 비늘과 지느러미를 깨끗이 손질한 우럭은 머리를 잘라 내고 등쪽으로 칼집을 넣어 반으로 가른 다음 먹기 좋은 크기로 듬성듬성 토막 낸다. 일단 토막낸 생선은 다시 물에 씻지 않아야 맛성분이 빠져나가지 않아 맛있다.

**3 모시조개 해감시키기** 묽은 소금물에 하룻밤 정도 담가 두어 해감을 충분히 토하게 한 다음 소금물에 비벼 씻어 깨끗이 헹구어 건져 놓는다. 모시조개는 조개입이 꼭 닫혀 있고 두 개를 마주치면 맑은 소리가 나는 싱싱한 것을 고른다.

**4 조갯국물 내기** 냄비에 모시조개가 잠길 정도의 물을 붓고 끓이다가 조개 입이 벌어지기 시작하면 조개는 건져 내고 마른 가제를 체에 깔고 밭쳐 국물을 거른다. 조개는 너무 끓이면 질겨져서 맛이 없어지므로 중불에서 살짝만 끓인다.

**5 두부, 호박, 콩나물 손질하기** 두부는 3×4cm 정도 크기로 도톰하게 납작썰기 하고, 무는 껍질 벗긴 다음 두부와 비슷한 크기로 얇게 납작썰기 한다. 호박은 표면을 살살 씻어 반으로 가른 후 반달썰기 하고 콩나물은 머리와 꼬리를 떼고 씻어 건져 물기를 뺀다.

**6 고추 썰어 씨 빼기** 풋고추와 붉은고추는 깨끗이 씻어 꼭지를 뗀 다음 얄팍하게 어슷썰어 찬물에 흔들어 씻어 씨를 뺀다. 굵은 파는 말끔히 다듬어 씻은 다음 굵게 어슷썰고 쑥갓은 씻어 물기를 뺀 뒤 잎 부분만 적당한 길이로 잘라 놓는다.

**7 고추장 풀어 무, 우럭 넣기** 냄비에 걸러 놓은 조갯국물을 붓고 고추장 3큰술을 풀어 넣어 잘 저은 다음 한소끔 끓어 오르면 납작하게 썬 무와 먹기 좋은 크기로 토막내 놓은 우럭을 넣어 생선살이 살짝 익을 정도로 10분 정도만 끓인다.

**8 재료 넣기** 무와 우럭이 어느 정도 익어 맛이 한데 어우러지면 손질해 놓은 콩나물을 넣고 한소끔 끓인 다음 청주, 다진 마늘·생강을 분량대로 넣고 반달 모양으로 썰어 놓은 호박과 어슷썬 풋고추, 붉은고추를 넣어 다시 한소끔 끓인다.

**9 모시조개, 두부, 굵은 파 넣어 간하기** 채소가 익었으면 익혀 놓은 모시조개와 납작하게 썬 두부, 어슷하게 썬 굵은 파를 넣은 다음 소금, 후춧가루로 적당하게 간을 맞춘다. 찌개가 거의 다 끓었으면 쑥갓을 위에 얹어 바로 상에 낸다.

# 낙지전골

요리 / 전정원

**고기**해물, 채소 등으로 모양내어 끓이면 푸짐하고 색스러워 술상, 손님상, 저녁상 어디에나 잘 어울리는 전골요리. 그 중에서도 낙지전골은 시원하고 얼큰한 국물맛과 낙지의 쫄깃쫄깃 씹히는 맛이 일품인 고급 전골요리이다.

낙지는 영양도 풍부하고 맛도 깔끔하여 야채와 함께 전골을 끓이면 시원하면서도 깊은 국물맛을 즐길 수 있다. 그러나 낙지는 너무 오래 끓이면 살이 오그라들고 질겨지므로 살짝 익혀야 제맛이 난다.

저렴한 값으로 전골을 끓이려면 낙지 대신 오징어를 이용해도 좋다. 또 굴에 당근, 목이버섯, 미나리, 실파 등을 넣어 굴전골을 끓여 먹어도 시원하고 담백한 맛이 있으며 새우, 게, 소라, 바지락, 대합, 전복 등의 해산물을 넣어 해물전골을 끓여도 개운하다.

**재료** /4인분      279 kcal   40

| | |
|---|---|
| 낙지 | 2마리 |
| 새우 | 150g |
| 쇠고기 | 80g |
| 두부 | ¼모 |
| 양파 | 1개 |
| 실파 | 100g |
| 표고버섯 | 5장 |
| 붉은고추 | 2개 |
| 쑥갓 | 30g |
| 달걀 | 1개 |
| 밀가루 · 소금 | 조금씩 |
| 식물성 기름 | 조금 |
| 육수 | 3컵 |

**쇠고기양념**

| | |
|---|---|
| 간장 | 2작은술 |
| 다진 마늘 | 1작은술 |
| 다진 파 | 2작은술 |
| 깨소금 · 참기름 · 설탕 | 조금씩 |
| 후춧가루 · 생강즙 | 조금씩 |

**낙지양념**

| | |
|---|---|
| 간장 | 1큰술 |
| 다진 마늘 | 1큰술 |
| 다진 파 | 1큰술 |
| 소금 · 깨소금 | 조금씩 |

**두부양념**

| | |
|---|---|
| 소금 · 참기름 · 깨소금 | 조금씩 |



## 낙지연포

**재료** : 낙지 1마리, 미나리 20g, 붉은고추 1개, 굵은 파 ½뿌리, 통깨 · 참기름 ½작은술씩, 굵은 소금 ½큰술, 양념장(고추장 1½큰술, 다진 파 · 설탕 ½큰술씩, 다진 마늘 ½작은술, 식초 · 설탕 1큰술씩, 물 2컵)

**만들기** : 냄비에 물 2컵을 붓고 양념장 재료들을 섞어 잘 저어가며 끓이다가 4~5cm 길이로 썰어 놓은 미나리와 소금으로 주물러 씻어 5cm 길이로 썰어 놓은 낙지를 넣어 한소끔 끓인다. 한소끔 끓어 오르면 어슷썬 붉은고추와 굵은 파를 넣어 잠시 더 끓이다가 통깨와 참기름으로 맛을 내고 뜨거울 때 상에 낸다.

**1** **낙지 손질하기** 머리에 칼집을 넣어 먹통이 터지지 않게 손끝으로 살짝 잡아 뗀 다음 다리를 거꾸로 둥글게 오므려 가운데 있는 내장을 훑어 낸다. 내장을 떼냈으면 소금을 뿌려 박박 문질러 씻는다. 씻은 낙지는 다리와 머리 모두 5cm 길이로 자른다.

**2** **낙지 양념하기** 손질하여 적당한 크기로 잘라 놓은 낙지는 오목한 그릇에 담고 간장 1큰술과 다진 마늘 1큰술, 다진 파 1큰술, 깨소금·소금 조금씩을 넣어 고루 섞이도록 조물조물 무친 뒤 양념이 잘 배어들도록 10분 정도 재어 놓는다.

**3** **새우 손질하기** 묽은 소금물에 깨끗이 씻은 뒤 등쪽 둘째 마디 사이를 꼬치로 찔러 실 같은 검은 내장을 빼내고 껍질을 벗긴다. 껍질을 벗겨 파는 새우는 신선도가 떨어진 것이 많으므로 되도록 몸이 투명하고 껍질이 단단하며 윤기있는 살아 있는 것으로 구입한다.

**4** **표고버섯, 실파 썰기** 실파는 껍질을 벗기고 깨끗하게 다듬어 씻은 뒤 5cm 길이로 썬다. 표고버섯은 미지근한 물에 담가 두었다가 불려 물기를 꼭 짠 뒤 기둥을 떼내고 갓만 준비하여 실파와 비슷한 길이가 되도록 얄팍하게 채썰어 준비한다.

**5** **붉은고추, 쑥갓 썰기** 붉은고추는 깨끗이 씻어 꼭지를 떼고 길이로 반을 갈라 씨를 빼낸 뒤 5cm 정도의 길이로 채썬다. 쑥갓은 깨끗이 손질하여 물에 흔들어 씻은 뒤 물기를 털어 내고 잎만 준비하여 5~6cm 정도의 길이로 다듬어 놓는다.

**6** **쇠고기, 두부 양념하기** 쇠고기는 50g은 채썰고, 나머지 30g은 곱게 다진 다음 각각 분량의 간장, 다진 마늘·파, 깨소금, 참기름, 설탕, 후춧가루, 생강즙으로 양념하여 무쳐 두고, 두부는 으깬 뒤 가제로 싸서 물기를 꼭 짜고 소금, 참기름, 깨소금으로 양념한다.

**7** **완자 빚어 지지기** 넓은 그릇에 곱게 다져 양념한 쇠고기와 두부를 한데 섞어 동글동글하게 완자를 빚은 뒤 밀가루를 묻히고 달걀물을 씌운다. 달군 프라이팬에 식물성 기름을 두르고 완자의 둥근 모양이 살도록 프라이팬을 좌우로 흔들면서 노릇하게 지진다.

**8** **전골 재료 담기** 전골냄비에 굵게 채썬 양파를 깔고 채썰어 양념한 쇠고기를 올린 다음 가운데 양념한 낙지를 얹고 냄비 둘레에는 손질한 새우, 실파, 표고버섯, 붉은고추를 색을 맞추어 가지런히 담고 잎부분으로만 준비한 쑥갓을 위에 올린다.

**9** **완자 얹고 육수 부어 끓이기** 전골 재료를 가지런히 돌려 담았으면 미리 지져 놓은 완자를 낙지 둘레에 둥글게 들려 얹고 육수를 부어 15분 정도 끓인다. 너무 오래 끓이면 낙지가 질겨져 맛이 떨어지므로 재료들이 다 익을 정도만 끓인 뒤 불을 끈다.

# 순두부찌개

요리 / 이종님

**찌개류**는 보글보글 뚝배기에 끓여 내면 더욱 구수하고 정감이 간다. 순두부찌개도 순두부에 신 김치, 돼지고기, 바지락조개를 넣고 뚝배기에 얼큰하게 끓여 내면 입안에서 살살 녹는 부드러운 순두부의 감촉과 매콤한 찌개맛이 식욕을 돋운다.

찌개류는 특별한 조리법이나 재료가 필요없다. 그저 조금 색다른 해물맛 나는 순두부찌개를 원한다면 김치나 돼지고기 대신 굴이나 조갯살을 듬뿍 넣어 끓이면 해물순두부찌개가 되고, 명란젓을 넣어 끓이면 순두부명란젓찌개가 된다.

또 순두부 말고 연두부로 끓여도 맛있으며 그냥 두부로도 여러 가지 야채와 함께 된장을 풀어 된장찌개를 만들어 먹거나 야채와 두부, 여러 가지 해물 등에 고추장과 고춧가루를 듬뿍 넣어 얼큰한 해물찌개를 끓여 먹어도 맛있다.

## 재료 /4인분

194 kcal 20

| | |
|---|---|
| 순두부 | 800g |
| 돼지고기 | 100g |
| 바지락조개 | 200g |
| 배추김치 | 200g |
| 양파 | ½개 |
| 굵은 파 | ½뿌리 |
| 고춧가루 | 2큰술 |
| 다진 마늘 | 1큰술 |
| 물 | 3컵 |
| 소금·후춧가루 | 조금씩 |
| 식물성 기름 | 조금 |

### Cooking Point

뜨겁게 보글보글 끓는 순두부찌개를 상에 내기 직전에 달걀을 깨뜨려 섞어 먹으면 더욱 맛있다. 미리 달걀을 넣으면 국물이 탁해지고 달걀의 촉감도 부드럽지 못하므로 상에 내기 바로 직전에 넣는 게 좋다.

순두부찌개는 약간 얼큰하게 끓여야 제맛이 나지만 매운 것을 좋아하지 않을 경우에는 고춧가루를 넣지 않고 끓여도 된다.

**1** **배추김치, 돼지고기 썰기** 신 배추김치는 속을 털어 잘게 썰고, 돼지고기는 한입에 먹기 좋은 크기로 썬다. 조개는 엷은 소금물에 해감시킨 후 물을 붓고 끓이다가 입이 벌어지면 건지고 국물은 체에 밭친다.

**2** **재료 볶기** 달궈진 냄비에 기름을 두르고 썰어 놓은 김치, 돼지고기, 채썬 양파, 다진 마늘, 고춧가루를 넣어 매운 맛이 배도록 고루 볶다가 밭쳐 놓은 조갯국물을 붓고 한소끔 끓인다.

**3** **순두부 넣기** 국물이 끓으면서 돼지고기와 김치가 어느 정도 익어 맛이 한데 어우러졌으면 뚝배기에 옮겨 담고 다시 불에 올린 다음 숟가락으로 순두부를 뚝뚝 떠 넣는다.

**4** **모시조개, 굵은 파 넣기** 한소끔 끓었으면 익혀 놓은 모시조개와 굵직하게 어슷 썬 굵은 파를 넣고 잠시 끓이다가 소금, 후춧가루로 간을 맞춰 보글보글 끓는 상태로 뚝배기째 상에 낸다.

# 미역국

요리 / 한복려

**진하거나** 얼큰한 국물보다는 가운하면서도 시원한 국물맛을 즐길 수 있는 맑은국. 그 중에서도 미역국은 찬물에 불린 미역을 쇠고기와 함께 기름에 자작하게 볶아 물을 부어 끓인 국으로 만들기 쉽고 영양도 풍부하다. 기름의 느끼함을 싫어하는 사람은 미역을 기름에 볶지 말고 고기와 함께 바로 물을 부어 끓이는 것이 한결 담백하다.

맑은국의 주재료는 미역 외에도 조개, 버섯, 채소류가 잘 어울리며 육류를 이용해 끓일 때는 육수를 국물로 이용한다. 간은 국간장이나 소금으로 조금 싱거운 듯하게 하는 것이 맛있다.

미역국은 고기 외에도 조개, 홍합, 새우 등의 해산물을 넣어 변화를 주기도 하고, 간혹 옥돔 등과 같은 생선도 작게 토막내어 함께 끓이기도 한다.

## 재료/4인분    97 kcal  30

| | |
|---|---|
| 미역(불린 것) | 2컵 |
| 쇠고기(다진 것) | 150g |
| 국간장 | 2큰술 |
| 다진 마늘 | ½큰술 |
| 참기름 | 2큰술 |
| 후춧가루 | 조금 |
| 물 | 6컵 |
| 다진 마늘 | ½큰술 |
| 식물성 기름 · 국간장 · 후춧가루 | 조금씩 |

### Cooking Point

미역에는 마른 미역과 생미역이 있는데 생미역은 늦겨울, 봄, 초여름에 나는 것이 가장 맛있다. 생미역은 선명한 녹색을 띠는 반투명한 것이 신선하고, 마른 미역은 줄기가 가늘고 광택이 있는 것이 맛있다.

미역에는 끈끈한 점질이 있어 깨끗이 씻지 않으면 국이 미끌거리고 미역 특유의 갯내음이 나므로 먼저 찬물에 비벼 씻어 말끔히 헹군 다음 찬물에 불린다. 불릴 때도 너무 오래 담가 두지 말고 알맞게 불으면 소쿠리에 건져 물기를 빼고 국을 끓인다. 또 마른 미역을 물에 불리면 14배 정도로 불어나므로 특히 분량 조절에 주의한다.

**1 미역 손질하기** 찬물에 담가 부드러워지면 바락바락 주물러 씻은 후 맑은 물에 헹궈 소쿠리에 건진다. 물기가 빠졌으면 먹기 좋은 크기로 잘라 둔다. 생미역은 소금물에 주물러 씻은 후 살짝 데쳐 사용한다.

**2 쇠고기 양념하기** 연한 살코기를 준비하여 곱게 다진 다음 오목한 그릇에 넣고 다진 마늘 ½큰술과 분량의 국간장, 참기름, 후춧가루를 넣어 간이 골고루 배도록 조물조물 무친다.

**3 쇠고기, 미역 볶기** 냄비가 뜨거워지면 식물성 기름을 조금 두르고 양념한 쇠고기를 볶다가 고기가 어느 정도 익었으면 손질하여 썰어 놓은 미역을 넣고 함께 볶는다.

**4 국 끓여 간하기** 미역과 쇠고기가 어느 정도 볶아졌으면 물 6컵을 부어 한소끔 끓이다가 맛이 한데 어우러지고 미역이 부드러워지면 다진 마늘을 넣고 국간장, 후춧가루로 간을 맞춘다.

# 육개장

요리 / 이수경

속을 푸는 해장국도 가지가지. 담백한 국물로 속을 달래기도 하고 얼큰하고 자극적인 국물로 개운치 못한 속을 풀기도 한다.

그 중에서도 육개장은 얼큰하게 끓여 이열치열로 속을 푸는 해장음식이면서 뜨겁게 끓여 더위를 이기는 보신음식이기도 하다.

육개장을 비롯하여 얼큰하게 끓이는 해장국은 고춧가루와 파를 넉넉히 넣고 끓여 칼칼한 맛을 그대로 살리는 것이 포인트.

## 재료 /4인분　　　239 kcal　270

| | |
|---|---|
| 쇠고기(양지머리) | 500g |
| 숙주 | 100g |
| 고사리 | 100g |
| 굵은 파 | 2뿌리 |
| 다진 마늘 | 1큰술 |
| 깨소금 | 1작은술 |
| 참기름 | 2작은술 |
| 국간장 | 1큰술 |
| 고춧가루 | 1큰술 |
| 식물성 기름 | 1큰술 |

### Cooking Point

원래 얼큰해야 제맛이 나는 국이므로 고추장을 풀어 매운맛을 더하기도 하지만 끓일 때부터 지나치게 맵게 하는 것은 좋지 않다. 뜨겁게 담아 내고 양념장을 곁들여 내거나 잘게 썬 파와 소금, 후춧가루, 고춧가루를 따로 담아 내어 식성에 따라 더 넣어 먹게 하는 것도 좋다.

**1 고기 삶아 잘게 찢기** 지방이 적은 양지머리를 준비하여 찬물에 2~3시간 담가 핏물을 뺀 다음 건져 기름기를 떼낸다. 손질한 양지머리는 찬물에 넣고 3시간 정도 푹 삶아 건져 결대로 찢어 놓는다.

**2 숙주, 굵은 파, 고사리 데치기** 숙주는 꼬리를 떼고 깨끗이 씻어 끓는 물에 살짝 데쳐 찬물에 헹구고, 물에 불린 고사리와 굵은 파도 살짝 데친 다음 찬물에 헹구어 물기를 짠 후 길쭉길쭉하게 썰어 놓는다.

**3 재료 양념하기** 크고 넓적한 그릇에 찢어 놓은 고기와 데친 굵은 파, 고사리, 숙주를 담고 국간장, 고춧가루, 다진 마늘, 깨소금, 참기름을 분량대로 넣어 조물조물 무쳐 놓는다.

**4 냄비에 양념한 재료 넣고 볶기** 국을 끓일 냄비가 달궈지면 먼저 식물성 기름을 두르고 양념하여 조물조물 무쳐 놓은 고기, 고사리, 숙주, 굵은 파를 넣어 맛이 잘 들도록 볶는다.

**5 고깃국물 부어 끓이기** 양념한 재료들이 어느 정도 볶아졌으면 양지머리 삶은 국물을 넉넉하게 붓고 맛이 잘 어우러지도록 푹 끓인다. 간을 보아 식성에 따라 국간장이나 고춧가루를 더 넣기도 한다.

# 무국

요리 / 한복려

**무국은** 쇠고기장국을 기본으로 한 대표적인 맑은국으로 무의 시원한 맛이 개운하여 입맛을 돌게 한다.

또 같은 재료로 조금 다른 국을 끓일 수도 있다. 무와 쇠고기를 먼저 참기름으로 볶아 물을 부어 끓이다가 달걀을 풀어 줄알을 치는 무황볶이탕도 맑은국 종류로 그 맛이 새롭다.

이밖에도 굵은 파를 듬뿍 넣어 끓이다가 달걀로 줄알을 쳐내는 팟국이나, 다시마국물에 조개와 팽이버섯을 넣어 끓여내는 조개맑은탕도 손쉽게 끓일 수 있는 맑은국으로 재료도 많이 들지 않고 준비도 복잡하지 않아 끓이기가 쉽다.

## 재료 /4인분　　　78 kcal　20

| | |
|---|---|
| 쇠고기 | 20g |
| 무 | 400g |
| 실파 | 20g |
| 마늘 | 1쪽 |
| 국간장 | 2큰술 |
| 후춧가루 · 참기름 | 조금씩 |
| 물 | 5컵 |

### Cooking Point

무국은 들어가는 재료가 곰탕과 비슷하지만 곰탕처럼 오래 끓이는 것이 아니고 무가 말갛게 익을 정도로만 끓인다. 고기도 양지머리나 사태처럼 질긴 부위가 아닌, 등심이나 안심 등의 연한 부위를 이용하는 것이 맛있다. 간은 국간장이나 소금으로 맞추도록.

**1 무와 실파 준비하기** 속이 단단한 조선 무를 골라 솔로 박박 문질러 깨끗이 씻은 다음 2X3cm 정도의 크기로 토막내어 얄팍하게 나박썰고, 실파는 다듬어 씻어 3cm 길이로 썰어 놓는다.

**2 쇠고기 양념하기** 등심이나 안심을 준비하여 먹기 좋은 한입 크기로 얄팍하게 썬 다음 국간장 2큰술과 분량의 다진 마늘, 후춧가루로 조물조물 양념하여 무쳐 둔다.

**3 물 끓이다가 고기, 무 넣기** 물이 끓으면 양념한 쇠고기와 무를 넣어 끓인다. 찬물에 고기를 넣고 끓이거나 고기를 볶아 물을 부어 끓이면 국물이 뿌옇게 되므로 반드시 물을 끓이다가 고기와 무를 넣도록.

**4 거품 걷어내기** 어느 정도 끓으면 위에 거품이 생기는데 이 거품은 숟가락으로 걷어낸다. 중간에 거품을 걷어 내지 않고 그냥 끓이면 무국이 탁하고 지저분해진다.

**5 파 넣고 간하기** 고기가 어느 정도 익고 무가 말갛게 되면 국간장으로 적당하게 간을 맞추고 다진 마늘과 3cm 길이로 썰어 놓은 실파를 넣어 한소끔 끓여 뜨거울 때 상에 낸다.

# 냉이조갯국

요리 / 한복려

토장국 중에서도 냉이조갯국은 모시조개국물에 구수한 된장을 풀고 봄내음 물씬 풍기는 냉이를 넣어 끓이는 국으로 특히 냉이의 독특한 향이 식욕을 돋운다.

된장에 고추장을 조금 섞어 푼 국물에 끓이는 토장국은 같은 방법으로 주재료만 바꾸면서 여러 가지 국을 끓일 수 있다. 토장국에 어울리는 재료로는 냉이 외에도 쑥, 배추, 시금치, 시래기, 근대, 아욱, 무, 두부, 미역 등이 있으며 국물을 잡을 때 맹물보다는 쌀뜨물에 조개나 멸치를 우려 내어 그 국물에 끓이면 구수하다.

## 재료 / 4인분
**88 kcal** **20**

| 재료 | 분량 |
|---|---|
| 냉이 | 200g |
| 모시조개 | 200g |
| 물 | 1컵 |
| 쌀뜨물 | 4컵 |
| 된장 | 3큰술 |
| 다진 마늘 | 1큰술 |

### Cooking Point

조개로 끓인 국물은 빛깔이 뽀얗고 맛이 시원하면서도 담백하다. 국물을 내는 조개는 보통 모시조개나 소합같이 크기가 작은 것을 이용하는데, 조갯국을 끓여서 먹는 중간에 모래나 흙이 자글자글 씹히지 않게 하려면 끓이기 전에 반드시 소금물에 담가 충분히 해감시켜 사용해야 한다.

해감시킨 조개는 너무 오래 끓이면 질겨져서 맛이 없어지므로 냄비에 담고 물을 부어 중불에서 살짝 끓이다가 입이 벌어지기 시작하면 바로 불을 끈다. 좀 더 맑고 깨끗한 국물을 원한다면 끓인 조갯국물을 마른 가제에 밭쳐 사용하면 좋다.

그러나 미처 모시조개를 준비하지 못한 경우는 멸칫국물을 만들어 끓여 먹어도 구수한 맛이 있다. 멸치는 머리와 내장을 떼내고 이용하며 잘게 찢어 사용할 경우에는 구멍 숭숭 뚫린 통이나 헝겊 주머니에 넣어 끓이면 국물이 깔끔하고 먹을 때 입에 걸리지도 않는다.

**1** **냉이 다듬기** 겉의 지저분한 잎을 말끔히 떼어 내고 뿌리째 깨끗하게 다듬어 놓은 다음 큰 것은 반으로 자르고 작은 것은 그대로 사용한다. 냉이가 너무 억셀 경우에는 살짝 데쳐서 찬물에 헹궈 사용한다.

**2** **조갯국물 내기** 조개는 엷은 소금물에 담가 두어 충분히 해감시킨 다음 물 1컵을 붓고 중불에서 끓이다가 입이 하나 둘씩 벌어지기 시작하면 건져내어 한쪽 껍질을 떼내고 국물은 체에 밭친다.

**3** **국물에 된장 풀기** 깨끗하게 밭쳐 놓은 조갯국물을 냄비에 다시 붓고 쌀뜨물을 4컵 섞은 다음 된장 3큰술을 풀어 국물에 잘 섞어 준다. 된장은 조리에 대고 풀어야 국이 지저분하지 않다.

**4** **냉이, 조개 넣기** 된장을 풀어 골고루 섞어 놓은 국물이 팔팔 끓으면 깨끗하게 다듬어 씻어 건져 놓은 냉이를 넣고 한소끔 끓인다. 국이 끓으면 익힌 조개와 다진 마늘을 넣어 한소끔 더 끓여 낸다.

# 일본식 된장국

요리 / 한복려

**조갯국물**에 미역과 두부를 넣어 담백하고 개운하게 끓이는 된장국은 보통 일본식 국의 전형적인 형태이다. 일본식 된장은 오래 끓으면 그 특유의 향이 덜해지므로 국이 다 끓고 난 후에 풀어 한소끔 후루룩 끓여 내야 한다.

일본식 국은 된장국 이외에도 국물을 다시마, 멸치, 말린 가다랭이 등을 우려 끓인 맑은장국이 많으며, 건지도 미역이나 두부뿐 아니라 계절감 있는 각종 야채를, 육류보다는 생선을 많이 사용한다.

## 재료/4인분   76 kcal   75

| | |
|---|---|
| 미역 | 30g |
| 연두부 | 1모 |
| 유부 | 2장 |
| 물 | 5컵 |
| 일본 된장 | 4큰술 |
| 실파 | 4뿌리 |

**1 멸칫국물 내고 미역 불리기** 냄비에 머리와 내장을 빼 놓은 멸치와 물 5컵을 부어 끓이다가 멸치가 떠오르기 시작하면 4~5분 정도 더 끓여 체에 밭친다. 국물이 끓고 있는 동안 미역을 찬물에 충분히 불려 헹군 다음 짤막하게 썰어 놓는다.

**2 유부, 연두부 넣기** 끓는 물을 끼얹어 겉기름을 빼고 채썰어 놓은 유부를 멸칫국물에 넣고 연두부를 손바닥에 올려 깍둑썰어 넣는다. 연두부는 부서지기 쉬우므로 손바닥에 올려 놓고 바로 썰어서 넣는다.

**3 미역 넣어 된장 풀기** 한소끔 끓으면 짧게 썰어 놓은 미역을 넣고 된장을 조리에 걸러 덩어리지지 않게 푼 다음 실파를 송송 썰어 넣는다. 일본 된장은 오래 끓이면 된장 특유의 향이 적어져 맛이 덜하므로 다 끓고 난 마지막에 풀어 넣는다.

---

### 꼭 알아두자

## 올바른 도마 사용법

도마는 칼날이 직접 닿기 때문에 칼에 의한 흠집이 많이 생기고, 세균이 증식할 가능성도 높다. 따라서 위생적인 도마 관리가 무엇보다 필요하다.

**• 나무 도마는 젖은 행주로 깨끗이 닦아 물에 닦는다**

도마는 음식 만들 때 필수적으로 사용되기 때문에 물기가 묻어있는 경우가 많다. 따라서 물에 잘 견디고 칼날이 닿아도 부드럽고 쉽게 흠이 생기지 않는 노송나무로 된 것이 좋다.

90℃의 끓는 물을 도마 위에 끼얹으면 살균 작용이 될 뿐 아니라 뜨거운 열기로 인해 물기가 빨리 마른다. 그러나 비린내가 나는 생선을 손질한 도마에 갑자기 뜨거운 물을 부으면 단백질이 응고되어 비린내가 쉽게 없어지지 않으므로 주의한다. 이럴 때는 먼저 찬물로 씻고 솔이나 수세미로 도마를 문지른 다음 뜨거운 물로 씻어 주는 것이 좋다.

**• 플라스틱 도마는 끓는 물로 씻는다**

플라스틱 도마는 칼날이 닿는 부분이 단단해 세균의 침투가 나무 도마보다 덜한 이점이 있으므로 하나 정도 마련해 두는 것도 괜찮다. 플라스틱 도마 역시 끓는 물로 씻는 것이 가장 바람직하다. 하지만 열에

의해 변형될 수 있다는 점에 유의하도록.

# 스끼야끼

요리 / 전정원

고기와 각종 야채를 넣고 끓여 먹는 전골. 그 중에서도 스끼야끼는 다시마국물에 신선한 야채와 고기를 넣어 담백하게 끓여 내는 일본식 전골요리이다.

스끼야끼는 특별한 조리 방법이 필요하지 않다. 다시마국물을 맛있게 준비하는 것과 신선한 야채를 구입하는 것이 맛있는 스끼야끼를 만드는 비결이다.

## 재료/4인분　　145 kcal　30

| | |
|---|---|
| 쇠고기(안심) | 200g |
| 배추 | 100g |
| 우엉·당근·무 | 50g씩 |
| 두부 | ½모 |
| 굵은 파 | 2뿌리 |
| 표고버섯 | 2장 |
| 양파 | ½개 |
| 쑥갓 | 30g |
| 곤약(실곤약) | 50g |
| 식물성 기름 | 조금 |

**장국**

| | |
|---|---|
| 다시마국물 | 1컵 |
| 간장 | 3큰술 |
| 설탕 | 1큰술 |
| 청주 | 3큰술 |
| 후춧가루 | 조금 |

### Cooking Point

스끼야끼는 준비한 재료들을 큼직한 접시에 보기 좋게 담아 식탁에 올려 놓고 휴대용 가스에 넓은 냄비를 올려 즉석에서 끓이면서 먹어야 제맛을 즐길 수 있는 요리이다.

먹을 때는 각자 개인용 그릇에 날달걀을 풀어 넣고 재료가 익는 대로 담갔다가 먹으면 더욱 맛있다. 날달걀이 뜨거운 음식도 식혀 주고 먹기 좋게 감싸 주므로 입에 넣었을 때 부드러운 촉감을 더해 주어 음식의 맛을 더한다.

### 우엉 손질하기

너무 굵거나 가늘지 않고 갈라진 틈이 없는 것을 골라 칼등으로 껍질을 살살 긁어낸 다음 연필 깎듯이 빙빙 돌리면서 비져썰어 식촛물에 담가 둔다. 이렇게 하면 하얗게 되고 씹히는 질감도 좋다.

**1 쇠고기 손질하기** 결이 곱고 부드러운 살코기와 얼룩지방이 적절히 섞여 있는 질 좋은 안심 부위를 준비하여 1.5cm 두께에 먹기 좋은 크기로 얄팍하고 넓적하게 저며썰어 준비한다.

**2 야채썰기** 양파는 반달모양, 당근과 두부·배추는 5cm 정도 길이로 얇게 썰고 파는 어슷썬다. 쑥갓은 짧게 자르고 우엉은 비져썬다. 불린 표고는 기둥을 뗀 후 2등분하고 곤약은 꼬아 모양을 낸다.

**3 재료 넣어 끓이기** 넓은 냄비에 기름을 두르고 쇠고기를 얹어 익히다가 손질한 배추, 우엉, 양파, 당근, 무, 표고버섯, 두부, 곤약, 굵은 파를 보기 좋게 얹고 장국을 부어 한소끔 끓인 뒤 쑥갓을 얹는다.

### 장국 만들기

오목한 그릇에 다시마국물 1컵을 붓고 간장 3큰술, 설탕 1큰술, 청주 3큰술, 후춧가루를 조금 넣어 고루 섞는다. 다시마국물은 10×10cm 크기의 다시마 1장에 5컵 분량의 물을 부어 끓여서 만든다.

# 도가니탕

요리/한복려

도가니와 힘줄, 사태를 푹 고아 송송 썬 파를 넣고 소금 간하여 먹거나 식성에 따라 매콤한 양념장을 섞어 얼큰하게 먹는 곰국. 비슷한 메뉴로 쇠족, 갈비, 쇠꼬리를 푹 곤 쇠족탕, 갈비탕, 꼬리곰탕 또는 설렁탕, 양곰탕 등이 있다.

모두 쇠고기의 이용 부위에 따라 이름이 붙여진 것이며 만드는 방법은 거의 유사하다. 또 잡고기뼈를 푹 고아 국물을 밭쳐두었다가 맑은국이나 된장국 끓일 때 이용하면 감칠맛이 도는 국을 끓일 수 있다.

## 재료/4인분　264kcal 240

| 재료 | 분량 |
| --- | --- |
| 도가니 | 1/2개 |
| 힘줄·쇠고기(사태) | 300g씩 |
| 물 | 12컵 |
| 파 | 1뿌리 |
| 다진 마늘 | 1/2큰술 |
| 다진 생강 | 2/3작은술 |
| 소금 | 1큰술 |
| 후춧가루 | 조금 |

**양념장**

| 재료 | 분량 |
| --- | --- |
| 다진파·고춧가루 | 4큰술씩 |
| 다진 마늘·간장 | 2큰술씩 |
| 다진 생강 | 1작은술 |
| 소금 | 1큰술 |
| 후춧가루 | 조금 |

## Cooking Point

도가니는 눌러 보아 탄력이 있고 연골의 색이 우윳빛으로 뽀얀 것이 신선하다. 사골이나 곰국 종류는 국물을 달일 때 고기를 미리 찬물에 1시간 정도 담가 핏물을 뺀 뒤 사골 1개에 물 20컵, 쇠고기 600g에 물 10컵 정도를 부어 찬물에서부터 넣고 끓이기 시작한다. 물이 끓을 때 넣으면 고기의 표면이 먼저 응고되어 고기 속에 있는 단백질, 지방, 젤라틴 등의 영양성분이나 맛난 성분이 크게 녹아 나오므로 진하고 맛있는 국물맛을 내기 어렵다. 그러므로 찬물에 넣어 은근한 불에서 고기가 부드럽게 삶아질 때까지 뭉근하게 끓인다.

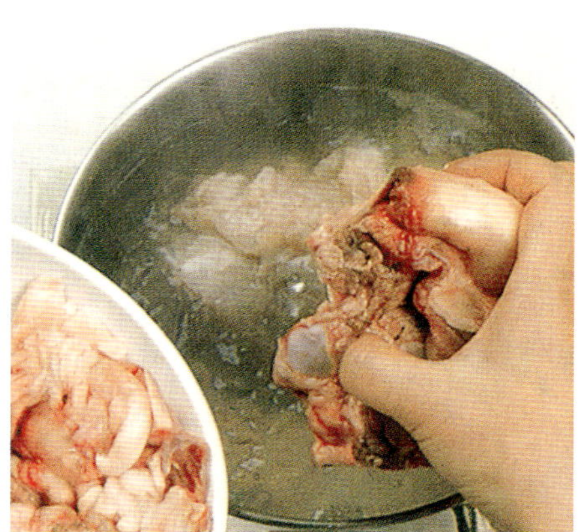

**1 도가니, 사태, 힘줄 삶기** 도가니와 힘줄은 토막내어 찬물에 담가 핏물을 빼고 사태는 덩어리째 준비한다. 냄비에 물을 붓고 굵게 썬 파와 사태를 덩어리째 끓이다가 도가니, 힘줄을 넣어 센불에서 끓인다.

**2 건지 썰기** 고깃살이 충분히 익어 연해지고 국물이 뽀얗게 되면 도가니와 사태, 힘줄을 모두 건져 내어 먹기 좋게 한입 크기로 썰어놓고 남은 뼈 부분은 다시 고기 삶은 물에 넣어 푹 곤다.

**3 건지에 양념하기** 먹기 좋게 썰어놓은 고기를 넓은 그릇에 담고 다진마늘, 생강, 소금, 후춧가루를 분량대로 넣어 골고루 양념한다. 푹 곤 고깃국물은 위에 한지를 덮어 기름기가 스며들게 한다.

**4 건지에 국물 붓기** 양념한 건지를 국그릇에 담고 송송썬 파를 얹은 다음 기름기를 걷거낸 국물을 다시 한 번 뜨겁게 끓여 붓고 분량의 양념을 고루 개어 만든 양념장과 함께 낸다.

# 쇠갈비찜

요리 / 노진화

찜요리에서 가장 대표적인 음식이 갈비찜이다. 갈비찜을 제대로 만들 수 있으면 육류로 만드는 모든 찜, 즉 닭찜, 돼지갈비찜 등도 쉽게 만들 수 있다.

찜은 뭉근하게 푹 익혀야 하는 음식이므로 압력솥을 이용하는 것이 편리하다. 압력솥은 내부를 완전히 밀폐시켜 증기가 새나가지 않게 함으로써 고온, 고압상태에서 단시간에 익히는 원리로 음식을 만들기 때문에 찜요리에는 그만이다. 다만 압력솥에 할 때는 냄비에 찔 때보다 물의 양을 1/2로 줄일 것. 그리고 추가 흔들리기 시작해서 10분 정도 지난 후 불을 끄고 김이 완전히 빠졌을 때 뚜껑을 여는 것이 포인트다. 그 다음 뚜껑을 연 채로 국물을 끼얹어가며 양념이 고루 배도록 해주는 것이 요령이다.

**재료**/4인분 884kcal 40

| | |
|---|---|
| 쇠갈비 | 2kg |
| 설탕 | 3큰술 |
| 술 | 2큰술 |
| 양파 | 2개 |
| 당근 | 1개 |
| 밤 | 10개 |
| 은행 | 20개 |
| 대추 | 10개 |
| 잣가루 | 1큰술 |
| **양념장** | |
| 간장 | 3큰술 |
| 다진 파 | 5큰술 |
| 다진 마늘 | 1큰술 |
| 깨소금 | 1큰술 |
| 참기름·후춧가루 | 1작은술씩 |

### Cooking Point

갈비찜을 할 때 양념이 잘 배도록 하려면 갈비를 한 번 삶은 후 칼집을 넣어 찜을 한다. 또한 압력솥이 아닌 냄비에 할 때는 양념장을 한꺼번에 넣지 말고 2~3번에 나누어 넣어야 양념이 고루 배어 맛이 있다.

### 웃기 만들기

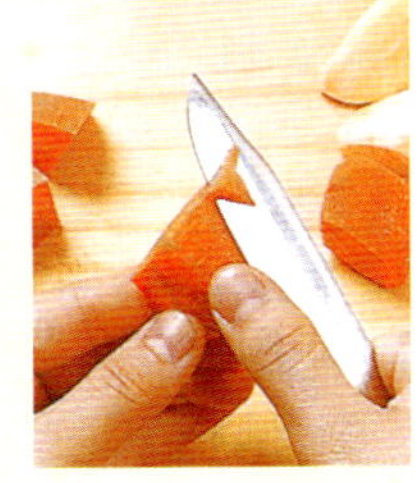

밤은 껍질을 까서 모서리를 둥글게 다듬고 당근은 밤톨크기로 썰어 각지지 않게 둥글린다. 대추는 깨끗이 씻어 물기를 빼고 은행은 소금을 조금 넣고 볶아 껍질을 벗긴다. 작은 냄비나 프라이팬에 갈비 양념국물을 1/3컵 정도 붓고 손질한 재료를 넣어 국물이 졸 때까지 조린다.

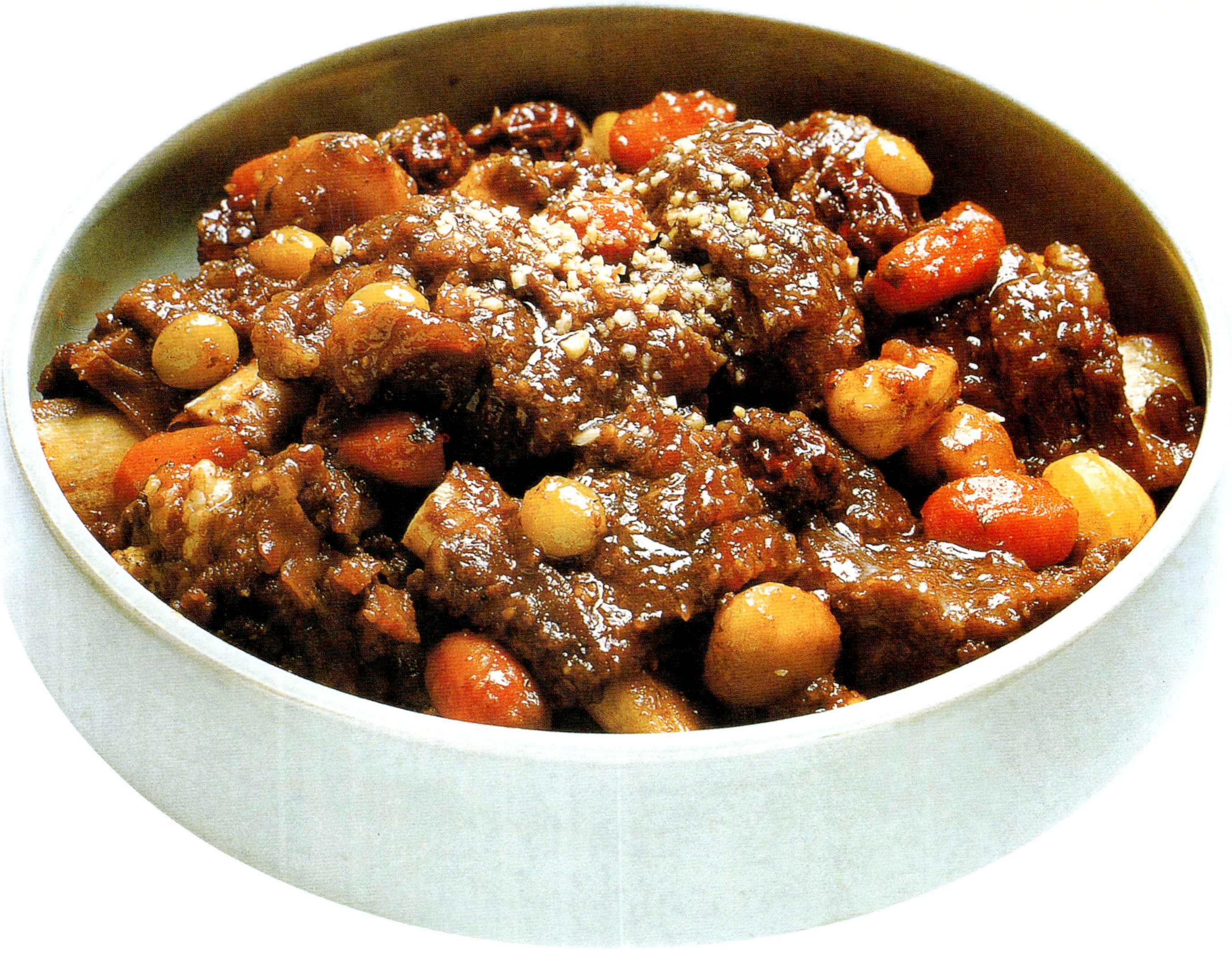

**1 칼집 넣기** 기름기와 힘줄을 떼내고 먹기 좋은 크기로 토막 낸 다음 뼈를 중심으로 양쪽에 3~4군데 칼집을 넣는다. 토막은 너무 작으면 볼품이 없으므로 큼직하게 자르고, 칼집은 약간 깊게 넣어야 양념이 속까지 잘 배어든다.

**2 핏물 빼기** 찬물에 담가 충분히 핏물을 뺀 갈비는 건져 내어 물기를 걷는다. 칼집을 넣은 상태이므로 씻을 때는 너무 힘껏 주무르지 않는다. 또 칼집을 넣기 전에 미리 찬물에 담가 핏물을 빼도 괜찮다.

**3 갈비에 밑간하기** 손질하여 핏물을 빼 놓은 쇠갈비에 설탕 3큰술과 술 2큰술을 뿌려 간이 배도록 골고루 주물러 놓는다. 이렇게 미리 밑간을 하여 두면 고기도 연해지고 고기 특유의 냄새도 없어지므로 갈비찜이 맛있다.

**4 양념장에 재기** 오목한 그릇에 간장 2큰술, 다진 파 5큰술, 다진 마늘 1큰술, 깨소금 1큰술, 참기름·후춧가루 1작은술씩을 넣어 골고루 섞어 양념장을 만든 뒤 냄새를 없앤 쇠갈비를 30분~1시간 정도 재어 양념이 충분히 배게 한다.

**5 압력솥에 갈비 안치기** 먼저 채썬 양파를 밑에 깔고 그 위에 양념장에 재어 둔 갈비를 차곡차곡 얹는다. 나중에 국물을 끼얹을 수 있도록 가운데 부분은 비워 두고 물 ½컵을 부은 다음 뚜껑을 닫고 센불에서 익힌다.

**6 국물 끼얹어가며 뒤적이기** 추가 흔들리기 시작하여 10분 정도가 지나면 불을 끄고 김을 완전히 뺀다. 김이 완전히 빠지면 뚜껑을 열고 다시 센불에서 국물을 위에 끼얹어가면서 윤기나게 여러 번 뒤적뒤적 해준다.

**7 웃기 넣기** 갈비에 간이 충분히 배었던 프라이팬에 조려 놓은 당근과 밤, 대추, 은행을 넣고 골고루 뒤적여 윤기나게 조린 뒤 잣가루를 뿌려 상에 낸다. 갈비는 뜨거울 때 상에 내어 바로 먹어야 제맛을 즐길 수 있다.



## 쇠고기감자찜

**재료** : 쇠고기 200g, 감자 300g, 멸칫국물 1컵, 간장 3큰술, 설탕 1큰술, 청주 2큰술, 식물성 기름 2큰술

**만들기** : ❶쇠고기는 적당히 기름기를 떼고 고기결과 직각이 되게 0.2cm 두께로 얇게 저며썬 다음 먹기 좋은 크기로 썬다. ❷감자는 깨끗이 씻어 껍질을 벗기고 길이대로 반을 갈라 밤톨 크기만하게 2~3등분하여 묽은 소금물에 담가 두었다가 건져 물기를 뺀다. ❸냄비에 기름을 두르고 뜨겁게 달궈지면 얇게 저며썬 쇠고기를 넣고 센불에서 볶다가 손질한 감자를 넣어 함께 볶는다. ❹쇠고기와 감자가 거의 다 익으면 멸칫국물을 자작하게 붓고 뚜껑을 덮어 한소끔 끓인다. ❺한소끔 끓으면 설탕과 청주를 분량대로 넣고 다시 센불에서 5분 정도 끓인다. ❻감자가 완전히 익으면 간장을 넣고 소금으로 간을 맞춘 뒤 약한 불에서 은근히 조리면서 간이 골 배도록 고루 뒤적인다.

# 닭찜

**요리/권귀남**

닭은 지방이 적어 연하고 소화·흡수가 잘 되어 여러 가지 요리에 많이 이용되는데, 그 중에서도 닭찜은 물리지 않고 먹을 수 있는 가장 보편적인 닭요리이다.

닭찜은 쇠갈비찜이나 돼지갈비찜과 똑같은 방법으로 하면 된다.

다만 닭토막은 핏물을 빼지 않아도 되므로 물에 담가 놓지 말 것.

고기와 함께 알감자, 토란, 밤, 고구마, 연근, 당근, 메추리알 등을 부재료로 넣기도 하는데, 어느 것이든 조리 후 흐물흐물하게 변하지 않고 몸이 단단한 것이면 괜찮다.

찜요리는 오랜 시간 뭉근히 조려야 하지만 압력솥을 이용하면 좀더 빠르고 쉽게 조리할 수 있다.

닭찜에 넣을 당근과 감자는 갈비찜에 넣는 당근과 감자의 손질법과 동일하다.

## 재료 /4인분 — 762 kcal — 25

| | |
|---|---|
| 닭 | 2kg |
| 소금 | 2작은술 |
| 후춧가루 | 1작은술 |
| 생강즙 | 1큰술 |
| 감자 | 100g |
| 당근 | 100g |

### 양념장

| | |
|---|---|
| 간장 | 6큰술 |
| 다진 파 | 3큰술 |
| 다진 마늘 | 1큰술 |
| 후춧가루 | ½작은술 |
| 설탕 | 1큰술 |
| 깨소금 | 1큰술 |
| 참기름 | 2큰술 |

**1 기름 떼내고 토막내기** 깨끗이 씻어 잔털과 내장을 제거하고 꼬리쪽에 뭉쳐 있는 기름을 자른 후 닭다리의 끝을 잡고 허벅지를 자른다. 손으로 더듬어 마디와 마디 사이를 골라 칼질하면 쉽게 토막낼 수 있다.

**2 닭날개 떼내고 칼집 넣기** 날개 부분도 다리와 같은 요령으로 떼낸다. 몸통은 칼등으로 자근자근 두들겨 뼈가 부러지면 그 사이를 잘라 토막낸 후 칼집을 넣어 생강즙, 소금, 후춧가루를 뿌려 밑간을 해둔다.

**3 양념장에 재우기** 밑간을 해 둔 닭과 당근, 감자를 커다란 그릇에 담고 간장, 실파, 다진 마늘, 후춧가루, 설탕, 깨소금, 참기름을 분량대로 넣어 만든 양념장을 부어 여러 번 뒤적인 후 재어 둔다.

**4 압력솥에 안치기** 양념에 충분히 재어둔 닭고기와 껍질 벗겨 2cm 정도 길이의 밤톨 모양으로 손질한 감자, 당근을 압력솥에 안치고 남은 양념장을 자작하게 부어 뚜껑을 덮고 15분 동안 푹 찐다.

**5 그릇에 담기** 끓는 소리가 나면 불을 끄고 3분쯤 뜸을 들인 후 김이 완전히 빠지면 뚜껑을 열고 국물을 끼얹어 주면서 여러 번 뒤적여 준 다음 뜨거울 때 상에 낸다.

# 풋고추찜

요리 / 한복려

풋고추찜은 밀가루에 버무린 풋고추를 찜통에 쪄내어 매콤한 양념장에 조물조물 무쳐 먹는 우리 고유의 찜 음식이다. 원래는 밥기 끓어 오를 때 납작한 그릇에 양념한 고추를 담거나 호박잎을 깔고 그 위에 쪄 내야 더욱 제맛이 난다.

풋고추 이외에 우엉찜이나 애호박찜도 같은 방법으로 쪄서 양념장에 찍어 먹든지 무쳐 먹는다. 생선찜이나 고기찜과 달리 야채찜은 금방 물러지므로 밥 뜸들일 때 찌는 것이 가장 알맞게 쪄진다. 그렇지 않으면 찜통을 이용해서 쪄 내도록.

## 재료 / 4인분　　　　101 kcal　10

| | |
|---|---|
| 잔 풋고추(또는 꽈리고추) | 200g |
| 밀가루 | ½컵 |

**양념장**

| | |
|---|---|
| 간장 | 2큰술 |
| 다진 파 | 1큰술 |
| 다진 마늘 | ½큰술 |
| 고춧가루 | 1작은술 |
| 깨소금 | 1큰술 |
| 참기름 | 2작은술 |

### Cooking Point

고추를 오래 두고 먹으려면 풋고추부각을 만들어도 좋다. 풋고추를 물에 씻어 밀가루에 버무려 소금을 뿌리고 찜통에 쪄서 말려 둔다. 먹을 때는 기름에 살짝 튀겨내거나 기름에 바짝 볶아 설탕을 솔솔 뿌리면 맛있다.

**1 풋고추에 밀가루 묻히기** 고추는 꼭지를 떼내고 깨끗하게 씻은 다음 체에 건져 물기를 뺀다. 물기가 대충 빠졌으면 넓은 그릇에 담고 밀가루를 넣어서 잘 버무린다.

**2 찜통에 안치기** 먼저 찜통에 물을 붓고 끓여 김이 올린 뒤에 큼지막하고 깨끗한 가제나 베보자기를 물에 적셔 짠 다음 찜통에 깔고 그 위에 밀가루에 버무려 놓은 고추를 놓고 찐다.

**3 찌기** 마른 밀가루가 보이지 않을 정도로 고추가 푹 쪄졌으면 젖은 가제의 양쪽을 쥐고 가제째 찜통에서 들어 낸다.

**4 양념장 만들기** 찜통에 고추를 찌고 있는 동안 오목한 그릇에 간장 2큰술과 분량의 다진 파와 마늘, 참기름, 깨소금, 고춧가루를 넣어 고루 섞어 양념장을 만들어 둔다.

**5 양념장에 버무리기** 고추가 다 쪄졌으면 뜨거울 때 준비해 놓은 양념장을 끼얹어 간이 배도록 골고루 버무린다. 먹기 직전에 버무리는 것이 밀가루가 덜 불어 맛있다.

# 자반고등어찜

요리 / 한복려

찜은 재료를 양념하여 그릇에 담아 찜통에 찌는 음식이다. 닭찜, 갈비찜 등 고기류를 주재료로 한 찜도 있지만 생선찜은 대개 자반으로 만드는 것이 맛있다. 소금에 절였던 생선을 쌀뜨물에 담가 짠맛을 우려내고 갖은양념을 뿌려 쪄 내면 되는데, 고등어 이외에 북어나 가다랭이, 아귀 등 여러 생선도 찜재료로 많이 이용한다.

**재료** /4인분                    **179 kcal**  **20**

| | |
|---|---|
| 자반고등어 | 1마리 |
| 쌀뜨물 | 2컵 |
| 감자 | 1개 |
| **양념장** | |
| 풋고추 | 4개 |
| 고춧가루 | 2작은술 |
| 굵은 파 | 1뿌리 |
| 마늘 | 3쪽 |
| 물 | 2큰술 |
| 참기름 | 1작은술 |

### Cooking Point

고등어는 가을에 제맛을 내므로 9~10월이 가장 맛있다. 등쪽은 녹색, 흑색이 짙고 배쪽은 은백색의 윤기가 있는 싱싱한 것을 골라 자반을 하면 그 맛을 제대로 살릴 수 있다.

자반으로 구입해도 괜찮은데 자반을 고를 때는 살에 뼈가 단단히 붙어 있는지 살피고 노르스름한 기름 덩어리가 겉돌지 않고 배를 눌러 보아 즙액이나 내장이 밀리지 않는 것을 고른다.

**1 재료 썰기** 감자는 반으로 잘라 도톰하게 썰어 찬물에 담근다. 파, 마늘, 풋고추는 씻어 잘게 다진 후 분량의 고춧가루와 참기름, 물을 넣어 고루 섞어 양념장을 만든다.

**2 고등어 손질하여 절이기** 배를 가르고 내장을 말끔히 제거한 후 흐르는 물에 깨끗이 씻어 머리와 온몸을 편편하게 펼쳐 놓고 굵은 소금을 넉넉하게 뿌려서 절여 둔다.

**3 간기 빼기** 소금 뿌려 충분히 절인 자반은 겉에 묻어 있는 소금을 대충만 털어내고 물에 깨끗하게 씻은 다음 세 토막을 내고 쌀뜨물에 담가 두어 간기를 빼준다.

**4 양념장 뿌리기** 냄비 바닥에 도톰하게 썬 감자를 깔고 그 위에 간을 뺀 고등어를 안친 다음 분량의 양념으로 만든 양념장을 골고루 뿌린다. 감자를 밑에 깔고 쪄내야 눌어붙지 않는다.

**5 쌀뜨물 붓기** 양념장을 골고루 뿌렸으면 쌀뜨물을 자작자작하게 붓고 약한 불에서 뚜껑을 덮은 채 간이 고루 배도록 한소끔 끓여 낸다.

# 쇠고기달걀장조림

요리 / 한복려

장조림은 달콤짭짤하고 고기맛이 쫄깃한 맛있는 밑반찬이다. 장조림용 고기는 홍두깨살 이외에도 오래 고았을 때 부서지지 않는 사태, 우둔살 등의 부위가 적당하며 돼지고기를 이용할 경우에는 지방이 적은 볼기살을 이용한다. 안심이나 등심 같은 연한 부위는 오래 조리면 오히려 고기가 딱딱해지므로 조림에는 좋지 않다. 또 장조림에는 달걀 대신 메추리알을 함께 넣고 조려도 하나씩 집어 먹기 편하고 맛있다.

**재료** /4인분          317 kcal  **60**

| | |
|---|---|
| 쇠고기(홍두깨살) | 600g |
| 물 | 10컵 |
| 간장 | 1½컵 |
| 설탕 | 4큰술 |
| 달걀 | 4개 |
| 붉은고추(말린 것) | 1개 |
| 통마늘 | 1통 |
| 생강 | 1쪽 |

## Cooking Point

고기가 적당히 물러졌을 때 간을 해야 살이 알맞게 무르면서 간도 속까지 잘 밴다. 간장을 처음부터 넣으면 육질에 있는 수분이 한꺼번에 빠져 나와 근육이 촘촘하게 결착되어 고기가 딱딱해진다. 또 약한 불에서 은근히 조려야 고기에서 녹아나오는 육즙과 조림양념국물이 한데 어우러져 조림국물도 맛있고 고기도 연하며 간도 잘 밴다.

**1 고기 손질하기** 찢어 먹기 좋은 홍두깨살을 덩어리로 준비하여 길이가 5cm 정도 되도록 큼직큼직하게 썬 다음 찬물에 씻어 준비한다. 홍두깨살 말고 아롱사태를 이용해도 맛있다.

**2 고기 삶다가 거품 걷어내기** 냄비에 둘을 끓이다 고기를 넣어 중불에서 40분 정도 삶는다. 꼬치로 찔러보아 겨우 들어갈 정도로 되면 간간이 뚜껑을 열어 누린내가 빠지게 하고 위에 떠 있는 거품도 걷어낸다.

**3 간장, 설탕 붓기** 고기가 거의 익으면 육수를 1컵 덜어내고 분량의 간장과 설탕을 넣어 조리면서 다른 냄비에 달걀을 삶아 건진 후 껍질을 벗겨 놓는다.

**4 고추, 생강, 마늘 넣기** 조림 간장이 ⅔정도로 줄어들면 깨끗이 씻어 얇게 저며 썬 생강과 큼직큼직하게 어슷썰어 놓은 통고추를 넣고, 껍질만 까서 씻어 놓은 통마늘을 집어 넣어 뭉근하게 끓인다.

**5 달걀 넣어 조리기** 고기를 일부 덜어내고 남은 육수를 부은 다음, 삶아 껍질을 까 놓은 달걀을 넣어 간이 배도록 주걱으로 뒤적이면서 조린다. 마늘은 오래 끓이면 뭉그러지므로 중간에 꺼내 놓는다.

# 병어조림

요리/전정원

조림은 여러 번 조리해 보아야 그 요령이 생기지만 특히 생선조림을 맛있게 만들려면 센불에서 재빨리 조리는 것이 포인트다.

병어조림은 병어의 담백한 맛을 살리면서 간도 충분히 배도록 조리해야 맛있다. 간은 간장으로 짜게만 조리는 것보다는 설탕을 넣어 감칠맛과 윤기가 돌게 조려야 먹음직스럽다. 조릴 때 술을 조금 넣어 주면 비린내가 나지 않고 생선살이 부서지지도 않는다.

또 병어만 조리는 것보다는 무, 고추, 굵은 파 등의 야채를 함께 넣어 조리면 한결 맛이 좋다.

## 재료 /4인분

**199 kcal** `75`

| | |
|---|---|
| 병어 | 2마리 |
| 무 | 400g |
| 붉은고추 | 1개 |
| 풋고추 | 1개 |
| 굵은 파 | 1뿌리 |
| 물 | 1컵 |
| **양념장** | |
| 간장 | 4큰술 |
| 다진 마늘 | 2큰술 |
| 다진 생강 | 1큰술 |
| 고춧가루 · 설탕 | 1큰술씩 |
| 후춧가루 | 조금 |
| 청주 | 2큰술 |

## Cooking Point

생선조림을 할 때는 생선을 겹치지 않게 놓을 수 있는 넓고 큰 냄비가 좋다. 뚜껑은 냄비 크기보다 조금 작은 것을 덮어야 조리는 도중에 생선살이 부서지는 것을 막을 수 있고, 끓어오른 국물이 뚜껑에 부딪혀 다시 생선에 배어들게 되므로 간이 고루 들게 된다.

조림국물은 너무 많거나 적지 않게 재료가 살짝 잠길 정도로만 부어 끓이다가 생선을 넣어 센불에서 재빨리 조리는 것이 포인트. 조리는 도중에 숟가락으로 국물을 계속 끼얹어 주는 것도 윤기 있고 간이 잘 밴 맛있는 조림을 만들 수 있는 요령이다.



## 고등어김치조림

**재료** : 고등어 1마리, 배추김치 ¼포기, 물 2컵, 양념장(굵은 파 1뿌리, 다진 마늘 · 생강 1큰술씩, 간장 2큰술, 고춧가루 ½큰술, 설탕 1큰술)

**만들기** : ❶ 고등어는 머리를 자르고 내장을 빼낸 뒤 깨끗이 씻어 5~6cm 길이로 토막낸다. ❷ 신 통배추김치를 준비하여 머리 끝부분만 잘라내고 냄비에 편편하게 깐다. 간장에 어슷썬 파와 다진 마늘 · 생강, 설탕, 고춧가루를 분량대로 섞어 양념장을 만들어 냄비 바닥에 깐 김치 위에 조금 뿌린 다음 토막낸 고등어를 안친다. ❸ 남은 양념장을 고등어 위에 골고루 뿌리고 고등어가 잠길 정도의 물을 부어 센불에서 조린다. 조림장이 끓어 국물이 거의 없어지면 찬물을 조금 더 넣어 조린다. 이렇게 하면 생선의 속살과 표면의 온도차가 줄어들게 되어 생선살이 고루 익게 된다.

**1 굵은 파, 고추, 무 썰기** 굵은 파는 깨끗이 다듬어 씻어 큼직하게 어슷썰고, 풋고추·붉은고추도 어슷썰어 찬물에 흔들어 씻어 씨를 털어낸다. 무는 흐르는 물에서 수세미로 박박 문질러 씻어 껍질을 벗기 고 도톰하게 나박썬다.

**2 병어 비늘 긁고 내장 빼내기** 칼을 세워서 꼬리쪽에서부터 머리쪽으로 살살 긁으면서 비늘을 떼내고 흐르는 물에 표면을 깨끗하게 씻은 다음 아가미 쪽에 칼집을 넣어 안에 있는 내장을 말끔히 빼낸다.

**3 지느러미 자르기** 비늘 긁고 내장을 빼낸 병어는 양옆의 지느러미를 잘라 내고 꼬리 지느러미도 자르면서 끝을 매끈하게 손질한다. 생선 지느러미를 자를 때는 칼보다는 가위를 이용하는 것이 자르기도 쉽고 깔끔하다.

**4 소금 뿌리기** 내장과 지느러미를 깨끗이 손질한 병어는 접시에 올려 놓고 소금을 골고루 뿌려 간이 충분히 배도록 놓아 둔다. 생선에 소금을 뿌리는 것은 간을 맞추는 것 외에도 소금에 비린내를 흡수시키고 생선을 조리는 동안 살이 흩어지지 않게 한다.

**5 토막내기** 병어에 소금간이 충분히 배었으면 도마 위에 올려 놓고 몸통을 2등분하여 큼지막하게 토막을 내어 놓는다. 흰살 생선이나 살이 단단한 생선은 30분 정도, 살이 연한 생선이나 등푸른 생선은 1시간 이상 소금을 뿌려 둔다.

**6 양념장 만들기** 오목한 그릇에 간장 4큰술과 다진 마늘 2큰술, 다진 생강 1큰술, 설탕·고춧가루 1큰술씩, 청주 2큰술, 후춧가루를 조금 넣어 골고루 섞어 준다.

**7 양념장과 무 넣기** 도톰하게 나박썬 무를 조림할 냄비에 편편하게 깔고 물 1컵을 부은 다음 준비한 양념장을 골고루 섞으면서 끓인다. 조림냄비는 깊이가 얕고 밑이 넓은 것을 사용해야 생선살이 서로 달라붙지 않고 양념도 고루 배어들어 맛있다.

**8 병어 넣기** 무가 어느 정도 익었으면 손질하여 토막낸 병어를 넣고 숟가락으로 양념장을 위에 끼얹어 가며 끓인다. 조림국물이 팔팔 끓을 때에 생선을 넣어야 표면의 단백질이 바로 응고되어 맛이 빠지지 않고 살도 부서지지 않으며 비린내도 덜하다.

**9 야채 넣기** 생선살이 거의 익었으면 어슷썬 파와 풋고추, 붉은고추를 넣고 약한 불에서 국물이 졸때까지 끓인다. 조리면서 숟가락으로 양념장을 끼얹는다. 병어를 부서지지 않게 그릇에 담고 무를 한쪽에 담은 뒤 그 위에 고추, 굵은 파를 모양있게 얹는다.

# 어묵감자조림

요리/안승춘

**감자는** 녹말이 주성분으로 맛이 담백하여 많이 먹어도 질리지 않으므로 찜, 볶음, 튀김 등에 다양하게 이용하며 고기나 생선, 어묵 등과 함께 조림에도 많이 쓰인다.

감자와 어묵으로 조림을 할 때는 큼지막한 냄비에 넣고 양념이 골고루 배도록 중불에서 서서히 조리다가 마지막으로 참기름, 통깨를 뿌려 센불에서 재빨리 볶아내야 윤기 있고 맛있는 조림이 된다.

풋고추와 같은 푸른색 채소를 함께 넣고 조리할 경우에는 조리는 도중 엽록소가 파괴되고 색이 누렇게 변하므로 다른 재료가 거의 다 익은 다음에 넣어 뚜껑을 열고 조리는 것이 푸른 색을 제대로 살리는 포인트.

또 가을철에는 감자 대신 토란을 이용해도 맛있다. 토란을 한입 크기로 다듬어 미리 삶은 다음 어묵과 함께 조리다가 물에 불려 놓은 미역을 꼭 짜서 넣고 조림장이 졸 때까지 뒤적여가며 조린다.

**재료**/4인분　　　204 kcal　**20**

| 재료 | |
|---|---|
| 어묵 | 400g |
| 감자 | 2개 |
| 풋고추 | 10개 |
| 통깨 | 1큰술 |
| 참기름 | 1작은술 |
| **조림장** | |
| 간장 | 6큰술 |
| 물엿 | 2~3큰술 |
| 술 | 1큰술 |
| 생강즙 | 1작은술 |
| 육수(또는 멸칫국물) | ½컵 |

**1** **재료 썰기** 손질한 어묵은 모양을 살려 썰고 감자는 껍질벗겨 한입 크기로 마구 썰어 찬물에 담궈 두고 풋고추는 어슷 썰어 찬물에 헹군 후 씨를 털어 낸다.

**2** **조림장 만들기** 넓은 냄비에 간장 6큰술과 분량의 물엿, 생강즙, 술을 넣고 미리 준비해 둔 육수 ½컵을 부어 양념이 한데 어우러지도록 골고루 섞어 조림장을 만들어 둔다.

**3** **감자 조리기** 조림장을 만들어 놓은 냄비에 물에 담가둔 감자를 건져 넣고 뚜껑을 덮어 끓인다. 감자는 물에 미리 담가 두어야 조리할 때 냄비에 달라붙지 않고 윤기가 잘 난다.

**4** **어묵 넣어 함께 조리기** 감자가 반 정도 익으면 모양내서 썰어 놓은 어묵을 넣어 함께 조린다. 이때는 중불에서 뚜껑을 연 채로 서서히 조려야 재료 속까지 양념이 고루 배어 맛있다.

**5** **고추 넣고 참기름으로 마무리하기** 재료가 익었으면 어슷썬 풋고추를 넣어 조림장이 졸 때까지 뒤적이다가 참기름을 떨어뜨리고 통깨를 뿌려 다시 한 번 뒤적인 뒤 그릇에 담아 낸다.

# 새우케첩볶음

요리/왕준련

해산물 중 볶음에 어울리는 종류로는 멸치, 낙지, 오징어, 새우, 게살, 조개류 등 살이 부서지지 않는 것들이다. 그 중에서 새우와 게살, 조개류는 단단한 껍질에 싸여있는 종류로 볶음음식을 만들 때 1차 조리법으로 익힌 다음 볶아 주어야 한다. 새우케첩볶음은 먼저 새우를 튀긴 후 토마토 케첩에 살짝 볶아주는 조리법이다.

## 재료/4인분    174kcal  20

| | |
|---|---|
| 새우 | 작은 것 90g |
| 튀김녹말 | 1큰술 |
| 달걀 | 1/5개 분량 |
| 식용유 | 적당량 |
| 당근 | 15g |
| 양파 | 20g |
| 완두콩 | 5g |
| 대파 | 4g |
| 생강 | 0.5g |
| 청주 | 1큰술 |
| 케첩 | 8작은술 |
| 맑은 물 | 7작은술 |
| 설탕 | 1큰술 |
| 물녹말 | 조금 |
| 고추기름 | 1작은술 |

### Cooking Point

큰 새우는 실 같은 검은 내장을 빼내고 조리해야 쓴맛이 없다. 녹색이나 누런색의 내장은 맛있는 성분이므로 굳이 지거하지 않아도 된다.

녹말가루를 묻힌 후에는 반드시 잠시 두었다가 튀긴다. 바로 기름에 넣으면 녹말가루가 겉돌아 새우에 붙어있질 않고 기름 속으로 다 떨어지게 된다.

새우를 케첩 소스에 버무릴 때는 재빨리 버무리듯 해야 더욱 바삭바삭한 맛이 난다. 아이들 간식으로 낼 때는 고추기름의 양을 약간 줄인다. 좀더 매운맛을 원한다면 소스에 고추기름이나 두반장을 조금씩 추가해도 된다.

**1** **당근, 양파 썰기** 당근과 양파는 손질하고 사방 1cm 크기로 깍둑썰기한다.

**2** **새우 손질하기** 작은 새우살은 내장을 제거한 후 깨끗이 씻어 물기를 제거한다.

**3** **새우 튀기기** 분량의 튀김녹말과 달걀을 섞어 튀김옷을 만든 다음 ②의 새우에 튀김옷을 입혀 140~150℃의 기름에서 한 번 튀겨 건진다. 이것을 기름온도 150~160℃의 기름에 넣어 한 번 더 튀긴다.

**4** **소스에 새우 넣어 볶기** 팬에 식용유를 두르고 당근과 양파, 청주를 넣고 볶다가 케첩, 물, 설탕을 넣고 물녹말을 푼 다음 ③의 새우를 넣고 섞는다. 고추기름을 분량대로 넣어 마무리한다.

# 달걀찜

요리/노진화

모든 찜 요리가 다 그러하겠지만 특히 달걀찜은 불 조절이 까다로워 초보자들은 실패하기 쉽다. 그러나 한번 알고 나면 조리하기 쉬운 것이 바로 이 달걀찜. 매끈하고 부드러운 달걀찜을 만들려면 달걀물의 농도와 적절한 불조절이 무엇보다 중요하다. 새우젓국과 멸칫국물로 간을 하고 적절하게 농도를 맞춘 다음 달걀을 찔 때는 중불에서 시작하여 곧 약한 불로 줄여 천천히 익히도록 한다.

**재료**/4인분 191kcal 10

| | |
|---|---|
| 달걀 | 8개 |
| 멸칫국물 | 8큰술 |
| 새우젓국물 | 1작은술 |
| 물 | 1컵 |
| 칵테일새우 | 4마리 |
| 표고버섯 | 4장 |
| 완두(통조림) | 2큰술 |
| 어묵 | 조금 |
| 쑥갓 | 4잎 |

**Cooking Point**

달걀찜은 4인분을 한꺼번에 찔 수도 있지만 작은 그릇에 1인분씩 쪄서 그릇째 나면 더욱 간편하다. 큰 그릇에 쪄서 여럿이 먹을 경우에는 개인접시를 준비하면 편리하게 먹을 수 있다.

달걀찜에 들어가는 재료도 다진 당근, 양파, 유부 등 집에 준비되어 있는 여러 가지의 야채를 넣어 다양하게 만들어 먹을 수 있다.

**1 새우 손질하여 데치기** 연한 소금물에 씻어 건져 꼬치로 등쪽 둘째 마디를 찔러 실 같은 검은 내장을 빼내어 끓는 소금물에 살짝 데친 다음 머리를 떼내고 껍질을 말끔히 벗겨 놓는다.

**2 표고버섯, 쑥갓, 어묵 썰기** 불린 표고버섯은 기둥을 떼내고 갓만 채썰고, 쑥갓은 씻어 잎만 짧게 떼낸다. 어묵은 0.7cm 두께로 썰어 칼집을 엇갈리게 넣고 비틀어 모양을 만들며 완두는 물기를 뺀다.

**3 달걀물에 멸칫국물, 새우젓국물 섞기** 오목한 그릇에 달걀 8개를 깨뜨려 넣고 물 1컵과 멸칫국물 8큰술, 새우젓국물 1작은술을 넣어 간을 한 다음 간이 배도록 잘 풀어 골고루 섞는다.

**4 달걀물 체에 거르기** 분량의 물과 멸칫국물, 새우젓국물을 넣어 적절하게 간을 맞춘 달걀물을 고운 체에 한 번 걸러 내린다. 이렇게 하면 달걀의 감촉이 매끈하여 먹기에 한결 부드럽고 맛도 더 있다.

**5 재료 넣어 찌기** 찜 그릇에 체에 받친 달걀물을 붓고 손질한 새우, 모양내어 썰은 어묵, 채썬 표고버섯과 물기 뺀 완두를 얹고 찜통에 넣어 중불에서 10분 정도 찌다가 뚜껑을 열고 쑥갓을 얹어 모양을 낸다.

# 삼치소금구이

요리/배윤자

**삼치는** 살이 두텁고 값이 저렴하면서 맛 또한 고소하다. 또 비린내가 심하지 않아 소금구이로 자주 해 먹는다.

소금구이는 소금으로 간한 생선을 석쇠나 프라이팬에서 노릇하게 구워내어 담백한 맛을 즐기는 조리법이다. 원 모양대로 조리해야 제맛을 내므로 전자레인지를 이용해도 좋다.

전자레인지를 이용할 때는 조리 전에 생선 등쪽에 칼집을 넣어 랩이나 뚜껑 없이 굽는다. 중간에 양념장이나 식물성 기름을 한 번 더 발라주면 윤기를 살릴 수 있고 지느러미, 꼬리 등 가는 부위는 타기 쉬우므로 호일로 싸서 굽는 것이 요령.

## 재료/4인분　　　181 kcal　10

| | |
|---|---|
| 삼치 | 1마리 |
| 청주 | 1큰술 |
| 레몬 | ¼개 |
| 소금 | 조금 |

**곁들이**

| | |
|---|---|
| 레몬 | ½개 |
| 체리토마토 | 2개 |
| 생강 | 1쪽 |
| 파슬리 | 조금 |

### **Cooking Point**

생선을 석쇠에 구울 때는 석쇠를 달구고 샐러드 기름을 쿠킹 호일에 묻혀서 석쇠에 골고루 발라 준다. 그 위에 생선을 놓고 강한 불에서 어느 정도의 거리를 두고 구워 내는 것이 포인트다.

아니면 가스레인지 위에 벽돌 1장씩을 양옆으로 놓고 석쇠를 올리면 생선이 타는 것을 막고 속살까지 익힐 수 있다.

생선은 표면과 속과의 온도차가 크므로 구울 때 센불에 가까이 대고 굽지 않는다. 그러면 겉만 타고 속은 익지 않으며 불이 너무 약해도 살이 부서지고 맛이 없다.

삼치에 뿌리는 소금의 양은 삼치 무게의 1~2%가 적당하다. 소금을 뿌리고 오래 두면 삼치 속의 수분이 빠지게 되므로 30~1시간 정도만 두었다가 구워 내도록.

**1 삼치 손질하기** 삼치는 눌러보아 살에 탄력과 윤기가 있는 싱싱한 것으로 구입해 등쪽으로 칼을 밀어 넣고 길게 포를 뜬 후 내장을 빼내고 머리와 꼬리를 잘라 낸다.

**2 등쪽에 칼집 내기** 깨끗이 손질한 참치는 구울 때 생선살이 터지지 않도록 등쪽에 사선으로 칼집을 낸다.

**3 삼치 밑간하기** 칼집낸 삼치에 약간의 소금을 골고루 뿌린 후 간이 배면 청주 1큰술과 레몬을 짜 넣어 생선의 비린내를 없앤다.

**4 삼치 굽기** 석쇠를 미리 불에 올려 놓고 뜨거워지면 밑간한 삼치를 노릇노릇하게 뒤집어 가면서 구워 낸다. 상에 낼 때는 파슬리, 레몬, 체리토마토, 생강채 등을 곁들여 낸다.

# 철판구이

요리 / 배윤자

**철판구이는** 여러 가지 재료를 다양하게 사용할 수 있는 응용력이 풍부한 요리다. 양송이버섯, 감자, 배춧잎, 깻잎, 표고버섯, 양배추, 느타리버섯 등 제철 채소를 고루 섞어 조리한다.

구이용 쇠고기는 부드러운 살코기와 얼룩 지방으로 되어 있는 등심이나 안심, 채끝살이 고기 본래의 맛을 살리는데 제격이다. 이들 부위는 찜, 전골, 탕 등에 이용해도 좋고 스테이크와 튀김, 바비큐 요리에 이용해도 맛있다.

## 재료/4인분　　358kcal　30

| | |
|---|---|
| 쇠고기(등심이나 안심) | 600g |
| 갑오징어 | 1마리 |
| 새우 | 4마리 |
| 당근 | 1개 |
| 피망 | 1개 |
| 양파 | 1개 |
| 숙주나물 | 400g |
| 마늘 | 5쪽 |
| 붉은포도주 | 3큰술 |
| 소금 · 버터 · 후춧가루 | 조금씩 |
| 양파즙 | 2큰술 |
| 식물성기름 | 100g |
| **소스** | |
| 간장 | 50g |
| 멸칫국물 | 100g |
| 겨자(갠 것) | 1큰술 |
| 설탕 | 1큰술 |
| 레몬즙 | 1큰술 |

### 소스 만들기

분량의 간장에 멸칫국물, 겨자 갠 것, 설탕, 레몬즙을 넣어 새콤달콤하면서도 칼칼한 맛의 소스를 만든다.

## Cooking Point

철판구이를 할 때는 재료를 굽기 전에 철판에 미리 기름을 발라서 충분히 달구어야 재료가 바닥에 달라붙지 않는다. 철판은 얇은 것보다는 두툼한 것이 좋고 사용 후에는 부드러운 종이나 헝겊으로 깨끗이 닦아 놓아야 다음에 사용하기가 좋다.

고기를 맛있게 구우려면 양파즙, 식물성 기름을 섞어 고기를 재어 냉장고에 둔다. 굽기 10분 전에 냉장고에서 꺼내 소금, 후춧가루로 간을 하면서 강한 불로 표면을 1분 정도 구운 다음 뒤집어서 약한 불로 구워 낸다. 표면은 익고 속은 빨갛게 남은 정도가 가장 맛있다.

응용요리

### 주꾸미양념구이

**재료** : 주꾸미 5마리, 쪽파 2줄기, 붉은고추 ½개, 참깨 1작은술, 검은깨 ½작은술, 밀가루 조금, 양념장(고추장 2큰술, 설탕·참기름 1작은술씩, 다진마늘 2작은술, 생강즙 2작은술, 물엿 ½큰술, 후춧가루 조금)

**만들기** : ❶ 손질한 주꾸미를 반 갈라 채반에 올려 약 3일 정도 꾸덕꾸덕하게 말린다. ❷ 쪽파와 붉은고추는 잘게 다지고, 분량의 재료로 양념장을 만들어 둔다. ❸ 말린 주꾸미에 양념장을 바르고 오븐이나 그릴에서 구운 뒤, 다진쪽파와 붉은고추, 참깨와 검은깨를 듬뿍 뿌려 낸다.

**1** **쇠고기 재기** 쇠고기는 등심이나 안심으로 준비
하여 힘줄을 없애고 넓적하게 썬 다음 양파즙,
식물성 기름을 섞어 재어 둔다. 그래야 쇠고기의 누린내
가 없어지고 단맛이 난다. 구이에는 부드러운 살코기와
얼룩지방으로 이루어진 등심이나 안심이 제격이다.

**2** **오징어에 칼집 넣기** 오징어 몸통 안쪽에 손가락
을 집어 넣어 다리와 내장을 떼낸 후 몸통을 펴
머리쪽에서 아래쪽으로 껍질을 벗긴다. 껍질 벗긴 오징
어는 몸통 안쪽에 사선으로 엇갈리게 칼집을 넣은 후 먹
기 좋게 한입 크기로 썬다.

**3** **새우 손질하기** 껍질이 윤기있고 머리가 온전히
달려 있는 싱싱한 것으로 골라 등쪽의 내장을 빼
내고 머리를 뗀 다음 껍질 벗겨 연한 소금물이 씻고 등
쪽에 칼집을 넣어 몸통을 편다.

**4** **채소 썰기** 양파는 껍질 벗겨 씻어 굵직하게 둥글
썰고 당근은 부드러운 수세미로 살살 문질러 씻
어 채썬다. 피망은 껍질이 두터우며 짙은 푸른색이 나는
것으로 골라 깨끗이 씻은 후 반으로 갈라 씨를 털어내고
모양을 살려 둥글썰기 한다.

**5** **프라이팬에 고기 굽기** 달궈진 프라이팬에 식물성
기름과 버터를 두른 후 버터가 녹아들면 넓적하
게 썰어 재어 둔 쇠고기를 얹고 저며썬 마늘을 넣어 굽
다가 마늘향이 배면 붉은 포도주, 소금, 후춧가루를 골
고루 뿌려 가면서 굽는다.

**6** **새우, 오징어 넣기** 쇠고기가 어느 정도 익으면 한
입 크기로 자르고 손질해 놓은 새우와 한입 크기
로 썬 오징어를 넣어 맛이 잘 어우러지도록 2, 3번 뒤적
여 준다.

**7** **손질한 숙주, 양파, 당근, 피망 넣기** 새우, 오징
어가 어느 정도 익고 맛이 잘 어우러지면 깨끗이
손질해 씻어 건진 숙주와 껍질 벗겨 둥글 썰기한 양파,
채썬 당근, 모양을 살려 둥글 썰기한 피망을 넣어 골고
루 익힌다.

**8** **소스 넣기** 철판에 올려 놓은 쇠고기, 채소, 오징
어, 새우가 거의 다 익으면 준비한 소스를 끼얹
어 간이 고루 배도록 잘 저으면서 익혀 낸다. 철판구이
는 식탁에서 직접 구우면서 식성에 따라 양념 소금을 찍
어 먹어야 맛있다.



### 쇠고기 보존 요령

쇠고기는 냉장고에서 4,5일 정도 보존이 가능
하다. 그 이상 보존하려면 랩에 싸서 냉동고에
보존하면 된다.

덩어리 고기는 한 번 쓸 만큼씩 잘라서 냉동시
키면 1개월 정도 보존할 수 있다. 또 다진 고기
는 랩이나 비닐팩에 싸서 공기를 뺀 다음 냉장고
에 두었다가 되도록 빨리 사용한다.

이 방법 외에 덩어리째 삶아 보관하기도 한
다. 중국 요리에 사용하려면 생강, 파와 함께 삶
고 서양 요리에 이용하려면 양파, 당근 등과 함
께 삶아 둔다.

# 돼지고기고추장구이

요리 / 한복려

돼지고기는 조리법이 다양하여 똑같은 구이라도 양념에 따라 담백하고 깔끔한 맛 또는 얼큰하고 걸쭉한 맛을 낸다. 양념고추장에 골고루 버무려 구워낸 돼지고기고추장구이는 돼지고기의 고소하면서도 부드러운 맛을 살려 얼큰하게 조리한 음식이다. 이 조리법 말고도 파인애플즙에 다진 생강, 간장, 설탕, 청주를 섞어 만든 양념장에 돼지고기를 재웠다가 중불에서 구워 내어도 담백하고 깔끔한 맛의 구이 요리를 맛볼 수 있다.

## 재료 /4인분   227 kcal   40

| 재료 | 분량 |
| --- | --- |
| 돼지고기 | 400g |
| 정종 | 2큰술 |
| 양파 | 1개 |
| 풋고추 | 4개 |
| 붉은고추 | 2개 |
| 굵은 파 | 2뿌리 |

### 양념고추장

| 재료 | 분량 |
| --- | --- |
| 고추장 | 3큰술 |
| 간장 · 설탕 | 1큰술씩 |
| 다진 마늘 | 1큰술 |
| 다진 생강 | 2작은술 |
| 깨소금 · 참기름 | 1큰술씩 |

## Cooking Point

돼지고기는 식으면 맛이 떨어지므로 즉석에서 구워 먹는 게 좋다. 상추나 깻잎, 오이, 통마늘을 곁들여 쌈을 싸 먹으면 느끼하지 않아 맛이 한결 더하다.

돼지고기는 쇠고기에 비해 누린내가 심한 편이므로 자극성 있는 향신료나 조미료를 많이 써야 부담없이 즐길 수 있다. 술을 넣어 고기를 부드럽고 윤기나게 하고 생강즙으로 돼지고기 특유의 냄새를 없앤다.

또 고기는 약간 큼직하고 도톰하게 저며썰어 앞뒷면에 잔칼집을 넣어주면 양념이 고루 배고 구울 때 오그라들지 않아 먹음직스러워 보인다.

양념한 고기는 센불에서 겉만 살짝 익힌 후에 불을 줄여 속까지 익도록 천천히 구워 내는 것이 요령. 그래야 육즙이 빠져나가지 않아 고기의 제맛을 즐길 수 있다.

**1 칼집 넣기** 돼지고기는 기름기가 없는 신선한 것으로 준비해 고기결과 직각이 되도록 하여 0.5cm 두께로 약간 큼직하게 저며썬 다음 칼끝으로 잔칼집을 넣는다.

**2 정종에 재기** 칼집 넣은 돼지고기를 그릇에 반듯하게 펴 담은 후 분량의 정종을 뿌려 10분 정도 재어둔다. 재우는 도중에 2~3번 정도 뒤집어 맛이 고루 배게 한다.

**3 양념장에 재우기** 정종에 재어둔 고기에 굵게 채 썬 양파, 어슷썬 풋고추, 붉은고추, 파를 넣고 분량의 양념고추장 재료로 고루 버무린 후 간이 배게 20~30분 정도 재어 둔다.

**4 굽기** 뜨겁게 달군 프라이팬에 기름을 살짝 바르고 양념한 돼지고기를 얹어 바짝 구워가면서 먹는다. 돼지고기에는 촌충이 있으므로 완전히 익혀서 먹도록 한다.

# 북어고추장양념구이

요리 / 권귀남

**북어를** 이용한 조리법으로는 국, 찜, 구이, 무침 등 여러 가지가 있다. 이 중에서도 구이는 생선의 맛과 냄새를 가장 잘 살려주는 조리법.

구이에는 소금구이와 고추장, 간장 등으로 갖은양념하여 구워내는 양념구이가 있다. 고추장 양념장에 재어 둔 북어를 석쇠에 한번 구워내 보자.

매콤하고 짭짤한 맛이 있어 사계절 반찬으로 제격이다. 양념구이로는 주로 비린내가 심하지 않은 흰살 생선이나 꽁치, 고등어, 청어와 같은 등푸른 생선이 많이 이용된다.

## 재료 /4인분     232 kcal   30

| | |
|---|---|
| 북어 | 2마리 |

**고추장 양념장**

| | |
|---|---|
| 고추장 · 간장 | 2큰술씩 |
| 설탕 | 1큰술 |
| 다진 파 | 1½큰술 |
| 다진 마늘 · 참기름 | 2작은술씩 |
| 통깨 · 후춧가루 | 1작은술씩 |
| 실고추 | 조금 |

### Cooking Point

말린 생선은 지방이 산화되어 떫은 맛이 난다. 생선살을 부드럽게 하고 떫은 맛을 빼기 위해서는 맹물보다 쌀뜨물에 불리는 것이 더 좋다. 쌀뜨물은 맹물보다 점도가 높아 생선의 맛난 성분이 흘러나오는 것을 막아주고 뜨물의 콜로이드성 물질이 떫은 맛을 흡착해주기 때문이다.

**1 북어 토막내기** 충분히 불린 북어는 깨끗이 씻어 머리를 떼고 5~6cm 길이로 썰어 배를 가른다. 살에 붙어 있는 지느러미, 내장, 뼈를 발라 내도록. 손질이 끝나면 한번 더 헹궈 채반에 얹어 물기를 뺀다.

**2 양념장에 재우기** 물기 뺀 북어를 접시에 가지런히 담고 고추장 양념장을 골고루 끼얹은 다음 북어에 양념장이 스며들도록 잠시 재어 둔다. 물에 불린 북어는 양념이 쉽게 스며들므로 너무 짜지 않게 한다.

**3 석쇠에 기름 바르기** 북어에 양념장이 배어들 동안 석쇠에 기름을 골고루 발라 준다. 석쇠에 기름을 바르고 미리 달군 후에 구워야 북어살이 들러붙지 않고 잘 떨어진다.

**4 석쇠에 북어 굽기** 기름바른 석쇠를 불에 달군 후 재어 둔 북어를 얹고 타지 않게 뒤집어가면서 완전히 익혀 낸다. 구울 때는 한 면이 완전히 구워지고 난 뒤에 다른 한 면을 구워야 모양이 흐트러지지 않는다.

**5 고추장 양념장 만들기** 분량의 고추장, 간장, 마늘, 파, 통깨, 참기름, 후춧가루, 실고추, 설탕을 골고루 섞어 고추장 양념장을 만든 후 물기 뺀 북어에 골고루 끼얹었다.

# 닭안심꼬치구이

요리 / 배윤자

닭안심은 지방이 거의 없고 단백질이 가장 많은 부위로 구이를 해 먹으면 아주 맛있다. 꼬치에 닭고기와 갖가지 채소를 함께 꿰어 구워 먹으면 일품요리로 손색이 없다. 파를 함께 꿰면 닭고기의 누린내가 없어지고 표고버섯을 함께 꿰어도 향기롭다.

닭안심살은 김으로 말거나 치즈를 끼워 튀김을 해도 좋고 닭불고기를 해 먹어도 맛있다.

## 재료/4인분     151 kcal   40

| | |
|---|---|
| 닭안심 | 200g |
| 굵은 파 | 2뿌리 |
| 토마토 | 1개 |
| 파슬리 | 30g |
| 식물성 기름 | 조금 |
| 꼬치 | 100개 |

### 생강장

| | |
|---|---|
| 간장 | 4큰술 |
| 생강즙 | 1큰술 |
| 설탕 | 2큰술 |
| 멸칫국물 | ½컵 |
| 청주 | 2큰술 |
| 물엿 | 2큰술 |

### Cooking Point

먹을 때 꼬치가 신경 쓰이면 먹기 편하게 꼬치를 빼도 좋다.

꼬치구이에 쓸 표고버섯은 큰 것보다는 작은 것으로 골라 미지근한 물에 불려 기둥을 떼내고 갓만 반으로 잘라서 사용한다.

**1 닭고기 썰기** 깨끗이 손질해 살코기만으로 준비한 닭을 고기결과 수직이 되게 3cm 길이로 도톰하게 썬다. 고기의 결과 직각으로 자르면 고기가 연해지고 열도 잘 받아 짧은 시간에 조리할 수 있다.

**2 생강장에 닭고기 재기** 냄비에 생강장 재료들을 분량대로 넣고 반 정도로 졸아들 때까지 걸쭉하게 끓인 후 넓은 그릇에 썰어 놓은 닭고기를 담고 생강장으로 잘 버무려 20~30분 정도 재어 둔다.

### 꼭 알아두자

## 파슬리 손질하기

파슬리는 주로 요리를 보기 좋게 하는 곁들이 장식 야채로 많이 이용된다. 닭, 생선, 채소 등의 튀김요리나 샌드위치 등에 곁들여 낸다.

**3 파, 닭고기 꼬치에 꿰기** 굵은 파는 싱싱한 것으로 골라 뿌리와 줄기를 다듬고 깨끗이 씻어 3cm 길이로 자른 후 구이용의 긴 꼬치에 기름을 살짝 바르고 굵은 파와 양념한 닭고기를 번갈아 가며 꿴다.

**4 석쇠에 굽기** 뜨겁게 달궈진 석쇠에 꼬치를 얹고 중불에서 뒤집어 가며 양쪽 모두를 노릇노릇하게 잘 익혀 낸다. 닭안심꼬치는 꼬치에 꿴 그대로 편평한 접시에 담고, 토마토와 파슬리로 장식해서 낸다.

# 닭카레튀김

요리 / 한복선

**닭튀김**에는 여러 가지 방법이 있다. 부위별로 날개만 동그랗게 모양내서 튀기기도 하고 닭다리만 먹음직스럽게 튀기기도 하며, 살만 발라내서 한입에 쏙쏙 먹기 좋게 튀기기도 한다. 그 중 집에서 만들기에는 닭날개튀김과 살만 발라낸 튀김이 비교적 간편하며, 닭다리처럼 커다란 토막을 튀기는 경우엔 속까지 잘 익게 디리 칼집을 넣는다거나 두 번 튀기는 등의 요령이 필요하다. 닭은 튀기기 전 밑간을 해야 맛있는데 냄새를 없애기 위해서 술이나 생강즙을 쓰기도 하고, 또 튀김옷에 카레가루를 섞으면 색도 노릇노릇해지고 한결 풍미가 있다.

튀김옷에는 녹말가루를 써야 바삭하게 튀겨지고, 또 껍질을 벗기고 해야 간이 잘 스며든다.

## 재료 /4인분

**275 kcal** **20**

| | |
|---|---|
| 닭살 | 300g |
| 마늘·생강 | 1쪽씩 |
| 카레가루 | 1큰술 |
| 달걀 | 1개 |
| 청주·간장 | ½큰술씩 |
| 녹말가루 | 4큰술 |
| 소금·후춧가루 | 조금씩 |
| 튀김기름 | 적당량 |

**곁들이**

| | |
|---|---|
| 오이 | ⅓개 |
| 무 | 50g |
| 붉은고추 | ½개 |
| 레몬 | ¼개 |
| 설탕·식초 | 3큰술씩 |
| 소금 | 조금 |

**1** **닭고기 썰기** 살만 발라내어 튀길 때는 껍질을 벗기고 손질하여 한입 크기로 도톰하게 썬다. 닭고기는 다른 고기에 비해 상하기 쉬우므로 그날로 다 먹는 게 좋으며 많을 때는 밑간을 해서 냉동시키도록 한다.

**2** **카레가루 넣고 버무리기** 닭튀김의 포인트는 냄새를 없애는 것. 소금, 후춧가루로 간하고 생강즙을 넣어 골고루 주물러서 밑간을 해두었다가 카레가루를 1큰술쯤 넣고 버무려 맛이 배게 10분쯤 재어 둔다.

**3** **달걀, 녹말가루 넣고 버무리기** 카레가루가 닭고기에 촉촉히 스며들었으면 술과 간장, 녹말가루, 달걀 푼 것을 분량대로 넣고 손으로 주물러 골고루 버무린다.

**4** **튀기기** 튀김옷을 떨어뜨려 보아 조금 가라앉았다가 포르르 올라오면 닭튀김에 적당한 온도다. 손으로 하나씩 떼서 넣는다. 바로 건드리면 젓가락에 튀김옷이 다 들러붙으므로 잠시 있다가 위치를 잡는다.

**5** **높은 온도에서 튀기기** 두 번 튀길 것을 감안해 처음엔 너무 오래 튀기지 말고 노릇해지면 건져 내었다가 먹기 직전에 기름 온도를 180℃ 쯤으로 높여 바삭하게 튀겨 낸다.

# 새우튀김

요리/박동자

튀김 은 튀김옷이 생명이다. 바삭하게 튀기는 요령만 터득하면 어떤 튀김이라도 할 수 있다. 재료 손질만 다를 뿐 방법은 똑같기 때문이다. 야채, 해물, 고기 등 여러 가지 튀김이 다 맛있지만 새우만큼 쉽게 폼 나는 튀김을 만들 수 있는 것도 드물다. 새우튀김을 만드는데 필요한 기본 손질은 내장 빼내기와 껍질 벗기기. 나머지는 자유롭게 응용할 수 있다.

머리, 꼬리를 그대로 살려 볼륨 있게 튀겨도 좋고, 먹기 좋게 반 갈라 펴서 하기도 한다. 또 구부러지지 않고 반듯하게 하고 싶으면 배에 칼집을 넣으면 된다.

튀김옷도 마찬가지다. 제일 많이 사용되는 방법은 일식스타일의 밀가루 옷과 양식 스타일의 빵가루 옷이지만 때론 누룽지 부순 것이나 야채를 섞어 색다른 맛을 낼 수 있다.

어떤 방법을 쓰든 바삭하게 하려면 튀김기름의 온도를 잘 맞추어서 온도 유지가 잘 되도록 조금씩 튀겨 내는 것이 중요하다. 또한 반드시 꼬리 쪽에 있는 물집샘을 제거하고 꼬리 끝에 들어 있는 수분도 칼끝으로 긁어낸 후 튀겨야 기름이 튈 염려가 없다.

**재료/4인분**　　　　　158kcal　10

| | |
|---|---|
| 중하 | 8마리 |
| 튀김기름 | 적당량 |

**튀김옷**

| | |
|---|---|
| 밀가루 | ½컵 |
| 달걀 | 1개 |
| 얼음물 | ½컵 |



### 편새우 누룽지옷 튀김

**재료** : 큰새우 4마리, 쑥 20g, 누룽지 1컵, 밀가루 ½컵, 달걀노른자 1개, 물 ¼컵, 튀김기름

**만들기** : ❶ 머리를 떼고 껍질을 벗긴 새우는 등쪽에 칼집을 넣어 내장을 빼낸 후 꼬리까지 길게 반 갈라 펼친다. ❷ 찹쌀 누룽지

92

**1** **내장 제거하기** 새우를 자연스럽게 구부려 잡고 등쪽, 꼬리에서 세번째 마디에 이쑤시가를 찔러 넣어 가늘고 검은 끈처럼 생긴 내장을 제거한다 녹색이나 빨간색은 새우의 장으로 맛있는 부분이므로 제거하지 않도록 한다.

**2** **껍질 벗기기** 보기에 화려하게 하려면 머리를 그냥 둔 채, 먹기 편하게 머리를 잘라낸 후 껍질을 벗긴다. 꼬리 뒤쪽 한 마디는 남겨놓고 한 마디 한 마디씩 돌려 벗긴다.

**3** **꼬리, 물집샘 제거하기** 반드시 꼬리 부분에 들어 있는 물을 빼내야 튀길 때 기름이 튀지 않는다. 꼬리 사이의 삼각뿔 모양의 뾰족한 것을 잘라내고 꼬리 끝은 칼끝으로 긁어내 검붉은 물 같은 것을 제거한다.

**4** **튀김옷 만들기** 튀김옷에 끈기가 생기지 않게 하려면 얼음물로 하는 것이 포인트. 달걀을 잘 푼 후 얼음물을 섞고, 체에 친 밀가루를 뿌리듯 넣어 나무 젓가락으로 대충 섞는다. 날밀가루가 남아 있어도 상관없다.

**5** **튀김옷 입히기** 손질한 새우는 키친타월로 남아있는 수분을 닦아낸 후 꼬리를 잡고 날밀가루를 묻힌 다음 ④의 튀김옷을 입힌다. 이때 껍질을 벗기지 않은 꼬리는 튀김옷이 묻지 않게 해야 튀겼을 때 모양이 예쁘다.

**6** **170℃에서 튀기기** 튀김옷이 만들어진 후에는 지체하지 말고 바로 튀겨야 더 바삭하다. 따라서 시간을 잘 맞춰 기름의 온도를 높여 놓았다가 조심스럽게 꼬리 쪽을 잡고 살며시 밀어 넣어 튀긴다. 건질 때도 꼬리 쪽을 들어올려 거꾸로 해서 기름을 빼도록 한다.

---

## 튀김옷에 변화를 준 새우튀김 3가지

를 분마기로 잘게 부수고 쑥은 깨끗하게 다듬어 씻어 건진다.
❸ 손질한 새우에 날밀가루를 묻히고 달걀물에 적신 후 그 위에 잘게 부순 찹쌀 누룽지를 뿌린다. ❹ 170℃의 튀김 기름에 넣어 바삭하게 튀긴다. 쑥도 튀김옷을 입혀 파릇하게 튀겨서- 새우 튀김과 함께 곁들이면 보기 좋다.

### 빵가루옷 새우튀김

**재료 :** 새우 4마리, 소금, 후춧가루, 튀김기름, 튀김옷(밀가루, 달걀, 빵가루)
**만들기 :** ❶ 새우는 내장과 머리를 제거한 후 꼬리만 남기고 껍질을 벗겨 소금물에 씻어 건진다. 물기 뺀 새우는 배쪽에 칼집을 넣어 반듯

하게 해주고 꼬리 끝도 긁어 제거한다. ❷ 손질한 새우에 꼬리만 남겨두고 몸통에 밀가루를 묻힌 후 달걀물에 적셔 빵가루를 골고루 묻힌다. ❸ 빵가루가 촉촉해지도록 잠시 두었다가 너무 많이 묻은 빵가루는 털어내고 160℃의 튀김기름에 튀겨낸다.

### 새우야채튀김

**재료 :** 큰새우 3마리, 당근 50g, 청·홍피망 ½개, 완두콩 2큰술, 생강즙, 소금, 후춧가루, 튀김기름, 튀김옷(밀가루 ½컵, 달걀노른자 1개, 물 ¼컵, 소금)
**만들기 :** ❶ 새우는 내장을 빼고 손질해서 등쪽으로 반 갈라 편다. ❷ 청·홍피망은 속을 털어

내고 사방 0.4cm 크기로 썬다. 당근은 피망과 같은 크기로 썰어 소금물에 살짝 데친다. 완두콩은 끓는물에 살짝 데쳐 물기를 뺀 후 반으로 자른다. ❸ 걸쭉하게 튀김옷을 만들어 손질한 새우에 튀김옷을 묻히고 준비한 야채를 골고루 섞어 묻혀서 160℃의 기름에 넣어 튀겨낸다.

# 감자크로켓

요리 / 배윤자

**반찬** 이기보다는 아이들 간식거리로 좋은 크로켓. 빵집에서 보는 '고로케'가 바로 이것이다. 크로켓은 다른 튀김 조리법과는 달리 속 재료를 모두 익혀서 사용하기 때문에 고온에서 얼른 튀겨내야 느끼하지 않게 된다. 가장 기본이 되는 것은 감자가 주재료인 감자 크로켓. 여기에 햄이나 옥수수를 섞어 맛을 내기도 하고 삶은 달걀이나 새우살을 다져 넣어도 맛있다. 또 크로켓 속을 반죽할 때 카레가루를 1~2큰술 넣으면 독특한 맛을 낼 수 있다.

속 재료뿐 아니라 겉에 묻히는 튀김옷도 빵가루, 식빵 조각, 아몬드플레이크 등으로 모양에도 변화를 주어보자. 식빵조각을 잘게 깍뚝썰어 겉에 입히면 튀겨낸 모양에 입체감이 있고 바삭거리는 느낌도 더하다.

**재료 / 4인분**  530 kcal  20

| 재료 | 분량 |
| --- | --- |
| 감자 | 3~4개 |
| 양파 | ½개 |
| 돼지고기(또는 쇠고기) 간 것 | 300g |
| 버터 | 2큰술 |
| 소금·후춧가루 | 조금씩 |
| 밀가루 | 적당량 |
| 빵가루 | 2컵 |
| 튀김기름 | 적당량 |

## Cooking Point

크로켓을 만들 때 자주 실패하는 것은 기름을 너무 많이 빨아들여 기름지게 되는 것과 튀기는 도중 배가 터져버리는 것이다. 이런 일이 없게 하려면 모양을 빚은 후에 반드시 밀가루를 묻혀 단단하게 모양을 만들어주고 빵가루를 묻힌 후에는 되도록이면 조금 울퉁불퉁하더라도 모양을 가다듬지 않는 게 낫다. 빵가루가 속에 들어가도 튀길 때 갈라지기 쉽기 때문이다.

또 기름지지 않게 하려면 높은 온도에서 재빨리 튀길 것, 한 번에 몇 개씩만 튀길 것, 그리고 튀긴 후에는 반드시 망에 건져 기름을 뺄 것 등 3가지만 지키면 문제 없다.

**1 양파 볶기** 양파는 잘게 다져서 준비한 다음 뜨겁게 달구어진 프라이팬에 버터를 녹여 양파 다진 것을 넣고 볶는다. 타지 않게 중불에서 볶는데 양파가 말갛게 될 때까지 볶는다.

**2 고기 볶기** 돼지고기나 쇠고기 간 것 어떤 것이라도 괜찮다. 양파를 볶던 팬에 다진 고기를 넣고 센불에서 볶아 소금, 후춧가루로 간한다. 고기가 뭉치지 않게 빨리 휘저으면서 볶고 반드시 센불에서 볶아야 수분이 날아가 누린내가 덜 난다.

**3 감자 삶아서 으깨기** 감자는 껍질째 깨끗이 씻어서 통째로 삶아 뜨거울 때 행주로 감싸쥐고 껍질을 벗긴 후, 뜨거울 때 곱게 으깬다. 도구를 이용해도 좋지만 감자를 깨끗한 행주로 감싼 채 으깨면 여분의 물기를 빨아들여 더 뽀송뽀송하다.

**4 볶은 재료 섞기** 양파와 고기 볶아 놓은 것에 감자 으깬 것을 넣고 골고루 섞는다. 간을 보아 부족하면 소금, 후춧가루로 보충한다. 너무 뽀송해서 잘 뭉쳐지지 않으면 우유를 1~2큰술 넣어 부드럽게 한다.

**5 모양 만들기** 크로켓 반죽을 네모난 그릇에 옮겨 담고 판판하게 해서 일정한 크기로 8~12등분을 한다. 그래야 모양을 빚었을 때 크기가 일정하게 된다. 손에 기름을 조금 바르고 한덩어리씩 떼어 둥글게 또는 타원형으로 빚는다.

**6 밀가루 묻히기** 크로켓 과정에서 가장 중요한 과정이다. 모양을 만든 후에는 반드시 밀가루를 묻혀 손으로 단단하게 매만져 주어야 한다. 그렇지 않으면 튀기는 도중에 튀김옷이 갈라져 속이 터져 나오는 원인이 되기도 한다.

**7 달걀물·빵가루 묻히기** 달걀을 풀어 그 달걀물에 담갔다가 건져 빵가루를 묻히고 여둔의 가루를 털어 낸다. 빵가루가 너무 마른 것이면 금방 기름을 빨아들여 쉽게 타버리므로 약간 촉촉한 게 좋다. 빵가루를 묻힌 후에는 너무 만지작거리지 말도록.

**8 170~175℃에 튀기기** 빵가루를 조금 떨어뜨려서 금방 부르르 끓어오를 때 넣는다. 낮은 온도에서 튀기면 기름진 크로켓이 되고 만다. 기름에 넣은 후에는 금방 건드리지 말고 노릇하게 튀겨지도록 가만히 놔둔다.

**9 노릇할 때 뒤집기** 표면이 어느 정도 익어 모양이 굳어지면 크로켓의 위치를 잡아주고 노릇한 색이 나면 뒤집는다. 전체가 갈색으로 변하면 당으로 건져 기름기를 뺀다. 한번에 2~3개씩만 튀겨야 온도 유지가 되어 기름지지 않고 바삭하다.

# 쇠고기산적

요리 / 한복려

산적 은 대개 꼬치에 끼워 굽는 조리법
이다. 쇠고기산적은 육류와 채소
가 고루 들어간 영양 만점의 음식. 고기와
함께 끼우는 재료로는 버섯류가 가장 좋고
색의 조화를 위해 당근, 파 등을 함께 끼운
다. 이외에도 데친 무, 당근, 배추를 양념하
여 함께 끼우기도 한다. 익힐 때는 바짝 익
히는 것보다는 살짝만 구워 내는 것이 쇠고
기산적의 맛내기 비법.

## 재료 /4인분　　204 kcal　25

| | |
|---|---|
| 쇠고기(등심) | 200g |
| 느타리버섯 | 100g |
| 당근 | 1개 |
| 굵은 파 | 3뿌리 |
| 소금 | 조금 |
| 식물성 기름 | 3큰술 |
| 잣가루 | 1큰술 |

**양념장**

| | |
|---|---|
| 다진 마늘·파 | 2큰술씩 |
| 간장 | 4큰술 |
| 깨소금 | 1큰술 |
| 설탕 | 2큰술 |
| 참기름·후춧가루 | 조금씩 |

### Cooking Point

쇠고기산적은 고기가 어느 정도 익어
색이 나면 접시에 가지런히 담고 잣가루
를 뿌려 상에 낸다. 당근과 버섯은 소금
물에 살짝 데쳐 끼우는 것이 좋고 손질
한 재료를 꼬치에 꿸 때는 길이를 모두
맞춰 나란하게 끼우는 것이 보기에 깔끔
하다.

**1 쇠고기 썰기** 쇠고기는 등심으로 준비하여 0.3cm
두께로 얇게 저며 썬 다음 잔칼집을 내어 2×7cm
크기로 도톰하게 막대썬다. 쇠고기는 선홍색을 띠며 살
에 탄력이 있는 것이 신선한 것이다.

**2 채소 손질하기** 깨끗이 손질한 파는 7cm 정도의
길이로 썰고 당근도 같은 크기로 썰어 끓는 소금
물에 살짝 데쳐 낸다. 손질한 느타리버섯은 끓는 소금물
에 데쳐 물기를 빼둔다.

**3 양념장으로 무치기** 분량의 간장에 준비한 양념장
재료를 모두 넣어 골고루 섞은 후 썰어 놓은 고기
를 버무려 재어 둔다. 남은 양념장으로 손질한 파, 당
근, 느타리버섯도 각각 버무린다.

**4 꼬치에 끼우기** 긴 꼬치에 양념한 쇠고기, 당근,
느타리버섯, 파, 쇠고기 순으로 가지런하게 끼운
다. 잔손이 많이 가는 것을 피하려면 이쑤시개만한 꼬치
말고도 큰 꼬치에 푸짐하게 끼워 내도 상관 없다.

**5 프라이팬에 지지기** 기름두른 프라이팬에 꼬치에
꿴 산적을 겹치지 않게 놓고 앞뒤로 뒤집어가면
서 노릇노릇하게 지져 낸다. 먹을 때는 꼬치를 빼고 먹
기 좋게 썰어 초간장에 찍어 먹는다.

# 모듬 야채전

요리 / 안승춘

전감으로 어울리는 야채류를 모아 소개한다. 애호박, 연근, 가지, 양파, 풋고추 등 조리법도 같고 씌우는 전옷도 같지만 그 맛이 각각 다른 이들 야채류는 모두가 비타민 A가 풍부한 재료로서 기름에 볶거나 전을 부쳐 먹는 것이 맛도 있고 영양도 좋다.

전은 원래 우리 음식으로 전유어라고도 하는데 전을 부칠 때 주의할 점은 먼저 프라이팬을 달군 후에 기름을 두르도록. 불을 너무 강하게 하면 겉만 타고 속은 익지 않으므로 중간 불보다 약하게 해서 지지는 것이 좋다.

## 재료 /4인분    408 kcal   35

| 재료 | 분량 |
|---|---|
| 애호박 | 1개 |
| 연근(10cm 길이) | 1개 |
| 가지(15cm 길이) | 1개 |
| 양파 | 2개 |
| 풋고추 | 10개 |
| 식초 | 1작은술 |

**전 씌우는 옷**

| 재료 | 분량 |
|---|---|
| 밀가루 | 2/3컵 |
| 달걀 | 4개 |
| 밀가루 | 1/3컵 |
| 식물성 기름 | 1/2컵 |

**쇠고기소**

| 재료 | 분량 |
|---|---|
| 쇠고기 | 200g |
| 두부 | 1/2모 |
| 간장·다진 파 | 1⅓큰술씩 |
| 다진 마늘·깨소금 | 2작은술씩 |
| 참기름 | 1작은술 |
| 후춧가루 | 1/3작은술 |
| 소금 | 조금 |

**1 야채에 밀가루 바르기** 칼집 넣은 풋고추와 꽃모양으로 떠낸 호박, 고리 모양의 양파 안쪽 면에 밀가루를 얇게 펴바른다. 가지도 칼집 넣어 양쪽 면을 벌린 후 밀가루를 펴 바른다.

**2 쇠고기소 만들기** 넓은 그릇에 다진 쇠고기, 으깬 두부, 간장, 다진 파와 마늘, 깨소금, 참기름, 후춧가루, 소금을 분량대로 넣고 고루 섞이게 조물조물 무친다.

**3 쇠고기소 넣기** 풋고추, 호박, 양파, 가지의 밀가루 바른 면에 양념한 쇠고기 소를 얇게 꼭꼭 눌러 넣고 데쳐서 얇게 썬 연근의 구멍에도 소를 조금씩 박아 넣어 모양을 다듬는다.

**4 밀가루, 푼 달걀 입히기** 쇠고기소를 넣은 호박, 양파, 가지, 연근의 양면에 밀가루를 얇게 묻히고 푼 달걀에 담갔다가 뺀다. 고추는 고기소를 넣은 부분에만 묻힌다.

**5 지지기** 먼저 프라이팬을 달군 후 기름을 두르고 밀가루, 푼 달걀 입힌 풋고추, 호박, 양파 가지를 하나씩 얹어 중불에서 타지 않게 뒤집어 가면서 노릇하게 지져 낸다.

# 파전

요리/한복선

전감 으로는 파, 배추, 두릅, 달래, 애호박 등의 야채류나 명태, 굴, 홍합, 조갯살 등의 해산물류, 쇠고기, 닭고기, 간 등의 고기류 등이 있다.

그 중에서도 파는 향긋하고 달착지근한 맛이 있어 전을 부쳐 먹으면 그 맛이 일품이다. 전을 부칠 때는 전옷을 잘 만들어야 한다. 밀가루, 멥쌀가루, 달걀을 풀어 물에 개어 만들기도 하지만 달걀물에 담갔다가 밀가루를 묻혀 부치기도 한다.

전을 부칠 때 자꾸 뒤집으면 지저분해지므로 꼭 한 번만 뒤집도록. 어느 정도 익었을 때 뒤집어서 잘 익히고 접시에 담아낼 때 보이는 면부터 먼저 지지는 것이 요령이다.

## 재료/4인분  398kcal 10

### 전옷

| | |
|---|---|
| 실파 | 100g |
| 부추 | 50g |
| 굴·홍합 | ½컵씩 |
| 조갯살 | ⅓컵 |
| 식물성 기름 | 4큰술 |
| 밀가루 | 1½컵 |
| 멥쌀가루 | ½컵 |
| 달걀 | 1개 |

### 양념초장

| | |
|---|---|
| 간장 | 4큰술 |
| 식초·고춧가루 | 2큰술씩 |
| 다진파 | 1큰술 |
| 다진 마늘 | ½큰술 |
| 깨소금·참기름 | 2작은술씩 |
| 설탕 | 1작은술 |

## Cooking Point

파전은 먹기 좋은 크기로 잘라 접시에 담고 따끈할 때 양념초장에 찍어 먹도록 한다. 양념초장은 간장, 고춧가루, 식초, 다진 파·마늘, 깨소금, 참기름, 설탕 등을 분량대로 넣고 골고루 섞어서 걸쭉하게 만든다.

밀가루에 쌀가루를 섞어 반죽을 하면 밀가루만으로 했을 때보다 부드러운 맛이 있다. 밀가루는 재료가 서로 잘 붙을 정도로만 넣으면 된다. 너무 많이 넣어 반죽이 뻣뻣해지지 않도록 한다.

**1** **굴, 홍합, 조갯살 손질하기** 굴, 홍합, 조갯살은 싱싱한 것으로 골라 깨끗이 다듬어 소금물에 흔들어 씻어 건진 후 반은 남기고 나머지는 굵게 다진다. 남겨 놓은 것은 반죽에 섞지 않고 따로 두었다가 고명처럼 위에 얹어 사용한다.

**2** **실파, 부추 썰기** 깨끗이 다듬어 씻은 실파와 부추는 가지런히 모아 12cm 길이로 썬다. 실파의 밑둥 부분은 잎보다 억세므로 칼을 눕혀서 두들겨 숨을 죽인 후 잘라서 사용하거나 굵은 것은 흰 부분만 갈라서 쓰도록 한다.

**3** **달걀물로 반죽하여 해산물 섞기** 푼 달걀 1개에 물 2컵을 부어 섞은 다음 체에 밭쳐 놓은 밀가루, 멥쌀가루에 조금씩 부어가면서 거품기로 잘 저어 반죽한다. 거기에 굴, 홍합, 조갯살을 넣고 골고루 섞는다. 반죽을 거품기로 잘 저어주지 않으면 멍우리져 좋지 않다.

**4** **반죽 떠 놓아 모양 내기** 기름 두른 프라이팬이 뜨겁게 달구어지면 반죽한 해산물을 한 국자 정도 떠 놓아 가로, 세로 12cm 정도의 정사각형을 만든다. 부침 종류는 너무 두툼하면 퍽퍽하고 맛이 덜하므로 약간 얄팍하게 깔릴 정도의 양이 적당하다.

**5** **파, 부추 얹기** 네모진 반죽 위에 12cm 길이로 잘라 놓은 파와 부추를 가지런히 얹고 그 위에 다지지 않은 해산물을 듬성듬성 먹음직스럽게 얹는다. 파를 반죽에 섞어서 하는 경우도 있긴 하지만 따로 가지런히 얹어야 음식이 깔끔해 보인다.

**6** **반죽 얇게 덮기** 먹음직스럽게 얹어 놓은 해산물 위에 반죽을 조금씩 떠서 얇게 펴 바른다. 그래야 파, 부추가 타거나 질겨지지 않는다.

**7** **뒤집어 익히기** 밑이 노릇해지면 뒤집어서 속까지 익도록 뚜껑을 덮은 채로 약한 불에서 뭉근하게 익힌다. 뒤집개로 꾹꾹 눌러주면 더 차지고 쫄깃하다. 다 지져지면 먹기 좋은 크기로 잘라 분량의 양념장 재료를 골고루 섞어 만든 양념초장에 찍어 먹는다.



## 전을 부칠 때는 돼지기름으로

전을 부칠 때는 기름을 계속 둘러주어야 전이 타지 않고 고소한 맛이 더하게 된다. 요즘 가정에서 사용하는 일반적인 기름은 콩기름이나 옥수수 기름 같은 식물성 기름으로 콜레스테롤 등의 걱정이 적어 주부들이 즐겨 찾는다.

성인병을 걱정한다든지 건강을 생각해서 육류와 동물성 기름의 섭취를 제한하는 경우가 아니라면 돼지기름을 사용하는 것도 맛을 내는 한 비결. 돼지기름은 쉽게 굳고 느끼한 맛이 심해 일반 요리에는 잘 사용하지 않지만 부침개에는 돼지기름을 사용하면 색다른 감칠맛이 있다. 또 식물성 기름과는 달리 코를 찌르는 고소한 냄새도 전의 맛을 살려주는 요소가 된다.

가게에서 파는 것을 사용해도 좋지만 돼지비계를 사다가 적당한 덩어리로 썰어 프라이팬에 올려두면 불에 가열되면서 자연스럽게 기름이 흘러나와 전을 부치는 동안 따로 기름을 두르지 않아도 된다. 프라이팬이 넓을 때는 비계를 이리저리 굴려 프라이팬에 고루 기름이 묻도록 해준다.

평소에도 돼지고기 요리를 하다가 비계를 떼어낼 경우가 있으면 버리지 말고 이런 요리에 응용해 본다. 전 뿐만 아니라 적, 볶음 요리에도 사용하면 색다른 맛을 낼 수 있다.

돼지기름은 식으면 하얗게 굳어버리므로 뜨거운 상태를 유지해 주어야 한다. 상에 낼 때는 음식이 빨리 식지 않도록 접시도 뜨겁게 데워서 내는 것이 좋다.

# 콩나물밥

요리/배윤자

밥을 지을 때 부재료를 함께 넣어 만드는 별미밥으로는 야채밥, 김치밥, 콩나물밥 등 여러 가지가 있다. 이 중에서도 특히 콩나물은 사시사철 나오고 영양이 풍부해 많이 해먹는다. 부재료는 계절에 따라 제철 채소를 이용하고 때로는 어패류나 육수를 잘게 다져 넣어 맛과 영양에 변화를 주기도 한다.

밥을 지을 때는 뭐니뭐니 해도 밥물 정하는 것이 포인트. 콩나물밥과 같이 채소가 들어갈 경우 재료에서 나오는 수분을 고려해 밥물을 조금 적게 잡는 것이 요령이다. 콩나물은 찌개, 전골, 볶음 등 다양하게 이용된다.

## 재료/4인분

470 kcal  30

| | |
|---|---|
| 쌀 | 2컵 |
| 돼지고기 | 150g |
| 콩나물 | 300g |
| 간장 | 1큰술 |
| 물 | 3½컵 |
| 식물성 기름 | 2큰술 |

**양념장**

| | |
|---|---|
| 간장 | 4큰술 |
| 풋고추·붉은고추 | ½개씩 |
| 다진 파 | 1큰술 |
| 다진 마늘 | 1작은술 |
| 깨소금·참기름 | 1작은술씩 |



### 콩나물의 영양가

콩나물은 콩이 원료이지만 싹이 돋는 과정에서 성분의 변화가 생겨 콩과는 또 다른 영양소를 많이 갖고 있다. 그 중에서도 비타민 C가 대표적인데 쉽게 길러 먹을 수 있는 장점 때문에 과일이 귀한 계절에 비타민 C의 공급원으로도 그만이다. 감기에 걸렸을 때 콩나물국을 얼큰하게 끓여 먹는 것도 이런 이유. 또 콩나물 뿌리에는 숙취에 좋은 아스파라긴산이라는 성분이 들어 있어 해장국용으로도 사랑받는다.

데쳐서 사용할 때 구리로 된 냄비를 사용하면 비타민이 파괴되어 버리므로 피하는 것이 좋다. 추울 때는 뜨끈하게 국으로, 더운 여름에는 콩나물을 삶아서 차게 식혔다가 새콤하게 간을 한 냉국국물을 부어 시원하게 먹는 것도 별미.

**1 돼지고기 무치기** 연한 분홍빛이 나는 신선한 돼지고기를 구입하여 기름기를 떼어내고 살코기로만 곱게 다진 후 간장 1큰술에 간이 배도록 조물조물 무쳐 놓는다. 갈아 놓은 것을 구입하면 편하다.

**2 쌀 볶기** 달군 냄비에 기름을 두르고 무쳐 놓은 돼지고기를 넣어 볶다가 어느 정도 익으면 깨끗이 씻어서 30분 정도 물에 불려 체에 건져 둔 쌀을 넣고 고루 저으면서 볶는다.

**3 콩나물 넣어 밥짓기** 쌀이 어느 정도 볶아지면 뿌리를 다듬어 깨끗이 손질한 콩나물을 넣고 분량의 물을 부어 밥을 짓는다. (밥짓기 기초편 p 참조)

**4 양념장 만들기** 밥을 짓는 동안 분량의 양념장 재료를 고루 섞어 콩나물밥에 곁들여 낸다. 완성된 콩나물밥은 주걱으로 잘 버무려서 재료가 모두 섞이게 한 후 양념장을 끼얹어 뜨거울 때 비벼 먹는다.

# 현미오곡밥

요리/노진화

밥을 맛있게 지으려면 밥물을 적당하게 잡는 것이 요령. 밥물의 양에 따라 죽이 되기도 하고 고슬고슬한 밥이 되기도 한다. 또 일반 솥을 이용하느냐 아니면 전기밥솥, 압력솥을 이용하느냐에 따라 밥맛이 달라진다. 특히 현미 같은 경우는 일반 솥보다 압력솥에서 짓는 것이 맛이 훨씬 차지고 윤기가 난다. 압력솥을 이용해 맛, 영양 둘 다 만점인 현미오곡밥을 만들어 보자.

오곡은 팥, 콩, 수수, 차조, 기장을 말하지만 입맛따라 찹쌀, 팥, 콩, 조, 수수를 사용하기도 하며 멥쌀, 찹쌀, 조, 콩, 팥을 쓰기도 한다.

압력솥 요리는 조리법에 따라 물의 분량이 달라진다. 현미오곡밥은 현미와 오곡을 합한 양의 1.1배로 잡는 것이 포인트. 불린 쌀은 재료의 ⅓분량 정도의 밥물이 알맞다.

**재료/4인분**  904 kcal  30

| | |
|---|---|
| 현미 | 2컵 |
| 찹쌀 차조 | 1컵 |
| 수수 | 1컵 |
| 검은 콩 | ½컵 |
| 팥 | ½컵 |
| 소금 | 1큰술 |

**1 팥 삶기** 팥 ½컵을 깨끗이 씻어 일어 압력솥에 안치고 물 3컵을 부어 뚜껑을 닫고 끓이다가 신호추가 흔들리기 시작하여 5분 정도 지나서 불을 끄고 김을 완전히 뺀다.

**2 현미와 오곡 안치기** 삶아서 김을 완전히 뺀 팥에 깨끗이 씻어 일은 현미와 찹쌀, 조, 수수, 검은콩을 안치고 골고루 섞는다. 현미와 찹쌀은 박박 문질러 씻으면 영양 손실이 크므로 살살 씻어 사용한다.

**3 소금 넣기** 현미와 오곡이 골고루 섞이면 팥 삶아 낸 물과 4컵 정도의 밥물을 더 붓고 소금 1큰술을 넣어 간한 다음 뚜껑을 닫고 끓인다.

**4 뜸 들이기** 신호추가 흔들리기 시작하면 불을 줄이고 7~8분 후에 불을 끈 후 10분쯤 뜸을 들이다가 김을 완전히 뺀 다음 뚜껑을 열고 주걱으로 고루 섞어 소복하게 퍼 담아 낸다.

# 김초밥

요리/한복려

밥도 여러 가지로 변화를 주어 지을 수 있지만 그 중에서도 김초밥은 누구나 좋아하는 별미음식. 이것을 제대로 만들 수 있으면 유부초밥, 생선초밥은 물론 다른 별미밥도 손쉽게 만들 수 있다.

밥에 식초, 설탕, 소금을 알맞게 배합해서 만드는 초밥은 시간이 지나도 상할 염려가 없고, 속에 넣을 재료만 미리 마련해 두면 만들기 쉽다.

초밥 만들기에서는 무엇보다 밥짓기가 중요한데 약간 된 듯하게 짓는 것이 요령. 야외 도시락으로나 아이들 간식으로 많이 먹는 김초밥 만들기를 익혀 솜씨 자랑을 해보자.

## 재료/4인분  710 kcal  40

| 재료 | 분량 |
| --- | --- |
| 쌀 | 3컵 |
| 다시마(10cm 길이) | 1장 |
| 오이 | 1개 |
| 단무지 | 150g |
| 김 | 10장 |

**배합초**

| 재료 | 분량 |
| --- | --- |
| 식초 | 4큰술 |
| 설탕·소금 | 2큰술씩 |

**달걀말이**

| 재료 | 분량 |
| --- | --- |
| 달걀 | 3개 |
| 장국 | 2큰술 |
| 설탕 | 1큰술 |
| 소금 | ½작은술 |

**생선보푸라기**

| 재료 | 분량 |
| --- | --- |
| 흰살생선 | 100g |
| 소금 | 1작은술 |
| 설탕·식용색소(적색) | 1큰술씩 |

**표고버섯조림**

| 재료 | 분량 |
| --- | --- |
| 표고버섯 | 6장 |
| 장국 | ½컵 |
| 간장 | 2큰술 |
| 설탕 | 1큰술 |

**박오가리조림**

| 재료 | 분량 |
| --- | --- |
| 박오가리 | 30g |
| 장국 | 1컵 |
| 간장 | 1 ½큰술 |
| 설탕 | 2큰술 |

## Cooking Point

여럿이 야외에 놀러 갈 때는 목기 찬합에 담고, 단무지나 오이 등을 어슷하게 썰어 초절이를 만들어서 함께 담아 김치 대용으로 먹는다.

초밥용 밥은 고슬고슬해야 맛있다. 쌀은 밥짓기 30분 전에 씻어 건지고 밥물의 양도 햅쌀은 쌀의 1~1.1배, 묵은 쌀은 1.2~1.3배로 평소보다 적게 잡는다.

또 다시마를 넣어 밥을 지어도 맛있다. 다시마를 젖은 가제로 닦아 가위로 몇 군데 잘라서 밥 안칠 때 함께 넣는데 처음에는 센불에서 끓이다가 한 번 끓어오르면 중불로 줄인다. 물이 잦아드는 듯하면 다시마를 꺼내고 뜸을 들인다. 너무 일찍 뜸을 들이면 수증기가 빠져나가지 못해 밥이 질어질 수 있으므로 주의한다.

**1 김 굽기** 준비한 김은 손바닥으로 비벼 지푸라기나 티를 제거한 다음 약한 불에서 앞뒤로 살짝 굽는다. 그래야 김초밥을 싼 후에 질겨지지 않고 비린맛도 없다. 김 두 장을 겹쳐 들고 불에서 멀찌감치 떨어져서 구우면 타지도 않고 적당하게 구워진다.

**2 박오가리 조리기** 깨끗이 손질한 박오가리는 물에 담가 충분히 불린 후 건져 내어 김길이로 잘라 분량의 간장, 장국, 설탕을 넣고 국물이 졸 때까지 바짝 조린다. 물에 불린 버섯도 기둥을 떼고 채썰어 같은 방법으로 조린다.

**3 달걀 지단 부쳐 막대 모양으로 썰기** 푼 달걀에 장국 2큰술을 치고 설탕 1큰술, 소금 ½작은술을 섞어 기름 두른 프라이팬에 ⅓정도만 부어 익힌 다음 끝에서부터 말아 대발로 싸서 모양을 잡고 식으면 막대 모양으로 썬다.

**4 생선 보푸라기 만들기** 손질한 흰살 생선은 작게 토막내 끓는 물에 삶아 건진 뒤 가제에 싸서 냉수에 헹궈 물기를 꼭 짠 다음 살을 부수어 소금 1큰술, 설탕·물에 탄 붉은 식용색소 1큰술씩을 넣어 거품기로 저으면서 수분이 없어지도록 볶는다.

**5 배합초 섞기** 쌀 3컵에 물 3⅓컵을 붓고 다시마 한 조각을 넣어 센불에서 끓이다가 불을 줄인다. 물이 잦아들면 다시마를 꺼내고 뜸을 들인 후 그릇에 담고 식초와 소금, 설탕을 분량대로 섞어 만든 배합초를 뿌리면서 나무주걱으로 훌훌 섞는다.

**6 나무젓가락으로 누르기** 배합초가 고루 섞이면 김 한장에 넣을 분량만큼 손에 뭉치는데 식촛물을 묻혀가며 뭉친다. 뭉친 밥을 구운 김 위에 얹고 똑같은 두께로 앞에서부터 ⅔까지 펴서 가운데 부분을 나무젓가락으로 눌러 홈을 만든다.

**7 생선 보푸라기 넣기** 김밥 가운데 패인 홈에 분홍색으로 물든 생선 보푸라기를 1줄로 솔솔 뿌린다. 김밥 1줄에 보푸라기 1큰술 정도가 적당하다.

**8 소 늘어 놓기** 생선보푸라기를 뿌린 홈을 중심으로 양쪽에 막대모양으로 썬 달걀말이, 단무지, 오이를 놓고 표고버섯, 박오가리 조림을 가지런히 놓은 다음 소를 눌러주고 앞쪽을 들어 끝쪽의 밥에 붙이면서 김발로 꼭꼭 싼다. 색의 조화를 생각하면서 얹도록.

**9 김밥 썰기** 김발로 돌돌 말아 꼭꼭 싼 김밥을 칼에 촛물을 묻혀 가면서 양끝은 잘라내고 4등분한 다음 1.2cm 정도의 두께로 한입에 먹기 좋게 썬다. 자를 때는 두께를 고르게 해야 그릇에 담았을 때 모양새가 예쁘다. 아이들용은 더 작게 썰어야 먹기 편하다.

# 해물별미솥밥

요리 / 배윤자

**대개** 영양솥밥은 고기와 채소를 함께 넣어 고슬고슬하게 밥을 짓는다. 여기에 해물을 더한 해물별미솥밥. 별다른 반찬 없이도 독특한 향기와 맛, 영양까지 만점인 한그릇 음식이다.

맛내기 비법 중 하나가 바닥이 두껍고 뚜껑이 무거운 돌솥에서 밥을 지어낸다는 것. 돌솥은 밥이 타지 않고 뜸이 잘 들어 밥맛이 좋고 영양 손실도 거의 없다.

돌솥을 이용해 밥을 지을 때는 처음에는 센불에서 끓이다가 한소끔 끓으면 중불로 줄이고 물이 잦아드는 듯하면 뜸을 들이는 것이 포인트다. 또 뜸을 너무 일찍 들이지 않는 것이 고슬고슬하게 짓는 요령.

부재료로는 여기 소개한 것 외에도 사시사철 나오는 것이라면 모두 다 OK. 봄에는 완두, 모시조개, 여름에는 호박, 가을에는 느타리버섯, 겨울에는 연근이나 굴 등으로 제철의 맛을 살려서 다양하게 응용해 본다.

## 재료 /4인분

751 kcal **40**

| 재료 | 분량 |
|---|---|
| 쌀 | 4컵 |
| 쇠고기 | 120g |
| 갑오징어 | 1마리 |
| 꽃새우 | 8마리 |
| 소라 | 1개 |
| 표고버섯 | 2장 |
| 당근 | ½개 |
| 죽순(통조림) | 50g |
| 밤·은행·대추 | 4개씩 |
| 육수 | 4컵 |
| 간장 | 1큰술 |
| 소금·식물성 기름 | 조금씩 |

**양념장**

| 재료 | 분량 |
|---|---|
| 간장 | 4큰술 |
| 다진 파 | 1큰술 |
| 다진 마늘 | ½큰술 |
| 깨소금·참기름 | 조금씩 |

### Cooking Point

해물별미밥에는 맛과 향이 좋은 여러 가지 재료가 들어가 그 자체로도 맛이 좋다. 하지만 밥물을 맛국물로 잡으면 더욱 맛있다. 맛국물은 다시마를 우려내고 그 국물에 청주를 조금 치면 완성.

채소를 많이 넣을 때는 채소에서 수분이 빠져 나오므로 밥물을 약간 적게 잡는 것이 고슬고슬하게 짓는 요령이다.

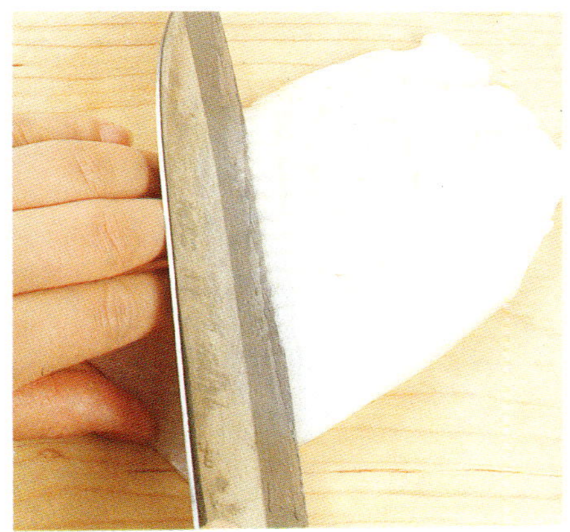

**1** **손질한 갑오징어에 칼집 넣기** 만져 보아 살이 두껍고 싱싱한 오징어를 골라 배를 가르고 내장을 뺀 다음 삼각형의 머리 부분을 떼면서 껍질을 벗겨 낸다. 깨끗이 손질한 오징어는 몸통 안쪽에 가로, 세로로 잘게 칼집을 넣는다.

**2** **해물 손질하기** 소라는 깨끗이 씻어 해감을 토하게 한 후 끓는 소금물에 살짝 데쳐 살을 빼내고 모양을 살려 얇게 썬다. 껍질 벗긴 새우는 물에 헹궈 건져 놓고 칼집 넣은 오징어는 잘게 썬다. 소라는 삶아 놓은 것으로 준비하는 것이 손질하기가 쉽다.

**3** **표고버섯, 당근 채썰기** 표고버섯은 살이 두툼하고 기둥이 짧은 것으로 골라 미지근한 물에 불려 기둥을 뗀 다음 채썰고 당근은 표면이 매끄럽고 색이 고운 것으로 골라 껍질 벗겨 깨끗이 씻은 후 가늘게 채썬다.

**4** **죽순, 밤, 대추 썰기** 깨끗이 손질한 죽순은 빗살 무늬를 살려 얇게 썰고 밤은 겉껍질을 벗기고 물에 담근 채로 속껍질을 벗겨 4등분한다. 대추는 반으로 갈라 씨를 빼놓는다. 죽순은 통조림을 사용하면 더욱 편리하다.

**5** **쇠고기, 쌀 볶기** 기름두른 돌솥에 곱게 다진 쇠고기를 넣어 볶다가 어느 정도 익으면 간장으로 밑간을 하고 불린 쌀을 넣어 잘 저어가면서 볶는다. 쇠고기에 붙은 기름기는 다 떼어내고 다져서 사용해야 느끼하지 않다.

**6** **손질한 해물 넣기** 쇠고기와 쌀이 어느 정도 볶아지면 깨끗이 손질하여 칼집 넣은 갑오징어, 저며서 썬 삶은 소라, 껍질 벗긴 새우를 넣어 부서지지 않게 살짝 한 번 뒤적여 준다.

**7** **남은 재료 넣기** 쇠고기, 쌀, 해물이 고루 섞이면 볶아서 속껍질을 벗겨 놓은 은행과 손질한 표고버섯, 4등분으로 잘라 놓은 밤, 빗살무늬로 잘라 놓은 죽순, 채썬 당근, 씨 뺀 대추를 위에 골고루 얹는다.

**8** **육수 부어 밥짓기** 재료를 안친 돌솥에 분량의 육수를 끼얹듯이 따라 부어 센불에서 끓이다가 한소끔 끓으면 중불로 줄이고 물이 잦아드는 듯하면 뜸을 들인다. 육수는 고깃국물을 사용할 수도 있고 조개 삶은 국물이나 새우 삶은 국물을 사용해도 된다.

**9** **양념장 만들기** 밥이 완성될 동안 분량의 양념 재료를 고루 섞어 양념장을 만든 후 밥이 다 되면 곁들여 낸다. 먹을 때는 양념장을 위에 골고루 끼얹어 잘 섞어서 먹는다. 해물솥밥은 뜨거울 때 먹어야 제맛이 나므로 위에서부터 살살 비벼 먹도록.

# 표고버섯죽

요리 / 한복려

죽은 부드럽고 소화가 잘 돼서 노인이나 유아식은 물론 아침 식사용으로도 좋은 메뉴다. 죽은 쌀을 곱게 가루를 만들어 후루룩 마실 만큼 묽게 끓이는 게 있는가 하면 쌀과 다른 부재료를 함께 볶다가 끓이는 것, 또 고깃국물을 내서 끓이기도 하는데 이렇게 쇠고기장국에 끓이는 것을 장국죽이라고 한다.

표고버섯죽 역시 장국죽의 한 종류로 표고버섯 특유의 향미와 감칠맛이 뛰어나 특히 어른들의 입맛에 잘 맞는다.

죽을 끓일 때는 쌀은 반드시 불렸다가 해야 쌀알이 잘 퍼지며 또 그냥 바로 하는 것보다는 쌀알을 반쯤 으깬 다음 끓이는 것이 조리시간을 단축시키는 비결이다. 전날 저녁 쌀만 준비해 두면 바쁜 아침에도 쉽게 해 먹을 수 있다.

## 재료 /4인분    330 kcal   75

| | |
|---|---|
| 쌀 | 1½컵 |
| 참기름 | 1큰술 |
| 쇠고기 | 50g |
| 표고버섯 | 8장 |
| 간장 | 1큰술 |
| 다진 파 | 1작은술 |
| 다진 마늘 | ½작은술 |
| 깨소금 | ½작은술 |
| 설탕·후춧가루 | 조금씩 |

**1 쇠고기·표고버섯 썰기** 쇠고기는 곱게 다져서 간장 2작은술과 다진 파·마늘, 깨소금, 참기름, 후춧가루, 설탕 등 갖은양념을 해서 재어 두고, 표고버섯은 불려서 곱게 채썰어 간장과 설탕으로만 밑간해 둔다.

**2 쇠고기·표고버섯 볶기** 잘 눌어붙지 않는 냄비에 참기름을 두르고 양념해 둔 쇠고기를 넣어 보슬보슬하게 볶다가 밑간해 둔 표고버섯을 넣어 함께 볶는다.

**3 끓이기** 9컵 정도의 물을 붓고 끓여 장국 맛이 우러나면 거품을 걷어내고 갈아 놓은 쌀을 넣고 끓인다. 끓기 시작하면 뚜껑을 열고 불을 약하게 줄여 눌어붙지 않게 가끔 저어주고 쌀알이 잘 퍼지도록 끓인다.

---



## 표고버섯 활용방법

봄과 가을에 걸쳐 활엽수의 고목이나 그루터기에 돋아나는 표고버섯. 이제는 자연산은 거의 찾아볼 수 없고 시장에서 살 수 있는 것은 대개 인공 재배한 것이다.

송이버섯 다음으로 향기가 높아 고급음식에 많이 사용된다. 푸석하지 않고 쫄깃한 질감이 있어 잡채며 각종 나물, 탕류에 많이 쓰이며 음식의 격을 높이는 재료로 사랑받는다.

말린 상태로 구입하는 경우가 많기 때문에 보관에는 큰 어려움이 없지만 사용할 때는 반드시 물에 불려서 사용해야 한다. 표고버섯 안에 들어 있는 유익한 성분들은 말리는 과정에서 생겨나는데 인공적으로 건조시킨 것 보다는 햇빛에 자연건조시킨 것이 더 좋다고 한다. 따라서 말리지 않은 생표고를 사다가 볕이 좋고 바람이 있는 날을 골라서 건조시키는 것도 좋다. 강한 직사광선에 장시간 노출되면 지나치게 말라버리므로 일조량에 주의를 기울일 것.

말린 표고버섯은 미지근한 물에 담가 불려서 사용하는데 불리고 남은 갈색물도 버리지 않고 활용할 수 있다. 버섯 우린 물에 다시마 우린 물, 간장을 1:1:1의 비율로 섞은 다음 약한 불에 끓이면서 ⅓ 정도로 줄어들 때까지 달이면 구수한 별미간장이 된다. 향이 독특하면서 짠맛도 강하지 않아 전통음식을 만들 때 사용하면 좋다.

# 전복죽

요리/배윤자

늘 먹는 흰밥이 싫증날 때 조리법을 바꾸어 죽을 끓여 보자. 죽은 불린 쌀에 쌀 분량의 5~8배 되는 물을 부어 은근하게 끓이는 조리법이다.

조개류 중에서 가장 맛있다는 전복은 생선초밥, 초무침, 구이 등 여러 가지에 응용되지만 전복 특유의 향기와 맛을 살리는 데는 뭐니뭐니해도 죽이 최고.

전복 말고도 죽요리에는 견과, 표고버섯, 미숫가루, 검은깨, 닭, 팥 등이 이용된다. 죽을 쑬 때 압력솥을 이용하면 조리 시간이 짧고 영양손실이 적다.

## 재료/4인분　244 kcal　40

| | |
|---|---|
| 쌀 | 1컵 |
| 전복 | 2개(중간 것) |
| 달걀 | 2개 |
| 김 | 1장 |
| 참기름·소금 | 조금씩 |

### Cooking Point

밥을 지을 때나 죽을 쑬 때는 무엇보다 밥물잡기와 불조절이 포인트. 밥물은 쌀 분량의 5~8배가 적당하다. 묽게 끓일 때는 10배 정도의 물을 붓기도 한다. 쌀알이 푹 퍼져야 하므로 충분히 불리는 것이 좋으며 센불에서 단숨에 끓이기 보다는 약한 불에서 뚜껑을 연채로 천천히 끓여야 넘치지 않고 쌀알도 푹 퍼진다. 또 죽은 뭉근히 오해 끓여야 하므로 밑이 두터운 곱돌솥이나 오지솥이 좋다.

**1 전복 씻기** 싱싱한 것으로 준비하여 묽은 소금물에 잠시 담가 해감을 토하게 한 다음 솔로 겉껍질을 구석구석 문질러 씻어 놓는다. 조개류는 모래가 있는 것도 있으므로 꼭 해감을 토해 낸 다음 조리하도록.

**2 전복 내장 떼어 저며 썰기** 깨끗이 씻은 전복은 숟가락을 바깥쪽에서부터 안쪽으로 밀어 넣어 창자가 터지지 않게 살을 빼낸 후 내장을 떼어내어 얇게 저며 썬다.

**3 쌀 볶다가 전복 넣기** 달궈진 냄비에 참기름을 두르고 곱게 빻은 쌀을 볶다가 전복을 넣어 살짝 뒤적인 다음 쌀 분량의 6배 정도 되는 물을 부어 강한 불에서 끓인다.

**4 죽 끓이기** 쌀이 익고 국물이 끓으면 중불로 줄여 나무주걱으로 저어 주면서 은근하게 끓인다. 센불에서 단숨에 끓이면 물이 줄거나 끓어 넘쳐 너무 되직하게 되므로 주의한다.

**5 푼 달걀 넣기** 죽이 거의 다 끓으면 입맛게 맞게 소금간을 하고 불에서 내리기 직전에 달걀물을 부어 한두 번 뒤적여 낸다. 소금은 반드시 끓고 난 후에 넣어야 삭지 않는다.

# 닭칼국수

요리/배윤자

**칼국수**는 국수 반죽을 말랑할 정도로 하여 밀대로 얄팍하게 밀어 접어서 썰 때 붙지 않도록 마른 밀가루를 발라주고 썰 때도 일정한 간격으로 써는 것이 요령이다. 반죽을 밀 때 힘을 고르게 주어야 반죽이 편평하게 펴지고 국수 가락의 두께가 고르게 된다. 반죽이 울퉁불퉁하게 밀어지면 국수 가락도 고르지 않게 되고 끓여냈을 때 익은 정도가 다르게 된다.

밀가루 반죽에 콩가루를 섞으면 국수에 고소한 맛이 더해진다. 콩가루는 날로 먹으면 소화도 잘 안 되고 콩 비린내도 남아 있으므로 국수를 푹 삶아 내는 것이 중요하다.

멸칫국물에 끓여먹기도 하지만 닭 삶은 국물에 끓이면 훨씬 맛이 좋다.

## 재료/4인분　　　758 kcal　40

| | |
|---|---|
| 닭 | 1마리 |
| 마늘 | 3쪽 |
| 통후추 | 5알 |

**웃기**

| | |
|---|---|
| 느타리버섯 | 100g |
| 당근·호박 | 1개씩 |
| 식물성 기름·소금 | 조금씩 |

**칼국수 반죽**

| | |
|---|---|
| 밀가루(중력분) | 2컵 |
| 물 | ½컵 |

**양념장**

| | |
|---|---|
| 간장 | 4큰술 |
| 다진 파 | 1큰술 |
| 다진 마늘 | ½큰술 |
| 풋고추·붉은고추 | 1개씩 |
| 깨소금·참기름·후춧가루 | 조금씩 |



닭칼국수는 그릇에 칼국수와 국물을 적당히 담고 양념한 닭고기, 당근, 호박, 느타리버섯을 고명삼아 색색으로 올려 낸다. 분량의 양념으로 양념장을 만들어 곁들인다.

닭을 손질할 때 양파나 레몬을 반으로 갈라 자른 면으로 닭의 몸통을 문질러주면 닭 특유의 냄새가 없어져 더욱 담백한 맛을 즐길 수 있다.

닭을 조리할 때는 껍질을 포크로 찔러 구멍을 내어 양념이 잘 스며들도록 하고, 기름기는 떼낸다. 뼈가 붙은 채로 조리하는 다리살에도 칼집을 넣어야 쉽게 익고 양념도 잘 배어 든다.

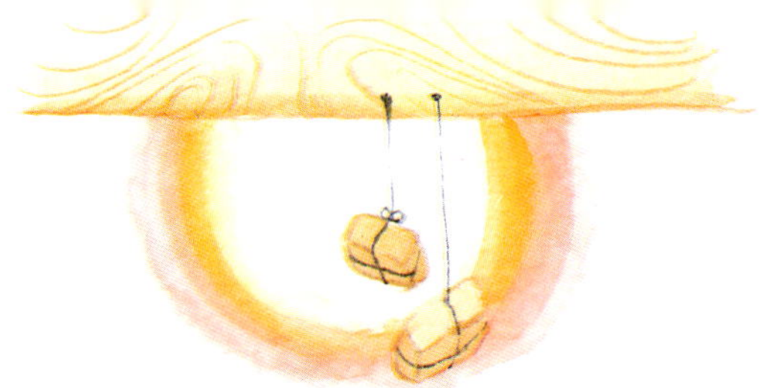

**1** **밀가루 반죽하기** 준비한 밀가루에 분량의 물과 소금 ½큰술쯤을 섞어 반죽한다. 소금이 잘 녹게 하려면 소금물을 만들어 그것으로 반죽을 한다. 소금물 은 한꺼번에 붓지 말고 조금씩 부으면서 말랑한 상태가 되도록 치댄다.

**2** **밀방망이로 밀기** 여러 번 치대 매끈해진 밀가루 반죽은 비닐 봉지에 넣어 30분 정도 냉장고에 보 관했다가 도마 위에 올려 놓고 0.2cm 두께로 얇게 민 다. 아래, 위, 왼쪽, 오른쪽 순으로 힘을 고르게 주면서 밀어야 두께가 일정하다.

**3** **반죽 접어 썰기** 0.2cm 두께로 얇게 밀어 놓은 밀 가루 반죽에 밀가루를 골고루 뿌려가면서 부채를 접을 때처럼 잘 접은 후 굵기를 고르게 하여 썬다. 굵기 가 일정해야 그릇에 담아 낼 때 음식의 모양새가 좋다.

**4** **칼국수 썰기** 부채처럼 접은 칼국수 반죽은 끝에 서부터 일정한 두께로 썬다. 0.3~0.4cm 정도가 적당하다. 두께가 제각각이면 고르게 익지도 않고 모양 새도 나빠지므로 주의한다. 또 썰 때 손으로 너무 누르 면 서로 달라붙어 버리므로 가볍게 눌러 준다.

**5** **칼국수 헤쳐 놓기** 가늘게 채썬 칼국수는 서로 달 라붙지 않게 가닥가닥 헤쳐 놓는다. 시간이 지나 면 더 눅눅해져 엉겨붙기 쉬우므로 바로 삶지 않을 경우 에는 밀가루를 좀 더 뿌려 놓는 게 안전하다.

**6** **고명 볶기** 호박은 반달모양으로 썰고, 당근은 채 썬다. 채썬 호박, 당근은 각각 소금에 절였다가 물기를 꼭 짜고 기름두른 프라이팬에 볶는다. ―타리버 섯은 끓는 물에 살짝 데쳐 가늘게 찢어 물기를 짠 후 소 금간을 해서 볶는다.

**7** **닭 삶아 찢기** 손질한 닭에 분량의 통후추, 통마 늘, 소금을 넣어 푹 삶아 건져 식힌 후 먹기 좋게 손으로 찢어 놓는다.

**8** **양념장에 닭고기 무치기** 분량의 양념장 재료를 골고루 섞은 다음 찢어 놓은 닭고기를 양념장이 고루 배게 버무려 무쳐 놓는다.

**9** **국수 삶기** 닭고기를 삶아 낸 국물에 칼국수를 넣 고 소금간을 하여 잘 저으면서 7분 정도 삶는다. 국수가 말랑하게 익었으면 그릇에 담아 내는데 양념장 에 무쳐 놓은 닭살과 볶아놓은 호박・당근・버섯을 얹 어낸다.

# 토마토소스 스파게티

**요리 / 안승춘**

스파게티를 삶을 때는 스파게티의 10배에 해당하는 물을 붓고 식용유를 넣은 후 스파게티 국수를 넣어 끓인다. 끓는 물에 넣을 때는 국수를 손으로 잘 펼치면서 넣고 젓가락으로 휘저어 준다. 그래야 서로 엉기거나 눌어 붙지 않는다. 5분 정도 끓게 두었다가 불을 끄고 25~30분쯤 후에 냄비 뚜껑을 열고 소쿠리에 건져 버터를 바른다. 스파게티 국수는 일반 국수보다 5분 정도 더 삶아야 면발이 부드럽다. 또 찬물에 헹구지 않는 것이 요령.

입맛따라 치즈를 뿌리고 먹을 때는 소스로 버무려 포크로 감아서 먹는다.

**재료/4인분**     596 kcal   30

| 재료 | 분량 |
|---|---|
| 스파게티 | 400g |
| **토마토소스** | |
| 토마토 | 4개 |
| 베이컨 | 50g |
| 셀러리 · 당근 | ¼개씩 |
| 양파 | ½개 |
| 다진 마늘 | 1큰술 |
| 토마토 페이스트 | 4큰술 |
| 월계수잎 | 2장 |
| 육수 | 4컵 |
| 버터 · 밀가루 | 2큰술씩 |
| 소금 · 후춧가루 | 조금씩 |
| 파슬리가루 · 치즈가루 | 2큰술씩 |

## Cooking Point

부재료를 다양하게 응용하면 색다른 별미음식이 되는 스파게티 요리. 스파게티 요리의 다양한 맛은 위에 얹는 소스에 달려 있다. 들어가는 재료에 따라 채소, 크림, 생선, 해산물, 육류 소스로 나뉜다. 볶은 야채에 잘게 다진 토마토를 넣고 걸쭉하게 끓여 스파게티 위에 끼얹어 내 보자. 스파게티의 쫄깃한 면발과 새콤한 토마토소스가 입맛을 돋운다. 같은 소스라도 취향에 따라 한두 가지 다른 재료를 더하면 다양한 맛을 즐길 수 있다.

**1 스파게티 삶기** 스파게티는 팔팔 끓는 물에 약간의 소금을 넣고 부채 모양으로 펼쳐 넣어 국수가 눌어붙지 않게 잘 저어주면서 10~20분 정도 삶은 후 건져 내어 버터를 발라 놓는다.

**2 토마토 데쳐 껍질 벗기기** 깨끗이 씻은 토마토는 칼끝으로 꼭지를 도려내고 반대쪽에 열십자로 칼집을 넣어 끓는 물에 담가 껍질이 터지기 시작하면 건져 내어 껍질을 벗긴다. 껍질을 벗기지 않고 그대로 사용하면 입안에서의 촉감이 나쁘다.

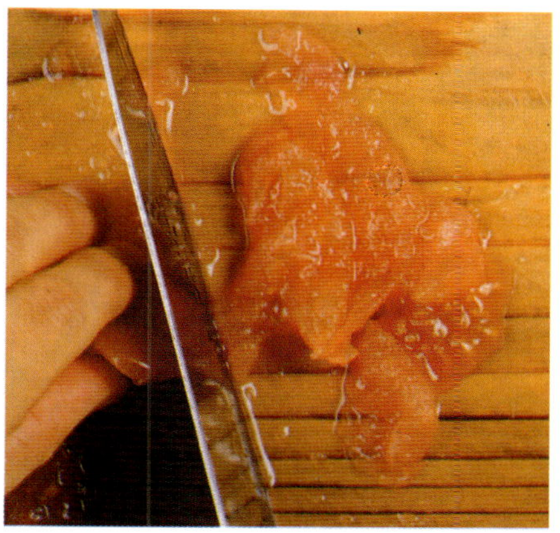

**3 토마토 다지기** 껍질 벗긴 토마토는 반으로 잘라 씨를 빼낸 뒤 곱게 다져 놓는다. 토마토소스에는 생토마토와 페이스트가 들어가야 신선한 맛이 있다. 토마토는 빨갛게 잘 익은 것으로 준비해야 소스 색깔이 더 먹음직스러워 보인다.

**4 베이컨, 야채 썰기** 베이컨은 잘게 다지고 셀러리는 겉면의 섬유질을 벗긴 뒤 흐르는 물에 깨끗이 씻어 줄기 부분만 잘게 다진다. 부드러운 것은 바람이 든 것일 수도 있으므로 주의해서 고르도록. 양파, 당근도 껍질을 벗기고 깨끗이 씻어 곱게 다진다.

**5 베이컨, 야채 볶기** 뜨겁게 달군 냄비에 버터를 두르고 먼저 다진 마늘을 볶다가 향이 배면 베이컨, 셀러리, 양파, 당근을 넣어 볶는다. 양파가 말개질 때까지 충분히 볶는다.

**6 밀가루 넣어 볶기** 베이컨, 야채가 어느 정도 볶아지면 분량의 밀가루를 넣고 불을 약하게 줄여 타지 않게 잘 저으면서 좀 더 볶는다. 버터가 부족한 듯 싶으면 밀가루를 볶을 때 조금 더 넣는다.

**7 토마토, 토마토 페이스트 넣기** 밀가루가 고루 섞이면 잘게 썬 토마토와 토마토 페이스트를 넣어 볶다가 육수를 부어 푹 끓인다. 밀가루가 엉기지 않게 밑바닥까지 고루 저어주면서 처음엔 센불로 한소끔 끓이다가 불을 줄여 은근하게 끓인다.

**8 월계수잎 넣기** 푹 끓으면 월계수잎을 띄워 한소끔 끓이다가 걸쭉해지면 소금, 후춧가루로 간하여 체에 밭친다. 월계수잎이 들어가야 소스의 독특한 맛이 살아난다.

**9 스파게티 볶기** 달궈진 프라이팬에 버터를 녹이고 삶은 스파게티를 볶다가 파슬리가루를 뿌려 좀 더 볶은 후 체에 밭친 토마토소스를 끼얹어 낸다. 스파게티는 뜨거울 때 먹어야 제맛이 나므로 만든 즉시 상에 낸다.

# 대보름나물

요리/한복선

정월 대보름날에 해먹는 아홉 가지 나물을 제대로 맛낼 수 있으면 나물 무치기는 마스터한 셈. 이날 볶아 먹는 나물은 대개 지난해에 말려 두었던 것들로 보통 묵은 나물 또는 묵나물이라고도 한다.

묵은 나물은 신선한 맛으로 먹는 생채나 무침과는 달라서 잘근잘근 씹히는 구수한 맛이 매력이긴 하지만 그래도 묵은 나물은 촉촉하고 부드럽게 볶아져야 맛있다. 그래서 볶다가 물을 붓고 뚜껑을 덮어 익히는데 때론 물 대신 육수를 쓰기도 하며 취나물 같은 경우엔 들깨즙을 넣어 맛을 내기도 한다.

양념은 다 비슷한데 다만 색이 진한 나물은 국간장으로 간을 하고 흰색 나물은 소금으로 간을 하는 것이 어울린다. 단, 국간장은 자칫 짜지기 쉬우므로 양념할 때는 다소 싱거운 듯 하게 무쳐서 볶으면서 부족한 간을 보충해야 실패하지 않는다.

## 재료/4인분　　584 kcal　30

| 시래기·말린취 | 100g씩 |
| 고사리·고구마순 | 100g씩 |
| 말린가지·호박고지 | 100g씩 |
| 도라지 | 100g |
| 무 | 200g |
| 콩나물 | 200g |

**말린 나물 양념**

| 국간장 | 1큰술 |
| 다진 파 | 1큰술 |
| 다진마늘 | ½큰술 |
| 참기름·깨소금 | ½큰술씩 |
| 식물성 기름(또는 들기름) | 적당량 |

**무·콩나물 양념**

| 다진 파 | 1큰술 |
| 다진 마늘 | ½큰술 |
| 참기름·깨소금 | ½큰술씩 |
| 소금 | 조금 |
| 식물성 기름 | 적당량 |

## 취나물

**1 삶기** 바싹 마른 취나물을 삶기 전에 따뜻한 물에 담가 잠시 불린 다음 물을 넉넉히 붓고 삶는다. 마른 취의 잎이 다 펴지고 줄기가 부들부들해지면 건져서 찬물에 헹군다. 어린잎 말린 것은 덜 삶아도 된다. 삶는 동안 상태를 자주 살피도록.

**2 양념하기** 찬물에 헹구어 물기를 짠 후 먹기 좋은 길이로 썬 취나물은 우묵한 그릇에 훌훌 털어 담고 국간장, 다진 파, 마늘, 참기름, 깨소금으로 양념하여 손가락 사이로 뽀얀 물이 나오도록 주물러 양념이 고루 배게 한다.

**3 볶기** 프라이팬이나 냄비에 기름을 두르고 양념한 취나물을 넣고 살짝 볶다가 기름이 고루 어우러지면 ⅓컵 정도의 물을 붓고 뚜껑을 덮어 뜸을 들인다. 그래야 간도 푹 배고 부드럽다. 접시에 담아낼 때 참기름과 깨소금으로 맛을 더한다.

## 시래기나물

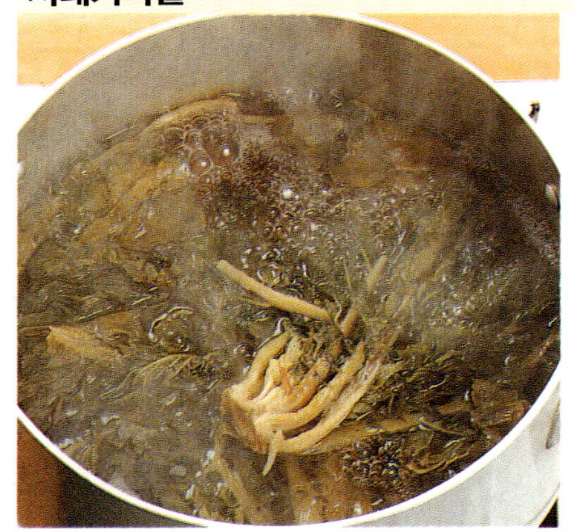  

**1 냄새 우려내기** 시래기는 통배추의 겉부분이나 무청을 말린 것으로 푹 삶아 물에 충분히 헹구어야 시래기 특유의 냄새가 없어진다. 손가락으로 눌러봐서 어느 정도 물러진 듯하면 불을 끄고 그대로 충분히 담가 두었다가 건져서 찬물에 여러 번 헹구어 낸다.

**2 양념하기** 물기를 꼭 짠 시래기를 5~6cm 길이로 가지런히 썰어 국간장·다진 파 1큰술씩, 마늘 ½큰술, 깨소금·참기름 ½큰술씩을 넣고 무쳐서 양념한다. 처음에는 심심하게 무치고 부족한 간은 볶으면서 보충해야 실패하지 않는다.

**3 볶기** 달구어진 냄비에 기름을 두르고 양념한 시래기를 넣어 볶는다. 역시 뚜껑을 덮어 익히는 게 부드럽다.

## 호박나물

**1 불리기** 호박고지는 살이 연하기 때문에 삶아서는 안되며, 또 너무 뜨거운 물에 불려도 쉽게 물크러진다. 약간 미지근한 물에 잠깐만 불렸다가 여러 번 씻어준다. 제철이 지난 끝물 호박을 0.5cm 두께로 둥글게 썰어 꾸덕하게 말린 다음 실에 꿰어 바싹 말렸다가 쓴다.

**2 양념하기** 찬물에 잘 불린 호박고지를 물기없이 꼭 짠 후, 볼이 넓은 그릇에 담고 소금, 다진 파 1큰술, 다진 마늘 ½큰술, 참기름·깨소금 ½큰술씩을 넣고 조물조물 무친다. 호박고지 나물은 흰색 나물이므로 국간장 대신 소금으로 간을 한다.

**3 볶기** 냄비에 기름을 두르고 양념한 호박을 넣어 살짝만 볶는다. 식성에 따라 볶지 않고 무쳐서 바로 먹기도 한다. 볶는 것보다 아삭아삭 씹히는 맛이 있어 호박나물의 별미를 더욱 즐길 수 있다.

## 고구마순나물

**1** **삶기** 말린 고구마순은 아주 가늘게 비틀어져 있다. 일단 따뜻한 물에 하루 정도 불렸다가 푹 삶아서 다시 찬물에 담가 둔다. 손으로 만져봐서 뻣뻣한 것은 골라낸다. 고구마순은 껍질을 벗겨서 말리는 것이므로 물에 불렸다가 삶으면 부들부들해진다.

**2** **양념하기** 찬물에 헹구어 물기를 짠 후 5~6cm 길이로 가지런히 잘라 국간장, 다진 파·마늘, 깨소금, 참기름을 넣고 간이 배게 잘 무친다.
＊고구마순은 무쳐서 그냥 먹기도 한다. 볶을 때는 너무 오래 볶지 말고 기름 맛만 잘 어우러지게 살짝 볶는다.

## 고사리나물

**1** **삶기** 고사리는 생것을 쓰기도 하는데 말린 것은 따뜻한 물에 하루 정도 담갔다가 삶는다. 삶은 후에도 찬물에 충분히 담가두어 부드럽게 불린다. 생고사리는 4~5월에 마련하여 끓는 물에 데친 다음 좋은 볕에 말려 두었다가 정월에 이용하면 편리하다.

**2** **양념하기** 줄기를 꼭 짜고 5~6cm 길이로 썰어 국간장, 다진 파·마늘, 깨소금, 참기름을 넣고 조물조물 주물러 양념맛이 푹 배게 한다.
＊고사리 역시 하루쯤 불리면 꽤 부드러워서 볶지 않아도 되지만 그날 장만해서 바로 쓸 때는 양념해서 볶아

## 도라지나물

**1** **쓴맛 빼기** 통도라지는 껍질을 벗기고 가늘게 쪼개서 소금을 넣고 바락바락 주물러서 깨끗이 씻은 후 물에 잠시 담가 쓴맛을 뺀다.

**2** **양념하여 볶기** 쓴맛을 뺀 도라지에 소금, 참기름, 다진 파·마늘을 넣고 조물조물 무쳐 프라이팬이나 냄비에 기름을 두르고 뜨겁게 달구어지면 양념한 도라지를 넣어 처음엔 센불에서 볶는다. 어느 정도 익으면 불을 약하게 하고 뚜껑을 덮어 익힌다.

## 무나물

**1** **채썰기** 무는 껍질에 비타민 C가 많으므로 껍질을 벗겨내지 말고 흐르는 물에 깨끗이 문질러 씻어서 5~6cm 길이로 토막내 길이로 얇게 채를 썬다. 너무 곱게 채썰면 부서지므로 주의한다.

**2** **볶아서 참기름, 깨소금으로 맛내기** 기름을 두르고 채썬 무를 넣어 부서지지 않게 볶는다. 무가 거의 볶아지면 소금으로 간을 하고 뚜껑을 덮어 잠시 뜸을 들였다가 무르게 익었으면 깨소금, 참기름으로 맛을 낸다. 물을 약간 부어 익히기도 한다.

## 가지나물

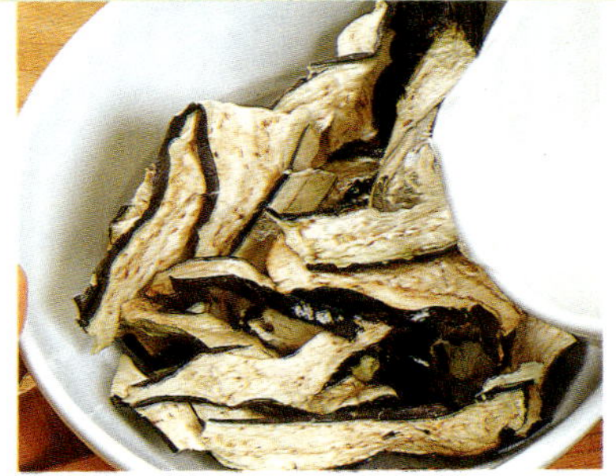

**1** **불리기** 먼지를 대강 털어내고 한번 씻은 다음 따뜻한 물에 담가 부들부들 해질 때까지 충분히 불린다. 늦가을쯤 끝물 가지를 마련, 길이대로 썰어 바람이 잘 통하는 곳에 말려 두었다가 사용한다.

**2** **양념하여 볶기** 깨끗한 물에 헹구어 물기를 꼭 짠 후 국간장, 다진 파·마늘, 깨소금, 참기름으로 무쳐 냄비와 프라이팬에 기름을 두르고 뜨겁게 달구어지면 양념한 가지를 넣어 볶는다. 들기름으로 볶아도 구수하다.

## 콩나물

**1** **삶기** 뿌리 끝부분만 조금 정리하여 흐르는 물에 깨끗이 씻어 건져 냄비에 안쳐 소금을 조금 넣고 뚜껑을 덮어 삶는다. 물은 ½컵 정도면 충분하다. 푸른 잎 데치듯 물을 많이 부으면 콩나물의 맛이 다 빠져 맛이 싱겁다.

**2** **무치기** 냄비 뚜껑 사이로 김이 나기 전까지는 절대로 뚜껑을 열어서는 안된다. 줄기가 살캉할 정도로 삶아지면 그대로 소쿠리에 건져 놓았다가 한김 식으면 다진 파, 마늘, 깨소금, 참기름으로 양념한다.

# 야채요리의 기초& 기본요리

음식 재료로 쓰이는 모든 야채류의 기초 손질법을 소개한다. 야채루에는 잎야채, 뿌리야채, 줄기야채 등이 있는데 이 중에는 쓴맛이나 떫은맛을 우려내고 음식을 만들어야 하는 것도 있고, 소금에 문지르거나 식촛물에 담갔다가 만들어야 제 맛이 나는 것도 있다. 또 뜨거운 물에 데친다든지 써는 방법을 달리해야 하는 야채류도 있다. 밑 준비 요령이 각각 다른 야채들을 모아 음식이 만들어지기까지 알아두어야 할 기본 손질법과 우리가 즐겨 먹는 야채 요리를 기본 메뉴로 선정, 만들기를 소개한다.

# 야채 반찬의 밑손질 요령

흰 야채는 희게 녹색 야채는 선명한 녹색으로 유지시켜 음식을 만드는 것이 야채 요리의 중요한 요소이다.

또 쓴맛이나 아린 맛이 나는 야채는 그 쓴맛과 아린 맛을 우려내고 조리해야 맛있는 음식을 만들 수 있다.

그러기 위해서는 조리하기 전에 물에 담그거나 소금에 문지르는 등의 밑준비 방법을 익혀

두어야 한다. 바로 이 밑준비 단계에서 재료를 얼마나

잘 다루고, 손질하느냐에 따라 음식 맛이 크게 좌우되는 것이다.

## 물에 담갔다가 사용하는 재료

**고구마** 썰어서 곧 물에 담가두면 색이 갈변하는 것을 막을 수 있다.

**콩이나 팥** 하룻밤 정도 충분히 물에 담가 불렸다가 조리한다. 그래야 딱딱하지 않고 쉽게 물러진다.

**컬리플라워** 조리 전 잠시 동안 물에 담가서 벌레 같은 것, 지저분한 것들이 떨어지게 한다.

**감자** 감자볶음을 하기 전에는 반드시 물에 담가 전분기를 씻어내야 질척거리지 않는다.

**양파** 익히지 않고 생것으로 요리할 때는 물에 담가 냄새를 없애고 매운맛도 적당히 빼준다.

**샐러드용 채소** 샐러드에 사용할 야채들은 손질해서 찬물 또는 얼음물에 담가 싱싱하게 한다.

**말린 나물** 조리 전 물에 담가 두어 충분히 부드럽게 불려서 조리한다.

**더덕** 껍질을 벗기고 깨끗이 씻은 뒤 물에 여러 시간 담가두어 아린 맛을 우려낸다.

## 소금 뿌려 문질러서 사용하는 재료

**완두콩** 삶기 전에도 삶은 다음에도 소금물에 담가 두면 색깔이 선명하게 된다. 껍질콩은 소금을 듬뿍 뿌려 하나하나 문지르듯 씻는다.

**오이** 날로 먹을 때는 소금을 뿌려 양손바닥으로 굴리듯 문질러 주면 색깔도 선명해지고 껍질에 있던 지저분한 것을 깨끗이 씻어낼 수 있다.

**말린 오가리** 우선 물을 듬뿍 붓고 깨끗이 씻은 다음에 소금을 뿌려 부드럽게 문지르면 오가리의 섬유질이 한층 부드러워진다.

**도라지** 소금을 넣고 주물러 씻어서 아린맛을 적당히 제거하고 부드럽게 만들어 사용한다.

## 식초물에 담갔다가 사용하는 재료

**껍질째 삶은 비트** 삶은 국물에 식초를 넣고 비트의 껍질을 벗겨 얇게 썰어서 식초 탄 국물에 담가 둔다. 이렇게 하면 아름다운 붉은색을 유지할 수 있다.

**연근** 깨끗이 손질하여 썬 다음에 곧장 물이나 식초 탄 물에 담가 두면 떫은 맛도 빠지고 색도 하얗게 된다. 우엉도 마찬가지.

**껍질 벗긴 양송이** 역시 쉽게 색이 변한다. 특히 양송이를 생으로 먹거나 샐러드에 이용할 때는 레몬즙을 뿌려 두면 색도 깨끗하고 맛도 좋다.

## 애벌삶기를 해서 사용하는 재료

**토란** 소금에 씻은 토란을 다시 한 번 끓는 물에 삶아 미끈미끈한 것을 없애고 조리한다.

**무청** 시래기는 조리 전에 물에 담갔다가 다시 끓는 물에 삶아 부드럽게 하고 삶은 후에도 또 물에 담가 두어야 냄새가 나지 않는다.

**죽순** 역시 조리 전 쌀뜨물에 삶아서 떫은 맛을 없애고 조리한다.

**버섯** 느타리버섯이나 생표고버섯은 볶기 전, 끓는 물에 데쳐 수분을 뺀 후에 볶는다.

## 색깔을 살려 사용하려면

**1 파랗게 데친** 야채는 재빨리 체에 엎어서 뜨거운 물기를 뺀다.

**2 바로 찬물에** 담가 식힌다. 물이 적으면 곧 미지근해지므로 흐르는 물에 씻는다.

**3 냉동시킬 재료라면** 물에 담그는 것보다는 부채로 식히는 것이 효과적이다.

---



# 여러 가지 야채의 기본 손질 포인트

**깻잎** 까맣게 된 것, 벌레먹은 것을 골라내고 한장, 한장 흐르는 물에 깨끗이 씻어 물기를 탁탁 털어 놓는다. 채반에 세워 담아 놓는 게 효과적인 방법이다.

**달래** 알뿌리 겉면의 얇은 껍질을 벗겨 내는 게 포인트.

**부추** 마구 비벼 씻으면 잎이 물크러져서 풋내가 난다. 가지런히 해서 살살 흔들어 씻고, 가지런히 모아 데쳐야 헝크러지지 않아 썰기가 편하다.

**쑥** 너무 길게 자란 건 쇠어져서 쓴맛이 강하다. 하얀 솜털이 나있는 어린 쑥을 고른다. 손질 요령은 검불이나 잡티를 골라내고 조금 쇤 듯한 것은 줄기를 잘라내는 게 포인트. 잎만 사용한다.

**미나리** 깨끗이 씻는 게 가장 중요한 손질이다. 큰 그릇에 물을 넉넉히 받아서 미나리가 푹 잠기게 두었다가 여러번 흐르는 물에 깨끗이 씻어 건진다. 줄기 끝의 억센 부분과 잎은 떼내고 주로 연한 줄기로만 다듬어서 쓴다.

**생강** 독특한 향이 있어 고기나 생선의 누린 냄새를 없애는데 효과적인 향미채소. 그러나 덩어리가 씹히면 오히려 입맛을 상하게 하므로 아주 곱게 다지거나 즙을 내서 쓴다. 혹은 얇게 편으로 써는 게 낫다.

**고사리** 주부 초년생들에겐 무엇을 다듬어 버려야 하는지가 문제다. 손으로 눌러봐서 줄기 끝의 약간 비틀어진 듯한 단단한 부분을 잘라내면 된다.

**쑥갓** 누런잎, 시든 잎은 떼내고 깨끗이 씻는다. 줄기 끝의 굵고 억센 부분은 잘라 버리고 잎이 달린 연한 줄기부분으로만(손바닥 길이만큼) 다듬어서 쓴다.

---

**POINT 1.** 본격적인 손질에 들어가기 전에 얼마 동안 물에 담가 둠으로써 재료 특유의 쓴맛이나 냄새를 없애고 더러움도 제거할 수 있다. 또 재료를 싱싱하게 만들어 주는 효과도 있다.

**POINT 2.** 완두나 껍질콩, 녹색 채소류는 소금에 문지르거나 소금물에 담가 두면 색깔이 보다 선명해진다. 소금에는 채소의 엽록소를 안정시키는 작용이 있기 때문이다.

**POINT 3.** 떫은 맛이 강한 채소는 썬 다음에 공기에 접촉되면 변색되고 요리가 완성된 후에도 씁쓸한 맛이 남게 된다. 그러므로 밑준비 단계에서 물이나 식초물에 담가 떫은 맛을 빼두어야 한다. 특히 연근, 우엉 같은 것은 썰자마자 바로 물에 담가야 하는데 그때 물에 식초를 조금 떨어뜨리면 더욱 효과적이다.

**POINT 4.** 토란 특유의 미끈미끈한 점액성분이 있는데 이것을 제거하지 않은 채 조리하면 간도 잘 배지 않고 국물도 탁하게 된다. 행주로 닦아주거나 소금으로 문지르는 방법도 있긴 하지만 애벌삶기를 하는 편이 가장 확실하다.

우선, 토란은 껍질을 벗기고 그릇에 넣은 다음 소금을 뿌려 손으로 잘 문지른다. 전체적으로 소금이 배어 들었으면 물로 소금을 씻어내고 물을 듬뿍 부은 다음에 센 불에서 삶는다. 끓으면서 하얀 거품이 생기면 물을 버리고 미지근한 물에 씻어서 조리한다.

**POINT 5.** 녹색을 선명하게 살리려면 삶은 다음 처리 방법이 중요하다. 불을 끄고 난 다음에도 여열 때문에 변색이 될 수 있으므로 가능한 한 빨리 차게 식혀 주어야 한다. 방법으로는 찬물에 담그는 것과 부채로 식히는 방법이 있는데 부채를 사용할 경우 재료에 수분이 남지 않는다는 것이 장점. 그래서 삶아서 바로 냉동시킬 때는 이 방법이 좋다.

어떤 방법을 쓰건 되도록 빨리 식히기 위해선 젓가락으로 천천히 건져 내지 말고 즉시 체에 엎어 시간을 줄이는 게 중요하다.

# 열매채소

음식 재료로 자주 이용되는 야채류를 골라서 써는 요령과 까다로운
손질법을 재료별로 짚어본다. 재료마다 특성이 있어 쓰임새가 다르고 손질법에도 차이가 있긴
하지만 가장 기본이 되는 것은 썰기. 특히 오이는 생으로 먹는 경우가
많으므로 여러 가지 모양있게 써는 법을 익혀두면 요리 초년생은 통과한 셈이다. 열매를 먹는 채소인
고추, 피망, 호박 등의 씨빼기 요령과 써는 법 그외에 까다로운 손질법을 소개한다.

## 오이 써는 방법에 변화를 주어 음식에 맞게 이용한다

### 껍질 벗기기

**1 신선한 오이일수록** 오돌도돌한 돌기가 가시처럼 뾰족하다.
생것으로 껍질째 먹을 때는 칼끝으로 긁어 내도록 한다.

**2 깨끗이 씻은** 오이라면 껍질째 요리하는 것이 훨씬 먹음직
스럽다. 모양을 낼 때는 한줄씩 돌려가며 벗긴다.

### 둥글게 썰기

**왼손으로 오이를** 누르고 원하는 두께로 썬다. 특히 얇게 썰 때는
왼쪽 손가락에 칼등을 대고 써는 것이 포인트.

### 돌려깎기

**1 오이 껍질의** 녹색과 오이 속의 연한 색을 살려 써는 방법으
로 이용한다. 우선 5cm 길이로 토막내어 얇게 돌려 깎는다.

**2 왼손으로 재료를** 안쪽으로 돌리듯이 움직이면서 칼을 움직
여 두루마리처럼 계속해서 얇게 벗긴다. 씨 부분은 남긴다.

**3 진한 녹색의** 껍질 부분과 연한 속 부분을 구분하여 채썬다.
채썬 모양이 좀 더 얌전하고 씨가 섞이지 않아야 깔끔하다.

### 부채 모양 썰기

**1 장식용 썰기다** 우선 오이를 4~5cm 길이로 토막낸 다음 옆
으로 길게, 1.5~2cm 두께로 썬다.

**2 사진에서처럼** 끝을 1cm 정도 남긴 후 얇게 칼집을 넣는다.
칼집의 간격은 똑같게 6~7개 쯤이면 적당하다.

**3 남긴 부분을** 누르고 칼집 넣은 부분을 부채처럼 펼친다. 당
근, 가지 등도 같은 방법으로 썰 수 있다.

## 채썰기

**1** **오이를 비스듬히** 잡고 얄팍하게 어슷썬다. 채썰 때 양끝에 녹색이 조금 남아 있게 하면 보기 좋다.

**2** **오이를 조금씩** 어긋나게 가지런히 놓고 흐트러지지 않게 왼손으로 누른 후 칼을 비스듬히 하여 가늘게 채썬다.

## 고사리 모양 썰기

**1** **부채 모양 썰기와** 비슷하다. 토막낸 오이를 옆으로 0.5cm 두께로 썰어 같은 간격으로 칼집을 4군데 넣는다.

**2** **칼집 넣은** 끝을 벌려 놓고 양끝과 한가운데를 남기고 가운데 두개를 감듯이 끼운다.

## 오이 그릇 만들기

**1** **적당한 길이로** 썬 다음에 반 갈라 칼 끝으로 가운데 부분에 네모반듯하게 깊숙이 선을 긋고 선을 따라 씨를 떠낸다.

**2** **잘게 썬** 과일이나 야채로 샐러드를 만들어 담으면 보기에도 예쁜 오이보트가 된다.

## 막대 모양, 주사위 모양 썰기

**1** **우선 토막낸** 오이를 0.5cm 두께로 옆으로 길게 썬다. 더 크게 썰고자 할 때는 처음부터 조금 두껍게 썬다.

**2** **길이로 길게** 놓고 0.5cm 두께의 막대 모양으로 썬다.

**3** **막대 모양으로** 썬 것을 다시 끝에서부터 0.5cm 각으로 썰면 주사위 모양이 된다.

## 주름 모양 썰기

**1** **초절이에 많이** 이용하는 방법. 비스듬하게 깊이 칼집을 넣는다. 칼집을 넣을 때는 같은 간격으로 넣는 것이 포인트.

**2** **뒤집어서도 똑같은** 방법으로 칼집을 넣는다. 너무 깊이 넣으면 끊어지므로 주의한다.

**3** **한입 크기로** 썰어 살짝 비틀어 주면 주름이 생겨 예쁜 모양이 된다.

# 가지 썰면 곧 물에 담가 변색을 방지한다

## 썰기

**1** 꼭지 부분의 몸체에 붙어 있는 껍질 같은 잎을 한장씩 떼어 내고 꼭지 끝의 단단한 부분을 잘라낸다.

**2** 일단 썰어 놓은 가지는 즉시 물에 담가두어 색이 변하지 않게 한다.

**3** 썰어 놓은 가지를 튀김용으로 사용할 때는 반드시 마른 행주로 물기를 말끔히 닦은 후 튀긴다.

**4** 가지가 너무 굵으면 길게 3~4번 갈라서 익힌다. 그래야 열이 골고루 전달되어 빨리 익힐 수 있다.

**5** 쪄낸 가지는 물에 헹구지 말고 채반 같은 데 늘어놓아 그대로 식혔다가 양념해서 무친다.

### 가지 손질 포인트

가지는 표면이 쭈글쭈글한 것은 오래 된 것이다. 탱탱하고 꼭지 부분의 가시가 날카로운 것, 색깔이 짙고 윤기가 있는 것을 고른다.

깨끗이 씻어 꼭지 부분만 잘라내고 음식에 맞추어 모양내어 썰어서 사용하는데 가지는 썰어두면 공기 속에 있는 산소의 작용으로 썬 단면이 갈색으로 변하게 된다. 따라서 써는 즉시 물에 담가 두어야 한다. 그러면 색이 변하는 것도 막을 수 있고 떫은 맛을 빼는 효과도 있다.

또 가지를 삶거나 찔 때는 열이 골고루 전달될 수 있게 하는 손질이 필요하다.

---

# 호박 조리법에 따라 다르지만 씨를 요령 있게 파낸다

## 호박전용으로 썰기

**1** 우선 4~5cm 길이로 토막낸 다음 0.5cm 너비로 껍질을 벗긴다. 1~2cm쯤 간격을 두고 돌려가며 일정하게 깎는다.

**2** 일정한 간격으로 껍질을 벗긴 애호박을 0.5cm 두께로 동글게 썰면 옆면에 줄무늬가 생긴다.

**3** 작은 스푼으로 가운데 속씨 부분을 파낸다. 밀가루를 묻혀 고기소를 채워 전을 부치면 먹음직스런 호박전이 된다.

## 늙은 호박

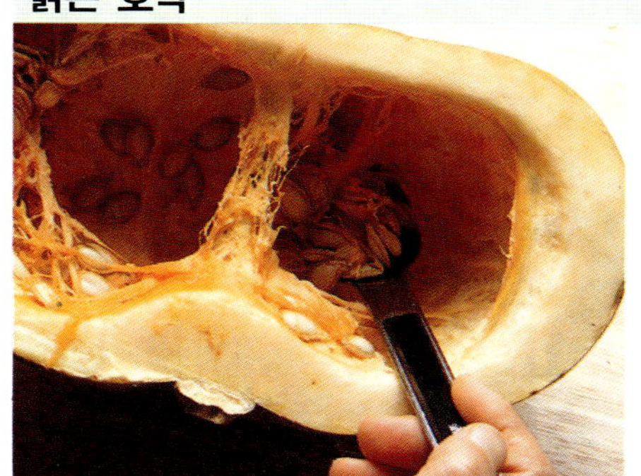

**1** 잘드는 칼로 반을 갈라 속과 씨를 숟갈로 말끔히 긁어낸다. 단호박도 같은 요령으로 손질한다.

**2** 도마 위에 엎어 놓고 골을 따라 자른다. 단단하고 커서 과일 깎듯이 하면 자칫 손을 다칠 염려가 있으므로 조심한다.

**3** 껍질을 벗길 때는 도마에 대고 약간 두껍게 칼로 저며내듯이 잘라 벗긴다.

# 피망·고추 피망은 칼로 속과 씨를 도려낸다

## 씨 빼기

**1** **가장 기본적인** 방법으로 꼭지 부분을 잘라내고 길게 반 갈라서 흰부분과 씨를 칼끝으로 도려낸다.

**2** **둥글게 썰어서** 사용할 때는 꼭지 부분만 잘라내고 칼끝으로 속과 씨부분을 통째로 제거하면 된다.

**3** **풋고추를 동글동글하게** 썰어서 사용할 때는 썬 다음에 물에 담가 흔들어 씻으면 씨가 대부분 떨어져 나온다.

**4** **풋고추의 모양을** 통째로 살리면서 씨를 빼려고 할 때는 가운데에 조금만 칼집을 넣어 숟가락으로 긁어낸다.

## 피망 썰기

**1** **샐러드, 피자의** 토핑 재료처럼 장식성이 강할 때는 피망의 모양을 살려 둥글게 썬다.

**2** **볶음 요리에 사용할** 피망은 길게 반으로 갈라서 지그재그로 돌려가며 큼직하게 썬다.

## 실고추 썰기

**1** **실고추가 없을** 때는 붉은고추를 곱게 채썰어 이용한다. 길게 반 갈라 씨를 제거하고 가운데 도톰한 부분도 저며낸다.

**2** **칼로 자근자근** 두들겨서 두께가 고르게 되도록 편평하게 펴준다.

## 피망·고추 손질 포인트

피망은 꼭지 주변부터 상하기 시작하므로 그 부분이 신선한지를 확인하고 구입한다. 피망은 꼭지와 씨를 도려내는 것이 손질의 기본이다. 조리 용도에 따라 길게 반 갈라서, 혹은 둥글게 꼭지 부분을 잘라낸 후에, 씨를 빼낸다. 씨를 제거할 때는 안쪽의 흰 부분도 제거하도록 한다. 그래야 음식이 깔끔하다.

고추의 손질도 마찬가지. 생선 조림이나 텁텁한 국물 음식, 투박한 조리법에는 씨가 대충 섞여도 괜찮지만 그외에는 씨를 말끔히 제거하고 쓴다. 특히 오래된 것은 씨가 검게 변하므로 반드시 제거한다. 꽈리고추는 보통 통째로 사용하는 예가 많으므로 꼭지만 떼내고 쓴다.

## 구멍내기

**고추를 통째로** 요리할 때, 특히 튀김이나 고추장아찌를 담글 때는 숨구멍을 내야 기름이 튀지 않고 맛도 속속들이 잘 스며든다.

**3** **짧게 채썰** 때는 그대로 놓고 가로로, 혹은 원하는 길이로 잘라 가늘게 채썬다.

# 토마토 뜨거운 물에 살짝 넣었다 빼면 껍질을 얇고 깨끗하게 벗길 수 있다

## 껍질 벗기기

부득이 데치지 않고 생으로 껍질을 벗길 때는 칼등을 뜨겁게 해서 문질러 주면 쉽게 벗겨진다.

또 씨를 뺄 때는 썬 모양에 따라 손가락이나 손가락으로 파내거나 반 잘라 가볍게 눌러 짜기도 한다.

한편 윗부분을 잘라내고 속을 파낸 토마토는 샐러드컵으로 이용하면 좋다.

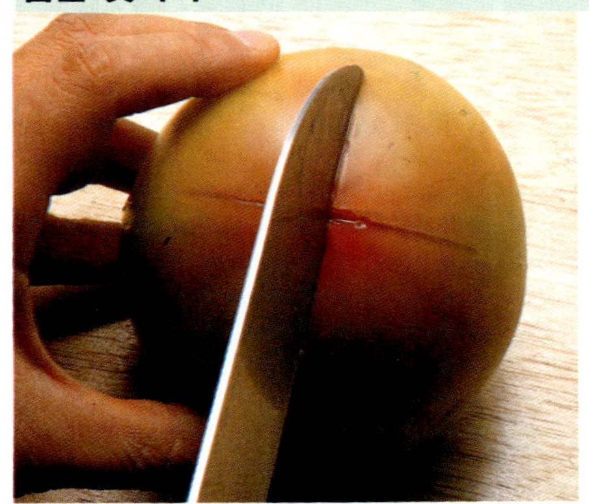

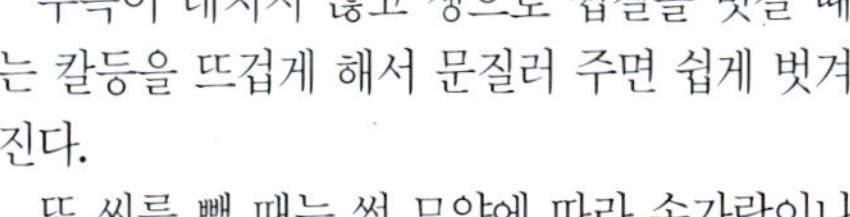

**1** 우선 **토마토** 위쪽에 열십자로 얕게 칼집을 넣는다. 칼집을 넣으면 껍질 벗기기가 한결 쉽다.

**2** **밑면의 꼭지** 부분을 포크로 찔러 뜨거운 물에 담근 채 빙글빙글 돌려 뜨거운 열이 골고루 닿게 한다.

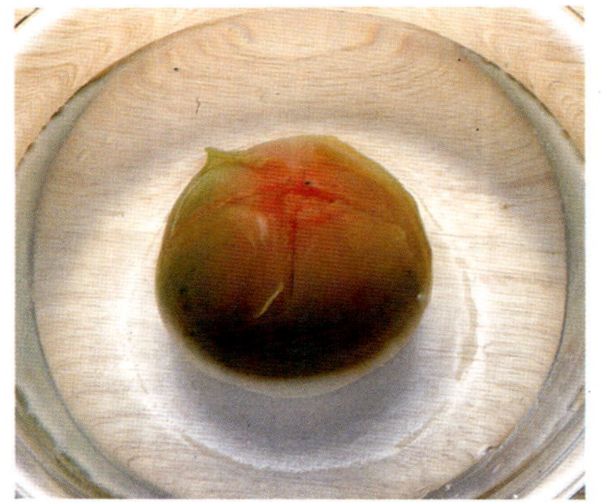

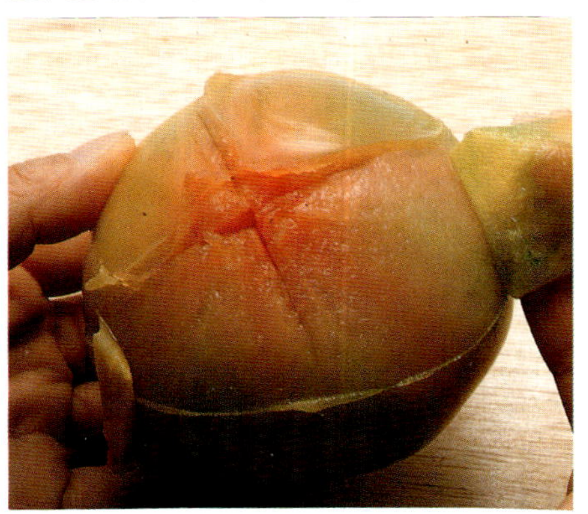

## 생으로 벗길 때

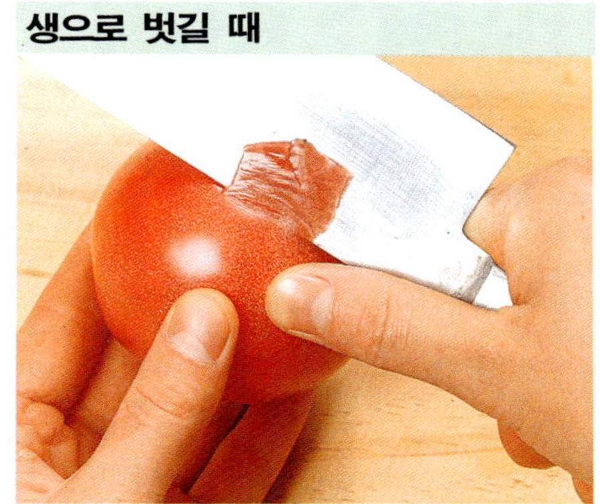

**3** **껍질이 터지기** 시작하면 꺼내어 빨리 찬물에 담가 식혀준다.

**4** **칼집 넣었던** 부분부터 살점이 붙지 않도록 조심스럽게 껍질을 벗긴다.

**칼등을 불에** 달궈 뜨겁게 해서 문질러 주면 쉽게 벗겨진다. 칼날은 너무 두껍게 벗겨지므로 칼등이 낫다.

## 씨빼기

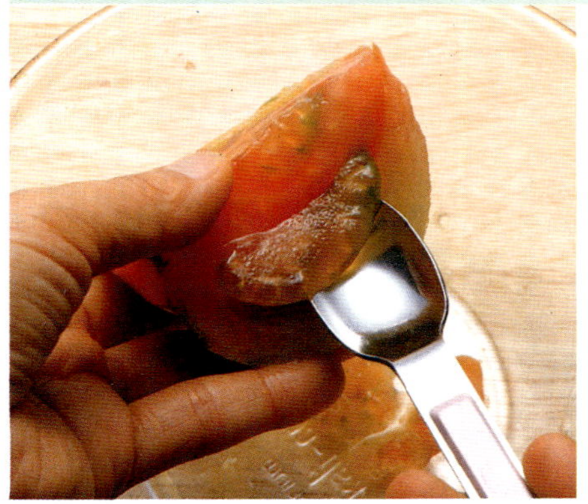

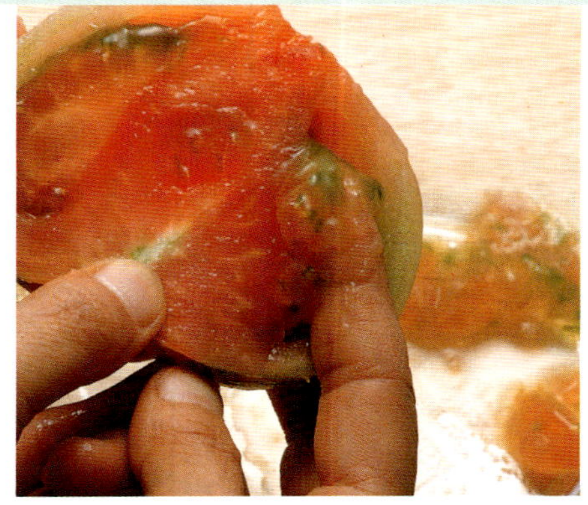

**1** **길게 등분해서** 썰었을 때는 작은 스푼으로 씨를 떠내면 깨끗하다.

**2** **토마토를 작은** 각 모양으로 썰어서 사용할 때는 반으로 잘라 손가락 끝으로 조심조심 씨를 긁어낸다.

**씨를 빼는** 가장 간단한 방법은 반으로 잘라 엎어 놓고 손으로 가볍게 눌러 짜는 것이다.

---



### 신선한 맛, 생토마토로 만든 토마토소스

**재료** 토마토 4개, 토마토페이스트 4큰술, 베이컨 50g, 셀러리 다진 것 4큰술, 당근 다진 것 2큰술, 양파 다진 것 4큰술, 다진 마늘 1큰술, 밀가루 2큰술,

버터 2큰술, 육수 4컵, 월계수잎 2장, 소금·후춧가루 조금씩

**만들기 ❶** 토마토는 끓는 물에 데쳐 껍질을 벗기고 씨를 빼낸 후 잘게 썰어 준비한다. **❷** 냄비에 버터를 넣어 녹으면 다진 마늘을 볶아 향을 낸 후 베이컨, 양파, 셀러리, 당근 다진 것을 분량대로 넣고 볶는다. **❸** 야채가 어느 정도 볶아지면 밀가루를 넣고 볶다가 토마토와 토마토페이스트를 넣고 볶는다. **❹** 잘 어우러지면 육수를 붓고 풀어준 후 월계수잎을 넣고 걸쭉해지도록 푹 끓인 후 소금, 후춧가루로 간을 하고 체에 한번 걸러 완성한다.

## 샐러드컵

**위 부분을** ⅓정도 잘라내고 내용물을 스푼으로 떠낸 후 샐러드를 만들어 담으면 1인분씩 서브하기 좋은 샐러드 컵이 된다.

# 잎채소

잎야채에는 색깔이 연한 양배추나 배추, 양상추가 있는가 하면 시금치, 부추, 쑥갓 등과 같이 녹색이
진한 잎야채가 있다. 대개 색깔이 진한 야채는 색깔이 변하지 않게 밑손질을 해야 하고 양배추, 배추 같이 잎을 떼어서
사용하거나 썰어서 사용하는 것들은 기본 손질 요령을 알면 쉽게 음식을 만들 수 있다. 음식 재료로 많이
이용되는 잎야채 중에서 미리 알아두어야 할 것들을 정리·소개한다.

## 시금치 색깔을 잘 살려 삶는 것이 포인트

### 시금치 삶기

시금치 같은 푸른잎 채소들은 잘 삶는 것이 중요하다. 푸른색을 선명하게 살리려면 높은 온도에서 재빨리 데쳐 내야 한다. 그러려면 우선 삶을 물은 넉넉히 붓고 끓여 온도가 내려가는 것을 막고, 또 반드시 물이 팔팔 끓을 때 넣고 뚜껑을 연 채 삶아야 한다. 삶는 물에 소금을 조금 넣으면 색깔이 더욱 선명해진다는 사실도 명심할 것.

또한 줄기가 잎에 비해 굵거나 억센 것은 줄기와 잎을 나누어 따로따로 데치거나 혹은 줄기부분부터 넣고 어느 정도 물러진 후에 잎부분을 넣어야 전체를 균일하게 익힐 수 있다. 물에서 꺼낸 후에도 남은 열로 어느 정도는 익으며, 또 물기를 짜면 조직이 물러지므로 그것까지 감안하여 살짝 데치도록 한다.

**1** 큰 냄비에 시금치가 푹 잠길 만큼 물을 넉넉히 붓고 팔팔 끓여 소금을 조금 넣는다.

**2** 시금치를 가지런히 모아 잎부분을 잡고 밑둥부분부터 넣어 삶는다. 줄기 쪽만 담근 채 한숨 쉬고 난 후 잎도 담근다.

**3** 바로 아래 위를 뒤집어 주어 뜨거운 열기가 골고루 닿게 해 준다.

**4** 오래 삶으면 잎이 뭉그러져서 맛이 없다. 한번 뒤집어 주고 난 후에 바로 찬물에 담가 남은 열을 재빨리 없앤다.

**5** 여러 번 찬물로 열기를 식힌 다음 건져서 물기를 꼭 짜 놓았다가 사용한다.

### 부추 삶기

**부추를 흐트러지지** 않게 데치려면 밑 부분을 실로 묶어 삶는다. 마찬가지로 줄기 부분부터 넣어 아주 잠깐 데쳐낸다.



## 야채 물기 짜는 요령

소금에 살짝 절이거나 혹은 데친 야채의 물기를 짜는 데도 여러 가지 방법이 있고 나름대로의 요령이 필요하다.

**손으로 눌러짜기** 굳이 물기를 꼭 짜지 않아도 되는 경우, 데친 야채의 물기를 짤 때 가장 많이 사용하는 방법이다. 마구 비틀어 짜면 다 물크러지므로 손을 둥글게 해서 가만히 눌러 짠다.

**김발 이용하기** 물기를 짠 후에도 야채가 가지런해지길 원한다면 김발을 이용하는 게 좋다. 김발 안에서 약간의 공간이 생겨 물크러지지도 않는다. 김밥 싸듯 데친 야채를 가지런히 놓고 돌돌 말아서 위에서부터 꼭꼭 눌러 짜 내린다.

**거즈에 싸서 짜기** 이 방법은 될 수 있는 한 물기를 꼭 짜야 하는 경우에 많이 쓰는 방법이다. 소금에 절인 야채 또는 물에 담가 불린 것 등, 수분이 많은 것을 꼭 짜서 하는 요리에 적합하다.

# 양배추 잎 중심의 두툼한 줄기는 도려내고 사용한다

## 손질하기

**1** **양배추를 재료로** 음식을 만들 때는 우선 칼끝으로 심 주변의 단단한 부분에 돌아가며 깊숙이 칼집을 넣어 도려낸다.

**2** **잎을 떼어** 사용할 때는 찢어지지 않게 겉잎에서부터 한장씩 벗겨서 쓴다.

**3** **잎 가운데에는** 두툼한 줄기가 한가닥 있는데 그 두툼한 줄기는 칼을 옆으로 뉘어 저며낸 다음 사용한다.

## 채썰기

**1** **두툼한 줄기를** 도려낸 양배추 잎을 두 장 정도 겹쳐서 돌돌 만다.

**2** **원하는 굵기로** 채썬다. 손가락 두번째 관절을 칼 뒤쪽에 대고 누르는 듯한 느낌으로 썬다.

**3** **많은 양을** 썰 때는 큼직하게 싹둑 잘라서 옆으로 엎어놓고 가늘게 썬다.

## 양상추 손질하기

**1** **양상추를 썰기** 위해 칼을 대면 칼 댄 부분이 쉽게 갈색으로 변하므로 손으로 쪼개거나 얌전히 한장씩 벗겨서 쓴다.

**2** **작게 잘라서** 사용할 때도 손으로 찢는다. 찢어서 물에 담가두면 싱싱해진다.

## 양배추 찌기

**양배추는 삶기보다는** 찌는 편이 더 맛있다. 찌는 사이에 여분의 수분과 떫은 맛도 없어지게 되고 영양 손실도 적다.

## 네모 썰기

**1** **떼어낸 잎을** 번갈아 겹쳐 놓고 3cm 폭으로 자른 다음 가늘고 길게 썬다.

**2** **옆으로 길게** 썬 잎을 여러 겹 겹쳐 놓고 다시 3cm 폭으로 썰면 사각의 모양이 된다.

## 배추 손질하기

**칼을 약간** 옆으로 눕혀서 두꺼운 줄기는 긁어내듯 저미듯이 비스듬히 썬다.

# 뿌리채소



무나 당근, 감자, 연근, 우엉, 참마 등은 뿌리를 먹는 가장 대표적인 채소들이다.
조직이 비교적 단단하기 때문에 오래 익히거나 조림반찬에 많이 이용되는데 무와 당근은 썰기, 감자나 우엉,
연근 등은 색깔이 변하지 않게 손질하는 법이 중요하다. 각 재료의
맞는 손질 포인트를 선정하여 소개한다.

## 무  오래 끓일 때는 모서리를 둥글게 깎아 부서지지 않게 하고 칼집을 넣는다

### 굵은 채썰기

### 무 손질 포인트

무는 크고 묵직해서 통째로 들고 손질하려면 무척 힘들다. 적당한 크기로 토막낸 후에 껍질을 벗기고 원하는 모양대로 쓰는 것이 요령이다. 채썰기를 어려워하는 주부들은 다음과 같은 순서대로만 하면 프로 못지 않은 솜씨를 발휘할 수 있다.

**1** 보통의 채썰기보다 약간 굵게 채썰려면 우선 무를 적당한 길이로 토막낸다.

**2** 토막낸 무를 왼손으로 감싸듯 들고 돌리면서 칼을 움직여 껍질을 벗겨 나간다.

**3** 측면의 일부를 잘라 편평하게 하여 도마 위에 세우면 움직이지 않아 썰기 쉽다.

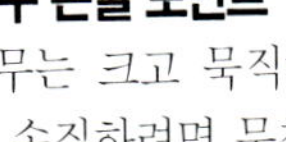

**4** 왼손으로 무를 꼭 잡고 칼을 수직으로 놓고 잘라야 두께가 균일하게 된다.

**5** 0.2cm 두께로 썬 무를 조금씩 어긋나게 가지런히 해서 길게 늘어 놓는다.

**6** 섬유질 방향을 따라 끝에서부터 칼날을 수직으로 내려야 채가 고르게 썰어진다.

### 길게 채썰기

**1** 적당한 길이로 토막내 약간 두껍게 껍질을 벗긴다. 왼손에 쥐고 돌리면서 벗긴다.

**2** 왼손 엄지손가락으로 무를 누르듯이 오른쪽으로 돌리고 칼을 아래 위로 움직인다.

**3** 얇게 돌려깎기하여 벗긴 무를 돌돌 만다. 끊어진 것은 두세 장씩 겹쳐서 만든다.

**4** 끝에서부터 가늘게 썰어 찬물에 담가 두었다가 빳빳해지면 건져서 물기를 뺀다.

### 반달 썰기

**무를 처음부터** 길이로 반 갈라 엎어 놓고 끝에서부터 적당한 두께로 썬다. 이렇게 하면 보다 쉽게 균일한 반달 모양으로 썰 수 있다.

### 은행잎 썰기

**반달썰기한 것을** 다시 절반으로 썰어 은행잎 모양을 낸다. 반달 썰기처럼 길게 반 자른 다음, 다시 길게 반 갈라 끝에서부터 썰면 간단하다.

### 칼집 넣기

**특히 조림에** 많이 사용하는 방법이다. 무 두께의 절반 정도 되는 깊이까지 열십자로 칼집을 넣으면 빨리 익고, 간도 잘 밴다.

### 모서리 깎기

**모서리가 각지면** 서로 부딪혀서 부서져 음식이 지저분해진다. 따라서 오래 끓일 때는 모서리를 둥글게 다듬어 사용한다.

# 감자 자르고 나서 껍질을 벗기는 편이 간단하고 깨끗하다

### 껍질 벗기기

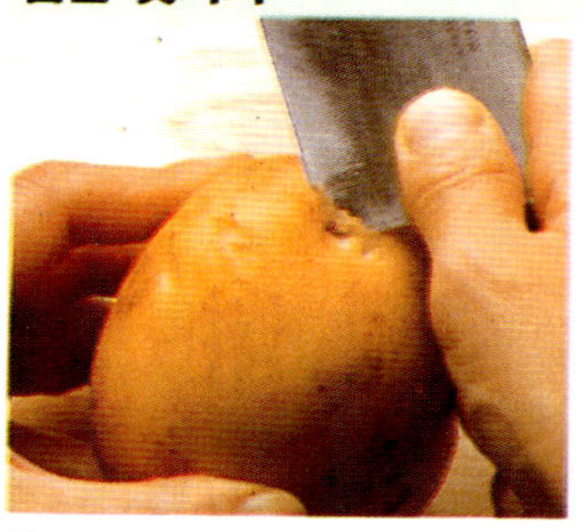

**1** **상처난 부분이나** 눈은 칼의 밑둥을 사용해서 먼저 제거해 둔다.

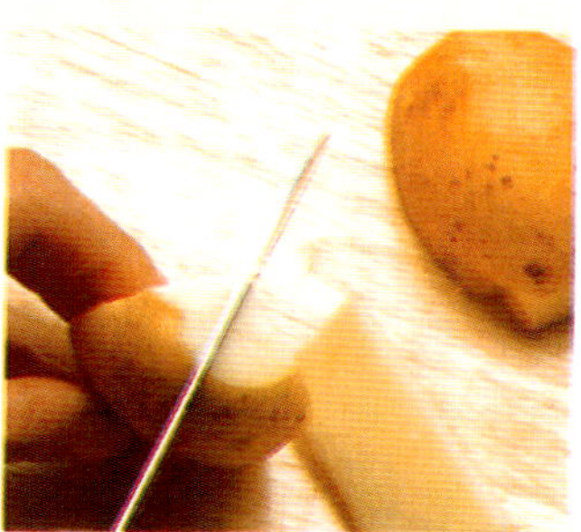

**2** **큰 감자는** 적당한 크기로 자른 다음에 껍질을 벗긴다.

### 전분 없애기

**1** **채썬 감자를** 물에 담가두면 금방 물이 뿌옇게 되는데 이것은 전분이 우러났기 때문이다. 특히 감자볶음을 할 때는 전분을 씻어내야 질척거리지 않는다.

**2** **뿌옇게 된** 물은 따라 버리고 다시 한번 가볍게 씻은 후 체에 밭쳐 물기를 빼고 마른 행주나 키친 타월로 남은 물기를 말끔히 닦은 후 튀김이나 볶음요리에 이용한다.

# 토란 미끈거리는 것을 없애는 것이 중요하다

### 손질하기

**1** **수세미로 문질러서** 흙을 털어버린 후, 물기를 닦고 아래 위를 자른 후, 뾰족한 쪽이 위로 오게 해서 육면이 되게 껍질을 벗긴다.

**2** **껍질 벗긴** 토란은 찬물에 담가 검게 변하는 것을 막고 하나씩 정성스럽게 닦아 미끈거리는 것을 없앤다.

**3** **쌀뜨물에 식초를** 조금 넣고 그 물에 삶으면 미끈거리는 것도 없고 하얗게 삶아진다. 대꼬치가 쑥 들어갈 정도면 다 익은 것.

## 감자 손질 포인트

울퉁불퉁해서 껍질 벗기기가 어렵거나 묵은 감자라 껍질이 벗겨지지 않을 때, 감자를 통째로 써야 할 경우가 아니라면 적당히 썬 다음에 껍질을 벗기는 편이 낫다. 혹은 통째로 벗길 때는 필러를 이용하는 게 간편하다.

또한 감자 싹에는 솔라닌이라는 유독물질이 있으므로 싹이 생기는 감자 눈은 반드시 도려내도록.

## 토란 손질 포인트

토란은 미끈미끈해서 껍질 벗기기가 어렵다. 위 아래를 잘라내고 길이로 육면체 모양으로 벗기면 모양도 좋고 벗기기도 쉽다. 또 단면적이 넓어져 간도 잘 밴다. 씻을 때는 하나씩 꼼꼼하게 닦아 미끈거리는 것을 없애고 쌀뜨물에 삶는 것도 좋은 방법이다.

## 참마 손질 포인트

건강식품으로 인기 있는 뿌리채소 중의 하나다. 주로 생식을 하지만 떫은 맛이 강하므로 껍질은 조금 두껍게 벗기고 썬 다음에는 곧 식촛물에 담가 변색을 방지한다. 갈아서 죽을 쑬 때는 분마기에 갈면 편하다.

# 참마 미끈미끈한 점성이 있으므로 빠르게 썬다

### 채썰기

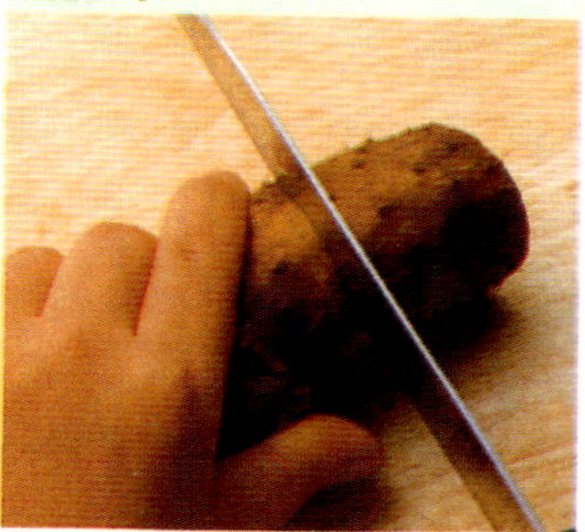

**1** **참마는 굵고** 길며 흙이 묻어 있으므로 껍질째 씻어서 4~5cm 길이로 토막낸다.

**2** **껍질을 벗길 때는** 왼손에 잡은 참마를 돌려 가면서 약간 두껍게 벗긴다.

**3** **껍질을 다** 벗겼으면 썰기 전에 겉을 마른 행주로 닦아 미끌거리는 느낌을 없앤다.

**4** **측면을 조금** 잘라 표면을 다듬은 다음에 약 0.2cm 두께로 썬다.

**5** **조금씩 어긋나게** 가지런히 늘어놓고 끝에서부터 0.1~0.2cm 폭으로 채썬다.

# 당근 써는 방법을 다양하게 활용해서 장식효과를 높인다

## 껍질 벗기기

**필러를 이용하는** 것이 가장 좋다. 칼로 벗기면 너무 두껍게 벗겨지고 또 칼로 긁어내듯 벗기면 표면이 매끄럽지 못하다.

## 솔잎 썰기

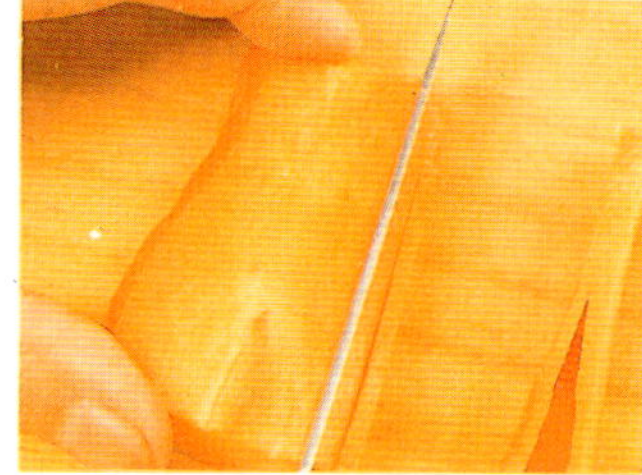

**1** **얇게 직사각형으로** 썰어 끝은 조금 남겨 두고 가늘고 길게 칼집 한번 넣고 그 다음 엔 같은 폭으로 자른다.

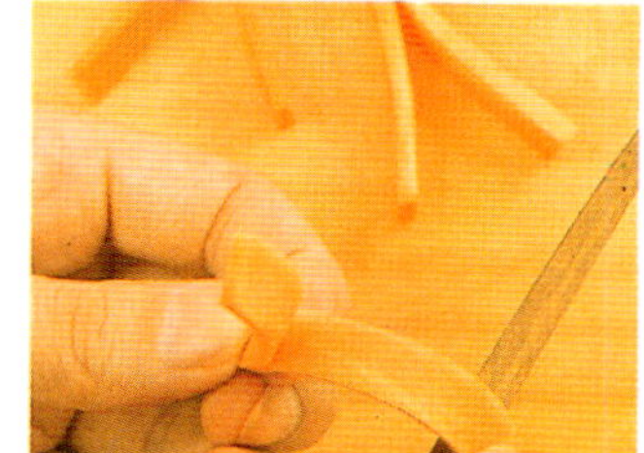

**2** **길게 자른** 당근을 왼손에 쥐고 칼등을 이 용해 바깥쪽으로 휘어지게 말아 펼치면, 칼등으로 말았던 부분이 자연스럽게 휘어진다.

## 당근 손질 포인트

당근을 주재료로 만드는 음식은 특별하게 까다로운 것은 없다. 중요한 것은 써는 방법이다. 여러 가지 모양썰기를 잘 바워 두면 장식성이 강해 어떠한 음식도 한층 더 돋보이게 할 수 있다.

## 막대 모양, 주사위 모양 썰기

**1** **껍질 벗긴** 당근을 4~5cm 길이로 토막낸 후 0.5~1cm 폭으로 썬다.

**2** **자른 면이** 아래에 오도록 해놓고 마찬가 지로 0.5~1cm 폭으로 썬다.

**3** **막대 모양으로** 썬 것을 다시 0.5~1cm 폭 으로 썰면 주사위 모양이 된다.

## 모양틀로 찍어내기

**모양 썰기를** 쉽게 하는 방법은 원하는 두께로 둥글게 썬 다음 모양틀로 찍어내는 것이다.

## 다이아몬드형으로 다듬기

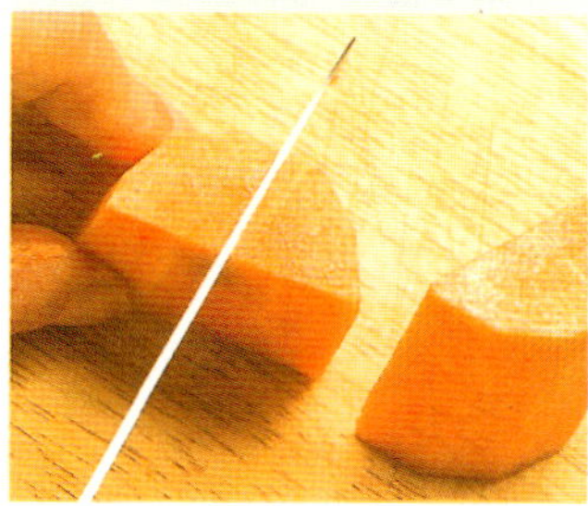

**1** 5cm 길이로 토막낸 후 다시 3등분으로 자른다.

**2** **각진 모서리를** 조금씩 둥글게 깎아 낸다. 가운데는 통통하게 양끝은 가늘게 한다.

## 장미꽃 모양 내기

**1** **왼손에** 당근을 쥐고 밑둥에서부터 얇게 돌려 깎아 3~4바퀴쯤 돌린다.

**2** **얇게 벗긴** 당근 살을 오므려 장미꽃 모양 으로 만든다.

## 꽃모양 썰기

**1** **적당한 길이로** 잘라 둥근 면에 4등분, 6등 분이 되도록 얇게 칼끝으로 선을 긋는다.

**2** **칼집을 넣어** 등분한 선마다 중앙에 길이 로 0.5cm 정도 길이의 칼집을 넣는다.

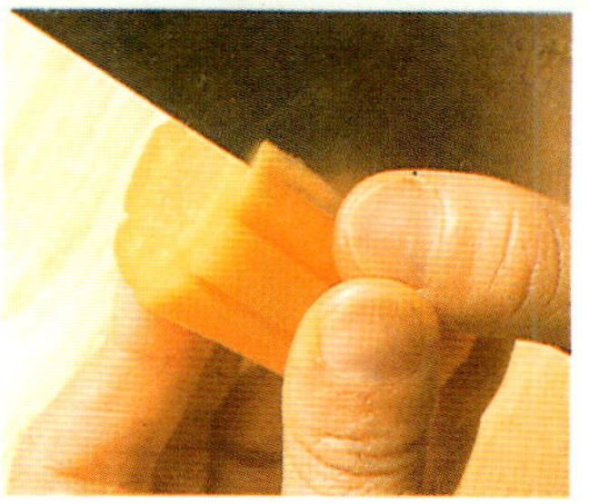

**3** **오른쪽 각에서부터** 칼집이 있는 부분까지 를 얇게 벗겨 고르게 다듬는다.

**4** **모서리를** 둥글게 다듬은 후 적당한 두께 로 자른다.

## 삼각형 썰기

**1** **솔잎 썰기와** 비슷한 방법. 얇게 직사각형 으로 썰어 끝을 조금 남기고 칼집을 넣고 반대로 또 칼집을 넣은 후 같은 폭으로 자른다.

**2** **양끝에 갈라진** 당근을 쥐고 가운데를 향 해 살며시 비틀어 주면 사진과 같은 삼각 형 모양이 된다.

## 부채썰기

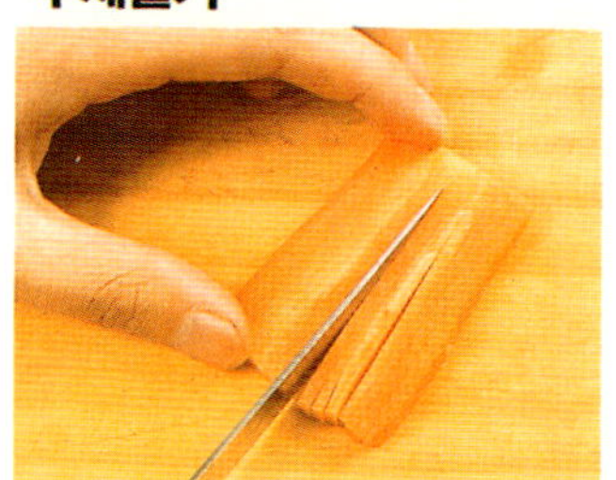

**1** **얇게 직사각형으로** 썰어 끝을 1cm쯤 남 겨 두고 가늘게 칼집을 넣는다. 칼집의 간격은 똑같게 한다.

**2** 5~6번쯤 칼집을 넣은 뒤 자른다. 부채 살의 수는 음식에 맞게 조절하면 된다. 끝을 눌러 펼치면 부채 모양이 된다.

# 우엉 껍질은 벗기지 말고 칼등으로 가볍게 긁어낸다

## 껍질 벗기기

**1** 우엉 특유의 맛은 껍질 쪽에 있으므로 수세미나 솔로 문질러 씻어도 충분하다.

**2** 칼을 이용할 때는 칼날보다는 조금 무딘 칼등으로 가볍게 긁어내는 정도로 한다.

## 얇게 비져 썰기

**1** 껍질을 벗긴 우엉은 미리 길이로 4~5개 칼집을 넣는다.

**2** 왼손으로 우엉을 돌리면서 칼끝으로 연필을 깎는 것처럼 얇게 쳐 낸다.

## 채썰기

**1** 5~6cm 길이로 토막낸 다음 다시 길게 0.2~0.3cm 두께로 얇게 썬다.

**2** 얇게 편으로 썬 우엉을 일정한 굵기로 채썬다. 우엉조림에 자주 이용되는 방법.

## 토막내기

**단면이 넓어지게** 썰어야 잘 익고 간도 잘 밴다. 우엉을 옆으로 놓고 빙글빙글 돌리면서 적당한 길이가 되게 어슷하게 썬다.

## 식촛물에 담그기

**일단 껍질을** 벗긴 우엉은 쉽게 갈변하므로 바로 물에 담가둔다. 이때 식초를 조금 넣으면 색깔이 선명해지고 아린 맛도 적당히 제거된다.

# 연근 칼로 껍질을 벗겨서 사용한다

## 껍질 벗기기

**1** 흐르는 물에 깨끗이 씻은 다음 먼저 꼭지처럼 보이는 끝 부분을 잘라낸다.

**2** 연근은 우엉에 비하면 껍질이 두꺼운 편이다. 칼로 껍질을 길게 벗겨낸다.

## 삶기

**우엉이나 연근은** 조리 전 끓는 물에 식초를 한 방울 넣으면 색깔이 보다 하얗게 된다.

## 모양 썰기

**1** 연근 썰기의 가장 보편적인 방법. 우선 0.3cm 두께로 둥글게 썬다.

**2** 홈 모양대로 동그랗게 돌려 깎아 동글동글한 꽃잎 모양으로 만든다.

**3** 완성된 모양 연근 초절이를 할 때 이 모양으로 하면 예쁘다.

# 향미채소

음식의 주재료는 아니지만 독특한 향을 지니고 있어 음식의 풍미를 더해주고,
생선·고기 등의 냄새를 없애주며, 식욕을 돋우어주는 향미 채소. 이들 양념의 기본 손질은 썰기다. 국, 찌개,
나물, 볶음 등 음식 종류에 따라 그에 어울리는 모양으로 썰도록. 특히 파와 양파는 다지기와
채썰기를 잘 하기 위해선 요령이 필요하다.

## 파 음식에 따라 써는 법을 달리한다

### 파 다지기

**1** 먼저 파뿌리에 묻은 흙을 털어내고 껍질을 벗긴 후 깨끗이 씻는다.

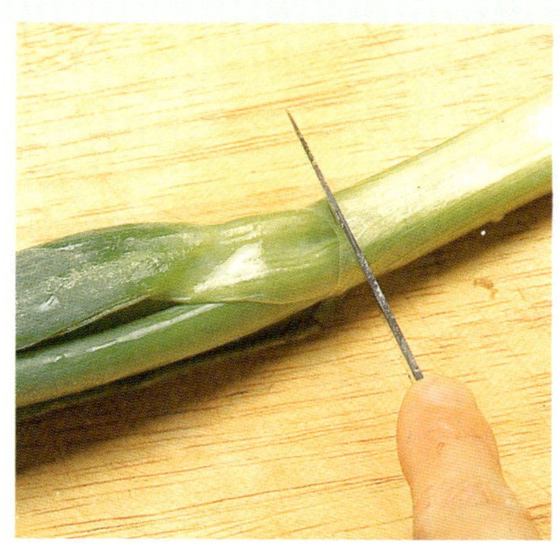

**2** 뿌리 끝을 잘라내고 줄기와 잎의 경계 부분을 자른다.

**3** 파의 흰 부분에 길게 칼집을 여러 번 넣는다.

**4** 왼손으로 칼집 넣은 부분을 잡고 일정한 두께로 잘게 썰어 나간다.

### 어슷썰기

조림, 볶음, 찌개 등에 보편적으로 사용된다. 칼을 비스듬히 눕혀 큼직하게 썰 때는 길게, 작게 썰 때는 각도를 세워 어슷썬다.

### 통썰기

5cm 길이로 자른 다음 둘째 손가락으로 가운데 부분을 밀어내어 원통 모양으로 만든다. 육개장이나 팟국을 끓일 때 사용 한다.

### 채썰기

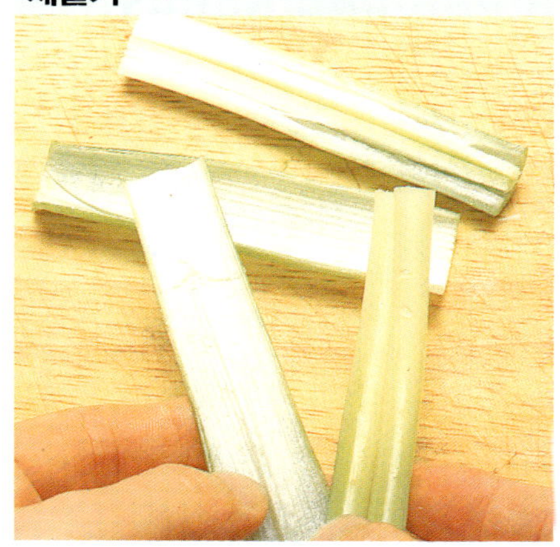

**1** 5cm 길이로 자른 후 다시 길이로 반 갈라 심을 빼고 한 겹씩 떼어 놓는다.

**2** 한 장씩 놓고 가늘게 채썬다.

### 굽기

꼬치 구이에 주로 이용되는 방법. 잎 위쪽 부분만 준비해 꼬치에 끼워 꺼뭇꺼뭇해지게 불 위에서 직접 굽는다.

# 양파 다지기, 채썰기, 링썰기 등 용도에 따라 써는 법을 달리한다

## 다지기

**1** **양파를 길이로** 반 잘라 자른 면이 아래로 오도록 엎어 놓고 끝을 조금만 남기고 촘촘하게 칼집을 넣는다.

**2** **옆으로도 끝쪽** ⅔부분까지만 칼집을 넣는다. 양파가 큰 경우, 잘게 다지고 싶을 때는 2~3단 정도 칼집을 넣는다.

### 양파 손질 포인트

양파 썰기에서 가장 어려운 것은 다지기. 무턱대고 채썰어서 다지려고 하면 크기도 일정하지 않고 시간도 오래 걸리며 눈이 매워 눈물만 쏟게 된다. 단번에, 깔끔하게 다지는 비결을 잘 배워 두자.

**3** **흐트러지지 않도록** 손으로 꼭 잡고 칼집을 넣은 끝에서부터 잘게 썬다.

**4** **⅔부분까지** 썰고 나면 남은 부분에 다시 한 번 세로로 칼집을 넣는다.

**5** **그 상태에서** 칼집과 반대 방향이 되게 해서 잘게 썬다.

## 채썰기

**1** **양파를 길게** 반으로 자른 다음 도마에 엎어 놓고 뿌리 쪽 끝부분을 잘라낸다.

**2** **한번 더** 반으로 자른 다음 한 잎씩 가닥가닥 떼어 놓는다.

**3** **한 장씩 놓고** 채썬다. 이렇게 하면 조금 번거롭긴 해도 일정한 크기로 얌전하게 썰어진다.

## 큼직하게 썰기

**큼직하게 썰** 때 자주 이용되는 방법이다. 채썰 때처럼 양파를 길게 4등분하여 하나씩 가닥가닥 뗀 다음 반으로 큼직하게 썬다.

## 링썰기

**껍질만 벗긴** 양파를 통째로 놓고 끝부분만 조금 잘라낸 후 그대로 둥글게 썰어 하나씩 빼 놓는다.

## 커터기로 다지기

**많은 양을** 다질 때는 숭덩숭덩 썰어서 커터기나 만능조리기에 넣고 갈면 눈도 맵지 않고 쉽게 다질 수 있다.

# 서양채소

식생활이 서구화되면서 서양채소들의 사용도 부쩍 늘었다. 가장 즐겨 먹는
것은 컬리플라워와 브로콜리, 셀러리, 파슬리 등. 브로콜리와 컬리플라워는 익혀 먹는 조리법이 많으므로
삶거나 볶는 등의 손질법을 알아둘 필요가 있고, 또 셀러리나 파슬리는 독특한 향미가 있어
생으로 먹거나 고명으로도 많이 쓰이므로 썰기를 중점적으로 소개한다.

## 컬리플라워·브로콜리 작은 송이로 나누어서 조리한다

### 컬리플라워 손질하기

**1** 흰색의 꽃송이가 녹색 잎에 싸여 있다. 잎이 달린 부분에 칼을 넣어서 녹색 잎을 떼내고 칼끝으로 심을 도려낸다.

**2** 나누어진 컬리플라워 송이의 밑둥에 가볍게 칼집을 넣는다. 이것은 나중에 손으로 찢기 쉽게 하기 위해서다.

**3** 칼집을 넣은 부분부터 손으로 찢어 잘게 나눈다. 원하는 크기가 될 때까지 같은 요령으로 반복한다.

#### 삶기

**뜨거운 물에** 보다 하얗게 하고 싶을 때는 식초와 밀가루를 조금 넣는다. 밀가루는 빨리 익혀 주는 효과도 있다.

### 컬리플라워·브로콜리 손질 포인트

분류를 한다면 컬리플라워나 브로콜리는 꽃 부분을 먹는 화채류에 속하는 야채다. 식생활 패턴이 조금씩 바뀌면서 젊은 세대들을 중심으로 이들 야채류의 사용도 많이 늘고 있고 또 요즘엔 구하기도 쉽다. 이들 야채의 손질법을 잘 배워 두어 샐러드나 볶음, 그라탱 등의 요리에 적극 활용해 보자.

특히 컬리플라워는 떫은 맛이 강하므로 조리할 때는 일단 삶아서 떫은 맛을 제거한 다음에 사용한다. 끓는물에 식초와 소금 또는 밀가루를 조금 넣고 삶는데 젓가락으로 찔러보아 살짝 들어갈 정도가 되면 건져서 찬물에 담근다.

컬리플라워에는 비타민 외에 단백질도 함유되어 있으며 브로콜리는 특히 비타민 A와 C가 풍부하다.

---

**꼭 알아두자**

#### 컬리플라워·브로콜리 냉동보관법

신선할 때 바로 쓰면 가장 좋지만 불가피하게 남았을 때는 살짝 데쳐서 냉동보관해 두면 좀 더 오랫동안 보관할 수 있다.

컬리플라워나 브로콜리의 줄기를 작게 나누어 자른 후 약간 질기다 싶을 정도로 살짝 데쳐서 물기를 뺀 후 밀봉하여 냉동보관한다.

해동할 때는 열탕에서 반 해동시켜 사용하고 스튜나 볶음을 할 때는 냉동된 상태 그대로 조리한다.

---

### 브로콜리 손질하기

**1** 브로콜리의 줄기 끝 부분은 단단하므로 잘라낸다.

**2** 작은 송이로 나눌 때는 칼끝으로 한 줄기씩 잘라낸다. 손으로 만져 보아 부드러운 줄기까지만 사용한다.

**3** 큰 송이째 사용할 때는 줄기 밑둥에 열십자로 깊게 칼집을 넣어서 줄기를 갈라 놓는다.

**삶기**

**1** **많은 양의** 뜨거운 물에 재빨리 삶는 것이 포인트. 소금을 넣고 삶아야 영양분의 손실도 적고 색깔도 선명하다.

**2** **삶은 후에는** 재빨리 찬물에 담가 식힌 후 체에 밭쳐 물기를 빼고 요리에 사용한다.

**볶기**

**볶음이나 그라탱** 요리를 할 때는 일단 밑 삶기를 한 다음, 재빨리 속까지 익히도록 하고, 다 볶은 후에 간을 맞추는 것이 좋다.

# 셀러리 겉면의 섬유질을 제거해야 연하다

## 손질하기

**1** **겹겹이 붙어** 있는 줄기를 하나씩 떼어 잎 부분을 잘라낸다.

**2** **줄기 끝은** 꽤 단단하므로 조금 잘라낸다. 줄기 끝에 칼을 대고 잡아당기듯 하여 실처럼 가는 섬유질을 벗겨 낸다.

## 셀러리 손질 포인트

셀러리는 줄기 부분만 먹는 채소다. 잎이 달린 부분은 잘라내는데 그냥 버리지 말고 연한 잎은 따서 장식으로 이용해 본다.

## 썰기

**1** **셀러리 썰기의** 가장 기본적인 방법. 조금 크게 썰려면 약간 어슷하게, 작고 둥글게 썰 때는 그냥 똑바로 썬다.

**2** **스틱 샐러드에** 이용할 때는 다른 야채들과 길이를 맞추어 적당한 길이로 자른다.

**3** **굵은 것은** 다시 길게 2~3등분한다. 채썰 때는 같은 방법으로 계속해서 가늘게 썰면 된다.

# 파슬리 가루 만들기가 기본 손질법이다

## 파슬리 다지기

**1** **줄기 끝에** 달린 송아리만 손으로 하나씩 떼어 놓는다.

**2** **칼을 똑바로** 세워 다진다. 가능한한 잎의 형체가 보이지 않게 다져야 가루가 곱다.

**3** **깨끗한 면** 행주에 싸서 물에 담근 채 흔들어 씻는다.

**4** **행주에 싼** 채 물기를 꼭 짜면 보슬보슬한 파슬리 가루가 된다.

# 산채 손질하기의 기본 테크닉

산이나 들에서 나는 냉이, 달래, 고사리, 더덕, 두릅, 버섯류 등을 산채라 한다. 이 재료들은 고유의 항을 살리기 위해 날로 무쳐 먹기도
하며 데치거나 삶아서 무쳐 먹거나 찌개나 국에 넣어 먹기도 한다. 또한 조리를 하기 전에 썰거나 찢어서 준비하기도 하며
쓴맛을 우려내어 사용하기도 한다. 양념을 할 때는 조물조물 주물러야 하는 것들도 있고
슬쩍슬쩍 털어가며 무쳐야 되는 것들도 있다. 우리 식탁에 자주 오르는 재료만 선정하여 소개한다.

## 냉이 깨끗이 씻는 것이 포인트이므로 그 요령을 익혀 둔다.

### 손질하기

**1** 누렇게 된 잎, 까맣게 된 잎, 억센 잎 등 지저분한 것을 떼낸다.

**2** 뿌리에 붙은 지저분한 것들은 칼로 깨끗이 긁어낸다. 잎과의 경계에 흙이 많이 끼어 있으므로 깨끗이 털어낸다.

**3** 아무리 꼼꼼하게 손질한다 해도 흙이 끼어 있을 수 있으므로 한꺼번에 씻지 말고 하나씩 정성들여 씻는다. 흙이 나오지 않을 때까지 흐르는 물에 3~4번 헹구도록.

#### 냉이 손질 포인트

미각을 자극하는 봄나물로 이른 봄에 들에 나가면 논두렁 밭두렁에 많이 돋아나 있다. 이 것을 캐다가 흙과 잡티를 깨끗이 털어내고 흐르는 물에 말갛게 씻은 뒤 살짝 데쳐서 초고추장에 무쳐 먹어도 좋고 쌀뜨물에 된장을 풀어 국을 끓이거나 된장찌개에 넣어 항미를 살리는 것도 제격이다.

요즘은 온실 재배가 가능해 1년내내 시중에서 구할 수 있으므로 잎이 연하고 싱싱한 것을 골라 음식에 이용해 보자. 뿌리가 너무 굵고 잎이 누렇게 변한 것은 피하도록.



### 삶기

**1** 뿌리 쪽은 섬유질이 더 질기므로 뿌리부터 넣는다. 푸른 잎의 색을 선명하게 하려면 끓는물에 소금을 조금 넣는다.

**2** 뿌리와 잎은 익는 속도가 다르므로 아예 잘라서 따로 삶아내는 것도 좋은 방법이다. 음식도 한층 정갈하게 보인다.

**3** 씹히는 맛을 즐길 수 있을 만큼만 삶아 곧바로 찬물에 헹구어 물기를 꼭 짠다.

# 달래 얇은 껍질은 벗겨내고 흙이 남지 않도록 깨끗이 씻는다

## 손질하기

**1** 쪽파 다듬듯이 껍질을 벗긴다. 둥근 뿌리 부분을 감싸고 있는 겉껍질을 한겹 벗긴다.

**2** 달래의 매운 듯한 맛은 뿌리 부분에서 느껴지는 것이다. 특히 둥근 뿌리가 너무 큰 것은 씹을 때 매운맛이 강하므로 익히지 않고 생채로 무쳐서 먹을 때는 칼등으로 두들겨 준다.

**3** 달래는 실 같은 수염뿌리까지도 모두 먹을 수 있다. 잘라버리지 말고 똑같이 등분해서 쓴다. 보통 4~5cm 길이로 자르면 적당하다.

# 더덕 칼등이나 방망이로 두들겨 살을 부드럽게 편다

## 손질하기

**1** 껍질 벗긴 더덕은 소금물에 담가 두어 쓴맛을 적당히 우려낸다.

**2** 굵은 것은 통으로 두들기면 살을 펴기가 힘들다. 굵기에 따라 2~3등분으로 길게 가른다.

**3** 바로 방망이로 두들기면 더덕이 갈라지기 쉽다. 행주에 싸서 하면 좋다.

**4** 세게 두들기면 갈라지고 부서진다. 살살, 자근자근 두들겨서 부드럽게 펴지게 한다.

**5** 더덕의 살을 펴는 또 한 가지 방법은 밀기. 방망이로 두들기는 대신 아래 위로 굴려가며 전체적으로 넓게 편다.

**6** 양념구이용으로 손질된 더덕. 생채를 할 때는 이것을 가늘게 찢어서 무친다.

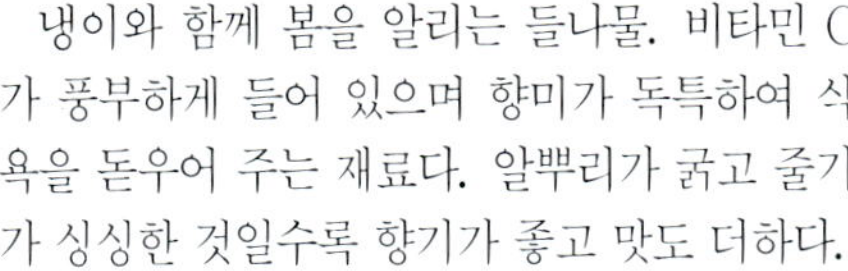

### 달래 손질 포인트

냉이와 함께 봄을 알리는 들나물. 비타민 C가 풍부하게 들어 있으며 향미가 독특하여 식욕을 돋우어 주는 재료다. 알뿌리가 굵고 줄기가 싱싱한 것일수록 향기가 좋고 맛도 더하다.

날것인 채로 새콤하게 무쳐 먹기도 하지만 된장찌개에 넣어 끓여도 구수하고 향기롭다.

달래는 잎이 가늘고 길쭉길쭉하여 사이사이에 잡풀이 섞일 염려가 많다. 날로 먹는 경우도 많으므로 씻기를 철저히 하도록. 사용하고 남은 달래는 물을 뿌려서 신문지에 싼 다음 냉장고에 보관한다.

### 더덕 손질 포인트

껍질을 벗기지 않은 것을 구입했을 때는 흙을 털어내고 씻은 후 껍질을 옆으로 돌려가며 벗긴다. 소금물에 담가 쓴맛을 적당히 우려낸 후 반 갈라 펴서 살을 부드럽게 한 후 무침이나 구이, 튀김 등에 이용한다.



## 뿌리채소의 손질요령

더덕, 도라지 등의 뿌리채소는 독특한 향취와 쌉쌀한 맛이 특징이다. 상한 곳이 없고 모양이 쪽 뻗어 고른 것이 손질하기도 편하고 맛도 좋다. 조리하기 전에 물에 담그어 쓴맛을 우려내는 것이 손질의 기본. 연한 뿌리일수록 쓴맛도 덜하다. 다 자라서 뿌리가 굵어지면 여러 날 우려내야 쓴맛이 빠진다. 껍질을 깨끗이 벗긴 뒤 물에 담가두면 된다. 뿌리를 잘게 쪼갠 다음 소금물에 데치거나 굵은 소금을 뿌리고 바락바락 주물러 씻은 후 물에 담그어 두면 쓴맛을 더 빨리 뺄 수 있다.

연근이나 우엉 등은 껍질을 벗기면 갈색으로 변하므로 식촛물에 담가두는 것이 좋다. 색도 하얗게 살아나고 아린 맛도 쉽게 빠진다.

# 아욱 풋내를 없애 주는 것이 제일 중요하다

## 손질하기

**1** 줄기 끝을 꺾어서 아래로 쭉 잡아당겨 가는 솜유질을 한겹 벗겨낸다. 그래야 질기지 않다.

**2** 푸른 물이 나오도록 박박 문질러 씻은 후 맑은 물에 헹군다. 그래야 풋내가 나지 않는다.

### 아욱 손질 포인트

우리나라에만 있는 들야채로 습기가 많은 곳에서 잘 자란다.

줄기가 연하고 잎이 부드러워 국을 끓이거나 죽을 쑤고 또 쌈싸 먹어도 맛있다. 봄부터 가을까지 맛볼 수 있는 데 특히 가을 아욱이 맛있다.

아욱은 음식을 만들기 전에 풋내를 없애주는 것이 포인트다. 껍질을 벗겨서 잘 손질한 후 바락바락 주물러 씻어 푸른 물을 빼야 한다. 맑은 물이 나올 때까지 씻은 후에 사용하도록.

# 고사리 생것이든 말린 것이든 뻣뻣한 줄기는 잘라낸다

## 손질하기

**1** 손으로 만져 보아 줄기 끝의 억센 부분은 잘라낸다.

**2** 금방 먹을 것은 신문지에 싸두든지 또는 데쳐서 물에 담근 채로 냉장고에 넣어 둔다.

### 고사리 손질 포인트

햇볕이 잘 드는 풀숲에서 자라는데 영양도 좋고 맛도 좋다.

날로 이용할 때는 고사리를 잘 다듬어서 염도 18° 정도의 소금물에 담가 소금기를 뺀 다음 무치거나 볶고, 말린 고사리를 이용할 때는 따뜻한 물에 하룻밤 정도 담갔다가 끓는 물에 삶아낸 후 찬물에 담가 놓았다 사용한다.

생것이든 말린 것이든 뻣뻣한 것은 골라 버리고 먹기 좋게 썰도록.

금방 먹을 것은 젖은 신문지에 싸두든지 데쳐서 물에 담근 채 냉장고에 넣어두고 양이 많을 때는 데쳐서 햇볕에 말려두었다가 사용한다.

# 두릅 끓는 물에 살짝 데쳐서 조리한다

## 손질하기

**1** 밑둥을 감싸고 있는 단단한 나무껍질 같은 것을 잘라낸다.

**2** 밑둥이 굵은 것은 2~4등분으로 쪼개 크기를 일정하게 한 후에 데치거나 조리해야 고르게 익는다.

### 두릅 손질 포인트

초봄에 두릅나무 가지 끝에 돋아나는 어린 순을 따먹는 것인데 두릅 싹은 짧고 굵으며 뭉특해야 부드럽고 맛있다.

전혀 손질되지 않은 두릅은 끝에 나뭇가지 같은 것이 붙어 있으므로 그것을 잘라내고 밑둥을 감싸고 있는 나무껍질 같은 것도 모두 떼낸다.

보통은 데쳐서 초고추장을 찍어 먹거나 튀김, 두릅적 등을 만들어 먹는데 데칠 때는 밑둥 부분에 열십자로 칼집을 깊게 넣어 열이 고르게, 빨리 전달되어 익게 한다.

# 버섯류 손질하기의 기본 테크닉

특유의 향과 감칠맛을 지녀 누구나 즐겨 먹는 버섯. 비교적 널리 알려진 것이 송이, 표고, 느타리, 싸리, 목이,
석이버섯 등인데, 자생하는 천연 송이는 귀하고 값이 비싸 재배하는 양송이, 느타리, 표고버섯이 주로 이용된다.
육질이 잘 부서지므로 조심해서 다루어야 하며 버섯 종류에 따라 엷은 소금물에 데쳐 아린맛을
우려 낸 후 사용하는 것도 있으므로 밑손질 요령을 잘 익혀 두도록 하자.

## 느타리버섯 살짝 데쳐서 조리해야 쫄깃하다

### 손질하기

**1** 팔팔 끓는 물에 소금을 조금 넣고 살짝 데친다.

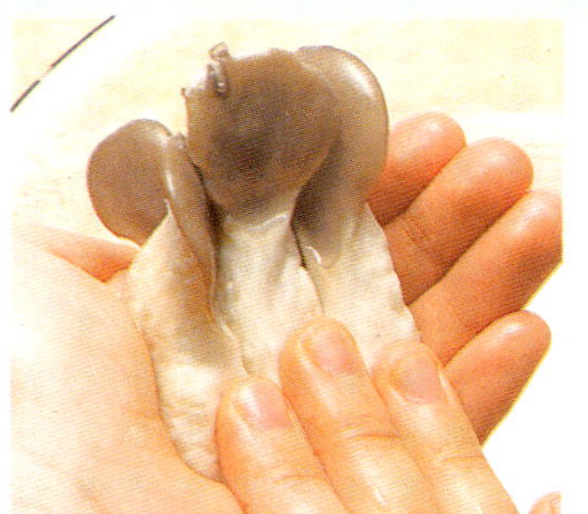

**2** 버섯 모양을 그대로 살려 굽거나 또는 전을 부칠 때는 손바닥 위에 가지런히 놓고 마른 수건으로 살살 눌러 물기를 거둔다.

**3** 생 버섯을 찢으면 부서지기 쉽다. 끓는 물에 데쳐서 물기를 짠 후에 갓 쪽에서 기둥 쪽을 향해 찢어야 쉽다.

### 느타리버섯 손질 포인트

여러 가지 요리에 가장 많이 쓰이는 버섯. 대부분 날것을 엷은 소금물에 데쳐 찬물에 담갔다가 아린맛을 우려내고 사용한다. 갓의 가장자리가 찢어지지 않은 것, 아주 흰색보다는 약간 회색 빛이 도는 것이 신선하다. 볶을 때는 끓는 물에 살짝 데쳐서 물기를 뺀 후에 조리해야 쫄깃쫄깃하다.

## 석이버섯 곱게 채썰어 웃기로 사용한다

### 손질하기

**1** 미지근한 물에 약 10분쯤 담가 불린다.

**2** 안쪽의 이끼 같은 것을 칼끝으로 말끔히 긁어낸다.

**3** 돌돌 말아서 가늘게 채썬다. 주로 궁중음식의 고명으로 사용한다

### 석이버섯 손질 포인트

깊은 산의 바위 위에 나는 버섯으로 말린 것은 마치 미역과 비슷하다. 몸은 편평한 잎 모양이고 가운데는 까맣고 거칠며 가장자리는 회색으로 번들거린다. 주로 말린 것을 불려서 사용하며, 불린 버섯은 곱게 채썰어서 웃기로 쓴다.

### 팽이버섯 손질 포인트

가늘고 긴 줄기가 여러 가닥 뭉쳐서 다발처럼 되어 있는 팽이버섯. 일본 음식에 주로 많이 사용하지만 요즘에 찌개나 전골에 많이 넣어 먹는다. 몸 전체가 반투명의 아교질로 되어 있으며 모양이 사람의 귀와 비슷하다.

### 목이버섯 손질 포인트

특히 중국 요리에 많이 사용하는데 말린 것을 불려서 쓴다.

## 팽이버섯 체에 담아 씻는게 편하다

### 손질하기

**1** 송이를 이루고 있는 밑둥 부분을 충분히 잘라낸다.

**2** 마구 흐트러뜨려서 씻으면 정리가 힘들다. 체에 담아 흐르는 물에 가볍게 씻어 건지는 정도로만 해도 충분하다.

## 목이버섯 불리면 양이 많이 늘어난다

### 손질하기

**1** 말린 목이버섯은 부드럽게 불린 후 주름 사이를 문지르듯이 씻어 모래를 빼고 안쪽 중심 부근에 있는 단단한 뿌리는 떼어낸다.

**2** 작게 자를 때는 칼을 사용하지 말고 그냥 손으로 적당히 뜯어 놓는다.

# 표고버섯 생표고는 그대로, 마른 것은 불려서 쓴다

### 모양내기

**1** 버섯 윗면에 열십자 또는 세개의 칼집을 넣는다.

**2** 칼집을 중심으로 홈을 파듯이 껍질을 가볍게 잘라내어 모양을 낸다.

### 불리기

**마른 표고**는 미지근한 물에 불려서 쓴다. 설탕을 조금 넣으면 빨리 부드러워진다.

### 표고버섯 손질 포인트

특히 다른 버섯에 비해 프로비타민 D인 엘고스테롤과 버섯의 주된 향미 성분인 구아닐산이 많이 들어 감칠맛이 강하며 특히 중국요리에 많이 이용된다. 신선한 것이면 뿌리만을 잘라낸 뒤 기둥째 물에 깨끗이 씻어 사용하고 말린 것이면 물에 충분히 불렸다가 사용한다.

### 손질하기

**1** 뒷기둥의 **끝쪽** 단단한 부분만 잘라버린다.

**2** **표고버섯의 둥근** 갓만 사용할 때는 뒷기둥을 잘라낸다. 잘라낸 기둥은 된장찌개에 넣거나 가늘게 썰어 야채와 함께 볶는다.

### 썰기

**1** **갓이 두툼하고** 큰 표고버섯의 경우, 조금 얇게 썰려면 칼을 눕혀 포뜨듯이 반으로 저며썬다. 더 두툼한 것은 두 번, 세 번 저민다.

**2** **음식에 따라** 여러 가지 모양으로 썬다. 모양을 살려 얇게 썰거나 저며서 곱게 채썰거나 기둥이 달린 채로 4~6등분한다.


# 송이버섯 흐르는 물에 살살, 빠르게 씻는다

### 손질하기

**1** **기둥의 맨** 아래 부분을 싹둑 잘라내지 말고 더러운 부분만 조금씩 저며 낸다.

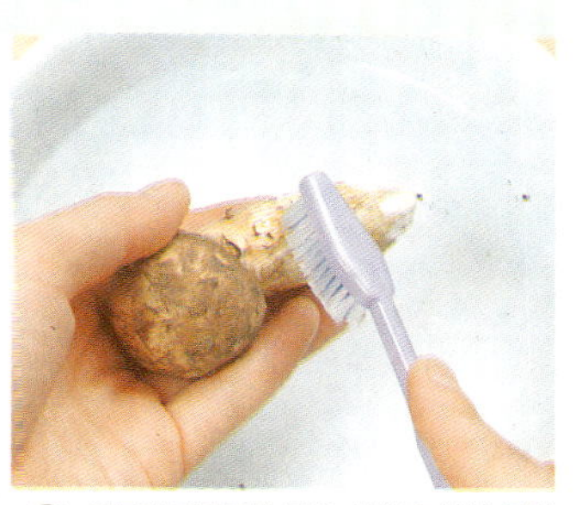

**2** **기둥의 지저분한** 것을 칫솔로 살살 긁어 씻은 후 마른 행주로 가만히 눌러 닦는다.

### 송이버섯 손질 포인트

버섯 중에 가장 향기가 좋은 송이는 갓의 피막이 터지지 않고 자루가 짧으며 살이 두꺼우면서 새하얀 것이 좋다. 겉색갈은 담황색 내지 밤갈색이지만 쇠면 진한 흑갈색으로 변한다. 흐르는 물에 살살 씻어 물기를 없앤다.

### 양송이버섯 손질 포인트

주로 서양요리에 많이 쓰며 갓의 표면이 매끄럽고 단단한 것이 신선하다. 양송이는 자른 부분이 공기에 접촉되면 변색되기 쉬우므로 조리 직전에 썰거나 썬 다음에는 곧 레몬즙을 뿌려 든다.


# 양송이버섯 레몬즙을 뿌리면 색이 변하지 않는다

### 손질하기

**1** 밑둥의 끝 부분을 얄팍하게 잘라 버린다.

**2** 갓과 밑둥의 경계 부분에 칼을 넣어 희고 무레한 것을 파낸다.

**3** 갓 아래쪽에서부터 위쪽을 향해 얇게 껍질을 벗긴다.

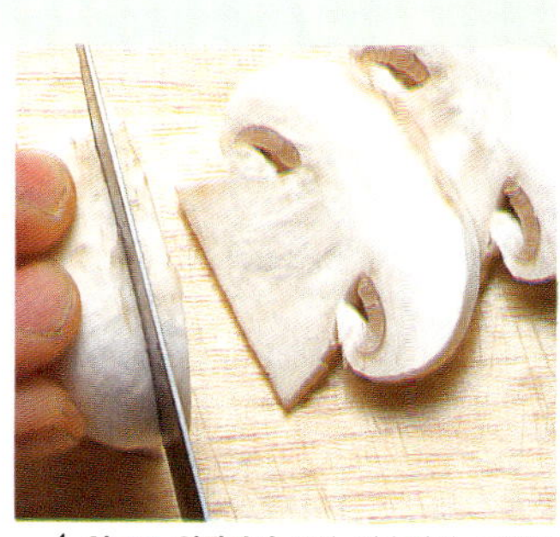

**4** **옆으로 얄팍하게** 썰어 양송이의 모양을 살린다.

# 야채를 신선하게 보관하려면

신선한 것을 골라야 보존도 오래 할 수 있다. 가능하다면 손으로 직접 만져서 선도를 확인하도록.　사온 채소는 금방
사용하지 않을 경우 랩이나 젖은 신문지에 싸서 냉장고에 보관하든지 데쳐서 사용할 것은 데쳐서 물기를 꼭 짠 후 랩에
싸서 냉장고에 넣어 둔다.　뿌리째라면 물에 담가 두는 것도 오래 보관하는 방법.

## 신선한 야채고르기 색깔, 윤기, 모양, 촉감 등으로 판단한다

막 따온 가지나 오이는 꼭지나 가시에 손가락이 찔리면 아플 정도로 싱싱하다. 뿐만 아니라 전체적으로 윤기가 있으면서 색깔도 진하고 탄력이 있다.

당근이나 우엉, 무 같은 근채류는 지나치게 통통한 것이나 표면이 갈라져 있는 것은 바람이 들어 있기 쉽다. 쭉 곧은 것이 좋고 되도록이면 밭흙이 묻어 있는 것이 싱싱하다.

양배추, 배추 같은 종류는 잎이 싱싱하고 탄력있는 것을 고른다. 들어 보아 묵직한 것이 속이 꽉 차 있는 것이다. 또 겉껍질을 벗겨서 반 잘라 놓고 파는 것보다는 겉잎째 싸여 있는 것을 통째로 구입하는 것이 좋다.

**오이** 전체적으로 윤기가 있으며 몸 표면의 돌기가 뾰족뾰족한 것. 꼭지의 가시가 손을 찌를 정도로 날카로운 것이 신선하다.

**당근** 색이 진하고 윤기가 있으며 밑둥이 너무 움푹 들어가지 않은 게 좋다. 밑둥이 검은색을 띠는 것은 오래된 것이다.

**우엉** 전체적으로 쭉 곧으면서 날씬한 것. 굵기가 균일한 것이 좋다. 중간중간 갈라진 것은 피한다.

**양배추** 밑둥이 하얗고 겉잎은 진한 녹색인 것을 고른다.

**브로콜리** 색깔을 보고 고른다. 진한 초록색을 띤 것, 통통한 것이 신선하다. 누런 빛을 띤 연두색이 많이 나는 것은 오래된 것이다.

**호박** 몸체가 쭉 고르고 윤기가 있는 것이 좋다. 구부러졌거나 울 퉁불퉁한 것은 피하도록.

**감자** 껍질이 얇고 단단하며 둥근 것이 맛있다. 싹이 나오거나 주름이 간 것은 묵은 감자다.

**느타리버섯** 갓이 갈라지지 않은 것, 아주 하얀 것보다는 약간 회색빛을 띤 것이 상품이다.

# 싱싱보관법 건조해지지 않게 하는 것이 중요하다

채소의 종류에 따라 보존법이 다르므로 그 채소에 맞는 방법을 선택해야 한다. 팩에 든 채소는 그대로, 그렇지 않은 채소는 구멍 뚫린 비닐이나 랩에 싸서 냉장보관한다. 특히 버섯이나 푸른잎 채소는 수분이 마르지 않게 해야 한다.

반대로 감자나 고구마, 양파는 오히려 저온에 약하므로 굳이 냉장고에 둘 필요는 없으며 바람이 잘 통하는 곳에 보존하면 된다. 흙 묻은 우엉이나 당근은 흙 속에 묻어 두면 더 오래 보존할 수 있다. 그러나 가장 좋은 것은 되도록이면 빨리 사용하는 것이다.

**오이** 깨끗이 씻은 오이는 물기를 없애고 비닐봉지에 꼭 싸서 냉장고에 보관한다. 하지만 1주일 이상 두는 건 무리다.

**가지** 랩에 싸두면 2일 정도는 실온에서도 보관할 수 있다. 더 오래 둘 때는 비닐 봉지에 넣고 물을 뿌려 꼭 봉해 냉장고에 둔다.

**양배추** 푸른 겉잎을 버리지 말고 두었다가 한번 감싸서 냉장고에 두면 마르지 않는다.

**표고버섯** 역시 물기 없이 보관하는 것이 포인트. 키친 타월에 싸서 건조를 막고 다시 비닐 봉지에 넣어 냉장고에 보관한다.

**양파** 껍질을 벗기지 않은 양파는 상온에 보관한다. 통기성이 좋은 망 주머니나 종이 봉투에 담아 통풍 잘 되는 곳에 둔다.

## 시금치

**시금치** 종이 타월에 싸서 분무기로 수분을 충분히 보급해 준다.

**젖은** 종이타월째로 다시 한번 비닐봉지에 넣어 꼭 봉해서 냉장 보관한다.

**배추** 축축하게 적신 신문지에 싸서 두면 베란다 같은 서늘한 곳에서도 며칠간은 보관할 수 있다.

## 브로콜리

**브로콜리** 살짝 데친 브로콜리는 냉동보관이 가능하다. 파랗게 데쳐서 물기를 말끔히 닦는다.

**밀폐용기나** 스티로폴 상자에 서로 겹치지 않게 일정한 간격을 두고 담아 랩을 씌워 냉동실에 둔다.

**양송이** 물기 없이 보관한다. 그릇에 키친타월을 깔고 겹치지 않게 놓은 후 공기와 닿지 않게 뚜껑을 꼭 닫아 냉장고에 보관한다.

# 연근조림

요리/안승춘

**연근은** 도시락 반찬으로나 밑반찬으로 자주 등장하는 뿌리채소다. 특히 섬유질이 풍부해 조림에 적당하다. 짭짤한 맛의 연근조림은 모양이 예쁘고 달콤한 맛이 나서 아이들도 좋아한다. 연근을 이용한 조리법으로는 튀김, 볶음, 죽 등 여러 가지가 있다.

## 재료/4인분

**63 kcal** ⌈25⌋

| | |
|---|---|
| 연근 | 300g |
| 식초 | 1큰술 |
| 간장 | 4큰술 |
| 물엿·통깨 | 1큰술씩 |
| 술 | 2작은술 |
| 물 | ½컵 |

### Cooking Point

연근을 둥글게 자르면 구멍이 많이 나 있는데 좋은 것일수록 뿌리의 굵기와 구멍의 크기가 고르고 모양이 예쁘다.

연근은 특유의 아린 맛이 있고 갈색으로 변하기 쉬우므로 반드시 식촛물에 담가 아린 맛을 우려낸 후 조리한다. 또 끓는 물에 식초를 조금 넣고 데친 후에 조리면 빛깔이 하얗게 살아나면서 조린 후에도 맛이 부드럽다.

### 응용요리

## 연근튀김

**재료** : 연근 300g, 밀가루·녹말가루 1컵씩, 물 1½컵, 소금·식초 조금씩, 식물성 기름 3컵, 초간장(간장 4큰술, 다진 마늘 1큰술, 식초 2작은술, 통깨 1작은술)

**만들기** : ❶ 연근은 엷은 식촛물에 담가 아린 맛을 우려낸 후 0.5cm 두께로 둥글게 썬다. ❷ 물 1½컵에 분량의 밀가루, 녹말가루를 풀어 섞어 걸쭉하게 반죽한 뒤 소금으로 간하여 튀김옷을 만든다. ❸ 손질한 연근에 튀김옷을 입혀 150℃ 정도의 기름에 튀겨 낸다. 상에 낼 때는 간장에 분량의 다진 마늘, 식초, 통깨를 골고루 섞어 만든 초간장을 곁들여 낸다.

**1 연근 손질하기** 너무 굵지 않은 것을 골라 수세미로 깨끗이 문질러 씻은 다음 칼로 껍질을 깨끗이 긁어 낸다. 손질하기가 번거로우면 껍질을 벗겨서 잘라 놓고 파는 것을 구입해도 좋다.

**2 연근 데치기** 손질한 연근은 0.5cm 두께로 둥글게 썰어 식초·물 ½컵씩을 섞어 만든 식촛물에 담근 후 끓는 물에 넣고 식초 ½큰술을 떨어뜨려 데치다가 반쯤 익으면 건져서 찬물에 헹궈 물기를 뺀다.

**3 데친 연근 조리기** 냄비에 간장과 술, 물을 분량대로 붓고 데친 연근을 넣어 끓이다가 한소끔 끓으면 불을 약하게 줄이고 뚜껑을 덮은 상태에서 장이 고루 스미도록 서서히 조린다.

**4 통깨 넣기** 조림국물이 반쯤 줄면 물엿을 넣어 조리다가 국물이 어느 정도 졸아 들면 불을 세게 하고 뒤적이면서 윤기나게 바짝 조린 후 마지막에 통깨를 뿌려 낸다.

# 깻잎찜

요리 / 한복려

를 주재료로 한 찜 반찬 중에 깻잎찜은 우리와 가장 친숙한 일상반찬이다. 찌지 않고 양념장에 재어 장아찌로 만들어도 훌륭한 저장식품이 된다.

깻잎찜은 양념장을 끼얹어 찜통에 쪄내는 조리법이 사용되지만 양배추 같은 야채는 양념없이 쪄 낸 다음에 양념장을 따로 내어 찍어 먹어도 좋고 가지처럼 찐 다음에 양념장에 무쳐서 상에 내도 좋다.

깻잎과 양념장만 준비되면 찜을 해도 좋고 깻잎을 채썰어 튀긴 다음 양념장에 버무린 튀김도 맛있다. 양념장에 절여 깻잎 장아찌를 만들어도 훌륭한 밑반찬이 된다.

## 재료 /4인분　　59 kcal　10

| | |
|---|---|
| 깻잎 | 40장 |
| 멸치(중간 크기) | 20g |

**양념장**

| | |
|---|---|
| 간장 | 4큰술 |
| 물 | 4큰술 |
| 굵은 파 | 1뿌리 |
| 마늘 | 3쪽 |
| 깨소금 | 1큰술 |
| 참기름 | 1작은술 |
| 실고추 | 조금 |

### Cooking Point

오래 익히면 질겨지므로 살짝만 익히도록 한다. 또 찜통에 찔 때 마른 베보자기를 덮지 않고 뚜껑만 덮으면 수증기가 물이 되어 깻잎찜 안으로 그대로 떨어져 싱겁고 맛이 덜하게 된다.

**1 깻잎 씻기** 흐르는 물에 여러 번 씻어서 넓은 채반에 꼭지가 위로 가게 차곡차곡 세워 놓아 물기를 뺀다.

**2 양념장 만들기** 간장과 물을 같은 양으로 섞은 후 파·마늘 채썬 것과 깨소금, 참기름, 실고추를 넣어 잘 젓는다. 간장만 하면 너무 짜므로 반드시 물을 섞어야 하는데 물 대신 다시마 장국도 좋다.

**3 양념장에 멸치 넣기** 만들어 놓은 양념장에 발라 놓은 멸치 살을 넣고 골고루 섞는다. 멸치는 볶음용보다 조금 큰 중간 크기가 알맞다. 머리와 내장은 떼고 살만 발라 찢어 넣는다.

**4 양념장 끼얹기** 약간 오목한 그릇에 깻잎을 두 장씩 겹쳐서 꼭지가 밖을 향하게 빙 돌려 담은 후 양념장을 조금씩 골고루 끼얹는다. 다시 깻잎을 한 켜 깔고 양념장을 끼얹는 과정을 반복해서 한다.

**5 찌기** 김이 오른 찜통에 그릇째 넣은 다음 마른 베보자기를 덮고 뚜껑을 덮어 살짝 찐다. 또는 밥 할 때 밥솥에 넣어 쪄도 좋다. 오래 찌면 질겨지므로 뜸들일 때 넣어서 찌는 게 좋다.

# 양배추말이찜

요리/안승춘

**봄에는** 양배추잎이 부드러워 샐러드로 많이 해 먹고 여름에는 잎이 두껍고 단단하기 때문에 살짝 데쳐 쌈을 싸서 먹는다. 쌈 말고도 데친 양배추에 두부, 해물, 고기 등의 소를 넣어 양배추말이찜을 해도 양배추의 독특한 맛을 살릴 수 있다. 이밖에도 튀김에 곁들이거나 스튜, 무침, 절임 등 다양한 방법으로 즐길 수 있다.

## 재료/4인분     192 kcal  30

| | |
|---|---|
| 양배춧잎 | 8장 |
| 쇠고기 | 300g |
| 밤 | 8개 |
| 양파 | ½개 |
| 육수 | 1컵 |
| 녹말가루·물 | 1작은술씩 |
| 무명실(20cm) | 8개 |
| 소금 | 조금 |

### 양념장

| | |
|---|---|
| 간장 | 1큰술 |
| 다진 파 | 2큰술 |
| 다진 마늘 | 1큰술 |
| 참기름 | ½큰술 |
| 깨소금·청주 | 1큰술씩 |
| 후춧가루·소금 | 조금씩 |

### 곁들이

| | |
|---|---|
| 체리 | 4개 |
| 다진 파슬리 | 조금 |

### Cooking Point

분량이 적은 음식을 만들 때는 찜통을 사용하는 것이 오히려 번거롭고 조리시간만 더 걸린다. 이럴 때 냄비를 이용해 훌륭한 찜요리를 만들어 보자.

냄비에 물을 자작하게 붓고 접시나 스테인리스 대접을 바닥에 엎어 놓은 후 재료를 담고 뚜껑 안쪽에 행주를 덮어 찌면 찜통으로서 만점 효과를 낸다.

## 꼭 알아두자

### 찜요리는 압력솥을 사용하면 편리하다

양념장으로 간을 하고 재료에 맛이 푹 들어야 제격인 찜요리는 냄비에 겅그레를 걸고 쪄도 좋지만 압력솥을 사용하면 더욱 간편하다. 고압에서 익히기 때문에 재료의 속까지 쉽게 익고 간도 잘 밴다. 또 일반 냄비로 찜요리를 할 때 애벌삶기 해야 하는 재료도 압력솥이라면 바로 조리를 할 수 있어 재료마다 따로 손질하는 번거로움이 줄어든다.

찜요리는 재료가 물에 잠길 필요는 없지만 최소한 물이 1컵은 필요하다. 단단하거나 덩어리진 재료가 아닌 경우에는 물 1컵 정도로 잡고 찜판을 얹어 쪄내면 된다. 고구마나 감자 등의 단단한 재료를 통째로 익힐 경우에는 2컵 정도의 물이 필요하다.

김을 빼기까지는 수증기가 솥 안에서 빠지지 않으므로 물을 지나치게 많이 부으면 재료가 물크러질 수도 있다. 찜판 위까지 물이 올라오지 않도록 물을 잘 조절하는 것이 포인트.

**1 양배추 데치기** 들어 보아 묵직하고 잎이 연한 녹색을 띠면서 윤기가 나며 뿌리 쪽 절단면이 작은 양배추를 구입해 잎이 찢어지지 않게 잘 뜯은 후 냄비에 물을 붓고 약간의 소금을 타서 끓이다가 양배춧잎을 한 장씩 떼어 넣고 살짝 데쳐 낸다.

**2 데친 양배추 손질하기** 데쳐 낸 양배추는 찬물에 헹구어 체에 밭여 물기를 뺀 다음 굵은 줄기를 칼로 포뜨듯이 해서 잘라 내고 밀대나 칼등으로 편평하게 두들겨 넓게 펼친다.

**3 끓는 물에 밤 데치기** 밤은 대궁이 쪽에 칼집을 넣어 겉껍질을 벗기고 물에 담근 채로 속껍질을 말끔히 벗긴다. 껍질 벗긴 밤을 찬물에 잠시 담가 두었다가 건져 내어 끓는 물에 넣어 반쯤 익을 정도로만 살짝 데쳐 낸다.

**4 쇠고기, 양파 다지기** 선홍색을 띠고 있으며 육질이 좋은 신선한 쇠고기를 구입하여 기름기와 힘줄을 적당히 떼낸 후 곱게 다진다. 양파도 껍질이 잘 마르고 광택이 있으며 단단하고 중량감이 있는 것으로 골라 껍질을 벗기고 반으로 자른 후 곱게 다져 놓는다.

**5 양념장에 쇠고기 양념하기** 곱게 다진 쇠고기, 양파를 우묵한 그릇에 담고 간장 1큰술에 다진 파 2큰술, 다진 마늘 1큰술, 참기름 ½큰술, 깨소금·청주 1큰술씩, 후춧가루·소금 조금씩을 섞어 만든 양념장을 넣어 간이 배도록 고루 버무린다.

**6 양배춧잎에 고기 싸기** 편평하게 두들겨 넓게 펼친 양배춧잎에 양념한 고기를 적당히 얹고 밤 한 개를 다진 고기 속에 넣어 동그랗게 잘 만다.

**7 무명실로 양배추말이 묶기** 고기와 밤을 넣어 동그랗게 만 양배추말이를 풀어지지 않게 무명실로 조심스럽게 묶는다.

**8 육수 부어 찌기** 냄비에 겹쳐지지 않게 양배추말이를 안친 후 소금, 간장으로 간을 한 육수를 자작할 정도로 부어 10분 정도 찐다. 찜통이 없거나 찜통에 찔만한 분량이 못 되는 양을 찔 때는 바닥이 깊은 냄비를 이용해도 괜찮다.

**9 녹말물 넣기** 물과 녹말가루의 비율을 같게 하여 녹말물을 만든 후 양배추말이찜에 부어 윤기나게 쪄낸다. 상에 낼 때는 다진 파슬리를 살짝 뿌리고 체리를 얹어 낸다. 격식을 차려야 할 경우에는 실을 풀고 한 입에 먹기 좋게 잘라내도록.

# 새송이버섯구이

**버섯**은 주로 찌개에 넣어 먹든지 볶아 먹는 경우가 많지만 구이를 하면 색다른 맛을 즐길 수 있다. 구이를 할 때는 양념을 해야 하는데 간장양념이나 소금 간을 주로 한다. 하지만 고추장에 무쳐 프라이팬에 구워도 그 맛이 일품이다. 기름진 맛이 싫을 때는 석쇠나 브로일러에 구우면 담백하다.

## 재료/4인분　101kcal　15

| | |
|---|---|
| 새송이버섯 | 200g |
| 식용유 | 조금 |

**양념장**

| | |
|---|---|
| 간장 | 1½큰술 |
| 설탕 | ½큰술 |
| 다진 마늘 | ½큰술 |
| 다진 파·참기름 | 1큰술씩 |
| 깨소금 | ½큰술 |
| 소금·후춧가루 | 조금씩 |

## Cooking Point

버섯구이용으로는 갓이 동글동글하고 모양이 반듯하고, 크기가 일정한 것이 적합하다. 끓는물에 오래 데치면 버섯이 물러지고 독특한 향미가 없어진다. 따라서 살짝 데친 후에 재빨리 찬물에 헹구어야 한다. 또 양념에 무친 버섯은 오래 두면 물기가 생기므로 간이 밸 정도로만 두었다가 바로 굽는 게 좋다.

## 응용요리

### 버섯잡채

**재료** : 표고버섯 10장, 느타리버섯·팽이버섯·쇠고기 100g씩, 피망 1개, 당근 ⅓개, 붉은고추 3개, 간장 1큰술, 참기름·소금 조금씩, 식물성 기름 3큰술, 쇠고기양념(다진 파 2큰술, 다진 마늘·간장 1큰술씩, 참기름·깨소금·후춧가루 조금씩)

**만들기** : ❶ 쇠고기는 5cm 길이로 가늘게 채썰어 분량의 다진 파·마늘, 간장, 참기름, 깨소금, 후춧가루로 양념하여 재어 둔다. ❷ 표고버섯은 미지근한 물에 불려서 기둥을 떼내고 물기를 꼭 짜서 채썬다. 느타리버섯은 끓는물에 데쳐서 물기를 꼭 짠 후 길이로 찢고, 팽이버섯은 밑둥을 자르고 깨끗이 씻어 건진다. ❸ 당근은 껍질을 벗기고 5cm 길이로 채썰고, 피망과 붉은고추는 반으로 갈라서 씨를 빼고 채썬다. ❹ 달군 프라이팬에 기름을 두르고 양념한 쇠고기를 먼저 볶다가 버섯을 볶고, 채썬 채소를 넣어 함께 볶는다. 채소가 어느 정도 익으면 간장, 소금으로 간을 맞추고 참기름으로 맛을 낸다.

**1** **새송이버섯 손질하기** 새송이버섯은 옅은 소금물에 살살 씻어서 물기를 빼고, 0.5㎝ 두께로 길게 썰어 준비한다.

**2** **양념장 만들기** 양념장 재료를 분량대로 섞어서 양념장을 만든다.

**3** **양념장에 버섯 재우기** 양념장에 물기 뺀 버섯을 버무려서 30분 정도 재워둔다.

**4** **팬에 굽기** 팬에 기름을 두르고 양념장에 재운 버섯을 올려 앞뒤로 노릇하게 굽는다.

## 싱싱한 버섯 고르기와 이용하기

**느타리버섯** 갓이 동글동글하고 크기가 일정한 것을 고른다. 고혈압과 동맥경화 예방 및 치료에 효과가 뛰어나다. 당질과 단백질, 철분이 특히 많으며, 비타민 C도 풍부하다. 항암효과는 물론 암환자의 탈모, 구토, 설사 등의 부작용도 줄여준다.

**양송이버섯** 갓이 둥글고 탄력이 있으며 두껍고 광택이 있는 것이다. 양송이는 조리 후에도 맛이나 향기가 변함없다. 비타민 D와 타이로시나제 등이 풍부하여 고혈압 예방에 좋고 항암효과도 있다.

**표고버섯** 뒷면이 하얗고 주름이 선명하며 살이 두툼한 것, 갓이 너무 퍼지지 않은 것으로 선택한다. 섬유질이 풍부하여 콜레스테롤의 체내 축적을 막고 혈압과 혈중 콜레스테롤의 수치를 내려준다. 암과 만성 바이러스성 간염치료에도 효과적이다.

**댕이버섯** 갓은 작고 가지런하며 순백색을 띠는 갓이 좋다. 뿌리가 짙은 다갈색으로 변했거나 마른 것은 오래된 것이다. 항암 및 항바이러스 효과가 있어 꾸준히 먹으면 건강을 지킬 수 있고 콜레스테롤을 저하시켜 고혈압 예방 효과가 있다.

**새송이버섯** 자연송이와 비슷하여 연하면서도 씹는 맛이 좋고 저장기간이 비교적 길다. 또한 장을 튼튼하게 해주고 저혈압인 사람에게 좋다. 바이러스, 알레르기 억제작용이 있는 것도 특징. 비타민 C와 B6가 풍부하여 성장기 어린이 건강에 도움을 준다.

# 브로콜리두부무침

요리 / 김영빈

**브로콜리**는 주로 서양 요리인 버터볶음, 수프, 샐러드로 많이 이용되지만 전자레인지를 이용해 구워 먹으면 색다른 맛을 즐길 수 있고 두부나 미역 등의 야채를 섞어 무쳐먹어도 맛있다.

## 재료/4인분　15

| 브로콜리 | 300g |
|---|---|
| 두부 | ½모 |
| 소금 | 조금 |

무침양념

| 깨소금 | 1큰술 |
|---|---|
| 소금 | 1작은술 |
| 참기름 | 1큰술 |
| 다진 마늘 | 1작은술 |
| 간장 | 조금 |

### 꼭 알아두자

## 다이어트식품인 브로콜리

식생활이 서구화되면서 기름진 고기요리뿐만 아니라 예전에는 접하지 못했던 서양채소들이 우리 식탁에도 많이 오르게 되었다. 셀러리나 컬리플라워, 치커리 등이 그것인데 브로콜리도 그 중 하나이다. 푸른잎이 송이송이 모여있는 브로콜리는 비타민, 무기질, 섬유질이 풍부한 채소인데 특히 비타민 C와 A가 많고 열량은 거의 없어 미용이나 다이어트를 생각하는 사람에게 적합한 채소이다.

단단한 밑부분을 잘게 나누어서 사용하는 것이 대부분인데 특별히 장식효과를 고려해야 하는 경우를 제외하고는 단단한 줄기도 같이 섭취하는 것이 좋다. 또 브로콜리의 비타민 C는 시간이 지남에 따라 쉽게 파괴되어 버리므로 가급적이면 여러 번 손을 거치지 말고 바로 조리하여 먹는 것이 이상적이다.

또 고기요리나 샐러드에 자주 곁들이는 파슬리 대신 브로콜리를 사용해도 좋다. 파슬리는 독특한 향과 씁쓸한 뒷맛 때문에 먹기를 꺼려하는 사람이 많은데 브로콜리는 모양도 예쁘고 씹는 질감도 좋아 곁들이로 사용하면 다 먹을 수 있어 일석이조다.

**1** **브로콜리 손질하기** 브로콜리는 잘 씻어 한 입 크기로 송이를 나눈다.

**2** **브로콜리 데치기** 끓는 물에 소금 약간을 넣고 브로콜리를 파랗게 데친 후 찬물에 헹궈 식힌다.

**3** **두부 데치기** 두부는 끓는 물에 넣어 살짝 데친다.

**4** **두부 으깨기** 두부를 곱게 으깬 후 면 보자기에 싸서 수분을 제거하여 보송보송하게 만든다.

**5** **양념장 만들기** 분량의 재료를 섞어 무침양념을 만들어 둔다.

**6** **재료 버무리기** 브로콜리와 두부를 고루 섞은 다음 무침양념을 넣어 잘 버무린다.

---



## 브로콜리닭볶음

**재료** : 브로콜리 250g, 굵은소금 조금, 닭안심살 150g, 올리브오일 2큰술, 마른고추 1개, 진간장 ½큰술, 굴소스 ⅓작은술, 닭고기양념(소금·후춧가루 ⅓작은술씩, 저민마늘 3쪽 분량, 청주 1/2큰술)

**만들기** : ❶브로콜리는 작은 송이로 잘라 굵은소금을 약간 넣은 물에 넣어 파르스름하게 데친 후 찬물에 헹궈 물기를 뺀다. ❷닭은 먹기 좋은 크기로 잘라 준비한 닭고기양념을 모두 넣어 조물조물 무쳐 양념한다. ❸달군 팬에 올리브오일을 두르고 양념한 닭고기를 넣어 볶는다. ❹닭고기가 완전히 익으면 주방용 가위로 자른 마른고추와 브로콜리를 넣어 고루 섞이도록 볶는다. ❺④에 진간장과 굴소스를 넣어 맛을 낸다.

# 더덕구이

요리 / 한복려

구이에 적합한 야채류로는 더덕, 우엉, 통도라지, 감자, 고구마 등을 들 수 있는데 이 야채류는 모두 수분이 적은 뿌리채소다.

특히 더덕은 구워 먹어야 제맛을 즐길 수 있는데 방망이로 자근자근 두들겨서 양념 고추장을 발라 굽는다. 석쇠에 굽기도 하고 프라이팬에 굽기도 한다.

## 재료 /4인분

131 kcal  **30**

| | |
|---|---|
| 더덕 | 400g |

**양념고추장**

| | |
|---|---|
| 고추장 | 2½큰술 |
| 간장 | ½큰술 |
| 다진 파 | 1큰술 |
| 다진 마늘 | ½큰술 |
| 설탕 | 1큰술 |
| 깨소금 | ½큰술 |
| 참기름 | 1작은술 |

### Cooking Point

맛이 겉돌지 않고 푹 배게 하려면 양념고추장을 발라서 적어도 10~20분쯤은 재어두었다가 굽는 것이 맛을 내는 비결이다. 또는 양념고추장을 바르기 전에 먼저 참기름에 소금만을 섞어서('유장'이라고 한다) 더덕 앞뒤에 발라 애벌구이를 한 다음, 그 위에 양념고추장을 발라서 살짝만 구워 내면 간도 잘 배고 또 양념 때문에 타는 것도 어느 정도 막을 수가 있다.

**1** **더덕 손질하기** 껍질을 벗기고 연한 소금물에 주물러 씻은 후, 다시 찬물에 잠시 담가두었다가 쓴맛이 우러나면 물기를 닦는다.

**2** **방망이로 두들기기** 굵은 것은 중간에 칼집을 넣는다. 완전히 가르지 말고 양쪽으로 벌린 후 방망이로 자근자근 두들겨서 부드럽게 편다. 또는 베보자기에 싼 채 밀대로 밀어서 살을 펴기도 한다.

**3** **양념고추장 만들기** 분량의 고추장에 간장, 다진 파, 마늘, 설탕, 깨소금, 참기름을 넣어 고루 섞는다. 고추장구이는 양념맛이 좌우하므로 간은 조금 진한 듯하게 하는 게 맛있다.

**4** **양념장 발라 재어두기** 그릇에 손질한 더덕을 한켜 깔고 준비한 양념고추장을 골고루 바른 뒤 다시 더덕을 한켜 놓고 양념고추장을 바른다. 이렇게 앞뒤 골고루 양념고추장 맛이 배도록 해서 20분쯤 재어둔다.

**5** **굽기** 석쇠에 호일을 깔고 불 위에 얹어 뜨거워지면 재어 둔 더덕을 놓아 굽는다. 타지 않게 불을 조절하면서 앞뒤로 골고루 구워 접시에 보기좋게 담아낸다. 프라이팬에 기름을 조금 두르고 구워도 맛있다.

# 두릅적

요리/안승춘

향토 냄새가 물씬 풍기는 두릅과 고기를 번갈아 꿰어서 노릇하게 지져 낸 두릅적은 식물성 식품과 동물성 식품이 조화를 이룬 음식이다. 전을 부쳐 먹는 것 말고도 살짝 데쳐 초간장이나 초고추장을 찍어 먹기도 한다. 또 밀전병과 섞어 무쳐도 좋으며, 튀김옷을 입혀 튀겨도 맛있다.

## 재료/4인분　337 kcal　30

| | |
|---|---|
| 두릅 | 300g |
| 쇠고기 | 300g |

**두릅양념장**

| | |
|---|---|
| 소금 | ¼작은술 |
| 맛소금 | ⅔작은술 |
| 다진 마늘 · 깨소금 | ½큰술씩 |
| 다진 파 | 1큰술 |
| 참기름 | 1작은술 |
| 후춧가루 | ⅓작은술 |

**쇠고기양념장**

| | |
|---|---|
| 간장 | 2큰술 |
| 다진 마늘 · 설탕 · 깨소금 | ½작은술씩 |
| 다진 파 | 1큰술 |
| 참기름 | 1작은술 |
| 후춧가루 | ½작은술 |
| 달걀 | 3개 |
| 소금 | ⅓작은술 |
| 밀가루 | ¾컵 |
| 식물성 기름 | 4큰술 |
| 꼬치(6~7cm 길이) | 15개 |

**1 데친 두릅 손질하기** 준비한 두릅은 잘 다듬어 씻어 끓는 물에 살짝 데친 후 건져 내어 찬물에 담가 쓴 맛을 빼고 물기를 꼭 짜서 작은 것은 그대로, 굵은 것은 2등분 또는 4등분한다.

**2 두릅 양념하기** 우묵한 그릇에 두릅을 담고 소금, 맛소금, 깨소금, 다진 파와 마늘, 참기름, 후춧가루를 분량대로 넣어 양념이 고루 배게 손으로 조물조물 무친다.

**3 쇠고기 양념하기** 선홍빛이 도는 신선한 쇠고기를 구입해 한입 크기로 썰어 그릇에 담고 분량의 간장, 다진 파와 마늘, 설탕, 깨소금, 참기름, 후춧가루를 넣어 조물조물 무친다.

**4 두릅 · 쇠고기 꼬치에 달걀옷 입혀 지지기** 꼬치에 양념한 두릅과 쇠고기를 번갈아 꿴 다음 양면에 밀가루를 고루 묻히고 풀어서 소금간 한 달걀물에 담갔다가 지진다. 달걀이 골고루 묻어야 지져진 면이 매끈하다.

**5 꼬치 빼어 썰기** 앞뒤로 노릇노릇하게 지져 낸 두릅적을 가운데쯤에 칼을 비스듬히 밀어 넣고 두릅적의 단면이 잘 보이도록 썰어서 그릇에 보기 좋게 담은 후 초간장을 곁들인다.

# 오이볶음

요리 / 김숙년

오이 는 생채로 무쳐 먹거나 오이지, 장아찌, 오이소박이, 냉국, 오이선, 오이볶음 등의 반찬 재료로 흔히 쓰이는 식품이다.

수분이 많고 칼륨 함량이 높아 여름 채소로 사랑받는 식품이기도 한 오이는 제철일 때가 제일 맛있지만 요즘은 비닐 하우스 재배로 1년 내내 싱싱한 오이를 맛볼 수 있다. 제철인 여름에는 오이물김치, 오이지, 오이소박이 등 김치를 담가 먹으면 입맛이 살아난다. 또한 오이냉국이나 볶음도 맛있다.

오이볶음은 오이를 둥글게 썰거나 손가락 굵기로 썰어 소금, 간장으로 간한 후 달구어진 프라이팬에 살짝 볶아내는 조리법이 있는가 하면 소금에 절였다가 물기를 꼭 짠 다음 기름에 볶을 수도 있다.

## 재료/4인분

| | |
|---|---|
| 오이 | 3개(200g) |
| 쇠고기 | 50g |
| 목이버섯 불린 것 | ½컵 |
| 식용유·참기름 | 2큰술씩 |
| 소금 | 1큰술 |
| 통깨 | ½큰술 |
| 실고추·석이버섯채·잣가루 | 조금씩 |

## 쇠고기 양념

| | |
|---|---|
| 진간장 | 1큰술 |
| 다진 파·다진 마늘·깨소금·설탕 | ½큰술씩 |
| 후춧가루 | 조금 |

## Cooking Point

오이의 푸른 빛을 살리고, 아작아작하게 볶는 게 맛내기 비결이다. 그러려면 절인 오이는 물기를 꼭 짜고, 센불에서 재빨리 볶아야 한다. 속씨가 너무 많은 오이인 경우엔 토막낸 후 씨 부분을 도려 내는 게 좋겠다.

**1 절인 오이 물기 빼기** 오이는 둥글고 얇게 썰어 소금에 15분 정도 절인 다음 베보에 싸서 꼭 짠다. 오이가 크고 씨가 있는 경우에는 안에 씨를 도려내고 눈썹 모양으로 썬다.

**2 다진 쇠고기 양념하기** 쇠고기는 곱게 다진 다음 분량의 재료로 양념해 10분 정도 재운다.

**3 오이 볶기** 달군 팬에 식용유와 참기름을 약간 두르고 오이를 넣고 센 불에서 재빨리 볶은 다음 식힌다.

**4 쇠고기 볶기** 양념해 놓은 쇠고기를 팬에 넣고 센 불에서 볶아서 식힌다. 불린 목이버섯은 먹기 좋은 크기로 썬 다음 팬에 식용유와 참기름을 두르고 볶아 식힌다.

**5 재료 섞어 볶기** 오이, 쇠고기와 목이버섯을 한데 섞은 다음 참기름을 두른 팬에 실고추와 통깨를 넣고 볶는다. 넓은 접시에 옮겨 담고 부채질을 해서 빨리 식힌 다음 잣가루와 석이버섯채를 얹어 낸다.



## 부추오이초무침

**재료** : 부추 ¼단, 오이 2개, 굵은소금 조금, 무침장 (고춧가루 2큰술, 설탕 2작은술, 다진 마늘 1큰술, 식초 1큰술, 통깨·소금 조금씩, 참기름 2작은술)

**만들기** : ❶부추는 뿌리를 다듬고 깨끗하게 씻어 잘게 송송썬다. ❷오이는 껍질째 굵은소금으로 박박 문질러 씻은 후 1cm 폭으로 둥글납작하게 썬다. ❸썬 오이는 모서리를 돌려가며 깎고 위와 아래에 십자모양으로 칼집을 넣는다. ❹손질한 오이는 굵은소금을 조금 뿌려 절여 두었다가 칼집 넣은 곳이 벌어질 정도가 되면 체에 밭쳐 물기를 없앤다. ❺분량의 재료를 섞어 무침장을 만든다. ❻송송썬 부추에 양념장을 넣고 고루 버무린다. ❼부추양념장에 물기 뺀 오이를 넣고 고루 버무린 후 소금으로 간을 맞춘다.

# 가지튀김

요리/안승춘

**여름부터** 가을까지 제철인 가지는 빛깔이 고와 즐겨 찾는 반찬거리다. 영양면에서는 두드러진 것이 없으나 윤기가 흐르는 보라색과 아삭아삭한 질감이 입맛을 돋우는 채소. 조직이 기름을 잘 흡수하므로 식물성 기름으로 조리하면 불포화지방산을 쉽게 흡수할 수 있다.

기름을 넉넉히 두르고 부드럽게 볶아 먹어도 맛있고 알맞게 쪄서 젓가락으로 쭉쭉 찢은 가지에 양념을 고루 넣고 조물조물 무쳐도 맛있다. 이렇게 다양한 조리법을 활용할 수 있는 가지를 납작납작하게 썰어 튀김옷을 입혀 기름에 튀겨 내보자. 기름흡수가 잘 되어 제맛이 나고 색도 더욱 선명해져 가지나물을 잘 먹지 않는 아이들에게도 인기있는 별미반찬이 될 수 있다.

가지는 조직이 연하므로 오래되면 금방 물러져 버리고 만다. 표면이 쭈글쭈글한 것은 오래된 것이니 피하고 만져보아 표면이 탱탱하고 매끄러운 것을 고른다.

## 재료/4인분　　　106 kcal　10

| | |
|---|---|
| 가지 | 2개 |
| 후춧가루 · 소금 | 조금씩 |
| 밀가루 · 빵가루 | ⅓컵씩 |
| 달걀 | 1개 |

### 초간장

| | |
|---|---|
| 실파(송송 썬 것) | 1큰술 |
| 통깨 · 간장 | 1큰술씩 |
| 식초 | ½큰술 |
| 참기름 | ½작은술 |
| 육수 | 3큰술 |

### **Cooking Point**

도톰하게 어슷썬 가지를 튀길 때는 찬물에 담가 떫은 맛을 뺀 후에 160℃ 정도의 온도에서 튀기도록 한다.

기름의 온도는 기름의 양이나 불의 세기에 따라 달라지는데 튀김옷을 한 방울 떨어뜨려 보아 튀김옷이 냄비 바닥까지 가라앉았다가 즉시 떠오르면 160℃ 정도가 되었다는 표시다.

튀김옷은 밀가루, 달걀물, 빵가루를 순서대로 입히는데, 너무 두껍지 않게 묻혀서 튀겨 내야 바삭하다.

**1 손질한 가지 썰기** 짙은 보라색을 띠고 윤기있는 싱싱한 가지를 골라 깨끗이 손질하여 0.5cm 두께로 어슷 썰어 찬물에 담가 떫은 맛을 우려낸 후 마른 행주로 물기를 없애고 후춧가루를 뿌려 둔다.

**2 튀김옷 입히기** 어슷썬 가지의 양면에 밀가루를 살살 묻히고, 소금간한 달걀물에 잠시 담갔다가 빵가루를 입힌다. 여분의 빵가루는 털어 내야 깨끗하게 튀겨진다.

**3 튀기기** 160℃ 정도의 끓는 기름에 튀김옷 입힌 가지를 노릇하게 튀겨 낸 후 망에 건져 기름을 빼고 초간장을 곁들여 상에 낸다. 가지는 물기가 많기 때문에 160℃ 정도의 낮은 온도에서 천천히 튀긴다.

**4 초간장 만들기** 육수 3큰술에 분량의 간장, 식초, 참기름, 통깨, 송송 썬 실파를 넣어 짜지 않고 새콤한 초간장을 만든다. 여기에 바삭하게 튀겨 낸 가지튀김을 입맛따라 찍어 먹는다.

# 냉이무침

요리 / 한복려

**매콤새콤한** 초고추장에 무쳐먹는 냉이무침은 봄반찬의 대표. 같은 방법으로 무쳐 먹는 야채로는 시금치, 도라지, 오이, 달래, 더덕, 두릅 등이 있으며 봄나물 종류라면 모두 괜찮다. 계절이 바뀔 때 새로 나온 봄나물을 아래와 같은 방법으로 무쳐 먹어 보자.

### 재료 /4인분　　　　149 kcal　10

| | |
|---|---|
| 냉이 | 500g |
| 소금 | 조금 |

**된장양념**

| | |
|---|---|
| 된장 | 1½큰술 |
| 다진 파 | 1큰술 |
| 다진 마늘 | ½큰술 |
| 참기름 | 1큰술 |
| 깨소금 | 2작은술 |

**초고추장양념**

| | |
|---|---|
| 고추장 | 2큰술 |
| 식초 | 1½큰술 |
| 설탕 | 1큰술 |
| 간장 | 1작은술 |
| 다진 파 | 1큰술 |
| 다진 마늘 | 1작은술 |
| 참기름 | 1작은술 |
| 깨소금 | 2작은술 |

### Cooking Point

맛내기 비결은 얼마나 잘 데치느냐에 달려 있다. 너무 오래 데치면 냉이의 색이 누렇게 변하고 물컹거릴 뿐 아니라 맛과 향이 떨어져 맛이 없다.

맛깔스런 푸른색이 선명하게 살아나게 하려면 냄비에 물을 넉넉히 부어 팔팔 끓을 때 소금을 조금 넣고 뚜껑을 연 채 살짝 데친 후, 곧바로 찬물에 담가 열기를 없애 주어야 한다.

또한 데칠 때 뿌리 쪽부터 넣는 것도 골고루 물러지게 하는 좋은 방법이다.

**1** **냉이 데치기** 지저분한 겉잎은 떼내고, 뿌리에 묻은 흙도 칼로 깨끗이 긁어 낸 후 씻는다. 뿌리가 너무 굵은 것은 반으로 갈라 팔팔 끓는 물에 소금을 조금 넣고 살짝 데쳐서 찬물에 헹궈 물기를 짠다.

**2** **된장양념 만들기** 된장 1½큰술에 분량의 다진 파·마늘, 깨소금, 참기름을 넣고 골고루 섞는다. 된장양념은 구수한 맛을 더해주는데 고추장양념에 비해 참기름을 조금 넉넉히 섞어야 맛있다.

**3** **초고추장양념 만들기** 고추장 2큰술에 분량의 간장, 식초, 다진 파·마늘, 설탕, 깨소금, 참기름을 넣어 골고루 섞는다.

**4** **무치기** 데친 냉이를 반으로 나누어 반은 된장 양념, 나머지 반은 초고추장 양념에 무친다. 미리 무쳐 두면 물이 생기므로 먹기 직전에 무쳐낸다. 그릇에 담을 때는 뭉치지 않게 한번씩 털어서 담는다.

# 콩나물잡채

요리 / 전정원

**주변에서** 손쉽게 구할 수 있는 재료 중 하나인 콩나물. 보통은 삶아서 갖은양념으로 무치거나 시원하게 국을 끓여 먹지만 볶은 당근, 미나리, 양파 등의 야채와 쇠고기를 한데 무쳐 먹어도 독특한 맛이 있다.

잡채에 들어가는 재료로는 이 외에도 풋고추, 호박, 오이, 숙주나물, 양송이·느타리버섯 등이 있는데 입맛에 맞게 선택해 함께 무쳐 먹어도 다양한 맛을 즐길 수 있다.

## 재료/4인분　　155kcal　30

| | |
|---|---|
| 콩나물 | 400g |
| 쇠고기 | 100g |
| 표고버섯 | 4장 |
| 양파 | ½개 |
| 당근 | ½개 |
| 미나리 | 1단 |
| 달걀 | 2개 |

### 콩나물양념장

| | |
|---|---|
| 물 | ⅓컵 |
| 참기름 | ½큰술 |
| 소금 | 조금 |

### 쇠고기양념장

| | |
|---|---|
| 간장 | 1큰술 |
| 설탕 | 1작은술 |
| 파·마늘(다진 것) | 조금씩 |
| 깨소금·참기름·후춧가루 | 조금씩 |

### Cooking Point

각각 볶아 놓은 재료를 미리 무치게 되면 양념의 짠맛, 단맛이 스며들어 재료가 숨이 죽어 볼품이 없어지고 맛 또한 떨어진다. 따라서 재료와 양념을 따로 준비해 두었다가 상에 내기 직전에 무쳐 먹는 것이 맛내는 비결이다. 상에 낼 때는 약간 우묵하고 넓은 접시에 담아 내는데, 접시에 비해 약간 적은 듯하게 살살 펴 담는다.



### 잡채를 맛있게 만들려면

잡채는 예부터 잔칫상이나 손님상에 빠지지 않고 등장하는 음식. 얼핏 보면 각종 재료를 익혀 간단히 버무린 것처럼 보이지만 의외로 제 맛을 내기가 쉽지 않다.

잡채에 들어가는 재료는 입맛에 따라 다양하게 변화를 줄 수 있지만 일반적으로 주가 되는 재료는 당면. 다른 요리에서 흔히 다루는 재료는 아니기 때문에 당면 손질은 잡채의 맛을 좌우하는 기본이 된다.

당면은 색이 뽀얗고 습기가 없이 잘 마른 것을 고른다. 보관 중에 습기가 차면 상하거나 맛에 손실이 올 수 있기 때문. 또 조리하기 전에 물에 한두 번 씻어 잡티를 제거하고 찬물에 20여 분 정도 담가 불린다. 손으로 잡아보았을 때 약간 딱딱한 느낌이 남아 있는 정도가 알맞다. 각각의 재료는 따로 익혀 양념을 하면서 버무리는 것이 원칙. 하지만 번거롭다고 생각이 될 때는 익는 속도가 더딘 재료만 살짝 익힌 후 다 함께 넣고 압력솥에서 쪄 보자. 간도 잘 배고 쉽게 즉석잡채를 만들 수 있다.

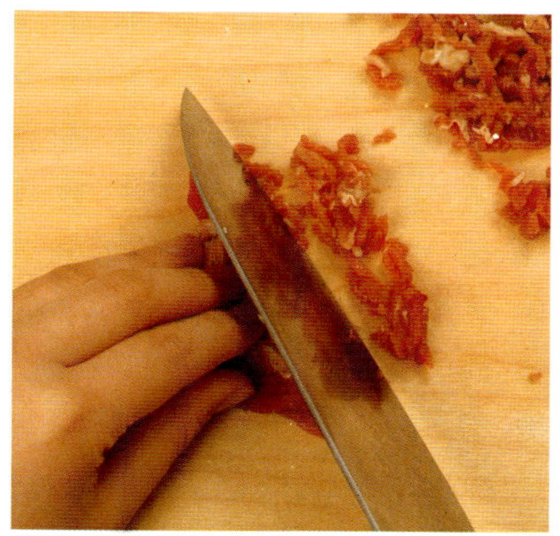

**1** **쇠고기 채썰기** 선홍색을 띠면서 고기의 절단면이 곱고 촘촘한 부드러운 쇠고기를 구입해 얇게 포를 떠서 곱게 채썬다. 포뜨기가 어려우면 냉동실에 넣어두었다가 살짝 얼었을 때 잘 드는 칼로 뜨면 잘 떠진다.

**2** **쇠고기, 표고버섯 무치기** 표고버섯은 미지근한 물에 30분 정도 불려 기둥을 떼내고 헹구어 물기를 뺀 다음 채썰어 곱게 채썬 쇠고기와 함께 섞는다. 간장 1큰술, 설탕 1작은술, 다진 파·마늘, 깨소금, 참기름, 후춧가루로 맛을 내어 골고루 무친다.

**3** **양파, 당근, 미나리, 달걀 지단 썰기** 손질한 양파와 당근은 5cm 정도의 길이로 곱게 채썰고 달걀도 잘 풀어 얇게 지단을 부친 후 함께 채썬다. 깨끗이 다듬어 씻은 미나리는 잎을 떼어 내고 줄기만 가지런히 하여 5cm 길이로 썬다.

**4** **재료 볶기** 달궈진 프라이팬에 식물성 기름을 두르고 채썰어 소금에 절여 놓은 당근을 먼저 볶아내고 5cm 길이로 썬 미나리, 소금에 절인 양파를 각각 볶은 후 양념장에 무친 쇠고기와 표고버섯을 한데 섞어 맛이 고루 배도록 볶는다.

**5** **콩나물 무치기** 깨끗이 다듬어 씻은 콩나물을 끓는 소금물에 넣고 뚜껑을 덮은 상태에서 7~8분 정도 삶은 후 체에 밭쳐 물기를 빼고 참기름 ½큰술에 골고루 무친다. 콩나물은 데치는 동안 뚜껑을 열지 말도록. 도중에 뚜껑을 열면 비린내가 난다.

**6** **재료 한데 무치기** 무친 콩나물에 볶아 낸 당근, 미나리, 양파를 한데 섞고 참기름과 깨소금을 분량대로 넣어 조물조물 무쳐 양념이 고루 배게 한다. 골고루 무친 잡채를 접시에 보기좋게 담고 웃기로 채썬 달걀 지단을 얹으면 보기에도 좋고 맛도 살릴 수 있다.

---



## 즉석잡채(압력솥 이용)

**재료** : 당면 200g, 쇠고기 50g, 표고버섯 10g, 목이버섯 5g, 양파 50g, 당근 50g, 시금치 50g, 식물성 기름 1큰술, 간장 3큰술, 설탕 1큰술, 통깨 1큰술, 참기름 ½작은술, 다진 마늘 2작은술

**만들기** : ❶압력솥에 기름을 두르고 채썬 쇠고기와 표고버섯을 넣어 볶다가 간장 1큰술, 다진 마늘, 후춧가루를 넣어 볶는다. ❷찬물에 불려 놓은 당면과 채썬 고기, 표고버섯을 함께 넣어 볶다가 간장 2큰술, 설탕 1큰술을 넣어 고루 섞어준다. ❸손질한 양파, 당근, 시금치, 목이버섯을 넣어 고루 섞은 후 뚜껑을 덮어 익힌다. ❹압력솥에서 '치치' 소리가 나면 불을 끄고 김을 뺀 다음 뚜껑을 열어 참기름과 통깨로 버무린다.

# 실파무침

요리 / 한정혜

**파는** 언제든지 쉽게 구할 수 있는 재료다. 연한 실파를 생으로 무쳐 먹어도 맛있지만 데쳐서 초고추장으로 무쳐 먹으면 향기롭고 달큰한 맛이 매콤달콤한 양념맛과 잘 어우러져 입맛을 돋운다. 두릅, 달래, 냉이 등 독특한 향내가 있는 채소는 초고추장에 무쳐야 제맛이 난다.

## 재료 /4인분

59 kcal　10

| | |
|---|---|
| 실파 | 200g |
| 소금 | 조금 |

**초고추장**

| | |
|---|---|
| 고추장 | 2큰술 |
| 설탕·식초·물 | 1큰술씩 |
| 참기름 | ½큰술 |
| 통깨 | 1작은술 |

### Cooking Point

실파는 굵기가 고르면서 향긋하고 연한 것이 무침을 해도 맛이 있다. 밑둥이 억센 듯하면 칼을 눕혀서 두들겨 숨을 죽인다.

파랗게 데친 실파와 초고추장을 미리 준비해 두었다가 먹기 직전에 고루 버무려야 물기가 생기지 않고 볼품이 있다.



### 배추겉절이

**재료** : 배추 ¼포기, 굵은 소금 5큰술, 붉은고추 2개, 실파 ⅓단, 고춧가루 ¼컵, 다진 파 2큰술, 다진 마늘 1큰술, 다진 생강 ½큰술, 새우젓·통깨·참기름 1큰술씩, 설탕 2큰술, 간장 조금

**만들기** : ❶속이 꽉 차고 잎이 연하면서 얇은 배추를 골라 겉잎을 떼내고 깨끗이 씻어 4등분 한다. ❷손질한 배추는 분량의 굵은 소금에 하루 정도 절인 다음 가볍게 헹구어 물기를 빼고 쭉쭉 찢는다. ❸고춧가루는 더운 물에 되직하게 개어 놓고 다진 파와 마늘, 생강, 새우젓, 길게 썬 실파와 붉은고추를 넣고 고루 섞는다. ❹양념에 찢어 놓은 배추를 섞어 살살 버무려 설탕과 참기름으로 맛을 내고 통깨를 뿌린다.

**1** **실파 데치기** 끓는 물에 약간의 소금을 넣고 깨끗이 다듬어 씻은 실파를 가지런히 모아 뿌리쪽부터 넣어 잠시 잡고 있다가 잎부분까지 모두 넣고 살짝 데친다.

**2** **실파 썰기** 데친 실파는 찬물에 헹구어 마른 행주에 가지런히 놓고 두들기듯 살짝 눌러 물기를 닦은 후 5cm 길이로 썬다. 데친 파는 반드시 찬물에 헹궈야 색이 누렇게 변하지 않는다.

**3** **초고추장에 무치기** 분량의 고추장에 물을 조금 넣고 설탕, 식초, 참기름, 통깨를 분량대로 넣어 새콤하게 초고추장을 만든 후 데친 실파를 넣어 살살 버무리듯 무쳐 낸다.

# 상추말이

요리 / 이상구

**다이어트식**을 원할 때, 또는 특별히 짜고, 맵고, 기름진 음식을 조심해야 하는 가족이 있을 경우, 여러 가지 신선한 야채에 변화를 주어 식탁에 올려본다. 특히 생야채를 싫어하는 사람이라면 담는 모양이나 색깔 등 시각적인 면에도 신경을 써서 식욕을 돋구어주는 지혜가 필요하다.

상추나 깻잎에 여러 가지 야채를 말아 보기 좋게 썰어 놓은 상추말이는 보기도 좋지만 영양소도 골고루 섭취할 수 있어 좋다. 속재료는 그때그때마다 여러 가지로 다양하게 바꾸어 준다. 또, 곁들이는 양념장도 고추장이나 된장, 마요네즈로 한정시키지 말고 빵에 곁들일 때는 샐러드 드레싱을 내고, 밥 반찬으로 먹을 때는 참깨를 섞은 고소한 양념된장을 내는 등 다양하게 응용하도록 한다.

## 재료 /4인분　　　43 kcal　30

| 상추 · 깻잎 | 10장씩 |
| --- | --- |
| 당근 | 1개 |
| 셀러리 | 1줄기 |
| 오이 | 1개 |
| 도라지 | 3뿌리 |
| 풋고추 | 3개 |
| 미나리 | 10줄기 |

**양념된장**

| 참깨(간 것) | ½컵 |
| --- | --- |
| 된장 | 3큰술 |
| 다진 파 · 마늘 | 조금씩 |

## Cooking Point

도라지는 가늘게 찢어놓은 것보다는 굵은 통도라지를 구해서 알맞게 쪼개어 쓰는 게 좋다. 다소 쓸쓸한 맛이 강한 편이므로 반드시 소금에 주물러 씻어서 찬물에 담가 쓴맛을 적당히 우려낸 후에 사용하는 게 맛에 거부감이 없다.

또 미나리는 줄기로만 다듬어서 쓰는데 생것을 그대로 하면 묶을 때 부러지기 쉬우므로 끓는 물에 살짝 데쳐서 하는 게 좋다.

**1** **속 재료 썰기** 속재료로 사용할 당근, 셀러리, 오이, 도라지, 풋고추 등은 모두 깨끗이 다듬어 씻어서 두께 1cm, 길이 7cm 정도의 막대 모양으로 썬다. 셀러리는 잎은 떼내고 줄기로만 준비한다.

**2** **상추 · 깻잎으로 싸기** 상추와 깻잎은 흐르는 물에 깨끗이 씻어서 물기를 털어내고 준비한다. 상추 위에 깻잎을 포개고 손질한 당근, 도라지, 오이, 셀러리, 풋고추를 얹고서 꼭꼭 말아 미나리 줄기로 묶는다.

**3** **어슷 썰기** 미나리 줄기로 묶은 두군데의 가운데 부분에 칼을 대고 사선으로 어슷하게 자른다. 그래야 속재료의 단면이 많이 보여 훨씬 먹음직스럽게 보인다. 손으로 꼭꼭 누르면서 썰어야 흐트러지지 않는다.

**4** **양념된장 만들기** 볶은 참깨 ½컵을 믹서 또는 분마기에 넣어 곱게 갈아 다진 파, 마늘을 조금 넣고 된장 3큰술을 섞어 되직하게 갠다. 접시에 상추말이를 담고 양념된장을 곁들여 찍어 먹게 한다.

# 무말이 냉채

요리 / 안승춘

무 는 단맛과 매운맛을 함께 즐길 수 있는 재료다. 매운맛 때문에 육류와 생선의 비린내를 없애는 양념으로 쓰이기도 하며 주로 김치, 조림, 국, 장아찌 등에 이용된다. 시원한 맛이 입맛을 돋우기 때문에 여러 야채와 함께 냉채를 만들어 먹어도 독특한 맛이 있다.

## 재료 /4인분  121kcal  30

| | |
|---|---|
| 무 | ⅓개 |
| 쇠고기편육 | 100g |
| 오이 | 1개 |
| 배 | ½개 |
| 무순 | 50g |
| 붉은고추 | 2개 |

**무절임양념물**

| | |
|---|---|
| 식초 | 1큰술 |
| 설탕·소금 | 1큰술씩 |
| 물 | 1컵 |

**겨자초장**

| | |
|---|---|
| 겨자가루·다진 마늘 | 1큰술씩 |
| 끓인 물 | 1큰술 |
| 설탕 | 1½큰술 |
| 소금 | 1작은술 |
| 배즙 | 2큰술 |
| 레몬 | ½개(레몬즙은 2큰술) |

### Cooking Point

가늘게 채썬 무, 오이, 배를 겨자초장에 같이 버무려 내면 모양은 좀 덜하지만 냉채의 맛을 그대로 즐길 수 있어 좋다. 이때 모든 재료의 굵기와 길이를 비슷하게 채써는 것이 포인트다.

**1 무 썰기** 무는 굵기가 쭉 고른 것으로 준비해 수세미로 박박 문질러 껍질까지 벗겨지게 씻든지 혹은 필러로 얇게 껍질을 벗겨 0.3cm 정도로 얇고 둥글게 썬다.

**2 무절임 양념물에 무 절이기** 넓은 그릇에 물 1컵, 식초·설탕·소금 1큰술씩을 넣고 소금이 잘 녹아들도록 휘저어 준 다음 둥글게 저며 썬 무를 넣어 숨이 죽도록 절였다가 건져내어 물기를 없앤다.

**3 절인 무에 재료 넣어 싸기** 물기를 거둔 무를 펴 놓고 그 위에 채썬 편육, 막대썰기한 오이·붉은고추·배, 찬물에 헹군 무순을 순서대로 얹어 부채꼴 모양이 되게 싼다.

**4 그릇에 담아 내기** 편평하고 둥근 접시에 무말이 냉채를 가지런히 돌려 담은 후 겨자초장 재료를 골고루 섞어 그릇에 담고 접시 가운데에 곁들여 낸다.

### 쇠고기 편육 만들기

쇠고기 편육은 사태나 양지머리에 간장과 굵은 파를 넣어 푹 삶아 내면 된다. 좀 더 맛있게 만들려면 쇠고기 100g의 경우 실파 1뿌리, 마늘 1쪽, 청주 1큰술, 간장 1작은술, 통후추 10개를 넣고 20분 정도 삶아 건져 물을 한 번 끼얹은 후 식혀 놓는다.

# 생선·해물요리의 기초 & 기본요리

생선, 해조류, 어패류로 만든 요리는 참 맛있고 누구나 좋아하지만 막상 재료를 사서 음식을 만들려고 하면 괜히 어렵게 느껴진다. 내장을 어떻게 제거해야 하고, 토막은 어떻게 내며, 비늘은 어떻게 긁어야 하는지… 물론 요즘은 생선 가게에서 기본 손질을 대부분 해 주지만 그래도 자신이 기초 손질법을 알고 있어야 여러 가지 요리를 자신 있게 만들 수 있다. 생선, 해조류, 어패류는 어떤 요리를 하던지 기본 손질법이 같으므로 하나하나 체크하면서 배워 보자.

# 생선 손질하기

생선은 크기와 모양에 따라 또 어떤 음식 재료로 사용하느냐에 따라 손질 방법이 조금씩 달라진다. 하지만 어떤 경우에든
가장 중요한 것은 신선도를 유지하는 것이다. 필요 이상 여러번 씻는 것도 선도를 떨어뜨리게 되므로 되도록이면
빨리 씻고, 도마 위의 물기는 자주 닦아 낸다. 또 일단 칼을 댔으면 단숨에 원하는 모양으로 자를 수 있게
익숙해지는 게 필요하다.

## 비늘 벗기기 꼬리에서부터 머리 쪽을 향해 긁어낸다.

### 칼로 긁어낸다

**왼손으로 머리를** 꼭 잡고 비늘 방향과 반대로, 꼬리에서 머리를 향해 긁어낸다. 등, 배지느러미 쪽도 꼼꼼하게 긁어낸다.

### 무토막을 사용한다

**도미같이 비늘이** 단단한 생선은 무토막으로 문지르면 무에 생선 비늘이 꽂혀 주변에 덜 튀고 생선 살에 상처도 생기지 않는다.

### 필러를 이용한다

**비늘 벗기는** 전용도구가 따로 있기도 하지만 집에 있는 걸 이용할 때는 감자 껍질 벗기는 필러를 이용하면 쉽다.

생선 비늘은 머리에서부터 꼬리를 향해 붙어 있으므로 이 방향과는 반대로 꼬리에서 머리를 향해 긁어내야 쉽게 벗겨진다. 대개는 칼로 긁어내지만 큰 생선일 경우에는 전용 도구를 이용하면 쉽게 할 수 있다.

### 미끄러짐을 없앤다

**가자미나 넙치** 같이 미끄러지는 생선은 칼끝을 생선에 직각으로 세워 꼬리에서부터 머리를 향해 긁어내면서 미끄러지는 느낌과 비늘을 제거한다. 비늘이 없는 것 같아도 앞뒤로 모두 긁어내야 깨끗하다.

### 갈치는 은색 비늘을 긁어낸다

**갈치는 얼핏** 보면 비늘이 없는 것 같지만 은색으로 반짝이는 것을 칼끝으로 깨끗이 긁어내야 입안에서의 촉감이 좋다.

### 전갱이는 껍질째 없앤다

**전갱이의 경우** 몸 한가운데, 꼬리에서부터 길게 난 특수한 가시 같은 것은 비늘의 일종이다. 통째로 구울 때는 이 비늘을 칼로 도려내듯이 해서 껍질째 잘라낸다.

# 머리 자르기   요리 방법이나 생선 종류에 따라 자르는 방법이 다르다

## 똑바로 자르기

**1** 잔 생선은 가슴지느러미까지 똑바로 칼을 넣는다.

**2** 칼을 가슴지느러미 아래까지 대고 똑바로 힘을 주어 단숨에 자른다.

생선을 모양 그대로 살려서 굽거나 찜을 할 때 외에는 머리를 잘라낸다. 잘라낸 머리를 버리지 않고 조리에 사용할 경우나 석 장으로 포 뜨기를 할 때는 비스듬하게 자르는 편이 좋지만 잔 생선은 똑바로 자른다. 또 머리를 조리에 사용하지 않을 경우에는 머리에 붙어서 손실되는 부분을 최소로 줄이기 위해 뽀족하게 삼각형 모양으로 잘라 내기도 한다.

생선은 신선도가 생명인 만큼 자르고 나면 선도가 급속히 떨어지므로 신속하게 다음 작업을 연결하도록 한다.

## 비스듬하게 자르기

**1** **생선 머리**를 왼쪽에, 배가 앞쪽에 오게 놓고 손으로 머리를 꼭 누르면서 머리부터 가슴지느러미 밑에까지 비스듬하게 칼을 넣어 뼈까지 닿게 한다.

**2** **생선을 뒤집어서** 등이 앞으로 오게 하고 머리 부분에서부터 ①의 칼집에 맞춰 똑같이 칼집을 넣는다. 칼을 수직으로 세우는 것이 중요하다.

**3** ②의 칼이 뼈에 닿으면 칼등에 왼손을 올려 힘을 주면서 뼈를 눌러 자르면 머리가 쉽게 잘라진다.

# 내장·아가미 제거하기   생선 종류에 따라 방법이 달라진다

## 머리를 잘라낸 정어리

**1** **정어리는 꼬리를** 앞에, 배를 오른쪽에 오게 해서 놓은 다음 머리쪽에서 꼬리를 향해 배를 비스듬하게 자른다.

**2** **위쪽 살을** 들어올리고 칼끝으로 내장을 긁어낸다. 정어리처럼 배쪽 껍질이 단단한 생선에 잘 쓰는 방법이다.

아가미와 내장을 제거하는 방법은 크게 나누어 머리를 그냥 둔 채로 꺼내는 방법, 머리를 자르고 배에 칼집을 넣어 꺼내는 방법이 있다. 생선은 내장부터 상하기 시작한다. 따라서 생선 내장은 그냥 둔 채로 놔두면 선도가 점점 떨어진다. 당장 요리를 하지 않을 것이라 하더라도 사오면 곧 아가미와 내장을 제거한 후에 보관하도록 한다.

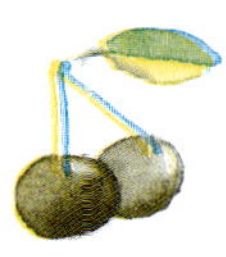

## 머리를 그냥 둔 전갱이

**1** **전갱이의 배가** 위로 오도록 왼손으로 누르면서 검지로 아가미 뚜껑을 벌리고 칼끝을 아가미 사이로 넣는다.

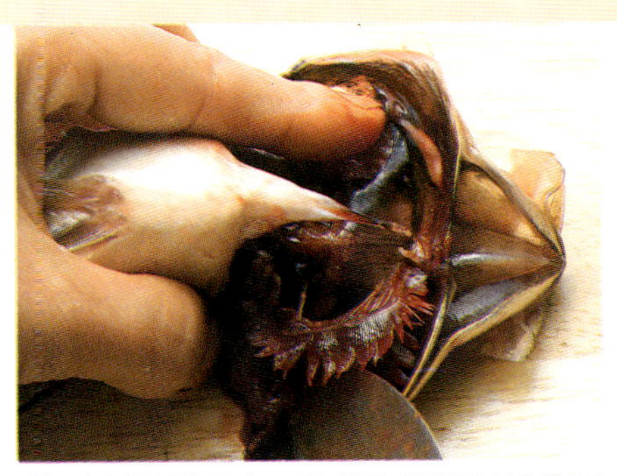

**2** **아가미를 칼에** 건 채로 끄집어낸다. 이때 칼을 넣은 쪽으로 전갱이를 약간 높히면 아가미가 쉽게 떼어진다.

**3** **머리를 오른쪽**, 배를 앞쪽에 오게 놓고 배에 칼집을 넣은 다음 칼끝으로 내장을 긁어낸다.

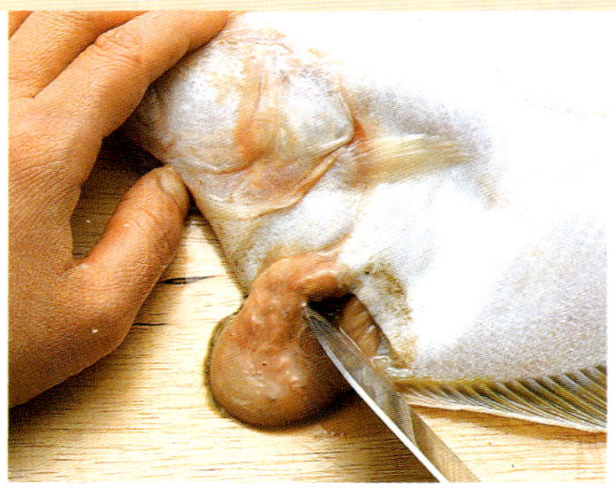

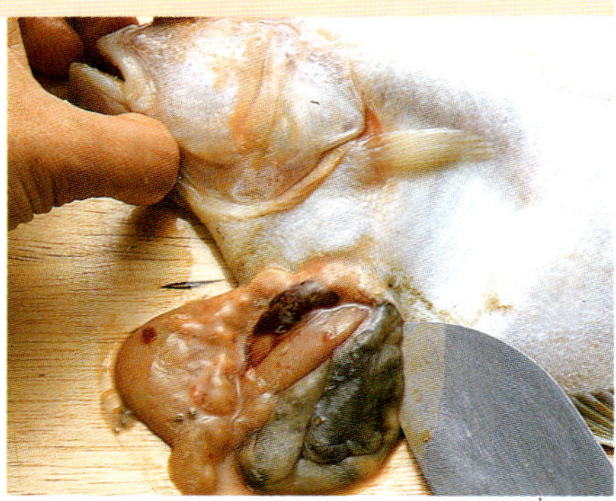

**1** **가자미는 하얀** 쪽 면이 위로 오게 놓고 가슴 지느러미 아래 배쪽에서 꼬리 쪽으로 3cm 정도 얕게 칼집을 낸다.

**2** **칼끝으로 내장을** 잡아당겨 조금 끌어낸다. 쓸개가 터지면 쓴맛이 나므로 필요 이상 칼로 후벼서는 안 된다.

**3** **가자미를 왼손으로** 조금 들어올리고 끌어낸 내장을 칼끝으로 살며시 빼나간다.

## 머리를 잘라낸 도미

**1** **도미 뿐만 아니라** 다른 생선도 3장 포뜨기를 할 때는 이 방법으로 내장을 제거한다. 머리를 잘라낸 부분에서부터 항문을 향해 배에 4~5cm 길이로 칼집을 넣는다.

**2** **왼손으로 칼집** 넣은 부분을 벌리듯 살을 들어올리고 칼끝으로 내장이 터지지 않게 주의하면서 재빨리 전부 빼낸다.

**3** **내장을 빼냈으면** 칼끝으로 가운데 뼈에 피가 붙어있는 곳에 군데군데 칼집을 넣는다. 이렇게 하면 피가 깨끗하게 씻겨진다.

# 씻기 바닷물 정도의 소금물에서 피와 더러움을 제거한다

## 나무젓가락으로 씻기

**잔 생선은** 나무젓가락 끝에 행주나 종이타월을 감아서 씻으면 구석구석까지 깨끗하게 씻을 수 있다.

아가미와 내장을 제거한 생선은 재빨리 물에 씻어서 피와 더러움을 제거한다. 맹물보다는 바닷물 정도의 소금물에 씻는 것이 더 좋다. 또한 뼈의 구석구석까지 엉겨붙은 피 찌꺼기를 깨끗이 닦아내야 비린내가 덜 난다.

## 손가락으로 씻기

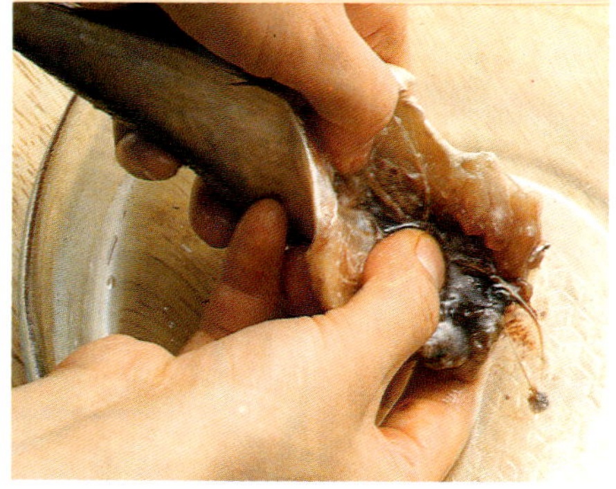

**가장 일반적인** 방법으로 어떤 생선에도 무난하다. 특히 살이 부드러운 생선은 손가락으로 긁어내듯 하면서 재빨리 씻는다.

## 칼끝으로 긁어내기

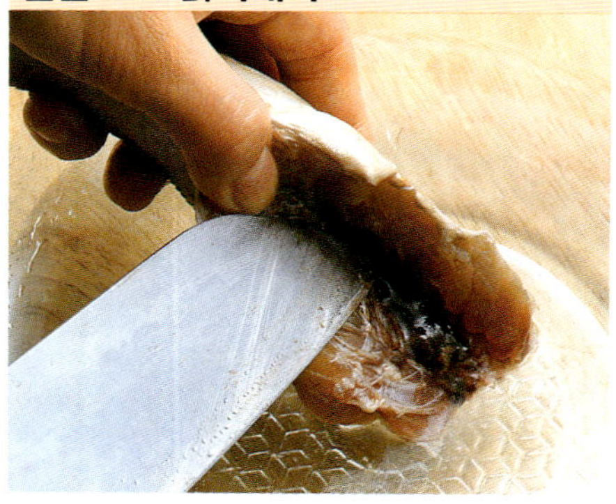

**가운데 뼈에** 엉겨붙은 피찌꺼기는 칼끝으로 파내듯이 긁어낸다. 살이 연한 생선보다는 단단한 생선에 적당한 방법이다.



### 생선 씻는 요령

비늘을 긁어낸 생선을 체에 담고 찬물을 확 끼얹으면 남아있던 비늘도 떨어져나가고 비린내도 없어진다. 도미처럼 비늘이 단단한 것은 두번쯤 반복한다. 깨끗이 씻은 생선은 체에 밭쳐 놓아 물기가 쏙 빠지게 한다. 씻은 생선을 바로 물이 빠지지 않는 그릇에 담아두면 물이 고여 비린내도 나고 신선도도 떨어진다.

# 3장 포뜨기 가운데 뼈를 두고 칼집을 배쪽에 넣어 가른다.

## 도미

생선의 가운데 뼈를 사이에 두고 뼈를 따라 위판과 아래판으로 자르는 방법으로 뼈 부분까지 모두 석 장으로 나누어진다. 생선살 포뜨는 방법 중에서 가장 많이 사용되는 방법이며 앞에서 설명한 대로 비늘, 내장, 머리를 제거하고 물로 씻은 후, 물기를 잘 닦고 나서 자른다.

**1** 내장을 꺼낼 때, 칼집 넣은 부분에 칼을 비스듬히 넣어 꼬리 부분까지 자른다.

**2** 배를 앞쪽에 오게 놓고 살을 들어올리면서 칼끝이 가운데 뼈 위에 닿는 느낌이 들 때까지 깊이 넣는다.



### 생선 머리를 음식에 사용하려면…

'어두육미'가 도미를 두고 한 말인 것처럼 잘라낸 도미 머리는 조리에 자주 이용된다. 그러나 머리를 음식에 이용할 때도 약간의 손질이 필요하다. 우선 입 끝, 주둥이를 뭉툭하게 잘라 버리고 사진에서처럼 아래 부분에 칼을 넣어 반 갈라서 사용한다.

**3** 차츰차츰 벌려서 그대로 꼬리까지 잘라 벌린다.

**4** 생선의 방향을 바꿔서 등이 앞쪽으로 오게 하고 같은 방법으로 조용히 잘라 벌려 나간다.

**5** 살 윗부분을 들어올리고 그대로 칼을 나가게 해서 조용히 뒤판을 떼어낸다. 꼬리 있는 부분에서 떼어내도록 한다.

**6** 뼈가 붙어 있는 몸판을 도마 위에 엎어 놓고 가운데 뼈 위쪽에 칼을 넣어 앞에서와 같은 요령으로 자른다.

## 자반고등어 씻기

**7** 살을 조심스럽게 들어 올리면서 잘라 나가 꼬리까지 몸이 떨어졌으면 꼬리 부분에서 자른다.

**8** 포를 뜬 몸판의 배 쪽에 붙어있는 뼈와 지저분한 것을 저며낸다. 칼을 약간 눕혀서 떼면 쉽다. 잔뼈도 뽑아낸다.

**소금간이 강한** 자반고등어는 쌀뜨물에 담가 짠맛을 적당히 우려낸다.

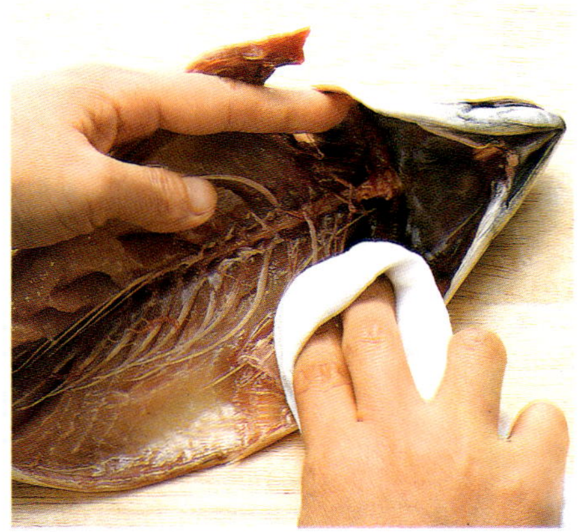

**1** 배에 칼집을 넣어 내장을 제거한 고등어는 깨끗한 행주로 핏기를 말끔히 눌러 닦는다.

**2** **머리를 똑바로,** 혹은 어슷하게 자른다. 좀더 쉽게 하려면 머리를 먼저 잘라낸 다음에 내장을 제거해도 상관없다.

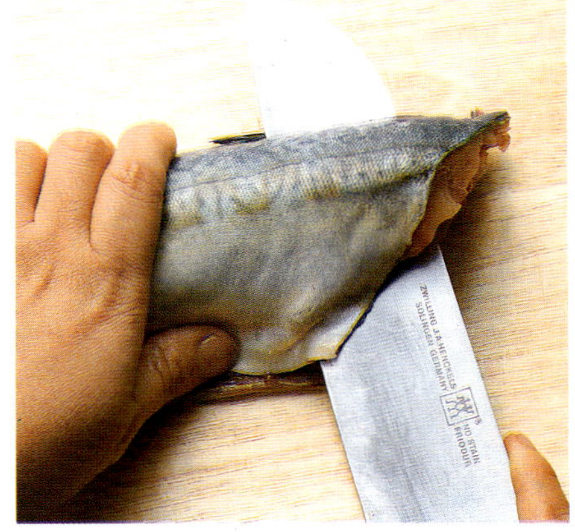

**3** **꼬리가 왼쪽,** 배가 앞쪽에 오도록 놓고 머리를 잘라낸 부분에 칼을 대고 잘라 나간다. 칼은 생선살에 **평행이** 되게 한다.

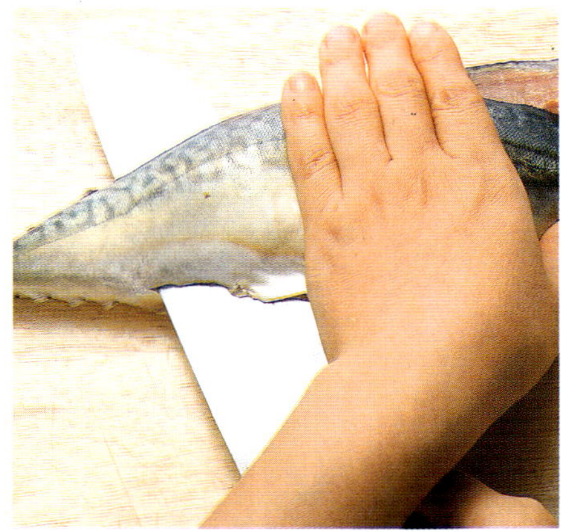

**4** **그대로 가운데** 뼈 부분 위를 따라 꼬리 쪽으로 칼이 나가도록 잘라 나간다. 왼손으로 머리 쪽 살을 누르면서 살며시 칼이 나가게 한다.

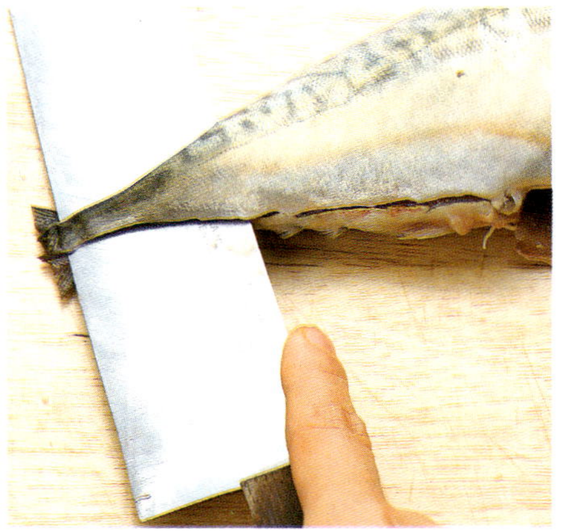

**5** **꼬리 부분까지** 갔으면 칼을 약간 위쪽으로 향하게 해서 몸판을 떼어낸다. 왼손은 계속 머리 쪽을 꼭 누른다. 이렇게 하면 가운데 뼈가 붙은 몸판과 붙어 있지 않은 **몸판으로** 나뉜다.

**6** **뼈가 붙은** 몸판을 사진과 같이 도마에 엎어 놓고 머리 쪽부터 가운데 뼈 부분 위로 칼을 넣어 가른다. 앞에서와 같은 요령으로 꼬리까지 단숨에 가른다.

---



# 신선한 생선을 고르는 요령

생선요리의 맛내기 포인트는 신선도. 재료가 좋아야 비린내도 없고 맛있다. 싱싱한 생선을 고를 줄 알면 생선요리의 반은 마스터한 셈이다.

**1. 몸의 형태를 살핀다** 손으로 들고 등쪽에서 보아 머리에서 꼬리까지 살이 쪄 있고 윤기가 있는 것이 맛이 좋은 생선이다.

**2. 빛깔과 광택을 본다** 신선한 생선은 싱싱하고 깨끗한 광택이 있다. 생선의 표면은 투명한 점액으로 덮여 있는데 선도가 떨어지면 이 점액은 유백색이 되고 광택이 없어진다. 토막낸 생선의 절단면이 솟아오르고 윤기가 있으면 갓 자른 것이다.

**3. 눈을 본다** 신선도가 좋은 생선의 눈은 맑고 앞으로 튀어나와 있으며 탄력이 있고 파르스름하다.

**4. 아가미를 본다** 아가미를 들춰보아 깨끗한 선홍색을 띠고 단단한 것이 신선하다.

**5. 배를 본다** 배 부분은 가볍게 눌러보아 단단하고 탄력있는 것이 신선하다.

**6. 항문을 본다** 꼬리지느러미 앞에 있는 항문에서 내장이 빠져나와 있거나 노란 즙액이 나와있는 것은 상했을 우려가 있다.

**7. 냄새를 맡아본다** 신선한 생선은 비린내가 없다. 좋지 않은 냄새가 나는 것은 부패가 시작되고 있는 것이므로 주의한다.

**8. 잔 생선은 배를 본다** 잔 생선은 큰 것에 비해 신선도가 떨어지는 속도가 빠르다. 배 부분이 엷은 갈색인 것은 내장이 상하기 시작한 것이므로 잘 살펴서 구입하도록 한다.

# 5장 포뜨기 넙치나 가자미같이 납작한 생선은 5장으로 포를 뜬다

## 가자미

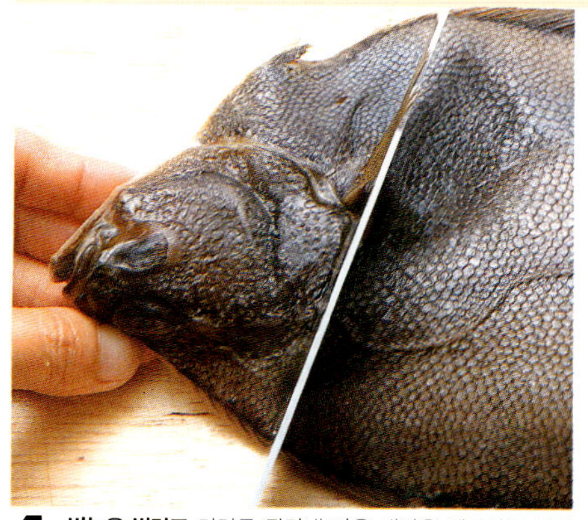

**1** **비늘을 벗기고** 머리를 잘라낸 다음 내장을 제거하고 깨끗이 씻어 물기를 닦는다.

**2** **검은색 몸판이** 위로 오게 하고 꼬리가 앞으로 오게 놓은 다음 꼬리에서부터 몸둘레 선을 따라 칼로 가른다.

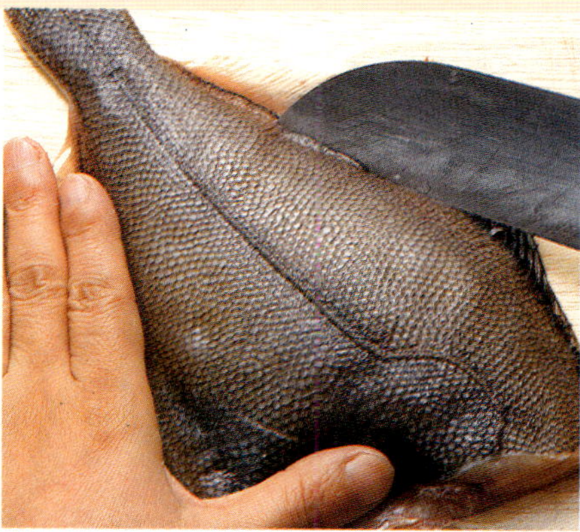

**3** **반대쪽도 그와** 마찬가지로 몸둘레 선을 따라 머리 부분까지 칼로 갈라 나간다.

**4** **가자미 중앙에** 선을 따라 길게 칼집을 넣는다. 칼끝이 가운데 뼈 부분까지 닿도록 하면서 꼬리까지 똑바로 자른다.

**5** **칼을 약간** 눕히는 듯한 느낌으로 사진에서처럼 칼을 깊이 넣어 갈라 간다.

**6** **몸판을 조금** 들어올리고 칼을 눕혀서 가운데 부분의 뼈를 따라 차츰차츰 떼어 나간다.

**7** **가자미의 방향을** 바꿔 꼬리가 반대쪽으로 가게 놓고 같은 요령으로 몸둘레선을 따라 몸판을 떼어낸다.

**8** **검은 쪽** 몸판을 2쪽으로 깨끗하게 떼어낸 상태

**9** **가운데 뼈가** 붙은 부분(8의 몸판)을 사진에서처럼 엎어 놓고 똑같은 요령으로 몸둘레 선을 따라 칼집을 넣어 간다.

**10** **반대쪽도 ⑨와** 같은 방법으로 해서 꼬리 끝에서 머리가 잘려 나간 부분까지 칼집을 내어 놓는다.

**11** **머리에서 꼬리를** 향해 몸 중앙에 똑바로 길게 칼집을 넣는다. 마찬가지로 칼끝이 뼈에 닿게 해서 자른다.

**12** **앞에서와 같은** 요령으로 몸판 2장을 떼어낸다. 꼬리에 똑바로 칼집을 낸 후 마지막 장을 떼어내면 깔끔하다.

# 벌리기 살이 연한 것은 손으로 벌린다

정어리나 꽁치같이 살이 부드러운 작은 생선은 칼을 사용하지 않고 손으로 벌리는 편이 간단하다. 손가락으로 가운데 뼈 부분을 더듬으면서 벌려 뼈만 제거하기 때문에 뼈 부분에 생선살이 붙어 나가는 일이 없어 손실이 없다.

살만 발라내어 으깨서 완자를 빚거나 혹은, 꽁치말이튀김 같은 것을 할 때 이용해 봄직한 방법이다.

**1** 머리를 잘라내고 내장을 제거한 다음 깨끗이 씻어 물기를 닦는다.

**2** 배 쪽에 엄지손가락을 넣고 머리에서 꼬리까지 눌러가면서 벌린다. 잘 안 되면 처음만 칼끝이나 가위로 자른다.

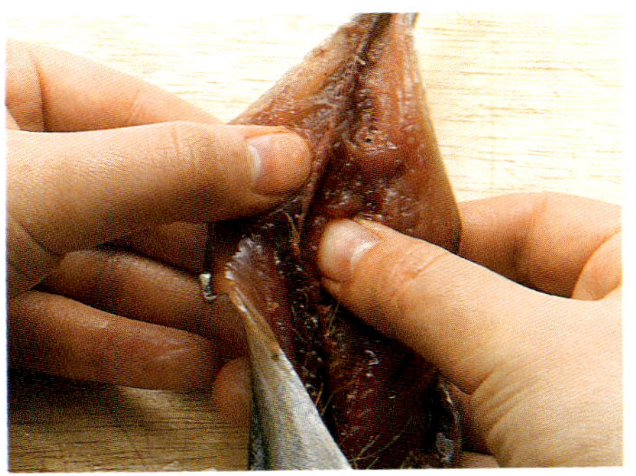

**3** 왼손으로 몸을 열듯 들고 오른손 엄지손가락으로 뼈 부분을 더듬으면서 몸판을 뼈에서 벌어지게 한다.

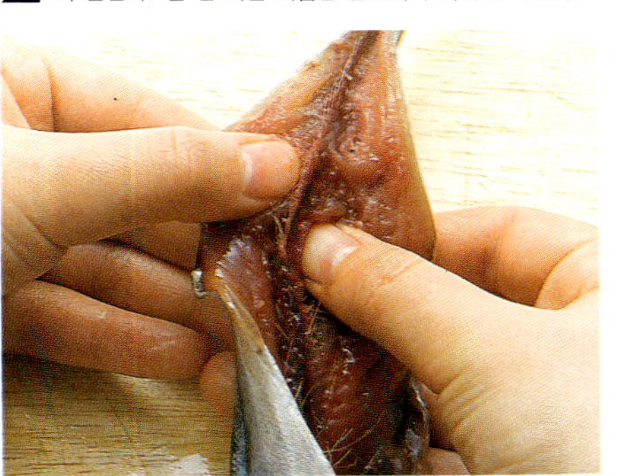

**4** 계속 손가락으로 눌러나가 반대쪽 몸판도 가운데 뼈에서 떨어지게 한다. 꼬리 부분은 벌리기 쉽게 꼬리까지 깊숙하게 손가락을 넣어 벌려 둔다.

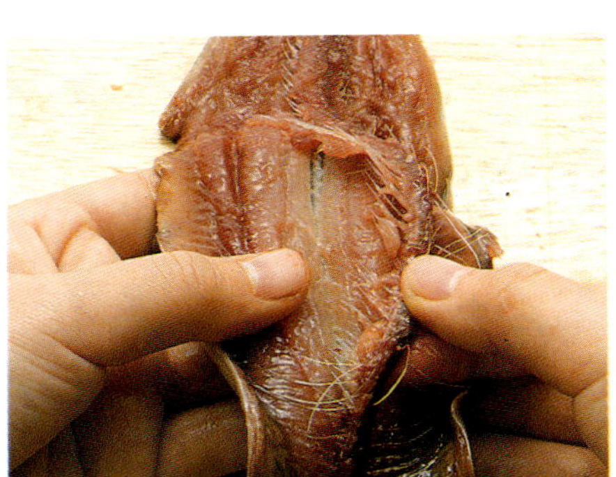

**5** 몸판에 붙었던 가운데 뼈 부분이 전부 떨어졌으면 몸을 등 껍질에 거의 닿을 때까지 벌린 다음 오른손 둘째 손가락을 가운데 뼈 아래에 밀어 넣어 천천히 뼈를 들어올려 떼낸다.

**6** 꼬리 쪽 부분은 손가락으로 꺾어서 가운데 뼈를 몸판에서부터 떼낸다. 요리에 따라서는 꼬리를 함께 떼내기도 한다.

**7** 배 부분의 잔 가시는 검은 껍질째 칼로 저며낸다. 칼을 약간 눕혀서 집어 넣은 다음 세워서 똑바로 자르면 된다.

# 말리기 등에서 꼬리까지 칼집을 넣어 벌린다

**1** 꽁치의 아가미 뚜껑에 칼끝을 집어넣어 아가미와 내장을 끌어낸 다음 깨끗이 씻고 물기를 닦아낸다.

**2** 머리에서부터 등에 칼을 집어 넣어 가운데 뼈를 따라 꼬리까지 가르면서 벌려간다.

**3** 뼈가 붙어 있지 않은 몸판이 위로 오게 놓고 머리에 뼈가 닿는 느낌이 들 때까지 칼집을 넣어 몸판을 좌우로 벌린다.

# 토막내기 조리 방법에 따라 똑바로 또는 어슷썬다.

### 똑바로 썰기

**머리와 내장을** 제거하고 물에 씻은 후 물기를 닦는다. 꼬리가 왼쪽에 오게 놓고 칼을 똑바로 대고 2~3cm 두께로 썬다.

**똑바로 토막낸** 생선의 단면. 신선한 것, 방금 토막낸 것은 단면이 볼록하고 윤기가 있다.

### 어슷썰기

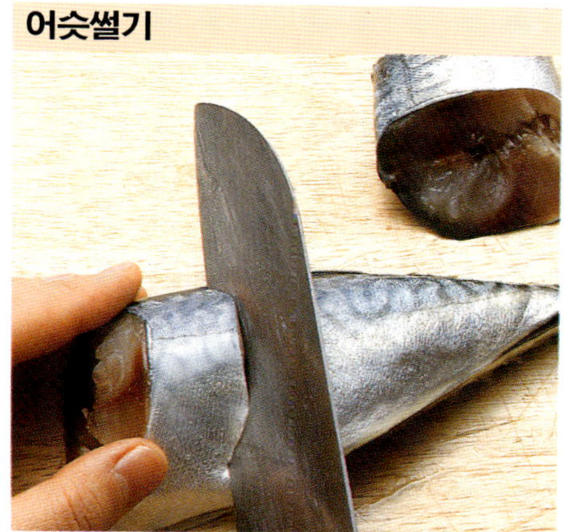

**칼을 옆으로** 비스듬히 눕혀서 자르는 방법. 이때는 꼬리가 오른쪽에 오게 놓는 게 편하다. 단면적이 넓어져 생선조림을 할 때 이렇게 썰면 간이 더 잘 밴다. 포뜬 생선도 저미듯이 어슷썬다.

# 잔뼈 제거하기 포 뜬 후에도 남은 가시와 뼈를 제거한다

**1** **도미의 배** 부분에 남아 있는 가시는 칼로 잘라낸다. 고등어도 마찬가지다.

**2** **고등어의 몸** 가운데에 남아 있는 잔 가시는 손이나 도구를 이용해 하나씩 뽑아낸다.

**3** **포 뜬** 몸판의 배쪽에 남아있는 잔가시는 지저분한 것과 함께 칼을 눕혀서 저며낸다.

# 껍질 벗기기 잔생선은 손으로 생선회는 칼로 벗긴다

### 전갱이

**손으로 벗긴다** 전갱이, 정어리 같은 잔생선은 머리 쪽부터 손으로 살며시 잡아당기면서 벗긴다. 식초에 담그면 한결 쉽게 벗길 수 있다.

### 가자미

**역시 손으로** 벗긴다. 끝 부분을 칼로 들춘 후에 손으로 쭉 잡아당기면 아주 깨끗하게 벗겨진다. 머리째 조리할 경우는 머리 부쿤에 칼집을 넣은 후에 벗긴다.

### 껍질 벗기기 포인트

요리에 따라서는 생선살만 이용하는 경우가 있다. 이럴 때 잔생선은 손으로 껍질을 벗기기도 하지만 생선회용은 칼로 벗긴다.

# 오징어·낙지

음식 재료로 많이 이용되는 오징어, 낙지, 조개, 굴 등 연체동물에 해당하는 해산물은 생선과 조금 다른 손질법이 필요하다.
내장을 제거하는 방법도 다르고 껍질을 벗기는 방법도 다르다. 더구나 뼈가 없이 흐느적거리기 때문에 다루기에도 요령이
필요하다. 조개나 굴도 껍질째 사용하는 경우가 많으므로 깨끗이 손질하여 음식을
만들 수 있도록 그 기본 손질법을 익혀 두자.

## 오징어 껍질 벗기기와 내장 빼내기가 기본 손질이다

오징어는 요리의 응용 범위가 아주 넓다. 날
것은 회로 먹기도 하지만 조림, 볶음, 찜, 튀
김, 찌개, 전골 등 어떠한 조리법에도 잘 맞는
재료다.

요리의 종류마다 손질법이 조금씩 다르지만
기본 손질법은 역시 껍질 벗기기와 내장 떼어
내기. 신선한 것일수록 껍질이 쉽게 벗겨지고
투명한 느낌이 나며 검은 반점이 선명하다.

경우에 따라서는 껍질이 붙은 채 사용하기도
하고 먹통이나 내장도 요리에 이용하기도 하
므로 용도에 따라 손질법을 자세히 소개한다.

**1** **우선 몸통과** 다리가 붙어있는 아래부분에 손가락을 집어
넣어 가만히 내장이 붙은 부분을 떼어낸다.

**2** **몸통 안에서** 떨어진 느낌이 들면 다리 쪽을 잡고서 내장이
터지지 않게 조심하면서 쑥 잡아당긴다.

**3** **몸통 속에** 남아 있는 연골을 뺀 다음 흐르는 물에서 몸통
속을 깨끗이 씻어낸다.

**4** **몸통과 귀가** 붙은 부분을 손가락으로 가만히 떼어낸다.

**5** **왼손은 몸통** 끝을 꽉 붙잡고 오른손으로 귀를 잡은 채 쭉
잡아당겨 귀가 달려 있는 채 몸통 가운데 부분의 껍질을 벗
긴다.

**6** **귀를 몸통에서** 잘라내어 껍질을 벗기고 몸통에 남아 있는
껍질도 벗긴다. 소금이나 종이타월을 이용하면 쉽다.

**7** 눈을 칼끝으로 도려낸다.

**8** **다리를 뒤집어서** 다리 안쪽에 붙어 있는 단단한 빨판을 엄
지손가락으로 꾹 눌러 제거한다.

**9** 다리에 붙어 있는 동글동글한 흡판을 칼로 긁어낸다.

**눈 바로** 위를 잘라 다리와 내장을 분리한다. 내장 역시 요리에 이용할 때는 터지지 않게 주의한다.

**다리와 함께** 빼낸 내장의 얇은 막에 붙어있는 검은 끈 모양의 먹통을 손가락으로 조용히 떼어낸다. 흔한 일은 아니지만 먹통을 요리에 이용할 경우에는 꼭 필요한 손질법이다.

# 오징어 모양내어 썰기 칼집 넣는 방법에 따라 모양이 달라진다

## 솔방울 모양 썰기

솔방울 모양이 돋보이는 중국식 오징어 볶음 한 접시

오징어 요리를 할 때 꼭 알아두어야 할 것 중 하나가 바로 모양 썰기다. 그냥 네모 반듯하게 써는 것보다 칼집을 넣으면 썰기도 편하고 모양도 훨씬 돋보인다. 칼집 넣는 방법에 따라 달라지는 여러가지 모양 썰기를 배워 보자.

**1** **손질해서 껍질을** 벗긴 오징어의 몸통 안쪽에 사선으로 촘촘하게 칼집을 넣는다.

**2** **①의 칼집과** 엇갈리게 사선으로 칼집을 넣는다. 간격이 일정해야 모양이 예쁘다.

**3** **크기에 따라 길이로** 2~3등분한 다음 먹기 좋은 크기로 네모지게 썬다. 열을 받으면 솔방울 모양이 두드러진다.

## 고리 모양 썰기

오징어를 통째 손질해 링 모양으로 썰어 튀긴 후 새콤달콤한 소스를 뿌린 오징어 마리네

**통째로 손질해** 내장을 빼내고 몸통 속을 깨끗이 씻은 후 원통 모양을 살려 1cm 두께로 썬다. 튀김, 조림 등에 자주 이용된다.

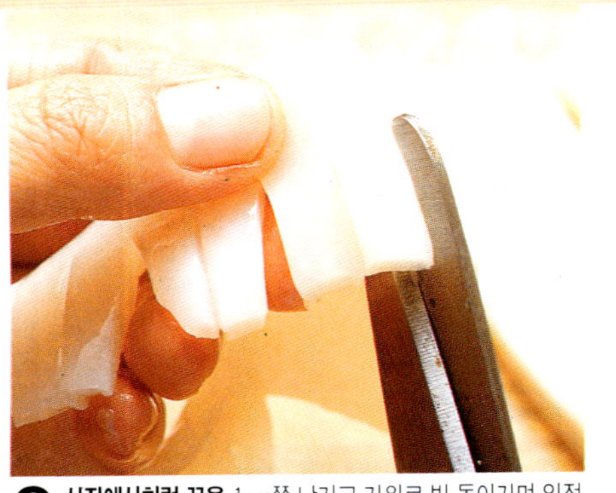

**1** **해바라기 모양** 썰기에는 약간 작은 오징어가 적당하다. 통째 손질한 오징어를 3cm 두께의 고리 모양으로 썬다.

**2** **사진에서처럼** 끝을 1cm쯤 남기고 가위로 빙 돌아가며 일정한 간격으로 가위집을 넣는다.

**3** **팔팔 끓는** 물에 소금을 조금 넣고 살짝 데친다.

**1** **손질한 몸통의** 안쪽 면에 세로로 길게 칼집을 넣는다.

**2** **①의 칼집과 서로** 교차되게 오징어를 90도 돌려 놓고 가로로 저미듯이 칼집을 넣는다.

**3** **알맞은 크기로** 썬다. 2번 칼집을 넣어 자르고 3~4번 칼집을 넣어 자른다.

# 갑오징어 몸을 펼쳐서 등뼈를 빼낸다

**1** **칼끝이 등뼈에** 닿도록 대고 등뼈 한가운데 길게 칼집을 넣는다. 등뼈 양쪽에 칼집을 넣어서 등뼈를 빼내도 쉽다.

**2** **몸통 밑에** 손가락을 집어넣어 등뼈를 아래에서부터 밀어올리듯 해서 몸체에서 떼어낸다.

**3** **내장과 몸통** 사이에 손가락을 넣어서 내장을 잡아당겨 떼어낸다.

**4** **재빨리 흐르는** 물에 씻어서 물기를 빼고 몸통 껍질을 벗긴다. 미끄러우면 소금을 바르거나 행주를 이용하면 쉽다.

**5** **눈 바로** 밑에 칼을 대서 내장과 다리를 자른다.

**6** **오징어와 마찬가지로** 눈을 칼로 도려내고 다리 안쪽에 있는 단단한 빨판을 엄지손가락으로 눌러 제거한다.

# 낙지 소금을 듬뿍 뿌려 미끈거리는 것이 없어질 때까지 주물러 씻는다

오징어와 다른 점은 몸통 가운데 단단한 등뼈가 있다는 것. 등뼈만 제거하고 나면 다른 손질법은 오징어와 똑같다. 다만 갑오징어는 몸을 펼쳐서 등뼈를 제거하고 사용하기 때문에 둥글게 써는 요리는 할 수 없다.

### 포인트

다리 표면의 끈적거리는 것 속에는 바다 속의 오염물이 섞여 있기 때문에 깨끗하게 제거하는 것이 중요하다.

큰 그릇에 담아 소금을 듬뿍 뿌려서 바락바락 주무르면 처음엔 거품이 많이 생기다가 차츰 거품도 생기지 않고 미끈거리는 느낌이 없어지게 된다. 그러면 깨끗한 물에 헹구어서 알맞은 크기로 잘라 사용한다.

## 손질하기

**1** 낙지 머리를 조금 젖히고 내장이 붙은 부분을 칼로 자른다. 막이 몇 겹씩 되므로 주의깊게 잘라야 한다.

**2** 먹통이 터지지 않게 조심하면서 머리 가운데에 길게 칼집을 넣는다.

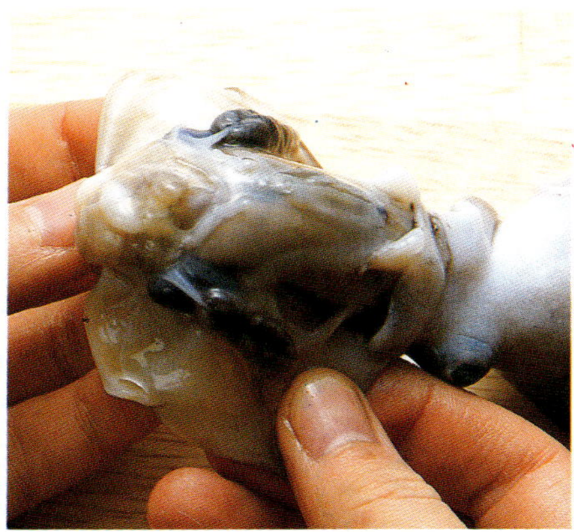

**3** 머리를 양쪽으로 잡고 뒤로 젖히듯이 펼친다.

**4** 칼끝을 이용해 머리와 내장을 연결하는 막을 조심스럽게 잘라낸다.

**5** 내장의 연결 막을 잘라내 둥근 공 모양의 내장을 꺼내 칼로 깨끗하게 잘라낸다.

**6** 눈을 도려내고 다리 안쪽의 빨판도 엄지손가락으로 눌러 빼낸다.

**7** 그릇에 넣고 소금을 듬뿍 뿌려 진이 나도록 주물러 씻어 미끈거리는 것을 없앤다.



### 낙지는 겨울에 제맛이 난다

고단백·저지방으로 피로회복에 뛰어난 효과가 있다고 알려진 낙지. 살짝 데쳐서 회로 먹거나 볶음, 전골 등을 해먹으면 쫄깃쫄깃한 맛이 일품이어서 누구에게나 사랑받는다.

원래 제철은 겨울이지만 최근에는 원양업으로 들여온 낙지가 많아 계절에 관계없이 먹을 수 있다. 하지만 원양어업으로 잡은 것보다는 근해에서 잡은 것이 맛이 더욱 좋다. 흡판이 전체적으로 흰 곳이 없이 붉은 빛을 띤 것이 근해에서 잡은 것이다.

흡판을 눌러 보아 단단한지, 껍질이 제대로 붙었는지 꼼꼼하게 살펴서 물좋은 낙지를 고르도록 한다.

---



## 소라 손질하기

껍질 속에 들어있는 살아있는 소라는 칼끝을 집어넣고 살살 돌려 살을 빼낸다. 하지만 쉽게 잘 빠지지 않는 경우도 있는데 이럴 때는 끓는 물에 살짝 데쳐서 빼면 잘 빠진다. 요즘엔 살만 발라내어 파는 경우도 많으므로 이들 소라의 손질법을 알아두자.

**1** 생 것이든 삶은 것이든 검은 홈에 소금을 뿌리고 깨끗이 문질러 씻는다.

**2** 엄지손가락으로 꾹 눌러 검은 내장을 제거한다. 그래야 씁쓸하지 않다.

**3** 소라살도 다소 질긴 편이다. 썰 때는 사선으로 어슷하게 자르는게 요령이다.

# 조개·굴·전복의 기본 테크닉

조개류의 손질 중에서 가장 중요한 것은 해감을 완전히 토해 내게 하는 것이다. 그렇지 않으면 지글거리고 비린내도 난다.
특히 모시조개는 껍질째 쓰는 경우가 많으므로 더욱 신경을 써야 한다.
국물을 낼 것은 체에 고운 면 행주를 깔고 한번 걸러내서 찌꺼기가 없게 한다. 한편 조갯살이나 굴처럼 껍질을
벗겨놓은 것은 상처 나기 쉽고 세균이 번식하기도 쉽기 때문에 손으로 너무 주물러
씻으면 좋지 않다. 체에 담아 살살 흔들어 씻고 되도록이면
재빨리 손질해야 신선도를 유지할 수 있다.

## 모시조개·바지락·패주·굴 모시조개는 소금물에, 바지락은 맹물에 담가 해감시킨다

### 해감시키기

**1** 한번 깨끗이 씻어서 체에 밭친 후 바닷물 정도의 소금물에 넣고 신문지를 덮거나, 어두운 곳에 반나절 정도 둔다.

**2** 도중에 체를 조용히 들어올려 보아 소금물이 지나치게 더러우면 새로운 소금물로 갈아서 다시 해감을 토하게 한다.

**3** 조리하기 직전에 소금물을 빼고 손으로 껍질과 껍질이 서로 부딪히도록 잘 씻는다. 덜 씻으면 비린내가 남는다.

### 조갯국물 끓이기

**1** 조개는 찬물에서부터 넣고 끓인다.

**2** 도중에 떠오르는 거품은 걷어내고 조개가 입을 벌리면 다 끓여진 상태다.

**3** 체에 고운 면보를 깔고 한번 걸러내야 국물이 깨끗하다.

### 조갯살 씻기

**1** 조갯살은 상처나기 쉽다. 손으로 주물러 씻지 말고 성긴 체에 담은 채로 소금물에 살살 흔들어 씻어 물기를 뺀다.

**2** 엄지 손가락으로 꾹 눌러 검은 내장을 빼낸다.

### 바지락 손질하기

**바지락은** 맹물에서 해감을 토해 내게 한다. 성긴 체에 담아서 물에 담아 신문지를 덮어 둔다. 도중에 몇 번이고 물을 갈아 준다.

## 패주 손질하기

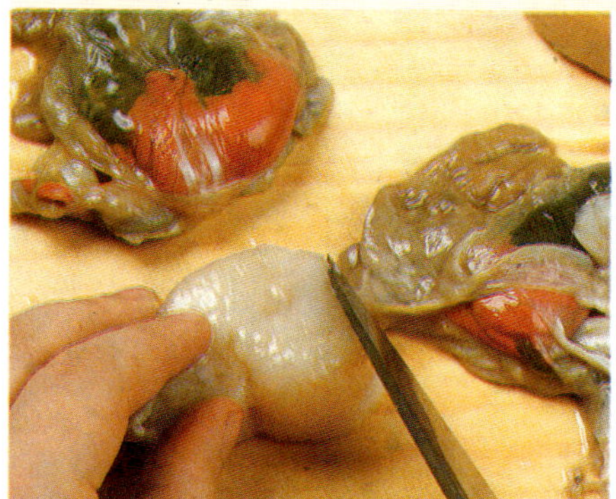

**1** 너덜너덜하게 붙어있는 내장을 칼로 잘라낸다.

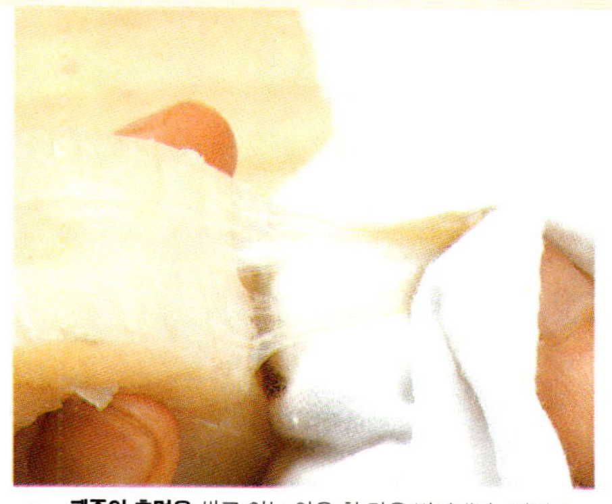

**2** 패주의 측면을 싸고 있는 얇은 흰 막을 벗겨낸다. 이것째 그 냥 조리하면 질기다. 마른 행주로 붙잡고 하면 쉽다.

**3** 가장 많이 사용되는 썰기 방법. 모양 그대로를 살려 0.2~ 0.3cm 두께로 썬다.

**4** 통째로 조리할 때는 윗면에 사방으로 칼집을 넣는다. 그러 면 모양도 좋고 열이 잘 전달되어 속까지 쉽게 익는다.

## 굴 씻기

**1** 굴은 무즙 속에 넣어서 무즙이 거므스레하게 될 때까지 가 볍게 주물러 더러움을 제거한다.

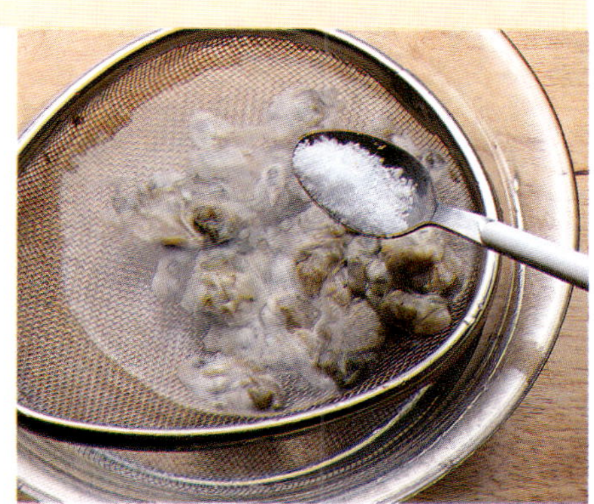

**2** 흐르는 물에서 재빨리 무즙으로 씻어내고 체에 밭쳐 소금 물에 살살 흔들어 씻어 물기를 뺀다.

# 전복 생 전복은 소금으로 문질러 미끈거리는 것을 없앤다

**1** 전복 살 부분에 소금을 뿌리고 솔로 문질러 표면의 더러움 을 없애고 신속하게 물로 씻은 다음 물기를 닦는다.

**2** 껍질 밑에 행주를 깔고 왼손으로 전복을 누르면서 껍질이 얇은 쪽에서부터 칼끝을 집어 넣고 위아래로 움직인다.

**3** 전복살과 껍질 사이에 틈새가 생겼으면 손으로 조심스럽게 살을 떼어낸다. 잘 안 떼어지면 살짝 데쳐서 손질한다.

**4** 전복 살의 안쪽 면이 위로 오게 놓고 몸에 붙은 내장에 칼 끝을 대고 손으로 내장을 살살 잡아당겨 떼어낸다.

**5** 살 주변의 주름 모양 부분은 단단하므로 칼로 긁어낸다.

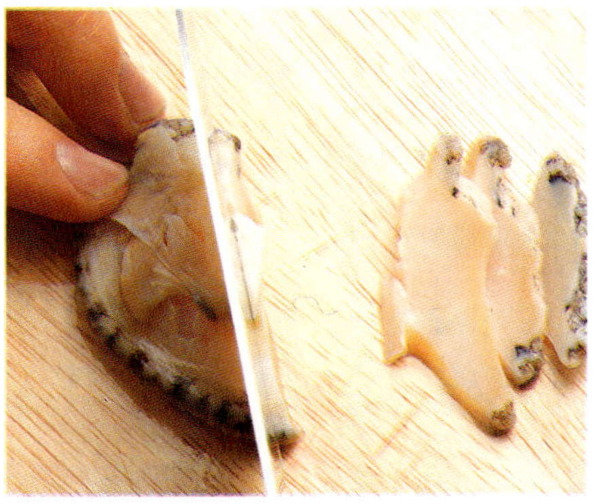

**6** 전복을 썰 때는 사선 방향으로 놓고 썬다. 똑바로 썰면 전 복 살의 조직 방향 때문에 다소 질기다.

# 새우  반드시 내장을 제거해야 쓴맛이 없다

어른, 아이 할 것 없이 누구나 좋아하는 새우 요리. 익으면 껍질이 빨갛게 되어 더욱 먹음직스러워 보이고, 또 특유의 풍미와 달착지근한 감칠맛이 입맛을 돋운다. 새우 손질에서 중요한 것은 등에서 내장을 제거하는 것. 그리고 특별히 튀김을 할 때는 꼬리 쪽의 물집샘을 제거해야 기름이 튀지 않는다. 다만 한 가지 보탠다면 여러 가지 요리마다 그에 맞게 껍질 벗기기와 칼집 넣는 요령 등을 배워 두면 좋겠다.

## 손질하기

**1** 물에 **소금** 조금을 넣은 후 새우를 살살 흔들어 씻는다. 손질한 새우살을 산 경우에도 소금물에 살살 씻어서 쓴다.

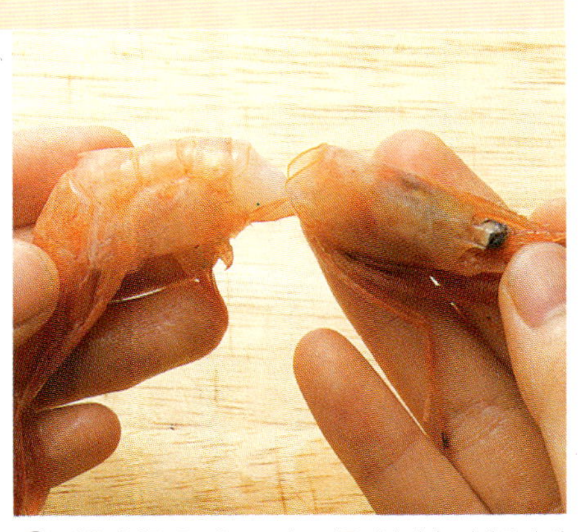

**2** **새우 머리를** 오른손으로 잡고 비틀어서 뗀다. 이때 등의 내장이 같이 나오기도 하는데 그렇지 않으면 꼬치로 **뺀다**.

**3** **껍질을 한 마디씩** 벗겨 나간다. 꼬리 모양을 살려서 조리할 때는 꼬리 앞의 한 마디는 껍질을 남겨 둔다.

## 물집샘 제거하기

**1** **꼬리 바로** 위 삼각형 모양으로 생긴 뾰족한 부분은 물이 고여 있는 곳이다. 가위로 잘라버리도록 한다.

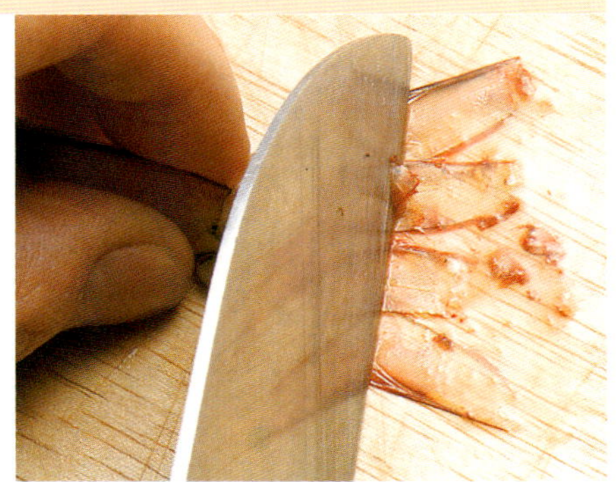

**2** **꼬리 끝에도** 검붉은 색의 물이 고여 있다. 도마에 대고 칼끝으로 말끔히 긁어낸다.

## 등 벌리기

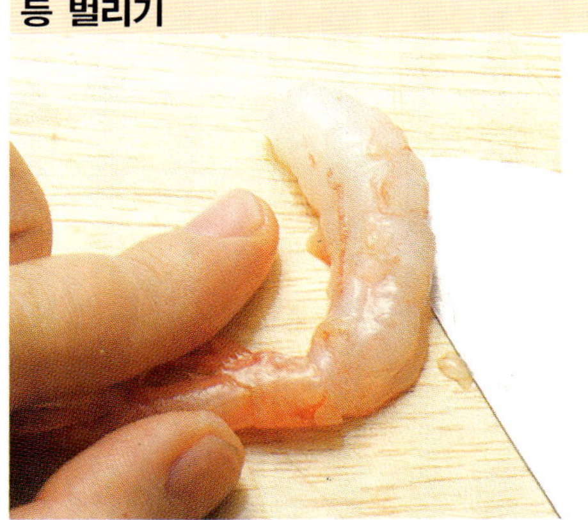

**1** **중국 요리에서** 곧잘 사용하는 방법. 머리를 떼고 등에서 꼬리 바로 윗부분까지 칼집을 넣는다.

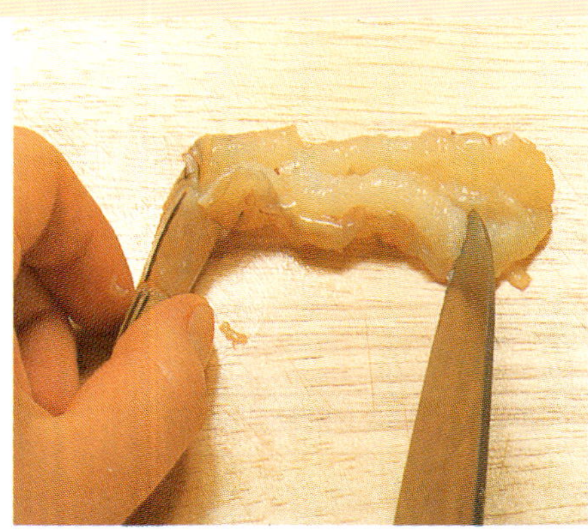

**2** **칼집 넣은** 등을 가만히 벌려 놓고 칼끝으로 살며시 두들겨 펴서 반듯하게 모양을 다듬는다.

## 배에 칼집 넣기

**3** **손질이 끝난** 모양.

**새우는 익으면** 몸이 동그랗게 휘어진다. 조리 후에도 몸이 반듯하게 되길 원하면 손질 후 배 쪽에 3~4군데 얕게 칼집을 넣는다.



## 마른새우 손질하기

조리 전 기름을 두르지 않은 팬에 살짝 볶거나 혹은 체에 담아 흔들면 수염이나 부스러기들을 쉽게 제거할 수 있다. 마른 새우는 타기 쉬우므로 조리할 때는 타지 않게 불조절을 잘한다.

1 **새우 등이** 둥글게 되도록 들고 세번째와 네번째 등 마디 사이로 이쑤시개를 찔러 넣어 실 같은 검은 내장을 빼낸다.

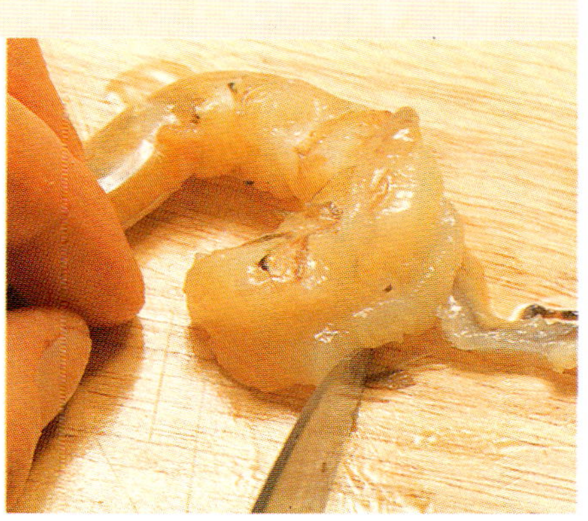

2 **등에 칼집을** 넣어서 펼친 모양으로 요리할 때는 등에 칼집 을 넣은 다음 칼끝으로 내장을 끄집어 낸다.

# 게 껍질째 조리하므로 구석구석 깨끗이 씻는다

특히 게장을 담글 때는 살아있는 신선한 것 이라야 맛있다. 일단 토막을 친 게는 살에 물이 닿으면 맛이 떨어지므로 재빨리 손질해야 하며 구석구석 깨끗이 씻도록 한다.

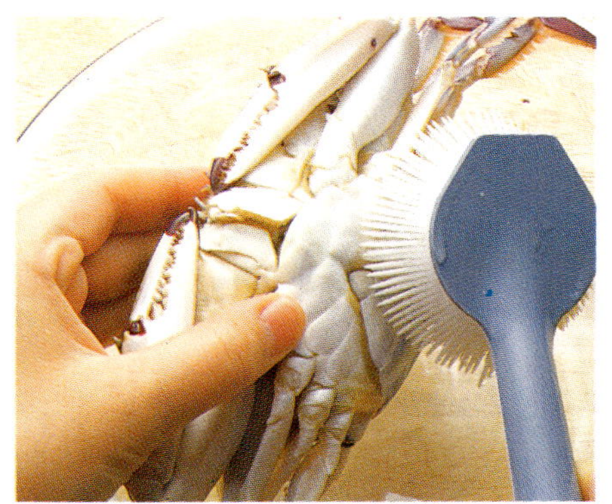

1 **솔을 이용해** 깨끗이 문질러 씻는다. 특히 몸체와 다리가 연 결되는 부분, 구석구석까지도 깨끗이 씻도록 한다.

2 **배 쪽에** 삼각형 모양으로 생긴 부분에 엄지손가락을 넣고 들어 올려서 등딱지를 떼낸다.

3 **몸 좌우에** 있는 가늘고 긴 아가미를 손으로 모두 떼어낸다. 아가미를 떼어내고 난 자리에 모래 같은 찌꺼기가 있을 때 는 젓가락 끝에 깨끗한 행주를 감아서 깨끗이 닦아낸다.

4 **게를 자를** 때는 요령이 필요하다. 야채나 고기 썰듯하면 껍 질 속에 든 살만 자꾸 삐져나오고 잘 잘라지지 않는다. 위 에서 힘있게 내리치듯 단번에 자르도록 한다.

5 **게 발의** 끝 부분을 잘라낸다. 불필요한 양념만 흡수할 뿐 이다. 칼보다는 가위로 자르는 편이 쉽다.

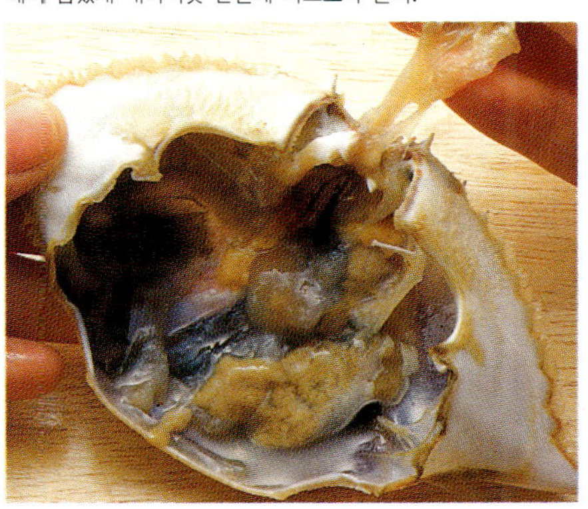

6 **집게발가락의** 껍질은 꽤 단단해서 먹기가 불편하다. 조리 전에 칼등이나 망치로 살살 두들겨 연하게 해두면 먹기도 편하고 간도 잘 밴다.

7 **등딱지 속에** 모래주머니, 지저분한 내장 등을 제거해야 지 금거리지 않는다. 내장처럼 보인다고 모두 먹는 게 아니 므로 손질에 신경을 쓴다.

8 **등 딱지의** 양쪽 옆 뾰족한 부분에 들어 있는 것은 젓가락으 로 파내어 한데 모은다.

# 해조류 다루기의 기본 테크닉

지방과 열량이 적어 다이어트 식품으로 환영받는 해조류. 생 것, 염장품, 건조시킨 것 등이 있으며
손질법도 조금씩 다르다. 특히 염장품은 소금기를 잘 빼주는 것이 중요하며 말린 해조류는 젖은 행주로 먼지를
닦아낸 후 찬물에 불려 사용하고 생해조류는 소금물에 씻어 건져 물기를 뺀 후 사용한다.

## 파래

**1** 생파래는 먼저 소금을 조금 넣고 바락바락 주무른다.

**2** 체에 담은 채 흐르는 물, 또는 많은 양의 물 속에 넣고 흔들어 씻는다. 그냥 씻다 보면 손실되는 양이 **많아진다.**

## 건미역

**1** 부드럽게 불려서 사용한다. 물을 듬뿍 부어 그대로 10~15분쯤 두면 양이 약 14배로 불어나므로 양을 잘 가늠한다.

**2** 물이 맑아질 때까지 여러 번 주물러 씻는다. 대충 한두 번 씻어서 국을 끓이면 비릿한 냄새도 나고 맛도 덜하다.

## 다시마

**1** 말린 다시마는 물에 적셔서 꼭 짠 행주로 표면의 더러움을 가볍게 닦아내고 쓴다. 물에 씻으면 맛이 달아난다.

**2** 염장된 쌈다시마는 우선 겉에 보이는 소금을 말끔히 씻어낸다.

**3** 물에 **20~30분** 정도 담가 두어 짠맛을 충분히 우려낸 후 상에 낸다. 조금 떼어 먹어 보면 알 수 있다.

김·미역·파래·다시마·해파리 등이 해조류로 분류되는데 이들 식품은 모두 건강 식품으로 알려져 있어 점점 더 음식 재료로 많이 이용되고 있다.

해조류 안에는 양질의 단백질과 비타민, 철분, 칼슘, 인, 카로틴, 식물성 섬유 등이 균형있게 들어 있기 때문이다.

특히 미역은 칼슘과 요오드가 풍부하여 산후 자궁수축과 지혈을 돕고 뼈와 이를 튼튼하게 하여 산후 몸조리 음식으로 옛부터 우리가 먹어오던 재료다. 그러나 미역 안에는 미끈거리는 성분이 있으므로 반드시 주물러 씻어내고 음식을 만들어야 한다. 미역은 반드시 밑손질이 필요한 재료다.

*POINT 1* 건조제품으로 된 김처럼 그대로 조리하는 해조류도 있지만 대체로 말린 것은 찬물에 불려서 부드럽게 밑손질해서 사용하고 염장되어 있는 것은 소금기를 뺀 후 조리하는 것이 일반적이다. 조심할 것은 말린 미역은 그 분량이 약 14배 정도 불어나므로 양조절에 조심하도록. 또 염장시킨 것은 소금기를 어떻게 빼느냐에 따라 요리의 맛이 좌우되므로 정성을 다해 빼주는 것이 필요하다.

# 생선을 신선하게 보존하려면…

어패류는 선도가 중요하므로 사 오는 즉시 바로 조리하는 게 가장 좋은 방법이지만 그렇지 못한 경우에도 잘 만 손질해 두면 하루 이틀은 보존이 가능하다. 냉동보관을 할 경우엔 그 이상도 가능하다. 또, 냉장보관인 경우엔 되도록이면 하루를 넘기지 않는 게 좋으며, 냉동했던 것을 일단 해동한 후에는 재냉동하지 않는 게 원칙이다.

### 아가미와 내장을 제거하는 게 포인트다

생선은 내장부터 상하기 시작한다. 따라서 아무리 신선한 생선이라도 일단 냉장고에 보관할 때는 내장과 아가미를 제거하는 것이 신선도를 유지하는 비결이다.

### 머리도 잘라 버린다

한 마리씩 보존할 경우 머리를 이용하지 않을 것이라면 아예 머리도 잘라 버린다. 또한 공기와 닿으면 건조되어 버리므로 랩으로 꼭 싸야 한다.

### 물기를 닦는다

물기가 남아 있으면 비린내가 나고 신선도가 떨어지는 원인이 된다. 조리에 적합한 모양으로 손질해서 물기를 잘 닦은 후 보관한다.

### 밑간을 해서 둔다

가장 기본적인 방법은 소금을 뿌려 두는 것. 혹은 생강즙이나 술 등을 살짝 뿌려 두면 비린내가 나지 않는다. 또한 한번에 필요한 만큼 작게 나누어 담아 밀봉해서 두어야 해동 후 재냉동시키는 일이 없다.

### 국물도 함께 냉동한다

생선 조림처럼 국물이 있는 경우엔 국물도 함께 담아 냉동시킨다.

### 조개는 해감시켜서 보관한다

깨끗이 씻어서 완전히 해감시킨 후에 작은 양씩 나누어 냉동 보관한다. 살만 쓸 경우엔 삶아서 국물은 따로 받아 두고 살만 발라내어 따로 밀봉하여 보관한다.

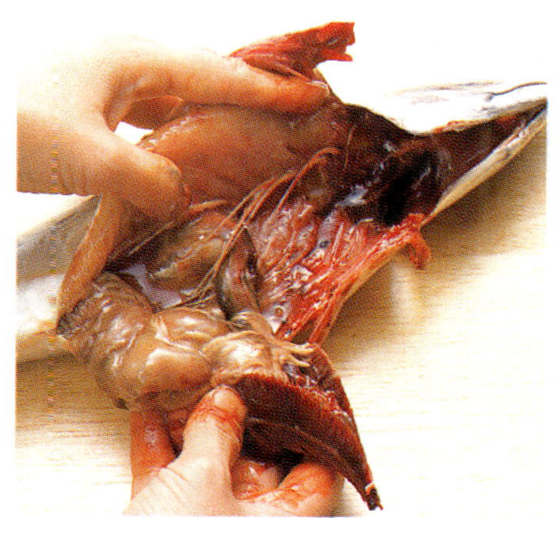

## 생선이 제일 맛있을 때와 어울리는 조리법

| | 봄 | 여름 | 가을 | 겨울 | 조리법 |
|---|:--:|:--:|:--:|:--:|---|
| 가 자 미 | | | ○ | ○ | 무침, 조림 |
| 갈 치 | | ○ | | | 구이, 조림 |
| 고 등 어 | | | ○ | | 찜, 구이, 조림 |
| 굴 | | | ○ | ○ | 회, 볶음 |
| 꽁 치 | | | ○ | | 구이 |
| 꽃 게 | ○ | | ○ | | 찌개, 찜 |
| 낙 지 | ○ | ○ | ○ | ○ | 회, 볶음, 전골 |
| 멸 치 | ○ | ○ | ○ | | 튀김, 볶음 |
| 미 꾸 라 지 | ○ | | | | 탕, 조림 |
| 미 더 덕 | | ○ | ○ | | 찜 |
| 북 어 | | | | ○ | 강정, 국, 무침 |
| 새 우 | | | ○ | ○ | 튀김, 전, 탕, 볶음 |
| 생 태 | | | ○ | | 국, 찌개 |
| 아 귀 | | | | ○ | 찜, 탕 |
| 오 징 어 | | | ○ | | 회, 전, 조림, 구이 |
| 조 개 | | | | ○ | 구이, 찜, 국 |
| 참 치 | ○ | ○ | ○ | ○ | 회, 전, 샐러드 |
| 해 조 류 | ○ | ○ | ○ | ○ | 회, 구이, 국, 전, 무침 |
| 홍 어 | | | ○ | | 찜, 회 |
| 홍 합 | | | | ○ | 구이, 탕 |

# 해물탕

요리 / 전정원

**싱싱한** 해물에서 우러나는 시원하고 담백한 국물 맛과 쫄깃쫄깃 씹히는 여러 가지 해물의 감칠맛이 일품인 푸짐한 냄비요리. 식탁 위에서 보글보글 끓이면서 한그릇씩 떠 먹어야 제맛이다. 음식점에서처럼 겨자장을 준비해 해물과 야채를 먼저 건져 찍어 먹고 난 후에 자작하게 남은 국물에 김, 미나리, 김치를 넣고 밥을 볶아 먹으면 좋겠다.

해물도 종류에 따라 조금씩 다른 맛을 내는데 조개, 새우, 미더덕 종류는 시원한 국물맛을 내는 데 좋고 게는 달큰한 듯한 감칠맛이 뛰어난 것이 특징이다. 따라서 생선 매운탕을 끓일 때도 원하는 맛에 따라 조개류나 게를 조금 섞으면 더 맛있다.

## 재료 /4인분 — 164 kcal 30

| 재료 | 분량 |
| --- | --- |
| 낙지 | 1마리 |
| 새우 | 3마리 |
| 모시조개·홍합 | 10개씩 |
| 미더덕 | 150g |
| 무 | 100g |
| 미나리 | ¼단 |
| 굵은 파 | 1뿌리 |
| 붉은고추 | 1개 |
| 소금 | 조금 |
| 조개 또는 홍합 끓인 국물 | 3컵 |

### 매운탕 양념

| 재료 | 분량 |
| --- | --- |
| 고춧가루 | 2큰술 |
| 다진 마늘 | ½큰술 |
| 간장 | 1작은술 |
| 생강즙 | 1작은술 |
| 소금 | 조금 |

## Cooking Point

해물탕을 끓일 때 가장 중요한 것은 해물의 손질이다. 특히 조개류는 대충만 씻어서 끓이면 국물에 지금거리는 게 씹혀 맛을 버리게 된다. 조금 시간이 걸리더라도 충분히 해감시킨 후에 끓여야 모처럼 마련한 해물탕을 맛있게 먹을 수 있다.

또한 해물은 자체에 시원한 맛이 있으므로 야채는 적게 넣고 해물 자체의 맛을 만끽할 수 있게 하고 너무 오래 끓이면 해물은 질겨지므로 맛이 충분히 어우러질 정도로만 끓인다.

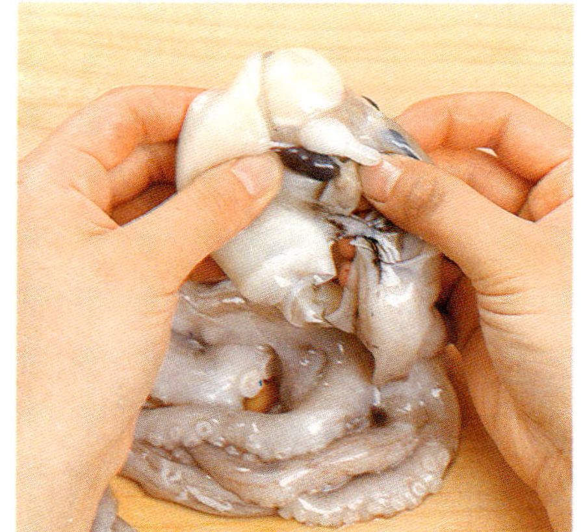

**1** **낙지 손질하기** 머리에 칼집을 넣어 먹통과 내장을 제거한 다음 우묵한 그릇에 담고 소금을 뿌려 바락바락 주무른다. 거품이 더이상 나오지 않고 살도 꼬들꼬들해지면 찬물에 깨끗이 헹구어 4~5cm 길이로 썬다.

**2** **새우 손질하기** 머리가 잘 붙어있는 신선한 것으로 골라 대꼬치로 등쪽의 검은 내장을 빼내고 통째로 연한 소금물에 흔들어 씻은 후 맑은 물에 살짝 헹군다. 머리와 껍질 부분에서 시원한 국물 맛이 우러나므로 매운탕을 끓일 때는 통째로 사용한다.

**3** **모시조개 해감시키기** 솔로 껍질을 깨끗이 문질러 씻은 후 연한 소금물에 담가 어두운 곳에 두어 모래와 지저분한 것들을 뱉어내게 한다.

**4** **미더덕 손질하기** 모래가 나오지 않을 때까지 소금물에 깨끗하게 씻은 후 칼집을 내어 미더덕 안의 물을 빼낸다. 그대로 두어도 되긴 하지만 자칫 먹을 때 입안을 델 염려가 있다.

**5** **홍합 손질하기** 지저분한 껍질은 바락바락 깨끗이 문질러 씻은 후 살을 발라내어 연한 소금물에 흔들어 씻어 건져서 가장자리 검은 수염을 잘라낸다. 홍합을 껍질째 사용할 때는 역시 따로 삶아낸 후에 건더기는 건더기대로 넣고 국물은 체에 밭쳐서 쓴다.

**6** **야채 썰기** 무는 3cm 크기로 납작하게 썰고 미나리는 줄기만 다듬어서 5cm 길이로 썬다. 파는 큼직하게 어슷썰고, 붉은고추도 큼직하게 어슷썰어 씨를 털어내고 준비한다.

**7** **양념 만들기** 고춧가루, 다진 마늘, 생강즙, 간장, 소금 약간을 넣고 골고루 섞어 되직한 양념을 만든다. 양념을 한가지씩 따로 넣는 것보다는 한데 섞어서 넣는 게 맛이 골고루 어우러져 깊은 맛을 낸다.

**8** **국물 만들기** 냄비에 물을 부어 끓으면 손질한 조개와 홍합을 넣어 삶는다. 조개의 입이 벌어지기 시작하면 조개는 건져내고 국물은 체에 밭쳐 걸러낸다.

**9** **해물 넣고 끓이기** 조개, 홍합 삶은 국물에 납작하게 썬 무를 넣고 양념을 풀어 끓인다. 무가 살캉하게 익으면 손질한 낙지, 새우, 미더덕, 조개, 홍합 등의 해물을 넣고 끓여 맛이 충분히 우러나면 미나리, 파, 고추를 넣고 부족한 간은 소금으로 맞춘다.

# 알탕

요리 / 전정원

**알탕**의 재료로는 동태보다는 생태알이라야 더 맛있다. 무와 콩나물을 듬뿍 넣어 끓인 알탕은 시원한 국물과 함께 고소하게 씹히는 알의 맛이 일품이다.

알탕을 끓일 때 생선 내장을 함께 넣는 경우가 많은데 이것저것 너무 여러가지를 넣는 것보다 곤이만 조금 넣는 것이 맛있다. 이밖에 버섯, 미나리, 쑥갓, 콩나물, 양파, 무 등 갖은 야채를 넣고 얼큰하게 양념장을 만들어 풀어 끓이면 그 맛이 일품이다.

### 재료 /4인분

**93 kcal** **20**

| | |
|---|---|
| 명란 | 8개 |
| 쇠고기 | 50g |

**갖은양념**

| | |
|---|---|
| 무 | 150g |
| 콩나물 | 70g |
| 미나리 · 쑥갓 | 조금씩 |
| 굵은 파 | 1뿌리 |
| 붉은고추 | 1개 |
| 육수 | 3컵 |

**매운탕 양념**

| | |
|---|---|
| 고춧가루 | 1½큰술 |
| 다진 마늘 | 1큰술 |
| 간장 | ½큰술 |
| 생강즙 | 1큰술 |
| 청주 | 1큰술 |
| 소금 · 후춧가루 | 조금씩 |

### 꼭 알아두자
## 명란젓으로 만든 별미

**명란젓무침** 명란을 1cm 폭으로 썰어 참기름, 깨소금, 마늘 다진 것, 붉은고추 다진 것을 한데 섞어 만든 양념에 골고루 무친다.

**명란젓찜** 명란을 주머니에서 알만 파내어 준비하고 여기에 다진 고기, 두부 으깬 것, 야채 다진 것을 섞어 소금, 후춧가루, 참기름으로 양념하여 고루 섞는다. 그릇에 담아 달걀찜하듯 중탕으로 찐다.

**명란젓찌개** 육수나 멸칫국물에 새우젓국으로 간을 하고 고춧가루와 다진 마늘을 넣어 한소끔 끓으면 명란젓과 호박, 두부를 넣고 끓인다. 개운한 국물맛이 일품이다.

### Cooking Point

명란은 비타민 E의 함량이 높은 재료다. 동태가 아닌 생태 알로 끓여야 제맛이 나는데 무엇보다 신선도가 높은 알을 구입하는 것이 제맛 내는 비결이다. 알젓을 고를 때는 붉은 빛이 돌고 살이 단단한 것이 신선하다. 색이 너무 빨간 것은 색소를 착색한 것이며, 알주머니가 찢어진 것이나 질척거리는 것은 상한 것이다.

명란은 처음부터 찬물에 넣고 끓이는 게 포인트. 다른 생선 매운탕을 끓일 때처럼 국물이 팔팔 끓을 때 넣으면 속은 익지 않고 알주머니가 터져서 국물이 탁해지고 맛도 잘 우러나지 않는다.

명란과 함께 꼬불꼬불한 모양의 곤이를 조금 넣으면 더욱 시원하고 맛있는 알탕이 된다.

## 두부명란젓찌개

**재료** : 두부 ½모, 명란젓 50g, 쇠고기 30g, 풋고추·붉은고추 1개씩, 굵은 파 ⅓뿌리, 다진 마늘·참기름·소금·후춧가루 조금씩

**만들기** : ❶두부는 먹기 좋은 크기로 썰고, 명란젓은 2cm 간격으로 깊지 않게 칼집을 넣어 5cm 길이로 자른다. 명란젓에 칼집을 넣으면 모양이 오그라들지 않아 좋다. ❷쇠고기는 곱게 다지고 풋고추와 붉은고추, 굵은 파는 어슷썬다. ❸팔팔 끓는 물에 쇠고기를 넣어 끓이다가 고기가 어느 정도 익으면 두부와 명란젓을 넣는다. ❹한소끔 끓어 오르면 굵직하게 어슷 썬 풋고추, 붉은고추, 굵은 파를 넣고 조금 더 끓이다가 소금, 후춧가루로 간한다. 마지막에 참기름을 몇 방울 떨어뜨려 맛을 낸다.

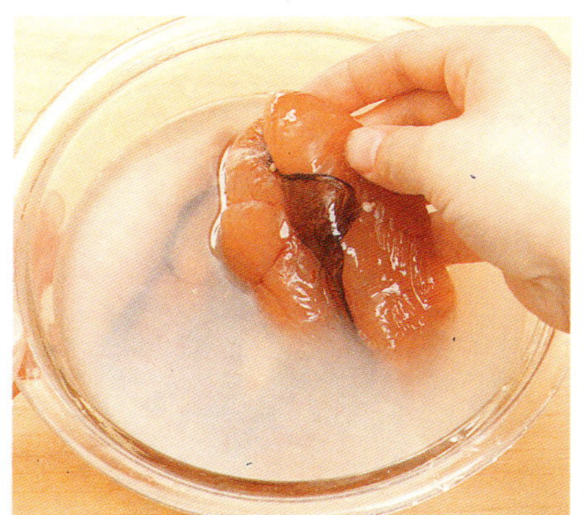

**1 명란 씻기** 붉은색이 선명한 싱싱한 명란을 준비하여 찬물에 살살 흔들어 씻은 다음 체에 밭쳐 놓는다. 알주머니가 찢어진 것이나 질척거리는 것은 상한 것이므로 잘 골라 사야 한다.

**2 쇠고기 양념하기** 납작하게 썬 쇠고기에 간장, 다진 파, 마늘을 넣고 조물조물 무쳐 둔다. 찌개에 넣는 고기는 순살코기쪽보다는 기름이 적당히 섞여 있는 부위가 좋다. 양지나 사태보다는 오히려 등심을 얇게 썰어 쓰는 게 얕은 맛이 있다.

**3 야채 썰기** 무는 납작하게 썰고 파와 고추는 큼직하게 어슷썬다. 콩나물은 흐르는 물에 씻어서 건져 놓고 미나리와 쑥갓은 다듬어 씻어서 5cm 길이로 잘라 놓는다. 미나리는 잎은 떼어 내고 줄기로만 다듬어서 사용한다.

**4 무, 쇠고기 볶기** 뚝배기를 뜨겁게 달구어 밑양념해 두었던 쇠고기와 무를 먼저 넣고 볶는다. 재료를 볶다가 끓이면 한결 진한 맛을 낼 수 있다.

**5 육수·양념 넣기** 고기와 무가 어느 정도 익으면 준비한 육수를 붓고 분량대로 되직하게 섞어 놓은 양념을 풀어 넣는다. 매운탕 양념은 양념장 재료를 한데 섞어 넣어야 맛이 골고루 어우러진다.

**6 명란 넣고 끓이기** 국물이 끓기 전에 바로 명란과 콩나물을 넣고 뚜껑을 덮은 후 한소끔 끓인다. 국물이 끓은 후에 넣으면 알이 터져 국물이 탁해진다. 알맞게 익으면 먹기 직전에 미나리와 쑥갓을 넣어 향을 돋운다.

# 조기양념장구이

요리/권귀남

**소금구이** 의 맛이 담백하고 깔끔하다면 양념장구이는 양념장의 맛이 더해져 진한 맛이 있으며 생선 비린내도 나지 않아 좋다.

　조기뿐 아니라 병어, 청어, 볼락 등 여러 가지 다른 생선도 같은 방법으로 구우면 생선 종류에 따라 다른 맛을 즐길 수 있다.

**재료/4인분**　　　　163 kcal　30

| | |
|---|---|
| 조기 | 2마리 |
| 식물성 기름 | 1큰술 |
| **양념장** | |
| 간장 | 3큰술 |
| 고춧가루 | 1½큰술 |
| 설탕 | 1큰술 |
| 참기름 | 1작은술 |
| 통깨 | 1큰술 |
| 굵은 파 | 1뿌리 |
| 마늘 | 3쪽 |
| 후춧가루 | ¼작은술 |
| 실고추 | 조금 |

### Cooking Point

　양념장 구이는 양념맛이 생선에 골고루 배야 맛있다. 칼집을 깊숙이 넣고, 또 양념장을 뿌린 후에는 양념이 충분히 배게 두었다가 구워야 맛있게 된다.

　또 한 가지 중요한 것은 프라이팬에 먼저 살짝 익힌 후에 양념을 발라 구워야 모양이 흐트러지지 않고 타지도 않는다. 양념을 발라 바로 굽기 시작하면 양념 때문에 익기도 전에 표면이 너무 빨리 타버리게 된다.

**1** **내장 빼내기** 묽게 탄 소금물로 깨끗이 씻은 다음 꼬리에서 머리쪽을 향해 비늘을 긁어내고 아가미 사이로 나무젓가락을 넣어 돌려가면서 내장을 빼낸다.

**2** **칼집 넣기** 다시 한 번 깨끗이 씻어서 도마 위에 올려 놓고 칼을 똑바로 세워 칼집을 넣는다. 뼈가 칼에 닿는 듯하게 느껴질 정도로 깊숙이, 앞뒤로 4~5군데 정도 넣는다.

**3** **양념장 만들기** 간장에 고춧가루, 후춧가루, 참기름, 통깨, 설탕을 섞고, 마늘 다진 것과 어슷썬 파, 실고추를 넣어 양념장을 만든다.

**4** **양념장 바르기** 프라이팬에 기름을 두르고 뜨겁게 달구어서 손질한 조기를 놓아 앞뒤로 지져낸 다음, 양념장을 칼집 사이사이에 충분히 발라서 간이 배도록 10~20분 정도 재어 둔다.

**5** **굽기** 석쇠를 5분 정도 미리 달군 후, 처음엔 센불에서 굽다가 불을 ⅔로 줄이고 양념장을 끼얹어가며 속이 완전히 익을 때까지 서서히 굽는다. 뒤집을 때는 석쇠판으로 생선을 마주 덮어 석쇠째 뒤집는다.

# 홍합꼬치구이

요리 / 안승춘

어패류 중에서도 살이 큰 홍합살은 꼬치에 꿰어 먹는 것이 맛내기에 제격이다.

구이의 방법으로 석쇠나 프라이팬을 이용하는 것이 일반적이지만 오븐에 구우면 또다른 맛이 난다. 홍합살 말고 골뱅이살, 조갯살, 소라살 등 어떤 어패류 살도 같은 조리법으로 활용할 수 있다.

## 재료 /4인분　　110 kcal　10

| 홍합 | 100g |
| --- | --- |
| 청주 | 1큰술 |
| 굵은 파 | ½뿌리 |
| 소금 | 조금 |

**양념장**

| 간장 · 고추장 | 1½큰술씩 |
| --- | --- |
| 물엿 | 3큰술 |
| 청주 · 마늘즙 | 1큰술씩 |
| 생강즙 | ½큰술 |
| 깨소금 · 참기름 | 1큰술씩 |

**곁들이**

| 파슬리 | 조금 |
| --- | --- |

### Cooking Point

홍합은 늦봄에서 여름 사이가 산란기이므로 이때는 맛이 없다. 제맛을 즐기려면 이 시기를 피하도록.

껍질을 벗겨 보아 살에 붉은 빛이 도는 것으로 고르고 홍합에 붙어 있는 수염은 끓는 물에 살짝 데친 다음 떼어 내는 것이 편리하다.

홍합 꼬치구이를 상에 낼 때는 접시에 가지런히 담고 파슬리로 색스럽게 장식한다. 꼬치를 빼놓을 수 있는 작은 접시도 함께 준비하도록.

**1　꼬치에 홍합 꿰기** 홍합은 신선한 것으로 골라 수염을 말끔히 떼어내고 깨끗이 씻어 냄비에 담은 후 청주, 파, 소금을 넣고 물을 부어 푹 삶아 건진다. 삶은 홍합은 살만 발라 내어 5개 정도씩 꼬치에 꿴다.

**2　꼬치에 꿴 홍합살에 양념장 바르기** 그릇에 분량의 양념장 재료를 넣고 고루 섞어 양념장을 만든 후 꼬치에 꿴 홍합의 앞뒤로 골고루 발라 간이 배게 10분 정도 재어 둔다.

**3　홍합꼬치 굽기** 오븐팬에 쿠킹호일을 깔고 양념장 바른 홍합을 가지런히 안쳐 250℃로 15분간 예열시킨 오븐에 5분 정도 굽다가 뒤집어서 3분간 더 구운 후 파슬리가루를 뿌려 낸다.

### 파슬리가루 만들기

파슬리는 선명한 푸른 빛이 식욕을 돋우어 주므로 곱게 다져서 가제에 싼 다음 물에 적셨다가 꼭 짜서 사용한다.

# 연어스테이크

요리 / 한복선

**스테이크** 라면 쇠고기나 돼지고기 만을 재료로 해서 만든 음식이라고 생각하기 쉽다. 하지만 연어와 같이 비린내가 없으면서 독특한 맛과 풍미가 있는 생선은 생선 요리의 대표적인 조리법인 소금구이 말고도 스테이크팬에 구워 레몬 버터의 풍미를 더한 연어스테이크를 만들어 먹어도 맛있다.

## 재료/4인분　　272 kcal　20

| | |
|---|---|
| 연어 | 2토막 |
| 소금 | 1작은술 |
| 후춧가루 | ¼작은술 |
| 버터·식물성 기름 | 1큰술씩 |

### 레몬버터

| | |
|---|---|
| 버터 | 60g |
| 다진 파슬리 | 1작은술 |
| 레몬 | ¼쪽 |

**1 손질한 연어 굽기** 깨끗이 손질한 연어는 2cm 두께의 원통형으로 썰고 앞뒤에 소금과 후춧가루를 뿌려 버터와 식물성 기름을 두른 번철에 비스듬히 왼쪽 방향으로 올려 놓고 굽는다.

**2 방향 바꾸어 굽기** 어느 정도 구워지면 다시 오른쪽으로 방향을 바꾸어 #무늬가 나게 굽는다. 줄이 있는 번철에서 구우면 자국이 선으로 나타나므로 이왕이면 보기 좋게 굽는 것이 좋다.

**3 뒤집어 굽기** 색이 노릇노릇해지면 살이 부서지지 않게 조심스럽게 뒤집개로 뒤집은 후 다시 왼쪽, 오른쪽으로 방향을 바꾸어 가면서 구워 낸다. 곁들이로는 으깬 감자, 브로콜리를 사용한다.

## 레몬 버터 만들기

**1 버터, 파슬리, 레몬즙 섞기** 그릇에 버터 60g과 다진 파슬리 1작은술을 넣고 작은 거품기로 부드럽게 저어 골고루 섞은 다음 레몬 ¼쪽을 짜 넣어 잘 저어 준다.

**2 은박지에 싸서 굳히기** 은박지에 레몬 버터를 떠 놓고 적당한 굵기로 둥글게 만 다음 냉장고에 넣어 굳힌다. 스테이크를 굽기 3~4시간이나 하루 전에 준비하는 것이 좋다.

**3 레몬 버터 1cm 두께로 썰기** 스테이크가 다 구워지면 굳어진 레몬 버터를 1cm 두께로 썰어 스테이크에 올려 낸다. 남은 것은 냉장고에 넣어 두었다가 필요할 때 꺼내어 다시 사용한다.

# 바지락볶음

요리 / 한복려

 만들 수 있으면서 조개 껍질째 조리하기 때문에 하나씩 까먹는 재미가 있을 뿐 아니라 준비한 사람의 정성이 돋보이는 음식이다. 바지락은 가막조개, 흑합이라고도 불리는데 조개 자체에 간이 배어 있고 고소하고 담백한 맛이 있으며, 모래가 적은 편이라 찌개나 국 등에 많이 이용된다.

**재료 /4인분**　　　　88 kcal　75

| | |
|---|---|
| 바지락 | 60g |
| 양파 | 1개 |
| 마늘 | 4쪽 |
| 토마토 | ½개 |
| 다진 파슬리 | 1큰술 |
| 버터 · 식물성 기름 | 1큰술씩 |
| 백포도주 | 2큰술 |
| 소금 · 후춧가루 | 조금씩 |

**1 바지락 해감시키기** 바지락은 신선한 것으로 구입해 연한 소금물에 하룻밤 정도 담가 해감을 토하게 한 후 껍질과 껍질을 비비면서 깨끗이 씻어 건져 물기를 빼 둔다.

**2 양파, 마늘 다지기** 깨끗이 손질한 양파는 밑둥을 남긴 채 반을 갈라 결대로 채썰고 다시 칼을 눕혀 3~4번 가른 후 송송 썬다. 마늘도 깨끗이 다듬어 씻어 곱게 다져 놓는다.

**3 바지락 볶기** 뜨겁게 달군 프라이팬에 버터와 식물성 기름을 두르고 다진 마늘과 양파를 볶다가 색깔이 투명해지면 해감을 토해 낸 바지락을 넣어 살짝 볶는다.

**4 토마토, 파슬리 넣기** 어느 정도 볶아지면 뚜껑을 덮고 센불에서 푹 익히다가 바지락 입이 벌어지는 소리가 탁탁 나면 뚜껑을 열어 다진 파슬리와 토마토를 넣고 고루 섞는다.

**5 백포도주 붓기** 마지막에 백포도주 2큰술을 부어 바지락의 비린내를 없앤 후 소금과 후춧가루로 간하고 잠시 더 볶아 불에서 내린다. 백포도주는 비린내를 없앨 뿐 아니라 조개의 향도 더해 준다.

### Cooking Point

　조개는 오래 익히면 살이 오그라들고 질겨지므로 센불에서 재빨리 익혀 낸다. 그래야 조갯살의 부드럽게 씹히는 맛과 향을 최대한 살릴 수 있다.

　상에 낼 때는 깊이가 있는 접시에 보기좋게 담아 내고 조갯살을 발라 먹을 수 있도록 작은 포크와 껍질을 담을 수 있는 그릇을 함께 낸다.

# 낙지볶음

요리 / 안승춘

낙지 와 오징어는 볶음요리의 대표다. 좀 자극적이긴 하지만 다소 매운 듯 해야 제맛이 난다. 낙지를 골라 먹고 난 양념에는 밥을 비벼 먹어도 맛있고, 가는 국수를 삶아서 접시 한 옆에 담아 내었다가 비며 먹는 맛도 별미다.

해물류는 오래 익히면 오히려 질겨지므로 살짝 데치고, 센불에서 빨리 볶아 내는 것이 맛있는 낙지볶음을 만드는 비결이다.

## 재료 /4인분　　　225 kcal　15

| | |
|---|---|
| 낙지 | 2마리 |
| 소금 | 조금 |
| 양파 | ½개 |
| 굵은 파 | ½뿌리 |
| 풋고추 · 붉은고추 | 2개씩 |
| 고춧가루 | 3큰술 |
| 다진 마늘 | 1작은술 |
| 다진 생강 | ½작은술 |
| 설탕 | ½큰술 |
| 참기름 | ½작은술 |
| 깨소금 | 1작은술 |
| 식물성 기름 | 2큰술 |
| 소금 · 후춧가루 | 조금씩 |

### Cooking Point

낙지를 바로 볶으면서 양념을 하면 신선한 맛은 있지만 물이 많이 생기는 게 흠이다. 물이 생기지 않게 하려면 낙지를 살짝 데쳐서 볶으면 되는데 이때 낙지에서 우러난 물을 버리지 말고 고춧가루를 불리는데 사용하면 낙지의 풍미도 살릴 수가 있다.

**1** **낙지 손질하기** 먹통을 떼고 내장을 제거한 후 넓은 그릇에 담고 소금을 넉넉히 뿌려 바락바락 주물러 씻는다. 거품이 나지 않을 때까지 주물러 씻은 다음 깨끗이 헹구어 물기를 빼고 5cm 길이로 자른다.

**2** **낙지물 내기** 뜨겁게 달군 프라이팬이나 냄비에 손질한 낙지를 넣고 잠깐 동안 뚜껑을 덮어 두면 낙지가 붉은 빛을 띠면서 물이 우러나온다. 너무 오래 가열하면 낙지가 질겨지므로 살짝만 익힌다.

**3** **고춧가루 볶기** ②의 낙지물에 고춧가루를 넣어 불려둔다. 프라이팬에 기름을 두르고 뜨겁게 달구어지면 다진 마늘과 생강을 넣어 지글지글 끓이면서 불린 고춧가루를 넣어 타지 않게 볶는다.

**4** **야채 볶기** 고춧가루가 기름과 어우러져 어느 정도 볶아지면 큼직하게 썬 양파와 어슷 썬 고추를 넣어 함께 볶는다.

**5** **낙지 넣고 볶기** 양파가 거의 익으면 살짝 데친 낙지를 섞어 센불에서 잠깐 볶다가 설탕, 깨소금, 참기름, 후춧가루로 양념한다. 싱거우면 소금으로 간을 맞춘다. 낙지가 질겨지지 않게 잠깐만 볶는다.

# 말린 가자미조림

요리 / 한복려

가자미 나 박대 같은 생선을 얼간하여 꾸덕하게 말려 두었다가 구이, 튀김, 조림 등으로 조리하면 입맛 돋우는 밑반찬이 된다.

튀겨서 조리는 것은 일종의 강정 스타일로 약간 달콤하게 해야 맛이 나고, 양미리나 명태 말린 것들은 그대로 푹 무르게 조리는 게 구수하다.

## 재료 /4인분　185 kcal　20

| 말린 가자미 | 4마리 |
| 튀김 기름 | 적당량 |
| 통깨 | 1큰술 |

**조림장**

| 간장 | 1큰술 |
| 고추장 | 1큰술 |
| 물엿 | 2큰술 |
| 물 | 4큰술 |
| 다진 마늘 | 1큰술 |

### Cooking Point

말린 가자미를 살 때는 색이 뽀얗고 냄새가 나지 않으며 겉이 약간 쪼글쪼글할 정도로 마른 것을 고른다. 너무 바짝 말라 딱딱하고 소금이 뽀얗게 앉은 것은 좋지 않다.

가자미를 튀길 때 물에 씻으면 바삭하게 튀길 수 없으므로 젖은 행주로 먼지를 가볍게 씻어내는 정도로만 한다.

**1 말린 가자미 자르기** 물에 씻지 말고 젖은 행주로 깨끗이 닦아 2~3cm 길이로 자른다. 물에 씻으면 바삭하게 튀겨지지 않으므로 깨끗이 닦는 정도로만 한다. 칼보다는 가위가 편하다.

**2 가자미 튀기기** 180℃의 튀김 기름에 손질한 가자미를 넣어 바삭하게 튀겨서 망에 건져 놓아 기름을 뺀다.

**3 조림장 만들기** 분량의 고추장에 물을 붓고 고루 푼 다음 간장과 다진 마늘, 물엿을 넣고 끓인다. 설탕 대신 물엿을 넣으면 보습력이 좋아 훨씬 부드럽게 되고 윤기도 생겨 먹음직스럽다.

**4 가자미 조리기** 조림장이 잔 거품을 내면서 끓을 때 튀긴 가자미를 넣고 뒤적이면서 바짝 조린다. 조림장이 거의 없어질 때까지 조려서 그릇에 담고 통깨를 뿌린다.



### 가자미무침

말린 가자미를 씻어 물기를 닦아낸 후 석쇠에 놓아 굽는다. 식으면 살만 발라 내어 잘게 찢어서 간장, 파, 마늘, 설탕, 깨소금, 참기름을 섞은 양념간장에 무쳐낸다.

# 해물팔보

요리 / 왕준련

**여러 가지** 해산물과 야채를 이용해서 걸쭉하게 볶은 해물팔보는 우리나라 사람들이 가장 좋아하는 중국요리 중의 하나다.

모처럼 온가족이 모이는 자리에 특별식으로 준비해도 좋겠고, 손님초대상이나 격식을 갖춘 술상에도 어울리는 푸짐한 요리다.

해산물은 너무 오래 익으면 섬유질이 바짝 오그라들어 단단해지고 물이 나오므로 강한 불에서 재빨리 조리한다. 마지막에 녹말물을 넣을 때도 알맞게 넣어 재료에 윤기가 흐르도록 하고 국물이 걸쭉해지는 농도 또한 잘 가늠한다. 해물은 살짝 튀겨 낸 후에 볶아도 괜찮다.

**재료** /4인분    200 kcal   25

| | |
|---|---:|
| 오징어 | 1마리 |
| 새우 | 150g |
| 소라 | 150g |
| 말린 해삼 | 2마리 |
| 당근 | 20g |
| 피망 | 1개 |
| 양파 | ½개 |
| 표고버섯 | 5장 |
| 말린 붉은고추 | 5개 |

**탕수 재료**

| | |
|---|---:|
| 육수 | ½컵 |
| 간장 | 1큰술 |
| 다진 마늘 | 1큰술 |
| 다진 생강 | 1작은술 |
| 참기름 | 1작은술 |
| 후춧가루 | ⅓작은술 |
| 소금 | ½작은술 |
| 녹말가루 | 1큰술 |
| 식물성 기름 | 3큰술 |

### Cooking Point

해물 요리는 무엇보다 싱싱한 재료를 사용하는 것이 맛을 결정하는 중요한 포인트다. 오징어는 종류에 따라 다소 차이가 있지만 신선한 것은 등쪽에 광택이 나고 적갈색을 띠며 몸통이 두툼하면서 둥그스름하다. 신선도가 떨어지면 희끄무레해지고 광택이 없으면서 붉은색으로 변한다.

**1 해물 손질하기** 소라는 깨끗이 씻어 얇게 저며 썰고, 새우는 연한 소금물에 깨끗이 씻어 손질한 후 껍질을 벗긴다. 손질한 오징어는 2장으로 나누어 안쪽에 가로 세로로 칼집을 넣어 겹꽃 모양으로 썰고 해삼은 따뜻한 물에 불려 물기를 뺀 후 1cm 두께로 썬다.

**2 야채 손질하기** 피망은 깨끗이 씻어 큼직하게 썰고 말린 붉은고추는 가위로 큼직하게 잘라 씨를 털어 놓는다. 물에 불린 표고버섯은 기둥을 떼내어 큰 것은 4등분, 작은 것은 2등분한다. 손질한 죽순과 당근은 얄팍썰기하고 양파는 2cm 폭으로 썬다.

**3 말린 붉은고추 볶기** 깊이가 있는 프라이팬에 기름을 두르고 뜨거워지면 붉은고추를 넣고 저으면서 살짝만 볶아 기름에 매콤한 맛이 배게 한다. 볶을 때 밑이 우묵하고 큼직한 중국식 프라이팬을 사용해야 재료가 프라이팬에 달라붙거나 타지 않는다.

**4 해물 넣어 볶기** 붉은고추의 매콤한 맛이 기름에 고루 배면 다진 마늘과 생강을 넣어 조금 볶다가 손질한 오징어, 새우, 소라, 해삼을 한꺼번에 밀어 넣고 센불에서 볶는다. 볶음 요리는 기름 두른 프라이팬에 재료를 넣어 짧은 시간에 볶아 낸다.

**5 야채 넣어 볶기** 해물이 어느 정도 익으면 손질한 피망, 붉은고추, 표고버섯, 죽순, 당근, 양파를 넣고 좀 더 볶다가 간장, 소금, 후춧가루를 분량대로 넣어 간을 한 후 육수를 부어 센불에서 끓인다.

**6 녹말물 넣기** 국물이 바글바글 끓기 시작하면 물 1큰술에 녹말가루 1큰술을 풀어 섞은 후 농도를 가늠하면서 조금씩 넣어 국물이 걸쭉해질 때까지 끓인다. 녹말물을 넣어 주면 국물이 잘 식지 않고 재료에 윤기가 흐른다.

**7 참기름으로 맛내기** 국물이 걸쭉해지면 참기름으로 향과 맛을 내고 불에서 내린다. 국물이 졸어 눌어 붙을 수 있으므로 눌지 않도록 잘 저어 준다. 움푹한 접시에 보기 좋게 담아 식기 전에 개인 접시와 함께 상에 낸다.

# 꽁치채소말이튀김

**요리 / 배윤자**

가시를 발라 낸 생선살에 여러가지 채소를 얹어 돌돌 말아서 빵가루를 묻혀 튀기면 생선의 형태가 보이지 않아 생선을 싫어하는 아이들도 잘 먹는다.

모양도 예쁘고 집어 먹기도 편해 도시락 반찬이나 손님상 음식으로도 좋다. 가시를 발라내기 좋고 살이 부드러운 꽁치나, 정어리 등을 많이 이용한다.

**재료 / 4인분**　　460 kcal　30

| | |
|---|---|
| 꽁치 | 4마리 |
| 당근 | 1개 |
| 풋고추 | 5개 |
| 양파 | 1개 |
| 소금·후춧가루 | 조금씩 |
| 참기름 | ½큰술 |
| 밀가루 | 조금 |
| 튀김기름 | 적당량 |

**튀김옷**

| | |
|---|---|
| 달걀 | 1개 |
| 밀가루·빵가루 | 4큰술씩 |

### Cooking Point

속에 넣는 야채는 준비되는 대로 다양하게 이용하면 된다. 버섯도 좋고, 풋고추가 매우면 대신 피망을 넣어도 향긋하다. 생선 역시 반드시 꽁치여야 되는 건 아니며 동태살이나 대구살을 이용해도 좋다.

**1 꽁치 손질하기** 머리를 잘라내고 등쪽에 칼집을 넣어 반으로 갈라서 내장을 뺀 후 흐르는 물에 깨끗이 씻어 뼈를 발라 낸다. 손질한 꽁치는 소금, 후춧가루를 뿌려 간이 고루 배도록 잠시 둔다.

**2 야채 썰어 무치기** 깨끗이 씻어 손질한 당근과 양파, 풋고추는 곱게 채썬다. 소금을 뿌려 약 5분쯤 절였다가 물기를 짜낸 다음 참기름으로 무친다.

**3 꽁치에 밀가루 묻히기** 밑간해 둔 꽁치의 물기를 행주로 꾹꾹 눌러 닦아 낸 뒤 껍질쪽에만 밀가루를 뿌려 둔다. 밀가루가 골고루 묻어야 야채를 얹어서 말 때 잘 붙어 있게 된다.

**4 야채 넣어 말기** 밀가루를 묻힌 쪽에 양념한 야채를 김밥싸듯 가지런히 해서 색맞추어 골고루 얹고 둥글게 말아서 풀어지지 않게 꼬치로 고정시킨다.

**5 튀기기** 밀가루, 달걀물, 빵가루의 순으로 튀김옷을 입혀 170℃의 기름에 노릇노릇하게 튀긴다. 튀긴 꽁치는 망에 건져 두었다가 기름이 빠지면 한입 크기로 동글동글하게 썰어 접시에 담아 낸다.

# 잔생선튀김

요리 / 왕준련

**자그마한** 생선에 통째로 녹말가루를 묻혀 튀겨서 양념 간장을 끼얹어 먹는 음식.

도루묵이나 작은 홍도미, 조기 작은 것 등이 적당하다. 튀길 때는 반드시 칼집을 넣어야 튀긴 후에도 모양이 반듯하고 살이 터지지 않는다. 뼈째 먹을 수 있기 때문에 훌륭한 칼슘 공급원이 될 수 있으며 바삭하게 씹히는 맛이 고소하다.

**재료** /4인분　219 kcal　30

| | |
|---|---|
| 도루묵 | 10마리 |
| 술 | 1큰술 |
| 녹말가루 | ½컵 |
| 튀김기름 | 적당량 |

**양념간장**

| | |
|---|---|
| 간장 | 3큰술 |
| 식초 | 1큰술 |
| 설탕 | ½작은술 |
| 다진 파 | 1큰술 |
| 다진 마늘 | ½큰술 |
| 붉은 고추 | 1기 |
| 통깨 | ½큰술 |
| 후춧가루 | 조금 |

### Cooking Point

머리를 살려 통째로 조리하는 생선은 배가 터지지 않게 내장을 제거해야 한다. 아가미 쪽으로 내장을 꺼내야 튀긴 후에도 모양이 망가지지 않는다.

또 속까지 익히려고 오랫동안 튀기다 보면 겉이 타버리기 쉬우므로 두세번 정도 기름의 온도를 높여가며 튀긴다.

**1 칼집 넣기** 아가미쪽으로 내장을 빼내고 통째로 손질한 도루묵의 앞뒤에 1.5cm 간격으로 어슷하게 칼집을 넣는다. 그래야 튀겨도 오그라들거나 살이 터지지 않는다.

**2 녹말가루 묻히기** 칼집 넣은 도루묵에 술을 골고루 뿌리고 도루묵 몸 전체에 녹말가루를 묻힌다. 살이 보이는 부분이 없게 골고루 묻혀야 울퉁불퉁하지 않고 일정하게 튀겨진다.

**3 튀기기** 튀김 기름이 170℃ 정도로 끓으면 녹말가루를 묻힌 도루묵을 한 마리씩 집어 넣고 잠시 두었다가 튀김 젓가락으로 뒤적거리면서 노릇노릇하게 튀겨 건진다.

**4 두번 튀기기** 상에 내기 직전에 기름 온도를 좀더 높여서 한두번 더 바삭하게 튀겨 낸 다음 튀김 망이나 종이를 깐 채반 위에 건져 놓아 튀긴 도루묵의 기름을 뺀다.

**5 양념장 만들기** 간장 3큰술에 식초, 설탕, 통깨, 다진 파, 마늘을 분량대로 섞고 고추 1개를 다져 넣어 잘 섞는다. 접시에 도루묵 튀긴 것을 담고 먹기 전에 양념장을 끼얹어 낸다.

# 참치회무침

요리/배윤자

회는 어패류를 익히거나 양념하지 않은 날것으로 그 향기와 맛을 즐기는 것이므로 신선한 재료의 선택이 가장 중요하다. 자른 면에 광택이 나며 탄력이 있는 것이 싱싱한데, 특히 제철 생선은 한창 살이 올라 있어 맛이 좋고 값도 싸며 싱싱하다.

참치회는 먹기 바로 직전에 썬 것이 맛이 있으므로 되도록이면 재료를 통째로 사는 것이 좋다.

## 재료/4인분　　　　　　192 kcal　5

| 참치 | 400g |
| --- | --- |
| 양배추(붉은 것) | 100g |
| 양상추·무순 | 50g씩 |
| 깻잎 | 8장 |
| 풋고추·붉은고추 | 2개씩 |

**초고추장**

| 고추장·설탕·식초 | 2큰술씩 |
| --- | --- |
| 레몬즙 | 1작은술 |
| 다진 마늘 | 1작은술 |

## Cooking Point

참치회를 상에 낼 때는 우선 흰 접시에 준비한 채소들을 가장자리에 색색이 돌려 담고 가운데에 썰어 놓은 참치회를 얹어 낸다.

회에 곁들이는 야채는 무, 오이, 양배추 등이 적당한데 회에 어울리게 적당한 크기로 썰어 찬물이나 얼음물에 담가 야채 특유의 냄새를 없앤 후 상에 내놓으면 어패류의 좋지 않는 냄새를 없애주고 풍성한 느낌을 더해 준다. 또 회의 풍미를 돋우어 주고 소화도 잘 되게 한다.

채썬 야채는 물 속에서 손으로 정리한 후 젓가락으로 뾰족한 모양새를 살려 접시에 올려 놓는다.

**1 양상추, 양배추, 깻잎 썰기** 양상추, 양배추, 깻잎은 신선한 것으로 골라 흐르는 물에 여러 번 씻어 물기를 뺀 후 6cm 길이로 곱게 채썬다. 채썬 야채는 찬물이나 얼음물에 담가 야채 특유의 냄새를 없애도록.

**2 고추, 무순 준비하기** 풋고추, 붉은 고추는 윤기가 나는 싱싱한 것으로 골라 꼭지를 떼내고 동글동글하게 송송 썰어 씨를 털어낸다. 무순은 물에 살살 흔들어 씻어 찬물에 담가 매운맛을 빼놓는다.

**3 참치 썰기** 가로, 세로 2cm 정도의 크기로 깍뚝 썰어 냉장고에 차게 두었다가 먹기 직전에 꺼내어 먹는다. 먹을 때는 초고추장을 따로 준비하여 참치회에 끼얹어 버무려 먹도록 한다.

**꼭 알아두자**

## 초고추장 만들기

우묵한 그릇에 고추장·설탕·식초 2큰술씩을 넣고 다진 마늘·레몬즙 1작은술씩을 넣어 골고루 섞어서 초고추장을 만든 후 참치회에 곁들인다.

# 오징어초무침

요리 / 배윤자

오징어에 신선한 야채를 섞어 매콤 새콤하게 무쳐서 입맛이 없을 때 먹으면 식욕을 돋우어 준다.

데친 오징어를 무치거나 생선회를 무칠 때는 양념장 재료의 분량을 잘 맞춰야 제맛이 난다. 오징어 요리를 할 때는 칼집을 넣어 주어야 모양도 예쁘고 또 섬유 조직을 적당히 끊어주어 질기지 않다. 오징어 대신 갑오징어를 쓰면 더 쫄깃한 맛을 즐길 수 있다.

## 재료 /4인분

**159 kcal** **20**

| | |
|---|---|
| 오징어 | 2마리 |
| 양파 | 50g |
| 무 | 50g |
| 오이 | 1개 |
| 고춧가루 | 2큰술 |
| 설탕 · 식초 | 2큰술씩 |
| 간장 | 1작은술 |
| 다진 파 | 2큰술 |
| 다진 마늘 | 2작은술 |
| 깨소금 · 참기름 | 조금씩 |

### Cooking Point

오징어는 지방 함유량이 적고 단백질이 풍부한 영양가가 높은 식품이지만 강산성 식품이므로 오징어를 먹을 때는 반드시 채소를 곁들이는 게 좋다.

무엇보다도 물이 생기지 않게 하는 게 중요하므로 야채는 반드시 살짝 절여서 물기를 꼭 짠 후에 섞도록 한다.

**1 오징어 껍질 벗기기** 내장을 빼내고 깨끗이 씻은 오징어는 몸통의 껍질을 벗긴다. 삼각형의 머리 부분을 떼낸 다음 소금으로 문지르거나 키친 타월, 마른 행주를 이용하면 쉽게 벗겨진다.

**2 칼집 넣기** 껍질을 벗긴 오징어는 길게 반으로 갈라 안쪽 면에 ㅅ선으로 잘게 칼집을 넣은 후 먹기 좋게 한 입 크기로 썬다.

**3 데치기** 팔팔 끓는 물에 소금을 조금 넣고 손질한 오징어를 데쳐 낸다. 썰어서 데칠 때는 망에 담아 데치면 꺼낼 때도 편하다. 데친 오징어는 바로 찬물에 담가 식힌다.

**4 야채 절이기** 양파는 채썰고 오이는 소금으로 문질러서 깨끗이 씻은 후 반으로 갈라 어슷썬다. 무는 양파 길이쯤 되게 해서 약 1cm 너비로 얄팍하게 썬다. 준비한 야채는 소금에 5분쯤 절였다가 물기를 짠다.

**5 무치기** 고춧가루에 다진 파, 마늘, 간장, 식초, 설탕, 깨소금, 참기름을 분량대로 섞어 만든 양념장에 손질한 오징어와 야채를 넣어 무친다. 역시 먹기 직전에 무쳐야 싱거워지지 않는다.

# 꽃게장·꽃게무침

요리 / 한복려

빨갛게 갖은 양념을 해서 무친 즉석 꽃게장은 누구나 좋아하는 별미 반찬이다. 간장을 끓여 부어 오래 두고 먹는 게장과는 달라 짜지 않고, 또 무쳐서 한나절쯤 두어 간이 배면 바로 먹는 것이므로 살아있는 신선한 게로 담근 것이라야 더 맛있다. 그러나 오래 두고 먹는 건 좋지 않고 되도록이면 2~3일 내에 다 먹는 것이 신선한 상태로 먹을 수 있어 좋다.

살아있는 것을 손질해야 하므로 물리지 않게 조심하도록.

| 재료 /4인분 | 162 kcal · 20 |
|---|---|
| 꽃게 | 4마리 |
| 붉은고추 | 1개 |
| 풋고추 | 2개 |
| 파 | 1대 |
| 미나리 | 20g |
| **양념장** | |
| 간장 | ½컵 |
| 고춧가루 | 5큰술 |
| 다진 파·다진 마늘 | 1큰술씩 |
| 다진 생강 | 1작은술 |
| 물엿 | 2큰술 |
| 설탕 | 2작은술 |
| 깨소금 | 1큰술 |

## 꽃게찜

**1 꽃게 손질하기** 날로 먹는 것인 만큼 좀더 꼼꼼하게 솔로 깨끗이 문질러 씻은 다음 배부분, 등딱지, 아가미, 모래주머니를 모두 떼내고 게 발 끝을 잘라낸 다음 먹기 좋은 크기로 토막낸다. 집게발은 칼등으로 두들겨 준비하면 간도 잘 배고 먹기도 편하다.

**2 간장에 재어두기** 토막낸 꽃게에 분량의 간장을 부어 간이 배도록 잠시 놔둔다. 바로 고춧가루 양념장에 무치면 겉에만 양념맛이 뭉치고 게살은 싱거운 경우가 많다. 따라서 간장을 부어 게살까지 간이 배게 한 후에 조리하도록 한다.

**재료** : 꽃게 2마리, 간장, 다진 파 1큰술씩, 참기름, 깨소금, 다진 마늘 1작은술씩, 소금 ½작은술, 후춧가루 ¼작은술, 달걀 노른자 2개분, 붉은고추 1개, 실파 2뿌리, 파슬리 조금

**만들기** : ❶게는 껍질을 솔로 박박 문질러 깨끗이 손질한 다음 몸통을 반으로 갈라 양손으로 꼭꼭 눌러가면서 살과 알을 조심스럽게 뺀 후 그릇에 담는다. ❷다리도 하나씩 잘라서 속에 있는 살을 말끔히 발라낸다. ❸분량의 간장에 다진 마늘과 파, 참기름, 깨소금, 후춧가루를 분량대로 넣고 골고루 버무려 양념장을 만들어 놓는다. ❹발라놓은 게살에 만들어 둔 양념장을 넣고 골고루 버무려 간이 배도록 둔다. ❺살을 발라낸 등딱지는 겉과 안을 구석구석 깨끗이 닦아 물기를 빼 놓는다. ❻게살에 양념이 고루 배면 씻어놓은 등딱지에 숟가락으로 꼭꼭 눌러서 담는다. ❼찜통에 물을 붓고 가열해 김이 오르도록 한 다음 찜판 위에 양념한 게살을 담은 게딱지를 안친 후 익을 때까지 찐다. ❽달걀노른자에 파와 붉은고추, 파슬리를 잘게 다져 넣고 고루 풀어준 다음 게살이 거의 다 익었을 때쯤 게살 위에 골고루 발라 먹음직스럽게 색을 내고 1분간 더 쪄 낸다.

**3 고춧가루 불리기** 게에 간이 충분히 배면 간장을 따라 낸다. 분량의 고춧가루에 따라 낸 간장을 부어 되직하게 섞어서 불린다. 이렇게 고춧가루를 불렸다가 써야 고춧가루가 겉돌지 않고 음식에 골고루 스며든다.

**4 양념장 만들기** 고춧가루가 불면 다진파, 마늘, 생강, 물엿, 설탕, 깨소금을 분량대로 넣어 골고루 섞은 뒤 길쭉하게 썬 파와 미나리, 어슷 썬 고추를 넣고 잘 버무린다. 미나리는 줄기만 다듬어서 써야 음식이 깔끔하다.

**5 꽃게 넣고 무치기** 간장으로 간해 두었던 게를 넣고 잘 뒤적여서 양념이 골고루 배도록 한다. 한두시간쯤 두었다가 아래 위를 뒤섞어 주어 간이 전체에 골고루 배게 한다. 보통 한나절쯤 지나면 먹을 수 있으며 되도록이면 2~3일 내에 다 먹도록 한다.

# 굴숙회

요리 / 왕준련

**숙회** 란 익힌 회라는 뜻으로 굴을 데쳐서 초고추장에 찍어 먹는 음식을 굴숙회라고 한다. 데친 미나리 줄기와 미역으로 데친 굴을 감아 놓으면 모양도 예쁘고 향긋한 풍미가 더하며 단백질, 무기질, 비타민, 칼슘, 철분, 나트륨, 요드 등이 고루 갖춰져 미용건강 음식이 된다.

**재료 /4인분**　　　61 kcal　**15**

| | |
|---|---|
| 굴 | 200g |
| 염장미역 | 40g |
| 미나리 | 40g |
| 소금 | 조금 |

**초고추장**

| | |
|---|---|
| 고추장 | 2큰술 |
| 식초 · 설탕 | ½큰술씩 |
| 다진 파 | ½큰술 |
| 다진 마늘 | 1작은술 |
| 깨소금 | ½작은술 |

### Cooking Point

굴은 반드시 소금물에 씻어야 단맛이 빠지지 않는다. 또 맹물에 씻으면 물을 흡수해서 불어나게 되므로 맛이 덜하다. 너무 오래도록 주무르지 말고 가볍게, 살살, 재빨리 씻어야 뭉그러지지 않고 향미도 살릴 수 있다.

**1 굴 씻기** 굴은 빛깔이 투명하고 윤기가 있는 것, 향이 강한 신선한 것으로 골라 약한 소금물에 살짝 흔들어 씻어 더러움을 없애고 껍질을 가려낸 다음 흐르는 물에 두세 번쯤 헹구어 체에 밭쳐 물기를 뺀다.

**2 굴 데치기** 끓는 물에 소금을 조금 넣고 굴을 담갔다 건지는 정도로 살짝 데친다. 너무 오래 익히면 흐물흐물해지고 단맛도 없어진다. 데칠 때 술을 조금 넣으면 비린내도 없어진다.

**3 미나리 데치기** 연한 줄기로만 다듬어서 여러 번 씻어 건진 후 끓는 물에 소금을 넣고 데쳐 낸 다음 찬물에 헹구어 물기를 꼭 짠다. 데칠 때부터 가지런히 해서 넣으면 손질이 편하다.

**4 염장 미역 불리기** 서너번쯤 깨끗이 주물러 씻어서 5분간 담가 불린 다음 물기를 꼭 짠 뒤 2cm 폭이 되게 찢어서 12cm 길이로 자른다.

**5 미역 · 미나리로 감기** 손질한 미역을 반듯하게 펴서 굴의 가운데 부분을 돌돌 감는다. 그 위에 데친 미나리를 모양 있게 감고서 꼬치로 끝을 밀어 넣어 마무리한다. 접시에 담고 초고추장을 곁들여 낸다.

# 미역냉국

요리 / 한복려

**해조류** 중에서 미역만큼 우리와 친숙한 식품도 드물다.

옛날부터 해먹어 오던 음식으로 미역국, 미역냉국, 미역무침, 미역쌈 등 여러가지가 있지만 미역국과 미역냉국이 그 대표다.

미역은 음식을 만들기 전에 우선 밑손질이 중요하다. 어떤 음식을 만들든지 물에 담갔다가 바락바락 주물러 거품을 충분히 우려낸 후 미끈거리지 않게 만들어야 하는데 물에 불리면 생각보다 양이 많이 불어나므로 분량을 잘 가늠하도록.

## 재료 /4인분     47 kcal   5

| | |
|---|---|
| 마른미역(불린 것) | 2컵 |
| 오이 | 1거 |
| 다진 마늘 | 2작은술 |
| 국간장 | 1큰술 |
| 고춧가루 | 2작은술 |
| 참기름 | 1작은술 |
| 깨소금 · 얼음 | 조금씩 |

**국물**

| | |
|---|---|
| 국간장 | 1큰술 |
| 식초 | 4큰술 |
| 설탕 | 1큰술 |
| 물 | 4컵 |

### Cooking Point

냉국은 시원한 국물맛과 새콤한 식초의 맛이 일품으로 여름철의 무더위를 식혀 주고 입맛을 돋우어 준다. 미역만으로 냉국을 만들기도 하지만 오이를 섞으면 맛이 어우러져 더욱 시원하다.



### 우무냉국

**재료** : 우무 1모, 국간장 3큰술, 물 4컵, 실파 조금, 고춧가루 1작은술, 깨소금 · 참기름 2작은술씩, 식초 · 볶은 콩가루 4큰술씩

**만들기** : ❶우무는 곱게 채썬다. ❷우무에 다진 마늘, 국간장, 송송 썬 실파, 깨소금, 참기름을 넣고 부서지지 않게 조심해서 섞는다. ❸간장과 식초로 간한 국물을 양념한 우무에 붓고 콩가루를 솔솔 뿌린다.

**1** **미역 손질하여 양념하기** 미역을 충분히 불려 바락바락 주물러 가며 비벼 씻어서 다시 한 번 헹군 후 살짝 데쳐 짧게 썬 다음 분량의 다진 마늘, 참기름, 고춧가루, 국간장, 깨소금으로 고루 무친다.

**2** **오이 썰기** 오이는 꼭지가 푸르고 모양이 쭉 뻗은 싱싱한 것으로 골라 소금으로 비벼서 씻은 후 마른 가제로 꼭꼭 눌러 물기를 닦아 내고 어슷어슷 얇게 썰어 다시 곱게 채썬다.

**3** **국물 붓기** 분량의 양념장 재료로 무친 미역을 그릇에 담고 깨끗이 손질해 채썬 오이를 얹은 다음 차게 식혀 둔 국물을 부어 상에 내기 전에 얼음을 띄워 낸다. 얼음을 띄우면 시원한 맛이 더하다.

### 국물 만들기

그릇에 팔팔 끓여 식힌 물 4컵을 붓고 국간장 1큰술, 식초 4큰술, 설탕 1큰술을 넣어 간을 맞춘 후 차게 식혀 둔다.

# 미역무침

요리 / **한복려**

**미역**은 임산부는 물론, 최근엔 성인병 예방, 미용·다이어트 식품으로도 인기가 높다. 뿐만 아니라 칼슘 함량이 우유와 맞먹을 정도로 많이 들어 있어 칼슘이 부족한 우리네 식단에선 아주 좋은 반찬거리다.

미역으로 해먹을 수 있는 반찬으로는 미역국이나 미역냉국말고도 파랗게 데쳐서 초고추장을 얹어 쌈싸먹기도 하며 또 자주 해먹는 반찬 중에 오이를 썰어 넣고 새콤하게 무쳐먹는 미역무침이 있다. 특히 미역무침은 맛이 산뜻하고 시원해서 나른할 때, 입맛 없을 때 쉽게 해먹을 수 있는 좋은 메뉴다. 주의할 것은 말린 미역이든, 생미역이든 간에 잘 주물러 씻어야 미역 특유의 비릿한 냄새가 없이 맛있게 먹을 수 있다.

**재료 / 4인분**  61 kcal

| | |
|---|---|
| 불린 미역 | 200g |
| 오이 | ¼개 |
| 당근 | 50g |
| 붉은고추 | 1개 |
| **양념장** | |
| 간장 | 2큰술 |
| 설탕·식초 | 1큰술씩 |
| 다진 파 | 1큰술 |
| 다진 마늘 | 1½작은술 |
| 고춧가루 | 1½작은술 |
| 깨소금·참기름 | ½큰술씩 |

**1 미역 데치기** 생미역은 찬물에 씻어 미역 특유의 비릿한 냄새를 없애고 끓는 물에 데친다. 파랗게 색이 변하면 바로 건져서 냉수에 헹군 후 짧게 썬다. 마른 미역을 쓸 때는 찬물에 불렸다가 씻어서 데친다.

**2 오이 절이기** 오이는 소금으로 문질러 깨끗이 씻어서 길이로 반을 잘라 어슷 썰고 소금에 살짝 절였다가 물기를 꼭 짠다. 당근도 손질해서 얄팍하게 반달 모양으로 썰고, 붉은고추도 어슷 썰어 씨를 털어낸다.

**3 양념장 만들기** 간장에 식초, 설탕, 다진 파·마늘, 고춧가루, 깨소금, 참기름을 분량대로 넣고 잘 섞어서 양념장을 만든다.

**4 무치기** 볼이 넓은 그릇에 데쳐서 물기를 뺀 미역과 오이, 당근을 한데 섞고 준비한 양념장을 넣어 무친다. 미리 무쳐 놓으면 물기가 많이 생기므로 먹기 직전에 무친다.

---



### 파래무침

**재료** : 마른 파래 10장, 쇠고기 30g, 간장·설탕 2작은술씩, 다진 파·마늘 1작은술씩, 실파 1뿌리, 참기름 1작은술

**만들기** : ❶ 마른 파래는 티를 골라내고 기름을 두르지 않은 팬에 보슬보슬하게 볶아 잘게 부순다. ❷ 쇠고기는 곱게 다져서 간장, 설탕, 파, 마늘, 참기름을 넣고 양념하여 보슬보슬하게 볶는다. ❸ 구운 파래와 고기 볶은 것을 한데 섞어 양념장에 무쳐서 그릇에 담고 송송 썬 실파를 뿌린다.

  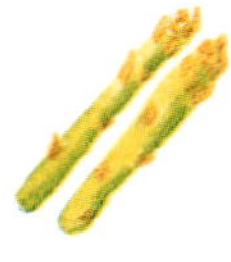

# 고기요리의 기초& 기본요리

고기류는 소고기, 돼지고기, 닭고기 그리고 내장인데 부위에 따라 맛도 다르고, 요리의 종류도 다양하므로 우선 어느 부위가 어떤 요리에 적합한 지 알아두고 기초 손질법을 익혀 두자. 기초 손질 요령은 썰기, 국물 내기, 누린내 없애기, 제맛나게 굽기, 양념하기, 질긴 고기 연하게 하기 등인데 고기가 지닌 특성을 파악하는 것이 무엇보다 중요하다. 처음에는 기본 손질법과 조리법을 익힌 후에 쉬운 요리부터 시작하자. 그러다보면 어느새 요리 선수가 되어 있는 자신을 발견하게 될 것이다.

# 고기류 반찬의 기본 테크닉

음식에 맞는 맛있는 부위를 선택해야 하고 써는 요령에 익숙해야 제맛을 살릴 수 있다.
부위에 따라 질기기도 하고 퍼석거리기도 하며 기름이 잔뜩 끼어 있기도 하다. 또 누린내가 심하여 그대로 먹기
역겨운 부위도 있다. 하지만 조리법에 따라 밑손질을 잘 하면 음식마다 다른 맛을 즐길 수 있다.

## 쇠고기

## 썰기 · 섬유를 자르듯이 손질하는게 부드럽게 먹는 비결이다

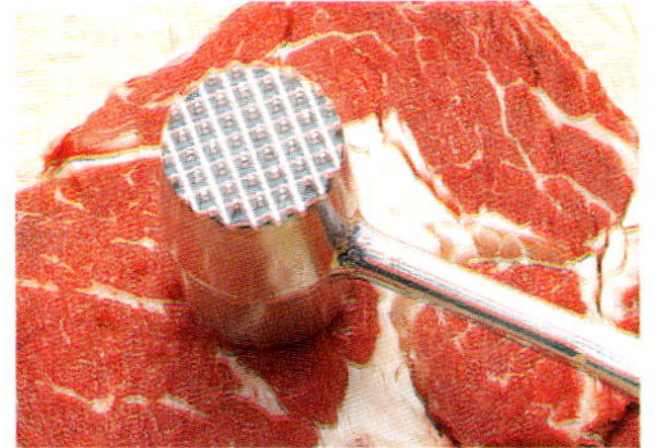

**1** 질긴듯한 **고기를** 연하게 하려면 고기를 가볍게 두들겨서 섬유를 끊어준다.

**2** **방망이로 두들기면** 두께는 얇아지고 넓게 퍼지게 된다. 두께가 일정하게 다듬는다.

**3** **고기 가장자리의** 불필요한 지방 덩어리는 잘라 내고 조리한다.

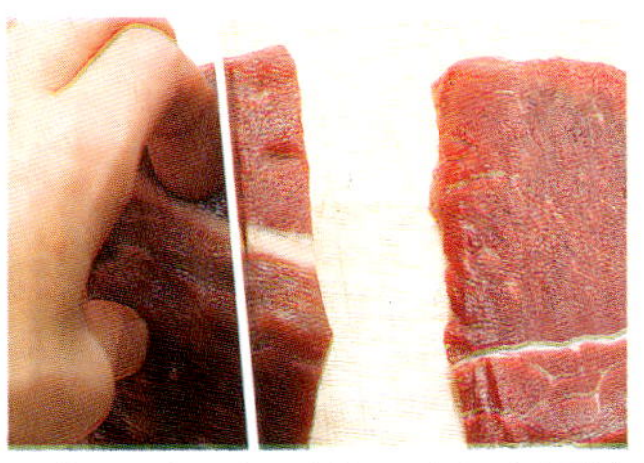

**4** 덩어리 고기를 썰때는 고기의 결과 직각으로 잘라야 고기가 연해지고 맛있다.

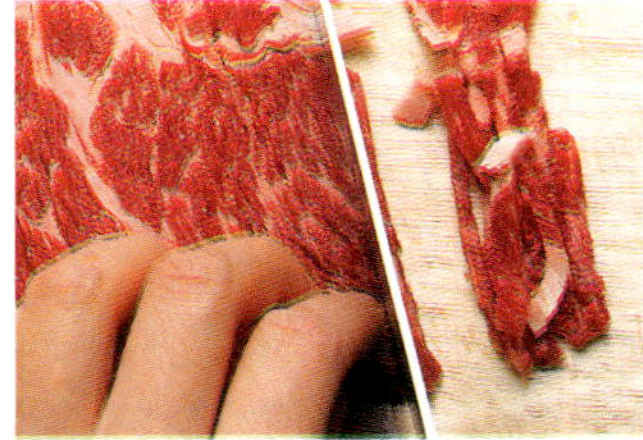

**5** **채썰 때는 결과 나란하게 자른다** 그래야 오그라들지 않고 쫄깃한 맛을 낼 수 있다.

## 삶기 · 끓이기 · 찌기 · 거품을 자주 떠 내는 것이 포인트

**1** 양지, 사태 등은 찬물에 넣어 끓이고, 포크로 군데군데 찔러 주면 잘 익는다.

**2** 삶을 때 파, 마늘 같은 향이 강한 채소를 넣고 끓이면 고기 누린내를 없앨 수 있다.

**3** 끓이는 도중에 떠오르는 거품은 자주 떠 내버려야 국물 맛이 좋다.

## 굽기 · 센불에서 단숨에 구워야 한다

### 석쇠에 굽기

**1** **고기를 굽기 전** 석쇠를 불에 올려 앞뒤로 뜨겁게 달군다.

**2** **뜨겁게 달구어진** 석쇠에 기름을 골고루 바르고 고기에도 앞뒤로 기름을 바른다.

**3** **뜨겁게 달군** 석쇠 사이에 고기를 놓아 꾹 눌러 센불에서 단숨에 익힌다.

고기 반찬의 제맛을 내게 하려면 질 좋은 고기를 고르는 것이 첫째 조건이다. 쇠고기는 빛깔이 선홍색이고 지방은 새하얗거나 크림빛인 것이 신선하다. 고기를 썰었을 때는 절단면의 결이 곱고 광택이 있으며 선홍색을 띠고 오그라져 있는 듯한 것이 가장 상품이다.

특히 로스용으로는 지방이 가늘게 섞여 있는 고기가 맛있다. 썰어진 면이 검거나 힘줄이 눈에 띄고 지방이 누런 것, 냄새가 나는 것 등은 좋지 않다.

하지만 아무리 질 좋은 고기라도 제대로 조리하지 못하면 고기의 참맛을 즐길 수 없다. 고기 손질의 포인트는 썰기와 가열 온도다. 질 좋은 연한 살코기는 속에 있는 육즙이 흘러나오지 않도록 센불에서 살짝 익혀 풍미를 살리고, 근육 부분도 약한 불에서 물이나 수증기, 육수 등의 수분을 가해 천천히 삶아 살코기가 퍼석퍼석해지는 것을 막아야 한다.

### 썰기

고기를 잘라서 오래 두면 육즙이 나와 맛이 달아나고 공기 중에서는 신선도도 떨어지므로 조리 직전에 자르도록 한다. 또 고기를 자르는 칼이 잘 들지 않으면 썰어진 면이 거칠어져 육즙이 많이 빠지게 된다. 따라서 잘 드는 칼로 단번에 자르도록 한다. 또 녹아서 흐물흐물한 고기는 냉동실에 넣어 고기 주위를 약간 얼리면 자르기가 훨씬 쉽다.

고기는 익으면 오그라들므로 굽거나 튀기기 전에 살코기와 지방질 사이의 희고 반투명한 힘줄은 자르도록 한다. 또 불필요한 지방 덩어리는 잘라내고 조리하는 등의

### 양념구이를 할 때

**양념구이는** 굽기 전에 양념장으로 골고루 무쳐 30분~1시간 정도 재었다가 굽는다.

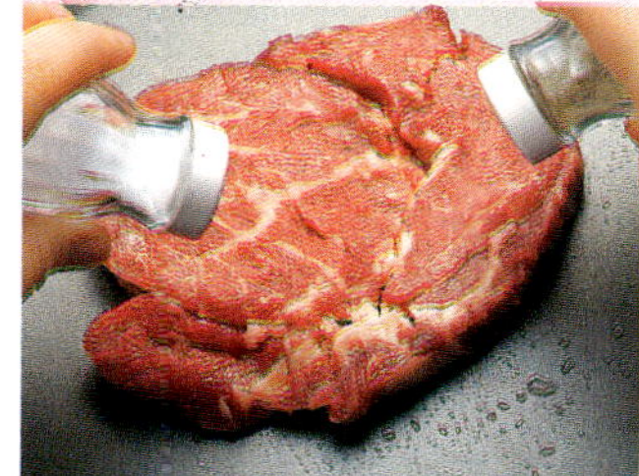

### 코팅된 프라이팬에 구울 때

**기름은 두르지** 않아도 좋다. 소금, 후춧가루는 굽기 전에 뿌리고 위로 오는 면부터 굽는다.

### 볶음을 할 때

**밑간만 해두거나** 양념장에 재어 두었다가 볶아야 맛있다.

### 고기를 연하게 하려면

다소 질긴 고기는 얇게 썬 마늘을 올려놓고 기름을 부어 2~3시간 재어 두면 부드럽다.

## 굽는 시간과 스테이크의 상태

**레어(Rare)** 강한 불에서 30~40초, 뒤집어서 30~40초. 표면만 살짝 구워졌고 속은 거의 날 것인 상태다. 고기의 맛을 가장 직접적으로 맛볼 수 있다.

**미디엄(Medium)** 강한 불에서 1분, 도중에 불을 약하게 해서 표면에 붉은 육즙이 나오기 시작하면 30초 정도 굽고 뒤집어서 2분 정도 더 굽는다. 60% 정도 익은 상태.

**웰던(Welldone)** 고기 속까지 다 익은 상태. 강한 불에서 1분. 도중에 중불로 해서 2분. 뒤집어서 3분 더 굽는다. 다소 질길 수도 있다. 따라서 고기 중심부가 연한 핑크색을 띠는 정도가 적당.

---

요령이 필요하다.

### 삶기 · 끓이기

고기를 끓일 때의 포인트는 우선 센불에서 한다는 것. 이것은 고기 표면을 빨리 굳어지게 하기 위해서다. 끓은 다음에는 불을 줄이고 거품을 자주 걸어내야 누린내가 덜 난다. 또 끓이기 전에 찬물에 담가 핏물을 빼면 거품이 덜 생긴다. 고기의 누린내를 없애기 위해서는 파나 마늘, 양파 같은 향신채소를 함께 넣어 끓이는 것도 좋은 방법이다.

### 굽기

쇠고기는 닭고기나 돼지고기와는 달리 속까지 지나치게 익으면 육질이 단단해져 본래의 맛이 반감된다. 따라서 굽든 볶든 간에 센불에서 단숨에 하는 것이 기본이다. 그러기 위해서는 프라이팬이나 기름도 뜨겁게 달군 다음에 고기를 구워야 한다. 그렇게 하지 않으면 고기가 달라붙고 맛있는 육즙이 밖으로 흘러나오게 된다. 석쇠에 구울 때도 마찬가지다. 석쇠를 충분히 달군 후에 석쇠에 기름을 바르고 고기에도 기름을 발라 구워야 달라붙지 않는다.



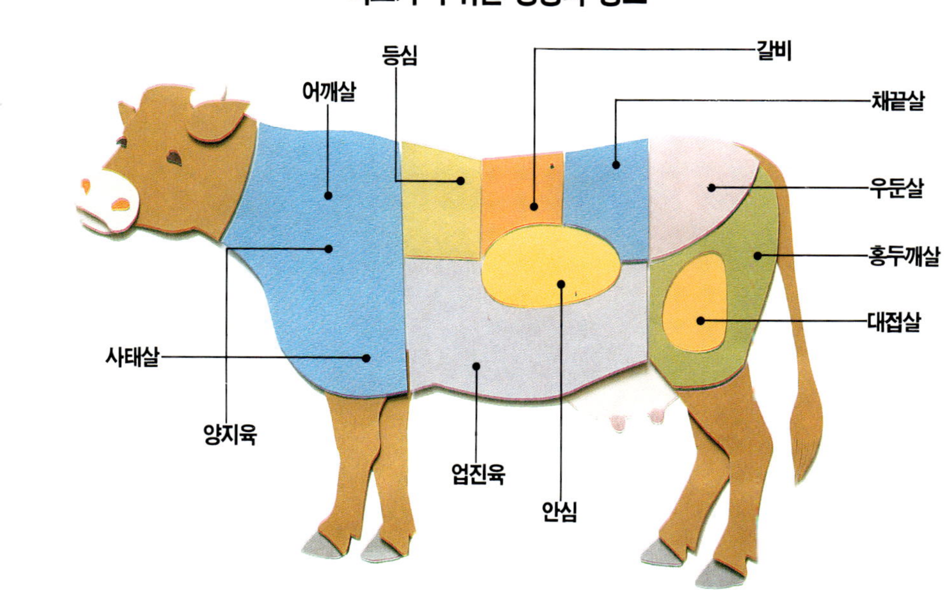

쇠고기는 소의 품종이나 사육 방법, 성숙의 기간에 따라 품질과 맛이 달라지며 부위에 따라 맛의 차이가 크므로 그 특징을 살려 조리하는 것이 바람직하다.

대개 연한 부위는 튀기거나 구워서 단백질을 굳게 하고, 단단한 고기는 삶아서 조직을 부드럽게 하는 것이 포인트.

우둔살, 홍두깨살, 업진육은 붉은 빛을 띠는 부위로 고기결이 곱고 지방과 살코기가 층을 이루어 맛도 좋다. 얇게 썰어서 조리해도 좋고 큼직하게 썰어 오래 끓이면 먹기 좋게 된다. 지방이 적어 구이나 스테이크, 조림, 포 등에 이용한다.

어깨살과 양지육, 사태는 비교적 운동량이 많은 부위로 근육이 모여 있어 기름기가 적고 맛이 진한 반면 육질이 질긴 편이다. 대개는 얇게 저며서 만드는 편육이나 전골, 탕, 조림 등에 알맞고 뭉근히 끓이는 스튜나 수프도 이들 부위를 이용하는 것이 좋다.

등심, 안심, 갈비, 채끝살은 결이 곱고 부드러운 살코기와 맛좋은 얼룩지방으로 되어 있어 쇠고기 중에서도 최고로 친다. 고기 본래의 맛을 살리는 구이용으로 적당하며 찜, 탕, 전골 등에 이용해도 좋다. 연하고 풍미가 좋아 스테이크와 튀김, 바베큐 요리에도 이용한다.

대접살은 넓적다리 안쪽 부분에 해당하는 고기로 기름기가 없고 연하기 때문에 장조림, 육회, 산적 등에 주로 이용한다.

그밖에 쇠꼬리 같은 것도 푹 삶아 곰국을 만들거나 뭉근히 찜을 해서 먹기도 한다.

# 돼지고기

## 썰기　두들겨서 결을 끊어준 다음에 조리한다

**1** **병으로 두들겨 준다** 도톰한 고기는 고기 전용 도구나 맥주병, 국수 미는 밀대로 두들겨 연하게 만든다. 두께가 균일해지게 골고루 두들기도록 한다.

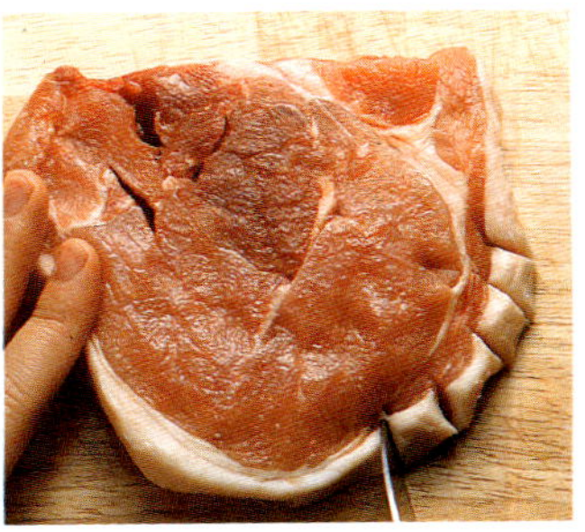

**2** **고기 가장자리에 칼집을 넣는다** 특히 로스구이를 할 때는 수축이 일어나지 않도록 살과 지방 사이의 섬유조직을 끊어준다. 특히 고기 둘레를 빙 돌아가며 칼집을 넣어 둔다.

**3** **다져서 쓸 때는 사용하기 직전에 다진다** 다진 고기는 덩어리 고기에 비해 상하기 쉬우므로 사용하기 직전에 갈거나 다져 쓰는 게 좋다.

## 삶기 · 끓이기　여분의 지방이 제거되어 담백한 맛을 즐길 수 있다

**1** **찬물에 담가 핏물을 뺀다** 끓이기 전에 찬물에 담가 핏물을 빼면 냄새도 덜 나고 끓일 때 거품도 덜 생긴다

**2** **된장을 풀어 넣으면 누린내가 가신다** 특히 돼지고기 편육을 만들 때 삶는 물에 된장을 풀어 넣으면 고기의 역한 냄새가 없어진다.

**3** **무거운 것으로 눌러 둔다** 삶아진 고기는 면보자기에 싸서 무거운 것으로 눌러 두면 모양이 잡혀 썰기에 편하다.

**4** **실로 묶어 모양을 잡는다** 덩어리 고기를 찔 때는 면실로 단단하게 묶어준다. 그래야 살이 흐트러지지 않고 모양이 잡힌다.

**5** **물을 보충할 때는 뜨거운 물을 붓는다** 찌는 도중에 물이 부족하면 뜨거운 물을 붓는 것이 포인트.

**6** **지져서 표면을 응고시킨 후에 조린다** 두툼한 덩어리 고기는 기름 두른 팬에 고기 전체가 갈색이 되도록 지진 후에 조린다.

## 굽기 · 볶기　속까지 충분히 익히는 것이 원칙

**1** **센불에서 구워야 육즙이 생기지 않는다** 처음에는 센불에서 구워 표면이 익으면 불을 줄여 속까지 완전히 익게 한다.

**2** **완전히 익힌다** 쇠고기는 살짝 익혀야 맛도 좋고 연하지만 돼지고기는 기생충이 있으므로 완전히 익을 때까지 구워야 한다.

**3** **생강즙, 술 등으로 냄새를 없앤다** 돼지고기는 생강즙이나 술을 넣어 밑간을 하면 냄새도 없어지고 고기도 연하다.

돼지고기는 영양가도 높고 가격도 비교적 싼 편이며 쇠고기처럼 부위에 따른 맛의 차이도 크지 않고 또한 육질도 부드러워 조리하기 쉬운 재료다.

다만 한 가지 중요한 것은 쇠고기와는 달리 속까지 충분히 익혀 먹여야 한다는 것이다. 하지만 역시 너무 오래 익히면 지나치게 단단해지고 맛이 떨어진다. 젓가락으로 눌러보아 탄력이 있고 꼬치로 찔러보아 맑은 즙이 나오면 적당히 익은 것이라고 보면 된다.

또 돼지고기는 쇠고기에 비해 누린내가 좀 더 강하므로 강한 양념을 하거나 술, 생강즙 등으로 냄새를 없애는 게 좋다.

### 썰기
돼지고기를 약간 도톰하게 썰어서 구울 때는 사진에서와 같이 두들겨서 결을 끊어주는 것이 부드럽게 먹기 위한 비결이다. 전체를 균일한 두께로 두들겨서 결을 끊어주면 단시간에 구석구석까지 익어 단단해지는 것을 막을 수 있다. 또 결을 끊어주지 않으면 가열했을 때 수축이 일어나 형태가 일그러진다.

덩어리 고기인 경우에는 표면에 붙어 있는 여분의 지방이나 힘줄을 제거하고 섬유에 직각이 되게 자른다. 살짝 냉동된 고기가 얇게 잘 썰어진다.

### 굽기·볶기
기름에 굽거나 볶을 때의 포인트는 쇠고기와 마찬가지로 우선 센불에서 구워 표면의 단백질을 응고시켜야 한다. 그래야 고기의 맛난 성분이 빠져나가지 못한다. 돼지고기는 쇠고기에 비해 맛이 담백하므로 향미가 강한 소스를 곁들여 맛을 더해준다.

### 튀기기
돼지고기 튀김의 대표적인 것은 돈까스(포크커틀릿). 속까지 잘 익히고 튀김옷이 얼마나 바삭하게 튀겨지느냐에 맛이 달려 있다. 첫 번째 포인트는 물기 닦기. 고기에

# 튀기기 속까지 바삭하게 튀기는 것이 비결

물기가 남아 있으면 튀기는 사이에 튀김옷이 벗겨져 버린다. 두번째 포인트는 튀김옷 입히기. 밀가루를 되도록이면 얇게 입히는데 여분의 가루는 손으로 털어내거나 다른 고기의 밑쪽과 겹쳐 놓는다. 다음에 달걀과 빵가루를 양면에 구석구석 빠짐없이 묻힌다. 튀길 때는 180℃ 기름에서 튀기되 처음에는 불을 세게 하고 색깔이 좀 변할 때 불을 줄여 속까지 익힌다.

**1 물기 닦기** 손질한 고기에 소금, 후춧가루를 뿌려 잠시 놓아 두면 물기가 생기는데 이것을 키친타월로 말끔히 닦아주어야 튀김옷이 벗겨지지 않는다.

**2 밀가루는 얇게 묻힌다** 고기 표면에 밀가루를 묻힌 뒤 너무 많이 묻은 것은 손으로 털어낸다. 또는 다른 고기의 밑쪽과 겹쳐 놓으면 얇게 묻는다.

**3 달걀물은 골고루 적신다** 달걀물이 골고루 적셔져야 빵가루가 잘 붙어 있다. 푼 달걀에 밀가루를 조금 넣고 풀어서 반죽하여 거기에 담그는 것도 좋은 방법이다.

**4 빵가루 털어내기** 빵가루는 빈틈없이 골고루 묻힌다. 묻힌 즉시 바로 튀기면 기름에 빵가루가 떨어져 지저분해진다. 여분의 가루는 털어내고 잠시 두어 스며든 후에 튀긴다.

**5 처음엔 센불에서 튀긴다** 프라이팬을 이용하면 기름 사용량을 줄일 수 있다. 팬에 기름을 넉넉히 두르고 처음엔 180℃쯤 되는 센불에서 튀겨 색이 나면 불을 중간으로 줄여 속까지 익힌다.

## 돼지고기 보관 요령

빵가루 묻힌 고기는 들러 붙지 않아 떼어 쓰기도 편리다. 랩을 씌우고 비닐 봉지에 담아 냉동실에 두면 급할 때 빨리 조리할 수 있다.

## 돼지고기의 맛을 더해주는 소스

**애플소스**

돼지고기와 사과는 궁합이 잘 맞는 재료다. 사과를 얇게 저며 와인을 넣고 조리면 된다.

**간편한 케첩소스**

토마토케첩에 핫소스나 스테이크소스, 돈가스소스, 우스터소스 등을 섞는다.

**겨자소스**

양겨자에 생크림을 조금 섞어 부드럽게 해주고 소금, 후춧가루로 간한다.



## 돼지고기의 부위별 명칭과 용도

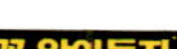


부위마다 이름도 많고 맛도 제각각인 쇠고기와는 달리 돼지고기는 부위별 차이는 그리 크지 않다. 지방이 많은 삼겹살, 표면만 지방에 덮인 방아살과 볼기살, 지방이 적은 등심과 안심 정도이다,

방아살은 등심의 일종. 육질이 연해 구이용으로 좋다. 겉을 싸고 있는 지방이 맛을 내는 포인트이므로 필요 이상으로 잘라내지 않도록 한다.

등심과 어깨살은 등 부위에서도 위쪽 부위다. 근육이 모여서 생긴 부위이므로 근육조직에 따라 지방이 형성되어 있다. 안심과 함께 맛있는 부위로 통한다.

삼겹살은 배 쪽에 위치한 부위로 지방과 붉은 살코기가 세겹의 층을 이루고 있다. 지방층이 두꺼워 지방 함유량도 제일 높은 부위. 단백질은 적은 편이고 다른 부위에 비해서도 약간 단단한 편.

다리는 콜라겐이나 에라스틴 등의 단백질 성분이 많다. 장시간 가열하면서 단백질 성분을 함유한 결합조직을 젤라틴화 시켜서 요리하는 것이 포인트. 뼈와 발톱을 제외하면 관절 사이의 연골까지도 맛이 있다고 하여 잔칫상에 자주 올려지는 음식이다.

# 닭고기

## 씻기 뱃속을 신경 써서 잘 닦는다

닭고기는 껍질, 살, 지방의 세 부분이 확실하게 나뉘어져 있으므로 요리에 따라서는 껍질이나 지방을 제거하는 기술이 필요하다. 또 껍질이 붙은 채 조리하는 경우에는 불필요한 지방 제거라든가 껍질이 오그라들지 않게 하는 등의 밑손질을 한 다음에 조리하도록 한다.

### 기름 제거하기

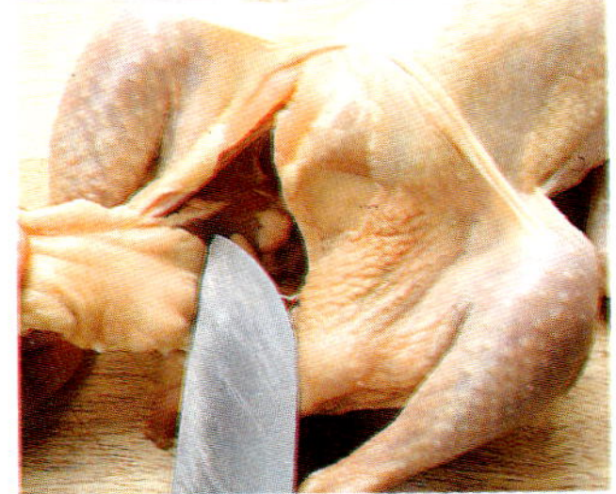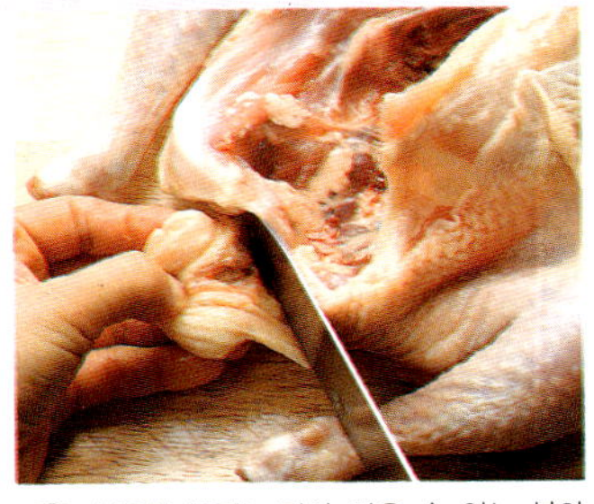

**1** 통닭구이를 할 때는 꽁무니 안쪽에 붙어 있는 노란 기름 덩어리를 잘라낸다.

**2** 볼록한 꽁지는 전혀 먹을 수 없는 부위다. 미리 잘라 내고 조리한다.

**3** 토막낸 것도 닭고기의 껍질과 살 사이에 있는 노란 지방을 칼끝으로 긁어낸다.

### 토막치기

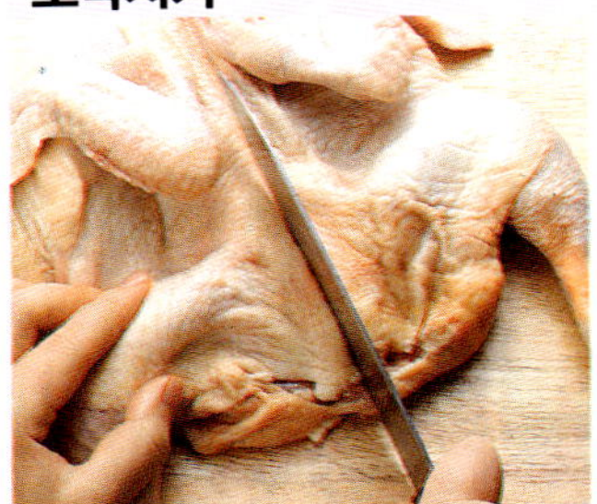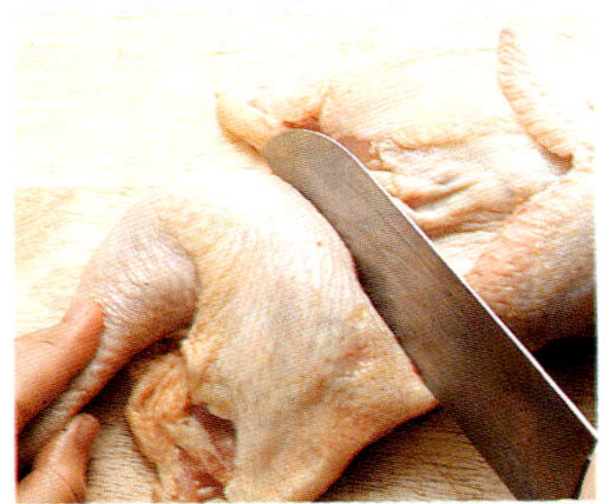

**1** 통닭을 구입한 경우 먼저 배쪽을 길게 반 갈라 펼쳐서 엎어 놓고 다시 길게 자른다.

**2** 토막치는 요령은 손으로 눌러보아 뼈와 뼈 사이를 칼로 내리치듯 단번에 자른다.

**3** 특히 살이 두툼한 닭다리로 조리 할 때는 앞뒤로 두세 군데 깊숙이 칼집을 넣는다.

**4** 껍질은 포크로 쿡쿡 찔러 구멍을 내야 껍질도 오그라들지 않고 간도 잘 밴다.

### 안심 손질하기

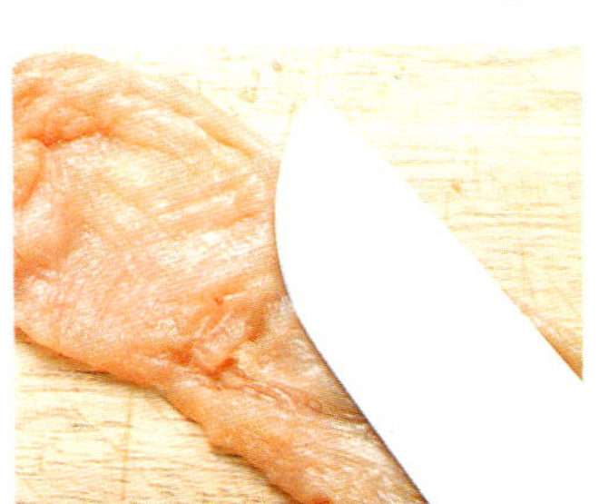

**1** 왼손으로 껍질을 들추고 살과 껍질 사이의 연결막을 칼끝으로 끊어가며 벗긴다.

**2** 고기 안쪽에 붙은 힘줄을 자르고 흰막 같은 섬유질을 잘라 낸다.

**3** 안심 부위의 살이 두툼한 경우에는 저미듯 어슷 썰어 펼치거나 둘로 나눈다.

**4** 저며서 넓게 만든 고기는 칼등으로 두들겨 반듯하게 펴주고 두께를 고르게 한다.

### 닭날개 봉 만들기

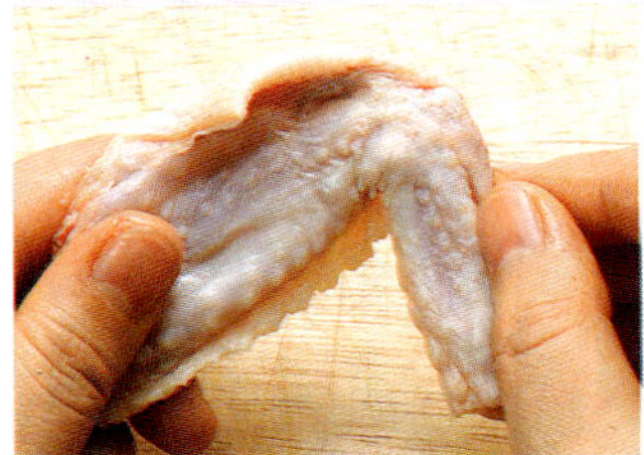

**1** 날개 부위는 살을 발라 동그랗게 만들어 요리하면 보기에도 좋고 먹기도 편하다.

**2** 먼저 날개의 끝 부분을 관절 부위에서 잘라 낸다.

**3** 남은 날개의 한쪽 부분에 길게 칼집을 넣어 벌린다.

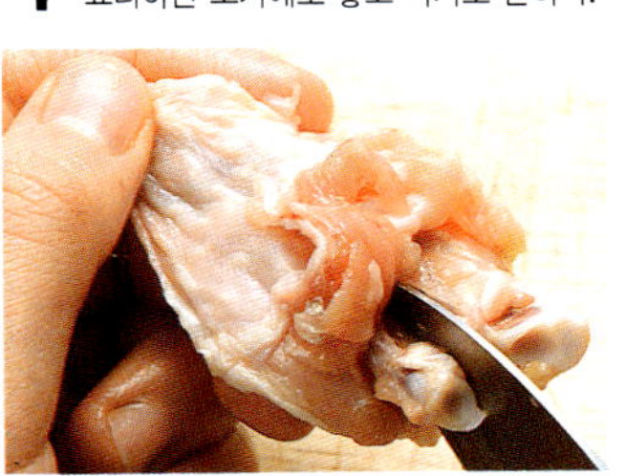

**4** 두 개의 뼈 중 가는 뼈 주위를 빙 돌아가며 칼집을 넣는다.

**5** 살을 훑어가면서 가느다란 뼈 한 개를 뽑아 낸다.

**6** 남은 뼈 주변의 살을 한쪽 끝으로 모아 뒤집어서 둥글게 모양을 만든다.

### 씻기

특히 통닭으로 손질할 때는 뱃속을 신경 써서 닦는다. 뼈 틈새에 엉겨 붙어 있는 피찌꺼기를 깨끗이 씻어 내야 누린내가 나지 않는다. 뱃속에다 직접 수도꼭지를 대고 물을 틀어 씻어 내면 쉽다.

### 밑손질하기

포크로 찔러 주어 껍질이 오그라드는 것을 막는다.

닭고기의 담백한 맛을 즐기려면 여분의 지방을 제거해야 한다. 또 닭을 껍질째 굽거나 간을 할 때는 껍질에 구멍을 내서 고기의 수축을 방지하고 간이 잘 배게 해준다.

# 굽기 · 껍질이 붙은 닭고기는 껍질부터 굽는다

**1** **오븐에서 구울** 때는 자주 꺼내서 흘러내린 기름을 껍질 구석구석 발라주면 윤기가 난다.

**2** **껍질째 구울** 때는 껍질쪽부터 굽기 시작해 색깔이 나면 뒤집어서 살 부분을 익힌다.

## 굽기

닭고기는 비교적 담백하고 물기가 많은 재료이므로 굽기 전에 간을 잘 해야 물기나 냄새가 적어지고 풍미도 좋아진다. 닭고기 역시 다른 고기처럼 우선 센불에서 양면을 구운 다음에 불을 줄여 속까지 익힌다. 또 껍질이 붙은 경우에는 껍질부터 굽는 게 원칙이다.

# 튀기기 · 저온의 기름에서 천천히 튀긴다

**처음에는 160°C의** 기름에 넣고 서서히 튀겨 속까지 익힌 후 건져 두었다가 다시 한 번 센불에서 튀기면 바삭하다.

## 튀기기

튀기기 전에 먼저 밑간을 잘 해 두어야 한다. 그렇게 함으로써 닭냄새와 물기가 빠질 수 있다. 바삭하게 튀기려면 밀가루나 녹말가루를 가능한 한 얇게 발라 저온의 기름에 넣어 속까지 익힌 후 마지막에 센불로 완성시키도록 한다.

# 삶기 · 손가락으로 눌러보아 탄력이 느껴질 때 꺼낸다

**1** **냄새를 없애려면** 냄새의 원인이 되는 여분의 지방, 뼈에 엉겨붙은 피찌꺼기 등을 깨끗이 제거하고 끓일 때 저민 마늘이나 생강, 파 등의 향신 채소를 넣으면 효과적이다.

**2** **가슴살은 찔 경우** 여분의 지방이 빠져 훨씬 담백해지므로 샐러드나 무침에 잘 어울린다. 찔 때 술을 뿌리면 냄새가 사라진다. 80% 정도 익히는 게 적당.

닭고기는 단백질이 풍부하며 값도 저렴한 편이어서 누구나가 즐길 수 있는 육류다. 부위에 따라 부드럽고 단단하며 퍽퍽하고 쫄깃쫄깃하므로 부위별 특징을 알아두어 조리하도록 한다.

가슴살은 다른 부위에 비해 색깔이 흴 뿐 아니라 단백질이 많고 지방이 적어 맛이 아주 담백하다. 육질이 부드러워 푹 익히는 요리나 중국 요리에 쓰면 좋다.

다리살은 지방과 단백질이 고루 풍부하며 육질은 좀 단단하지만 맛은 제일 좋다. 통구이나 바베큐가 적당하며 조림, 찜에 이용되기도 한다. 그밖에 날개살은 살코기는 얼마 안 되지만 깊은 맛이 있어 조림이나 튀김을 하면 좋다.

## 삶기

무조건 오래 삶는다고 해서 좋은 게 아니다. 닭고기는 너무 오래 삶으면 살이 단단해져 먹기가 곤란하다. 중닭의 경우 40분쯤 끓여 손가락으로 고기를 눌러보아 탄력이 느껴질 때 꺼내면 적당하다.

# 내장 손질하기

## 간 우유에 담가 냄새를 없앤다

**1** 젓가락으로 군데군데 구멍을 내고 찬물을 듬뿍 부은 후 소금을 넣고 씻는다.

**2** 30분 정도 우유에 담가두면 잡냄새가 없어진다.

**3** 향미채소를 넣고 찬물에 삶고 거품은 걷어낸다.

**4** 볶을 때 양파나 셀러리 등과 함께 볶고 와인을 뿌리면 냄새를 없앨 수 있다.

내장은 비타민, 미네랄이 풍부하며 조리 여하에 따라서 놀랄만큼 맛있게 먹을 수 있다. 냄새가 역하다고 피하지만 말고 조리 비결을 꼭 익혀 두자. 신선한 것일수록 특유의 냄새가 적으므로 신선한 것을 구입하도록 한다. 그리고 조리하기 전에는 꼭 피를 빼서 냄새를 없애도록 한다.

### 간

간은 비타민의 창고라고 하는데 특히 비타민 A가 풍부하며 $B_1$, $B_2$, C, 철분의 함량도 많다. 비교적 집에서도 손쉽게 조리할 수 있는데, 무엇보다 냄새를 없애는 일이 중요하다. 신선한 간은 날로 먹기도 하지만 대개는 간전이나 볶음 등으로 많이 해먹는다.

## 꼬리 찬물에 담가 핏물을 뺀 후 조리한다

**지방과 칼슘이** 풍부해 보신용으로 사랑받는 쇠꼬리. 조리 전에 반드시 핏물을 빼고 물에 살짝 데쳐 불필요한 기름을 제거한다.

쇠꼬리는 소의 다른 부위에 비해 지방과 단백질, 칼슘이 풍부하여 보신용으로 많이 이용된다. 오래도록 끓여서 국물을 이용하거나 푹 무르게 익히는 찜, 조림 등의 조리법으로 많이 쓴다.

조리 전에는 반드시 찬물에 담가 핏물을 빼서 냄새를 없애고 끓는 물에 살짝 데쳐서 불필요한 기름을 제거하도록 한다.

## 닭모래주머니 잘게 칼집을 넣어야 질기지 않다

내장 중에서는 비교적 냄새가 적은 편이어서 지저분한 것만 떼내고 깨끗이 씻으면 된다. 중요한 건 칼질. 그냥 볶으면 단단하고 질기지만 잘게 칼집을 넣어 볶으면 쫄깃쫄깃하게 씹는 맛이 좋아 술안주로도 애용된다.

**1** 소금과 밀가루를 조금 넣고 주물러 씻는다. 그래야 누린내가 없어진다.

**2** 주변에 붙은 지저분한 것들을 말끔히 떼어낸다.

**3** 가운데 볼록한 부분 양쪽에 칼집을 넣어 힘줄을 끊어준다.

**4** 볼록한 부분에도 두 세번 칼집을 넣는다. 크기가 큰 것은 얇게 저며서 조리한다.

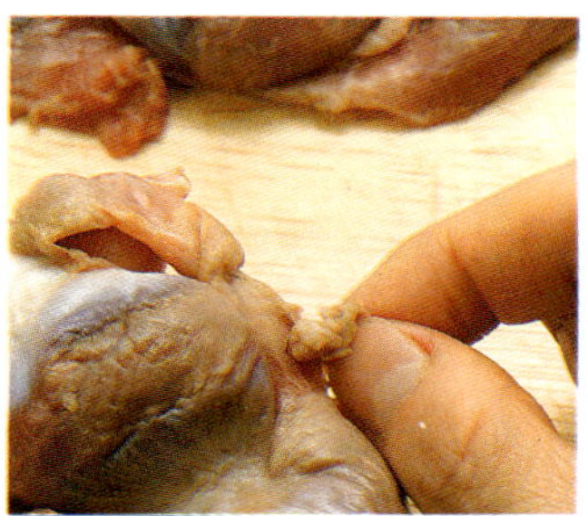 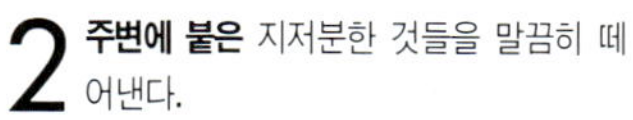

## 양·곱창 냄새를 없애는 게 조리 포인트.

**1** 밀가루는 냄새를 없애는데 좋은 재료다. 다른 내장과 마찬가지로 밀가루, 소금을 넣고 바락바락 주물러 깨끗이 헹군다.

**3** 안쪽에 붙어 있는 불필요한 지방 덩어리들은 잘라 버린다.

**2** 끓는 물에 살짝 데치면 검은색 껍질을 벗기기가 다소 쉽다. 때론 칼이나 숟갈로 떨어지는 것만 긁어낸 후 그대로 쓰기도 한다.

### 곱창 손질하기

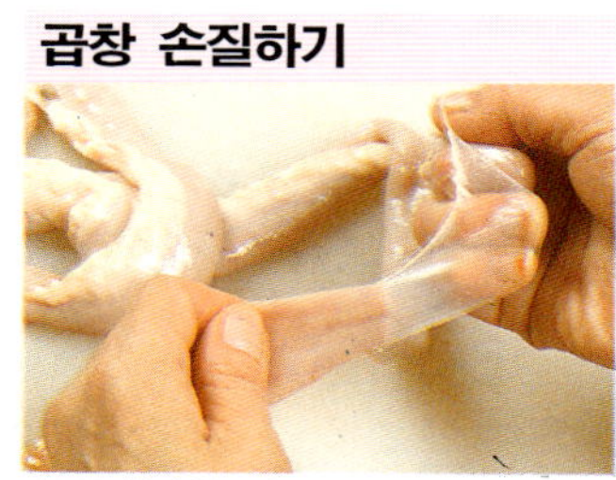

**소금을 뿌려** 주물러 씻어 핏물을 빼고 속을 훑어내리면서 깨끗이 헹군 후 곱창을 둘러싸고 있는 얇은 막을 말끔히 벗긴다.

# 갈비구이 (L.A식)

요리/한복선

**갈비의** 핏물을 빼고 깨끗이 씻어 양념장에 재어 두었다가 달군 프라이팬에 노릇노릇하게 구워 먹는 푸짐한 고기요리.

갈비구이는 갈비의 대표적인 조리 방법으로 갈비의 제맛을 가장 잘 살려 준다. 그러나 갈비 자체의 맛도 중요하지만 양념장에 의해 맛이 달라지므로 특히 신경을 써서 양념장을 맛있게 만들도록 한다.

상에 낼 때는 접시에 깻잎을 깔고 저며썬 마늘과 채썬 붉은고추, 실파를 함께 곁들여 내면 요리가 한결 돋보인다.

## 재료/4인분　549 kcal　40

| | |
|---|---|
| 쇠갈비 | 1kg |
| **양념장** | |
| 간장 | 4큰술 |
| 다진 파 | 2큰술 |
| 다진 마늘 | 1큰술 |
| 설탕 · 참기름 | 3큰술씩 |
| 소금 | 1½큰술 |
| 통깨 · 후춧가루 | 조금씩 |
| **곁들이** | |
| 마늘 | 4쪽 |
| 오이 · 당근 · 토마토 | ½개씩 |
| 붉은고추 · 실파 · 깻잎 | 조금씩 |

### Cooking Point

L.A식 갈비는 일반 갈비와는 달리 뼈가 단면으로 노출되도록 얇게 썬 것이다. 갈비뼈가 너무 굵지 않고 살 사이에 기름이 조금씩 끼어 있는 것으로 준비한다. 집에서 써는 것이 어려우면 정육점에서 한 조각에 뼈가 3개씩 들어 가도록 썰어서 구입한다.

### 응용요리
### 갈비스테이크

소금과 후춧가루만으로 간하여 구워 갈비 본래의 맛을 최대로 살릴 수 있는 이색적인 스테이크 요리.

갈비를 방망이나 망치로 살살 두들겨 살을 고루 펴발라 10분간 재어 두었다가 버터와 식물성 기름을 두른 프라이팬이 뜨거워지면 갈비를 넣어 노릇노릇하게 구워 포도주를 몇 방울 뿌리고 맛소금으로 간하여 굽는다. 갖은양념에 재었다가 굽는 한국식 갈비구이보다 고기의 제맛을 더 즐길 수 있다.

**1 갈비 손질하기** 기름이 너무 많이 붙어 있는 부위는 칼로 잘라 적당히 떼어 내고 갈비뼈의 단면이 보이도록 얇게 저며썬다. 너무 굵거나 크게 썰면 익힐 때 시간이 오래 걸리고 양념장도 고루 배어들지 않는다.

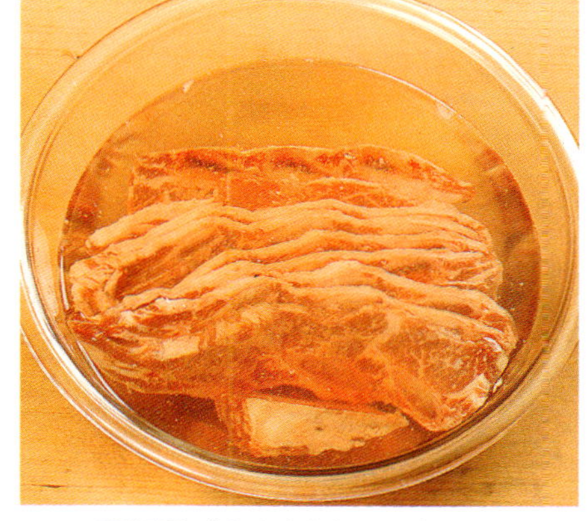

**2 갈비 핏물 빼기** 손질하여 얇게 저며 썰어 놓은 갈비는 찬물에 오랜 시간 동안 충분히 담가 두어 핏물을 말끔히 뺀 다음 흐르는 물에 씻어서 건져 물기를 뺀다.

**3 양념장 만들기** 볼이 넓은 그릇에 간장, 다진 파 · 마늘, 설탕, 참기름, 소금, 통깨, 후춧가루를 분량대로 한데 넣고 고루 섞어 둔다. 설탕 대신 물엿을 넣어도 윤기가 나고 부드럽다.

**4 양념장에 갈비 재어 굽기** 양념장에 갈비를 30분 정도 재어 두었다가 프라이팬을 달구어 노릇하게 구워 접시에 담아 낸다. 저며썬 마늘과 채썬 붉은고추, 실파를 곁들이로 예쁘게 담아낸다.

# 닭양념구이

요리 / 안승춘

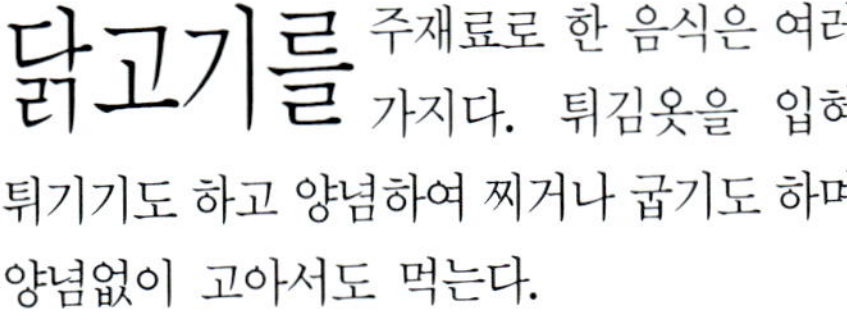

**닭고기를** 주재료로 한 음식은 여러 가지다. 튀김옷을 입혀 튀기기도 하고 양념하여 찌거나 굽기도 하며 양념없이 고아서도 먹는다.

이렇게 다양한 조리법으로 만들어 먹을 수 있는 닭고기는 밑손질이 기본이다. 튀기든 찌든 닭 특유의 냄새를 없애고 닭살이 속까지 익을 수 있도록 닭살 군데군데에 칼집을 넣어 익혀야 한다.

닭냄새를 없애는 방법으로는 생강즙, 양파즙, 파, 마늘 등의 향신료로 버무려 재어 놓았다 조리하면 된다.

닭양념구이는 보통 닭갈비라고도 하는데 양념한 닭고기를 철판이나 프라이팬에 구우면 된다. 브로일러나 오븐에 구워도 구이 특유의 풍미를 맛볼 수 있다.

**재료** /4인분　　630 kcal　30

| 재료 | 분량 |
| --- | --- |
| 닭 | 1마리 |
| 마늘 | 1통 |
| **양념장** | |
| 간장 | 5큰술 |
| 양파 | 1개 |
| 생강즙 | 1큰술 |
| 고춧가루 | 3큰술 |
| 다진 파 | 3큰술 |
| 다진 마늘 | 1½큰술 |
| 술 | 2큰술 |
| 물엿 | 4큰술 |
| 깨소금·참기름 | 1큰술씩 |
| 후춧가루 | 조금 |

**1 닭고기 █ 발라내기** 닭은 내장과 기름기를 말끔히 떼내고 깨끗이 씻어 큼지막하게 토막낸 다음 뼈가 있는 부분에 칼집을 길이로 넣어 뼈를 발라내고 먹기 좋게 손질한다.

**2 닭껍질에 칼집 넣기** 뼈를 발라내고 먹기 좋게 손질해 놓은 닭고기는 간이 잘 배어들도록 칼끝으로 껍질 부분에 칼집을 낸다. 또는 포크로 콕콕 찔러 주어도 좋다.

**3 양념장 만들기** 넓은 그릇에 간장과 생강즙, 술, 물엿, 고춧가루, 다진 파·마늘, 후춧가루, 참기름, 깨소금을 분량대로 넣어 고루 섞은 후 강판에 갈은 양파즙을 넣어 양념장을 만든다.

**4 양념장에 재어 두기** 손질하여 칼집 낸 닭고기는 섞어 놓은 양념장에 넣어 여러 번 주무른 다음 2~3시간 정도 재어 둔다. 이렇게 해야 간이 속까지 충분히 배어 맛있다.

**5 굽기** 기름 두른 프라이팬에 양념한 닭을 굽는다. 너무 센불에서 구우면 속이 익기도 전에 타므로 중불에서 노릇하게 굽는다. 도톰한 부위를 찔러 보아 핏물이 나오지 않으면 다 익은 것이다.

# 쇠고기삼색말이조림

**요리 / 한복려**

당근 풋고추, 우엉의 삼색 야채를 얇게 포 뜬 쇠고기로 꼭꼭 말아 쫀짤한 조림장에 조린 쇠고기삼색말이조림. 쇠고기와 야채가 함께 씹히는 맛도 좋지만, 썰어 놓으면 단면도 색색으로 예뻐 밥반찬으로 또는 도시락 반찬으로도 푸짐하게 먹을 수 있는 음식이다. 돼지고기나 닭고기를 이용해도 좋지만 쇠고기가 수축력이 좋아 모양이 반듯하다.

## 재료/4인분  233 kcal  30

| | |
|---|---|
| 쇠고기(우둔살) | 300g |
| 당근 · 우엉 | 100g씩 |
| 풋고추 | 4개 |
| 밀가루 | 4큰술 |
| 식물성 기름 | 3큰술 |
| 무명실 | 조금 |

**조림장**

| | |
|---|---|
| 간장 | 4큰술 |
| 설탕 · 술 | 2큰술 |
| 후춧가루 · 소금 | 조금씩 |

### Cooking Point

고기 안에 넣을 재료는 가족의 식성에 따라 양파, 피망, 고추 등으로 다양하게 변화시킬 수 있다. 고기에 채소를 말 때는 꼭꼭 당겨 가면서 말고 무명실로 묶는 대신 꼬치로 고정시켜도 된다. 또 조림장을 만들 때는 설탕 대신 물엿을 넣으면 고기에 윤기가 돌아 더욱 먹음직스럽다.

**1 야채 썰기** 풋고추는 채썰고 당근은 쇠고기 폭만큼의 길이에, 0.5cm 두께로 채썬 뒤 소금물에 살짝 데쳐 찬물에 헹궈 건진다. 우엉은 껍질을 긁어 씻은 뒤 당근과 비슷한 크기로 썰어 찬물에 담아 둔다.

**2 쇠고기 포 떠서 밀가루 뿌리기** 0.3cm 두께로 포 뜬 쇠고기를 가지런히 펴 놓고 작은 체어 밀가루를 담아 고기 전체에 골고루 뿌린다. 그래야 수분이 흡수되어 물기가 생기지 않는다.

**3 야채 넣고 말아 무명실로 묶기** 밀가루를 뿌린 쇠고기포의 한끝에 손질한 당근, 풋고추, 우엉을 각각 3~4개씩 놓고 꼭꼭 싸서 돌돌 말아 무명실로 흩어지지 않게 묶는다.

**4 프라이팬에 지지기** 무명실로 단단히 묶은 삼색말이에 밀가루를 골고루 묻힌 다음 달구어진 프라이팬에 식물성 기름을 두르고 센불에서 노릇노릇하게 지져 놓는다.

**5 조림장에 조리기** 분량의 간장, 설탕, 술, 후춧가루를 넣고 조림장을 만들어 끓이다가 노릇노릇하게 지져 놓은 삼색말이를 넣고 굴리면서 조린다. 너무 조리면 윤기가 없다.

# 햄버거스테이크

요리/이종님

요리/이종님

**고기요리** 에서 빼놓을 수 없는 음식이 바로 햄버거스테이크. 흔히 식사 대용으로 빵에 끼워 먹지만 프라이팬에 지져 스테이크 소스를 얹어 먹기도 하고 토마토케첩, 달걀프라이, 치즈 등을 얹어 그대로 먹기도 한다.

고기만으로 반죽하는 것보다 볶은 양파나 빵가루를 섞어 반죽한 반대기를 지지는 것이 부드럽고 먹기 편하다. 또한 반죽할 때 달걀 1개를 깨뜨려 넣으면 끈기가 생겨 부서지지도 않고 영양가도 높아진다. 조리할 때 고기 반대기는 따로 지지고, 곁들이 야채 튀기고 볶은 것 따로, 소스도 따로 만드는 것이 조리 요령이다. 재료 준비와 밑손질을 미리해서 냉장고에 넣었다가 만들면 쉽게 완성된다.

**재료/4인분**

638 kcal · 20

| 재료 | 분량 |
|---|---|
| 쇠고기(다진 것) | 300g |
| 돼지고기(다진 것) | 150g |
| 양파 | 1개 |
| 우유 | ½컵 |
| 빵가루 | 2컵 |
| 소금·후춧가루 | 조금씩 |
| 식물성 기름 | 3컵 |

**곁들이**

| 재료 | 분량 |
|---|---|
| 냉동감자 | 200g |
| 브로콜리 | 150g |
| 래디시 | 1개 |

**샐러드**

| 재료 | 분량 |
|---|---|
| 양상추 | 4잎 |
| 오이 | ½개 |
| 당근 | 30g |
| 피망 | 1개 |
| 양파 | ½개 |

**샐러드 드레싱**

| 재료 | 분량 |
|---|---|
| 식물성 기름 | 4큰술 |
| 간장·식초 | 2큰술씩 |
| 당근·양파(간 것) | 1큰술 |
| 다진 마늘 | 1작은술 |

**소스**

| 재료 | 분량 |
|---|---|
| 양파 | 2개 |
| 마늘 | 4쪽 |
| 토마토케첩 | 12큰술 |
| 우스터소스·버터 | 3큰술씩 |
| 붉은포도주 | 4큰술 |
| 생크림 | 2큰술 |
| 육수 | 1½컵 |
| 소금·후춧가루 | 조금씩 |

## 미니햄버거

**재료** : 쇠고기 다진 것 200g, 식빵 2장, 파인애플·망고·바나나 50g씩, 다진 양파 2큰술, 송화소금·후춧가루 1작은술씩, 양상추 적당량, 케첩 3큰술, 토마토소스 1큰술, 방울토마토 3개, 조청·다진 양파·다진 대파 1큰술씩

**만들기** : ❶소스 재료에 방울토마토를 다져 넣고 섞어 준다. 양상추는 채썰어 놓는다. ❷다진 쇠고기에 양파 다진 것을 넣고 반죽한다. ❸식빵은 햄버거 모양으로 동그랗게 잘라 놓는다. 틀을 이용해도 좋고 가위로 모양을 잡아도 된다. ❹②를 잘 치대 끈기가 생기면 소금, 후추를 넣고 살짝 반죽한 다음에 햄버거 패티 모양으로 만들어 놓는다. ❺팬에 올리브오일을 넣고 앞뒤로 노릇하게 구워 놓는다. ❻과일류는 네모나게 다져 놓는다. 둥근 식빵 위에 양상추를 올리고 과일 다진 것을 올린 다음에 구워 놓은 햄버거 패티를 올리고 위에 소스를 듬뿍 올려 낸다.

**1 고기 다지기** 쇠고기와 돼지고기는 기름기가 적은 살코기 부위로 준비하여 각각 곱게 다진다. 정육점에서 갈아서 산 고기라도 다시 한 번 다진다. 이렇게 하면 햄버그 반죽이 더욱 부드럽고 끈기가 있다.

**2 다진 양파 볶기** 깨끗하게 다듬어 씻어 곱게 다진 양파는 달군 프라이팬에 볶은 다음 식혀 놓는다. 볶을 때는 타지 않게 약한 불에서 노릇노릇 볶는다. 식물성 기름 대신 버터를 이용해 볶으면 더욱 고소한 맛이 있다.

**3 햄버그 반죽하기** 넓적한 그릇에 곱게 다진 쇠고기·돼지고기, 노릇하게 볶은 양파를 넣고 우유 ½컵, 빵가루 2컵, 소금·후춧가루를 조금씩 넣어 골고루 잘 치댄다.

**4 햄버그 모양 만들기** 끈기가 나도록 여러 번 치댄 반죽을 기름 바른 손바닥 위에 올려 놓고 양손으로 공을 던지듯이 상하로 움직여 반죽 내부의 공기를 빼준 다음 1.5cm 두께의 동글납작한 모양이나 타원형으로 모양을 만든다.

### 곁들이 만들기

**1 냉동감자 튀기고 브로콜리 볶기** 냉동감자는 180℃ 정도의 기름에 노릇하게 튀긴 다음 냅킨에 놓아 기름을 뺀다. 깨끗이 손질한 브로콜리는 프라이팬에 가볍게 볶고 래디시는 줄기를 잘라 깨끗이 씻어 모양내어 자른다.

**2 샐러드 준비하기** 양상추는 먹기 좋게 한입 크기로 뜯고, 오이·당근은 납작하게 썰며, 피망과 양파는 고리 모양으로 썰어 그릇에 담고 분량의 식물성 기름, 간장, 식초, 간 양파·당근, 다진 마늘을 섞어 만든 드레싱을 끼얹는다.

**5 햄버그 지지기** 달군 프라이팬에 식물성 기름을 두르고 햄버그 반죽을 넣어 지진다. 센불에서 겉면을 지져 색이 적당히 노릇노릇해지면 뒤집고 불을 약하게 줄여 속까지 완전히 익힌다. 이때 뚜껑을 덮어 두면 빨리 익는다.

### 소스 만들기

**1 양파, 마늘 볶기** 양파와 마늘을 다듬어 씻어 가늘게 채썬다. 뜨겁게 달군 냄비에 버터 3큰술을 두르고 채썬 양파와 마늘을 넣어 뒤적이면서 노릇노릇하게 볶는다. 양파를 볶을 때는 약한 불에서 타지 않게 천천히 볶는다.

**2 소스 끓이기** 채썬 양파와 마늘이 노릇노릇하게 볶아졌으면 붉은 포도주 4큰술, 우스터소스 3큰술, 육수 1½컵, 토마토케첩 12큰술을 넣어 끓이면서 분량의 소금, 후춧가루, 생크림을 넣어 걸쭉하게 섞는다.

# 비프스테이크

요리 / 한복선

고기 그대로의 맛을 제대로 살리는 서양 요리가 비프스테이크이다. 비프스테이크용 고기는 결이 곱고 얼룩 지방이 사이사이에 낀 등심이라야 제맛이 나고 굽기 전에 기본 손질을 잘하는 것이 무엇보다 좋은 맛을 내는 비결이다.

쇠고기의 누린내는 포도주를 뿌려 없앤다. 또 속까지 완전히 익혀 먹기보다 겉은 익히고 속은 약간 덜 익혀 고기 본래의 맛을 즐기는 것이 좋다.

잘 구워진 스테이크에 레몬버터를 만들어 얹으면 향도 좋아지고 고기의 맛도 한결 부드러워진다.

고기요리에 야채를 곁들이는 것은 기본. 당근 조린 것과 옥수수, 치커리 외에도 데친 시금치, 야채 샐러드 등 야채나 과일류라면 어느 것도 잘 어울린다.

## 재료 /4인분 — 335 kcal

| 재료 | 분량 |
| --- | --- |
| 쇠고기(등심) | 300g |
| 버터 | 1큰술 |
| 식물성 기름 | 조금 |
| **레몬버터** | |
| 버터 | 100g |
| 레몬 | ⅓개 |
| 다진 파슬리 | 1큰술 |
| **곁들이** | |
| 당근 | 60g |
| 옥수수(통조림)·치커리 | 조금씩 |
| 육수 | 1컵 |
| 버터 | ½큰술 |
| 소금·설탕 | 조금씩 |

### Cooking Point

레몬버터 대신 레몬버터소스를 곁들여도 좋다. 프라이팬에 버터 2큰술을 녹여 레몬 ½개의 즙을 짜 넣고 섞는다. 불에서 오래 섞으면 버터에서 연기가 나므로 재빨리 섞어 스테이크에 끼얹는다.

### 꼭 알아두자

## 레몬버터 만들기

*그릇에 버터 100g과 다진 파슬리 1큰술을 담고 레몬즙을 짜 넣은 후 거품기로 부드럽게 젓는다. 버터가 레몬즙에 골고루 풀어졌으면 랩을 펼쳐 놓고 만들어 놓은 레몬버터를 떠 놓아 적당한 굵기의 원기둥 모양으로 길쭉하게 모양을 만든다. 기둥모양으로 된 레몬버터를 랩으로 꼭꼭 말아 냉동실에 넣어 굳혔다가 필요할 때 약 1cm 두께로 썰어 사용한다.

**1 고기 칼집 넣기** 1인분에 150g 정도의 무게가 되도록 1~1.5cm 두께로 썬 다음 붉은 살과 지방질의 경계가 되는 희고 반투명한 힘줄에 칼집을 넣어 준다. 그래야 구울 때 오그라들지 않아 모양이 좋다.

**2 고기 두들기기** 두들기는 기구로 가볍게 자근자근 두들긴다. 또는 방망이나 병, 칼 등으로 대신 두들겨도 좋다. 이렇게 하면 고기가 연해져 스테이크가 더욱 맛있다. 두들겨서 넓게 퍼진 고기는 손으로 다듬어 모양을 잡아준다.



## 로스트비프

연한 쇠고기 자체의 맛을 그대로 즐길 수 있는 또 하나의 고기요리. 고기를 덩어리째 구워 즉석에서 잘라 접시에 올려 내도 그 맛이 새롭다. 또한 로스트비프는 고기한덩어리로 여러 명의 기호를 만족시킬 수 있다. 익은 고기를 원한다면 양끝, 설익은 고기를 원하면 중간 부분을 썰어 준다.

**만들기 :** ❶등심 한덩어리를 준비해 지방과 힘줄을 떼내고 소금과 후춧가루를 듬뿍 뿌려 간이 배도록 고루 문지른다. ❷간이 배면 고기결에 직각이 되게 실로 묶어 모양을 잡아 프라이팬에 고루 돌려가며 지진다. ❸양파는 채썰고 당근은 1cm 너비로 납작하게 썰며 굵은 파는 흰부분만 어슷하게 썬다. ❹썬 야채를 오븐팬에 깔고 지진 고기를 놓은 후 월계수잎을 사이사이에 끼우고 고기 표면에는 버터를 더 발라 준다. ❺15분 정도 예열한 240℃의 오븐에 넣어 다시 15분 정도 구워 색이 나면 온도를 180℃로 낮추고 25분 정도 더 구워 실을 푼다.

**3 버터 녹이기** 두꺼운 프라이팬을 뜨겁게 달군 다음 식물성 기름을 조금 두르고 버터를 1큰술 넣어 녹이다가 연기가 나기 직전에 손질하여 두들겨 놓은 고기를 올려 굽는다.

**4 고기 굽기** 센불에서 2~3분 정도 구워 표면이 익으면 불을 줄이고 약한 불에서 반 정도 익혀 뒤집어서 다시 센불에 잠시 굽고 불을 줄여 익힌다. 기호에 따라 살짝 익힌 고기를 원하면 이때 바로 꺼내고, 바싹 익힌 고기를 원하면 조금 더 익힌다.

**5 곁들이 준비하기** 당근은 껍질을 벗기고 0.5cm 두께로 썰어 가장자리를 돌려가며 둥글게 깎아 끓는 육수에 넣고 조린다. 조림 국물은 육수에 소금, 설탕을 조금씩 넣고 적절하게 간한 뒤 버터 ½큰술을 넣는다. 불을 약하게 하여 뭉근하게 조려야 말랑말랑하다.

# 포크커틀릿

요리 / 이종남

**흔히** '돈까스'라고 불리는 이 음식은 고기 튀김요리의 기본이다. 밀가루, 달걀, 빵가루순으로 튀김옷을 입혀 튀기므로 주재료만 바꾸면 쉽게 비프커틀릿, 치킨커틀릿 등을 만들 수가 있다. 이런 커틀릿 종류의 음식을 튀길 때는 많은 양의 기름에 튀기기보다는 프라이팬에 기름만 조금 넉넉히 붓고 튀기는 게 합리적인 방법이다. 소스만 분량대로 잘 맞추어 만들면 레스토랑 음식 못지 않은 맛을 낼 수 있다.

상에 낼 때는 채썬 양배추, 치커리, 토마토 등의 야채를 함께 곁들이도록. 고기가 주재료인 음식을 준비할 때는 반드시 야채류가 따라야 영양의 균형을 이룰 수 있다.

## 재료 /4인분

**609 kcal**  ·  30

| | |
|---|---|
| 돼지고기(등심이나 안심) | 400g |
| 밀가루 | ½컵 |
| 달걀 | 1개 |
| 빵가루 | 3컵 |
| 식물성 기름 | 3컵 |
| 소금·후춧가루 | 조금씩 |

**샐러드**

| | |
|---|---|
| 양배추 | 150g |
| 붉은 양배추 | 100g |
| 토마토 | 1개 |
| 치커리 | 80g |

**소스**

| | |
|---|---|
| 쇠고기 | 50g |
| 양파 | ½개 |
| 당근 | 50g |

## Cooking Point

소스에 들어가는 갈색 루는 소스를 걸쭉하게 만들고 색깔을 내는 역할을 한다. 소스뿐 아니라 수프에도 이용되는데 밀가루와 버터는 언제나 1:1의 비율로 같은 양을 사용하는 것이 기본이다.

고기를 튀길 때는 빵가루가 타지 않도록 기름의 온도를 160℃ 정도로 유지시켜 노릇하게 튀겨 내는 것이 포인트. 그러려면 튀김 재료를 하나씩 튀기는 것이 요령이다. 튀기는 동안 고기의 모양이 휘면 뒤집개로 앞뒤를 눌러 주어 모양을 잡는다.

**1 돼지고기 밑간하기** 0.5cm 두께로 둥글고 큼직하게 썬 돼지고기에 잔칼집을 넣어 접시에 담고 소금, 후춧가루를 골고루 뿌려 밑간하여 둔다. 고기는 등심이나 안심 등의 연한 살코기를 준비하고, 아예 정육점에서 기계로 칼집 넣어 둔 것을 구입하면 편리하다.

**2 밀가루, 달걀물, 빵가루 입히기** 밑간하여 준비한 돼지고기의 양면에 밀가루, 달걀물, 빵가루를 순서대로 묻혀 튀김옷을 입힌다. 밀가루, 달걀, 빵가루 등의 튀김옷 재료를 미리 냉장고에 넣어 두었다가 이용하면 튀긴 뒤 모양도 반듯하고 빨리 눅눅해지지도 않는다.

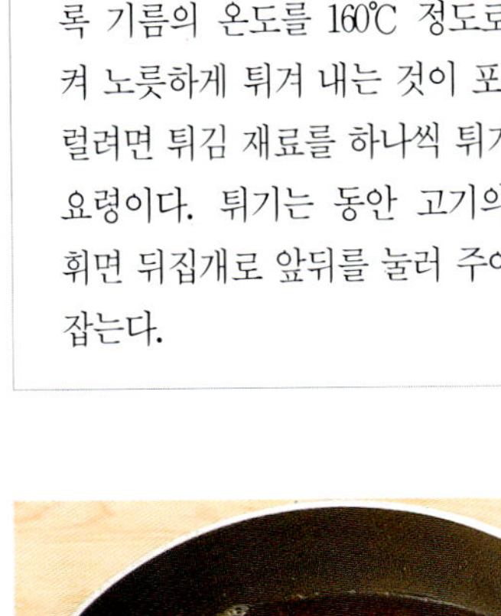

**3 고기 튀기기** 160℃ 정도의 기름에 밀가루, 달걀물, 빵가루로 옷을 입힌 고기를 넣어 앞뒤가 노릇노릇하게 튀겨 기름을 빼 놓는다. 튀기는 동안 온도가 올라가지 않게 불을 조금 줄인다.

**4 토마토 껍질 벗기기** 끓는 물에 넣어 살짝 데친 후 바로 건져서 껍질을 벗긴 다음 반으로 갈라 먹기 좋은 한입 크기로 썰어 놓는다. 양배추는 가늘게 채썰어 찬물에 담가두었다가 빳빳하게 물이 오르면 건져서 물기를 뺀다.

## 포크커틀릿 소스만들기

**1 쇠고기, 야채 썰기** 쇠고기는 먹기 좋은 크기로 잘게 썰고, 당근은 껍질 벗기고 씻어 얄팍하게 저며 썬다. 셀러리도 깨끗이 다듬어 씻어 얇게 어슷 썬다. 마늘도 깨끗이 씻어 얄팍하게 저며 썰고, 양파는 가늘게 채썬다.

**2 소스 끓이기** 넓은 냄비에 토마토케첩 5큰술과 저며 썬 당근·마늘, 어슷 썬 셀러리, 붉은 포도주 3큰술을 넣어 잘 섞어 볶다가 월계수잎과 육수 2컵을 부어 한소끔 끓인다.

| | | | | | | 갈색루 | |
|---|---|---|---|---|---|---|---|
| 셀러리 | 20g | 육수 | 2컵 | | | | |
| 마늘 | 3쪽 | 붉은 포도주 | 3큰술 | | | 밀가루 | 3큰술 |
| 버터 | 2큰술 | 월계수잎 | 2장 | | | 버터 | 3큰술 |
| 토마토케첩 | 5큰술 | 소금·후춧가루 | 조금씩 | | | | |

**3 갈색 루 만들기** 냄비가 뜨거워지면 버터 3큰술을 녹인 다음 밀가루 3큰술을 넣어 나무주걱이나 거품기로 서서히 저으면서 갈색이 나도록 볶는다. 적당한 색이 나게 잘 볶으려면 센불보다 약한 불에서 볶는다.

**4 소스 간하기** 소스를 한소끔 끓이다가 프라이팬에 만들어놓은 갈색 루를 넣어 거품기로 잘 저은 후 다시 끓인다. 바글바글 끓으면 소금과 후춧가루로 적절하게 간을 맞춘다.

**5 체에 소스 거르기** 소스의 맛이 어우러지도록 충분히 끓었으면 불을 끄고 체에 걸러 건더기 없는 부드러운 소스를 준비한다. 접시에 튀긴 고기를 담고 그 위에 준비한 소스를 뿌리고, 한 옆에 양배추, 토마토 등의 야채를 곁들여 낸다.

# 제육보쌈

요리 / 이종남

돼지고기 를 냄새 없이 삶을 수 있으면 다른 고기 요리도 요령을 터득하게 된다. 우선 돼지고기의 누린내를 없애는 방법으로 된장과 생강을 이용해보자. 된장과 생강은 냄새를 없애는 작용도 하지만 돼지고기의 맛을 깊이 있고 구수하게 살려주는 역할도 한다.

덩어리 고기를 삶을 때 실로 묶어 모양을 잡아주는 것도 중요한 조리법. 그래야 다 삶은 후에 고기도 단단하고 썰어놓았을 때 모양새도 있다. 같은 방법으로 쇠고기를 이용해 조리해도 맛있다.

김치를 담글 때, 아니면 김장을 하고 난 끝에 배추 속양념이 남았으면 돼지고기를 삶아 함께 상에 내 보자.

## 재료 / 4인분    295 kcal   30

| | |
|---|---|
| 돼지고기 | 600g |
| 된장 | 2큰술 |
| 생강 | 1쪽 |
| 배추 | ½포기 |
| 무명실 | 조금 |

**새우젓양념**

| | |
|---|---|
| 새우젓 | 2큰술 |
| 고춧가루 | ½큰술 |
| 다진파 | 1큰술 |
| 다진 마늘 | 1작은술 |
| 깨소금·참기름 | 조금씩 |

**배추속양념**

| | |
|---|---|
| 무 | 200g |
| 굴 | 50g |
| 미나리 | 15g |
| 갓 | 20g |
| 실파 | 5뿌리 |
| 고춧가루 | 3큰술 |
| 젓국 | 2큰술 |
| 새우젓(다진 것) | 1큰술 |
| 다진 파 | 1작은술 |
| 다진 생강 | ½작은술 |
| 통깨·설탕·소금 | 조금씩 |

### Cooking Point

배추속 양념은 무채 먼저 양념에 버무린다. 미나리, 갓 등의 푸른 채소부터 버무리면 풋내가 나므로 굴과 푸른 채소는 나중에 넣고 살짝 버무린다.

상에 낼 때는 커다란 접시에 얄팍하게 썬 제육을 먹음직스럽게 담고 한 옆에 절인 배추, 배추속양념을 소담스럽게 담는다. 새우젓양념도 곁들인다.

**1** **돼지고기 밑손질하기** 덩어리 고기를 준비하여 깨끗이 씻은 뒤 무명실로 돌려가며 묶는다. 그래야 살이 단단해지고 삶았을 때 모양이 잡힌다. 삼겹살보다는 목살 부위가 지방이 별로 없고 담백하여 제육보쌈을 만들기에 좋다.

**2** **돼지고기 삶기** 큰 냄비에 물을 넉넉히 붓고 된장을 덩어리지지 않게 골고루 풀어 잘 섞은 다음 껍질 벗겨 얇게 저며 썬 생강을 넣어 끓이다가 실로 묶어 놓은 돼지고기를 넣어 무르도록 푹 삶는다.

**3** **돼지고기 실 풀기** 꼬치로 찔러보아 피가 묻어나지 않을 정도로 다 삶아졌으면 고기를 건져내어 찬물에 한 번 헹군 다음 묶어 놓은 실을 푼다. 찬물을 한 번 끼얹었으면 고기에 붙어있던 여분의 기름기를 말끔히 제거할 수 있다.

**4** **돼지고기 가제에 싸서 눌러 놓기** 된장 푼 물에 푹 삶아 건진 고기의 모양을 좀더 단단하게 고정시키기 위해서 베보자기나 가제로 돌려 싼 다음 도마를 올려 놓고, 그 위를 무거운 것으로 눌러 고정시켜 모양을 잡는다.

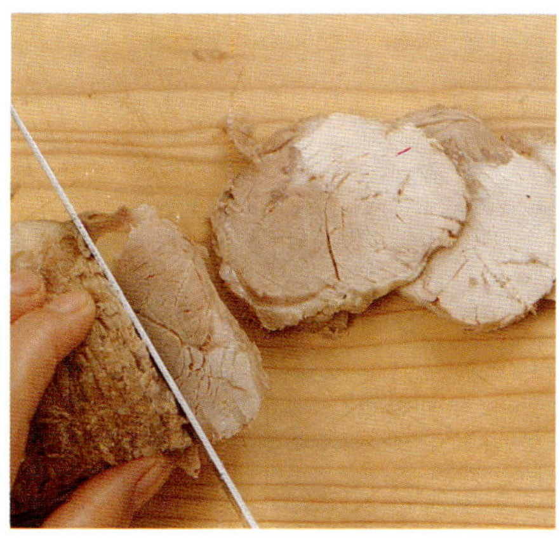

**5** **삶은 돼지고기 썰기** 삶은 돼지고기의 모양이 고정되고 어느 정도 식었으면 먹기 좋게 0.3cm 두께로 납작하게 저며 썬다. 삶은 고기가 적당히 식고 모양도 단단하게 고정된 뒤에 썰어야, 고기가 부서지거나 흩어지지 않고 예쁘게 썰어진다.

**6** **새우젓양념 만들기** 오목한 그릇에 새우젓 2큰술과 고춧가루 ½큰술, 다진 파 1큰술, 다진 마늘 1작은술, 깨소금·참기름을 조금씩 넣어 골고루 섞어 놓았다가 제육보쌈에 곁들여 낸다.

**7** **배추속양념 만들기** 오목한 그릇에 고춧가루 3큰술과 분량의 젓국, 다진 새우젓, 다진 파·생강, 통깨, 설탕, 소금을 넣고 채썬 무를 먼저 넣어 골고루 버무린 다음 준비한 굴과 푸른 채소를 넣어 다시 한 번 고루 버무린다.

## 부재료 준비하기

**1** **굴 손질하기** 묽은 소금물에 흔들어 씻은 뒤 깍지와 티를 골라 내고 깨끗한 물에 헹궈 체에 밭쳐 물기를 뺀다. 껍질이 붙어 있는 굴은 무거운 것을 고르며, 깐 굴은 유백색으로 통통하며 가장자리의 검은색이 선명하고 탄력이 있는 것을 고른다.

**2** **채소 썰기** 무는 껍질을 수세미로 박박 문질러 씻어 5cm 길이로 채썬다. 미나리는 깨끗하게 다듬어 잎을 떼고 줄기만 준비하고 갓도 연한 것으로 골라 각각 5cm 길이로 썬다. 굵은 파도 말끔히 다듬어 씻어 비슷한 길이로 썬다.

# 곱창전골

**요리 / 전정원**

소의 내장인 곱창과 양은 손질하기가 번거로워 쉽게 손이 가지 않는 재료이지만 손질법을 익혀 두면 곰국이나 전골을 끓일 때 진한 맛을 낼 수 있다. 특히 곱창전골은 누구나 좋아하면서도 가정 메뉴로는 제외되는 경우가 많은데 배워두면 간단하게 만들어 먹을 수 있다.

우선 곱창은 신선한 것으로 구해 밀가루와 소금을 넣고 바락바락 주물러 씻어 삶아 날카로운 숟갈로 시커면 껍질을 말끔히 긁어내면 깨끗한 곱창 전골을 만들 수 있다.

곱창은 너무 오래 삶으면 오그라들어 쫄깃쫄깃한 맛을 즐길 수 없으므로 대꼬치로 찔러 보아 핏물이 나오지 않을 정도로만 삶는 것이 좋다.

## 재료/4인분 — 490 kcal (60)

| 재료 | 분량 |
|---|---|
| 곱창 · 양 | 400g |
| 양지머리 | 300g |
| 양배춧잎 | 4장 |
| 당근 | ½개 |
| 양파 | 1개 |
| 표고버섯 | 4장 |
| 굵은 파 | 4뿌리 |
| 우동 국수 | 200g |
| 밀가루 | ⅓컵 |
| 마늘 · 생강 | 2쪽씩 |
| 쑥갓 · 소금 | 조금씩 |

### 양념장

| 재료 | 분량 |
|---|---|
| 고춧가루 | 2큰술 |
| 고추장 · 간장 | 1큰술씩 |
| 설탕 | ½큰술 |
| 다진 파 · 마늘 | 2큰술씩 |
| 다진 생강 | 1작은술 |
| 소금 · 후춧가루 | 조금씩 |
| 깨소금 · 참기름 | 조금씩 |

### Cooking Point

곱창과 양은 끓는 물에 같이 넣어 곱창은 약 40분 정도 삶다가 건져 놓고 양은 1시간 20분 정도 푹 삶아 놓았다가 전골에 넣고 끓이는 것이 요령이다. 처음부터 전골에 생것을 넣고 끓이면 익는 데 시간이 많이 걸리고 질겨서 맛이 없을 뿐 아니라 먹기도 힘들다.

**1 곱창 손질하기** 신선한 것으로 준비하여 굳기름을 떼어내고 밀가루와 소금을 뿌려가며 바락바락 주물러 씻은 다음 흐르는 물에서 속을 훑어내리면서 깨끗이 씻는다.

**2 양 손질하기** 밀가루와 소금을 넣고 여러 번 주물러 씻은 후 끓는 물에 살짝 데쳐 날카로운 숟가락으로 시커먼 껍질을 긁어 벗겨 낸 다음 소금과 밀가루를 조금 넣고 바락바락 주물러 씻어 헹군다. 이렇게 하면 양의 누릿한 냄새를 없앨 수 있다.

**3 양지머리, 곱창, 양 삶기** 냄비에 양지머리와 손질한 곱창, 양을 넣고 굵은 파 1뿌리, 마늘, 생강을 넣은 후 물을 넉넉히 부어 중불에서 삶는다. 곱창은 너무 오래 삶으면 오그라들므로 어느 정도 익으면 중간에 건져낸다.

**4 육수 만들기** 재료가 푹 삶아지면 양지머리, 곱창, 양은 건져내어 먹기 좋게 한입 크기로 썰어 놓고 육수는 체에 마른 가제를 깔고 부어 걸러 낸다. 육수를 체에 한 번 걸러서 사용하면 전골국물이 한결 깔끔하고 맛있다.

**5 양념장 만들기** 오목한 그릇에 고춧가루 2큰술과 간장·고추장 1큰술씩, 설탕 ½큰술, 다진 파·마늘 2큰술씩을 넣고 소금·후춧가루·깨소금·참기름을 조금씩 넣어 골고루 섞어서 전골 양념장을 만들어 놓는다.

**6 양념장에 무치기** 익혀서 먹기 좋게 한입 크기로 썰어 놓은 양지머리와 곱창, 양을 한데 담고 분량의 양념을 섞어 만든 양념장을 넣어 간이 배도록 살살 버무려 무친다.

**7 채소 썰기** 양파는 반을 갈라 도톰하게 썰고 파는 굵직굵직하게 어슷 썬다. 표고버섯은 미지근한 물에 불려 물기를 꼭 짠 다음 갓 부분만 굵게 찢고, 당근은 5cm 길이로 납작하게 썰며 양배추는 깨끗이 씻어 큼직하게 썬다.

**8 국수 삶기** 국수는 삶아 찬물에 헹군 다음 건져 물기를 뺀다. 너무 삶으면 전골 속에서 쉽게 풀어지므로 살짝만 삶는다. 국수를 투명하고 쫄깃하게 삶으려면 냄비에 물을 충분히 끓여 국수를 넣고 붙지 않게 젓가락으로 휘저어 주며, 삶은 즉시 찬물에 헹군다.

**9 재료 담고 육수 부어 끓이기** 전골냄비에 손질해 놓은 양배추, 양파, 파, 당근, 표고버섯을 색스럽게 가지런히 돌려 담고 양념장에 무친 고기·곱창·양과 국수를 얹은 후 육수를 부어 끓인다. 국수가 들어가면 국물을 많이 흡수하므로 육수를 넉넉히 붓는다.

# 파인애플탕수육

요리 / 한복선

**쇠고기**든 돼지고기든 어떤 고기를 사용해도 탕수육의 맛은 크게 차이가 나지 않는다. 다만 소스의 재료가 무엇이고 어떻게 만드느냐에 따라 그 맛이 결정된다.

중국요리의 조리법은 대개 튀기고 볶는 음식이 많은데 특징은 튀긴 음식을 그대로 먹기보다 걸쭉하게 소스를 만들어 끼얹어 먹는다든지 볶은 음식도 녹말을 이용하여 걸쭉한 상태로 만드는 음식이 많다.

탕수육처럼 튀기는 음식은 튀김의 온도를 잘 맞추는 것이 포인트. 한 번 튀기는 것보다 두 번 튀겨 내야 더욱 바삭한 맛을 즐길 수 있다.

## 재료 /4인분
289 kcal  30

| | |
|---|---|
| 돼지고기 | 200g |
| 청주·간장 | ¼큰술씩 |
| 녹말가루 | 2큰술 |
| 식물성 기름 | 3컵 |

## 소스

| | |
|---|---|
| 파인애플(통조림) | 4개 |
| 양파 | ½개 |
| 표고버섯 | 3장 |
| 피망·붉은피망 | ½개씩 |
| 파인애플 시럽 | 3큰술 |
| 토마토케첩·식초·간장 | 2큰술씩 |
| 설탕·청주 | 1큰술씩 |
| 녹말가루·물 | 1큰술씩 |
| 육수 | ½컵 |

### Cooking Point

소스를 더욱 맛있게 만들기 위해서는 녹말물을 잘 이용하는 것이 중요하다. 녹말가루를 물에 풀어 놓으면 녹말은 가라앉고 웃물이 생기게 되는데 소스에 넣을 때는 잘 저어 붓든지 웃물을 따라 버리고 가라앉아 있는 되직한 녹말 앙금을 숟가락으로 떠서 넣든지 한다.

녹말물은 소스에 들어가는 여러 가지 재료가 거의 다 익었을 때 넣으면서 천천히 젓는다. 너무 일찍 넣거나 한꺼번에 듬뿍 넣으면 지나치게 걸쭉해져서 부드러운 맛이 떨어지므로 적당하게 농도를 조절하면서 넣는다.

### 레몬소스 얹은 닭탕수육

**재료** : 닭다리 3~4개(또는 닭안심 400g), 간장 1큰술, 정종 1큰술, 달걀 노른자 1개, 녹말 앙금 3작은술, 육수 ½개, 생강 ½쪽, 마늘 2쪽, 설탕 5큰술, 식물성 기름 적당량

**만들기** : ❶닭다리나 안심을 흐르는 물에 씻어 물기를 뺀 뒤 먹기 좋은 크기로 토막낸다. ❷토막 낸 닭은 분량의 간장, 정종, 달걀 노른자, 녹말 앙금, 술을 넣고 버무려 둔다. ❸버무려 놓은 닭은 180℃의 기름에서 바삭하게 두 번 튀긴다. ❹달군 프라이팬에 식물성 기름을 두르고 뜨거운 육수 ½컵을 붓고 얇게 썬 레몬과 채썬 생강·마늘, 설탕을 넣어 끓이다가 녹말물을 부어 끓인 소스가 걸쭉해지면 닭에 끼얹어 낸다.

**1 돼지고기 썰기** 살코기를 준비하여 기름을 적당히 잘라낸 다음 폭 2cm 정도 되도록 네모나게 납작 납작 썬다. 돼지고기는 연하며 윤기 있는 핑크빛을 띠면서 표면 지방이 하얗고 끈기 있는 게 신선하다. 핑크빛이라도 탁해 보이거나 탄력이 없는 것은 신선하지 않다.

**2 돼지고기 밑간하기** 납작하게 썬 돼지고기를 그릇에 담고 술, 간장을 ¼큰술씩 넣어 밑간한 뒤 고루 버무려 10분 정도 재어 둔다. 술로 밑간을 해 두면 돼지고기 특유의 독특한 냄새를 없앨 수 있고 고기도 연해진다. 또는 생강즙을 이용해도 좋다.

**3 튀김옷 입히기** 재어 둔 고기에 녹말가루와 물 조금을 넣고 버무린 후 서로 달라붙지 않도록 식물성 기름 2큰술을 뿌려 잘 섞는다. 튀김옷 재료인 녹말가루는 냉장고에 넣어 차갑게 한 후 사용하면 튀김이 더욱 바삭거려 맛있다.

---

## 탕수육 소스 만들기

**1 파인애플, 양파 썰기** 건져서 물기를 뺀 파인애플 1개를 6등분 정도 되게 썰어 놓고, 양파는 겉의 마른 껍질을 벗기고 깨끗이 씻어 파인애플과 비슷한 크기로 썰어 손으로 하나씩 떼낸다.

**2 피망, 표고버섯 썰기** 피망은 껍질이 도톰한 것으로 골라 깨끗이 씻은 후 반으로 잘라 씨를 말끔히 도려내서 양파 정도의 크기로 썬다. 표고버섯은 미지근한 물에 불렸다가 건져 물기를 꼭 짠 후 기둥을 떼고 갓만 피망과 같은 크기로 썬다.

**3 소스 재료 볶기** 팬을 뜨겁게 달궈 식물성기름을 두르고 기름이 뜨거워지면 먼저 양파를 넣고 볶는다. 양파가 투명해지면 썰어 놓은 표고버섯과 파인애플을 넣고 센불에서 재빨리 볶는다.

**4 토마토케첩, 파인애플 시럽 붓고 끓이기** 재료가 어느 정도 볶아지면 육수를 붓고 파인애플 시럽, 토마토케첩, 식초, 간장을 붓고 끓인다. 한소끔 끓으면 녹말물을 넣고 저으면서 다시 한소끔 끓인 후 피망과 고루 섞어 살짝만 끓인다.

---

**4 고기 튀기기** 기름이 170℃로 뜨거워지면 튀김옷 입힌 고기를 넣어 바삭하게 튀겨 기름을 빼 두었다가 온도를 조금 더 높여 다시 한 번 튀겨 채반에 건져 놓는다. 튀김기름에 튀김옷을 넣어 보아 냄비 중간까지 가라앉았다가 곧 떠오르면 적당한 온도이다.

**5 튀긴 고기를 소스에 버무리기** 소스가 걸쭉하게 끓었을 때 썰어 놓은 피망과 튀긴 고기를 넣어 버무려 상에 낸다. 고기의 바삭거리는 맛을 즐기려면 튀긴 고기를 접시에 담아 두었다가 먹기 직전에 걸쭉하게 끓인 소스를 뿌려 바로 먹기도 한다.

# 고추잡채

요리 / 노진화

고기와 고추, 평범한 두가지 재료를 가지고 재료의 맛을 충분히 살린 간편요리. 쉬운 듯하지만 볶는 기술에 따라 맛의 차이를 느낄 수 있다.

풋고추 대신 피망 또는 부추를 이용한 요리도 가능하고 쇠고기 대신 돼지고기로도 응용해 볼 수 있다.

고기를 채썰 때는 고기 자체가 그렇게 질기지 않다면 결과 나란히 써는 게 부서지지 않아 깔끔하다.

## 재료/4인분　160 kcal　20

| | |
|---|---|
| 쇠고기 | 200g |
| 풋고추 | 100g |
| 붉은고추 | 50g |
| 마늘 | 5쪽 |
| 식물성 기름 | 2큰술 |
| 참기름 | 1작은술 |

### 고기 양념

| | |
|---|---|
| 간장 | 2큰술 |
| 설탕 | 1작은술 |
| 술 | 1큰술 |
| 녹말가루 | 1큰술 |
| 소금 | ½작은술 |



풋고추의 색을 파랗게 살리고 음식에 윤기가 나게 해야 잘 된 음식이다. 그러려면 우선 풋고추는 센불에서 따로 잠깐 볶아낸 후에 나중에 고기와 함께 섞는 정도로만 볶는게 좋다. 또 고기 양념에 녹말가루를 조금 섞으면 윤기도 생기고 매끄러워 씹는 촉감도 좋다.

**1 쇠고기 양념하기** 쇠고기 채썬 것에 술과 간장, 설탕, 소금, 녹말가루를 넣고 버무려서 양념이 배도록 10분 정도 재어 둔다. 간장만으로 간을 하면 볶을 때 질척거리는 느낌이 나므로 소금으로 보충한다.

**2 고추채 손질하기** 고추는 싱싱한 것으로 골라 꼭지를 떼내고 길게 반으로 갈라 씨를 빼낸 다음 5cm 길이로 채썰어 찬물에 담가 매운맛을 우려내고 체에 밭쳐 물기를 뺀다.

**3 손질한 고추 볶기** 마른 행주로 남은 물기를 말끔히 닦은 후 기름을 둘러서 뜨겁게 달군 프라이팬에 고추를 넣어 센불에서 재빨리 볶아 낸다. 싱거우면 소금으로 약하게 간한다.

**4 쇠고기 볶기** 프라이팬에 기름을 두르고 뜨거워지면 납작하게 썬 마늘을 볶아 누릇한 향을 낸 후 양념한 고기를 넣어 재빨리 헤쳐가며 볶는다. 센불에서 볶아야 물이 생기지 않는다.

**5 고추 넣어 볶기** 고기가 익으면 볶아 놓은 고추를 넣고 다시 한번 살짝 볶은 후 불에서 내리기 직전에 참기름 한방울을 떨어뜨려 고루 섞어 맛과 풍미를 더해주고 윤기를 낸다.

chapter

# 5

# 달걀·두부 요리의 기초& 기본요리

밥상에 오르는 반찬 중 가장 빈번하게 이용되는 재료가 달걀과 두부다. 달걀, 두부는 주재료로 이용되는 경우도 많지만 부재료로 더욱 사랑받는 영양 만점의 재료. 그러나 잘못 다루면 부서지기 쉽고 생각보다 실패율이 높은 재료이기도 하다. 달걀 삶기에서 반숙하기, 찜하기, 예쁘게 썰기 등 달걀의 모든 것을 짚어보고 두부 써는 요령, 두부 맛내기 비결 등 두부 다루기의 기초도 알아본다. 두부로 음식을 만들 때 알아야 할 기초들을 익히고, 기본 요리를 만들면서 음식 만들기의 달인이 되어 보자.

# 달걀 반찬의 기본테크닉

달걀을 주재료로 만드는 음식의 가짓수는 상당히 많다. 그러나 달걀 요리의 테크닉은 의외로 간단하다. 삶는 요령, 찜 만들기, 반숙 상태를 알게 하는 수란 만들기를 상세히 소개한다. 이외에 삶은 달걀로 여러 가지 모양 만들기와 삶은 달걀 이용법을 예로 들어 이해를 도왔다. 한 가지도 놓치지 말고 익혀 달걀 요리에 주저함이 없도록 하자.

## 달걀 삶기
**삶는 시간은 물이 끓고 난 다음부터 계산한다.**

### 삶기

**1 소금·식초 넣기** 냄비에 달걀을 넣고 물을 부은 후 소금과 식초를 넣어 삶는다.

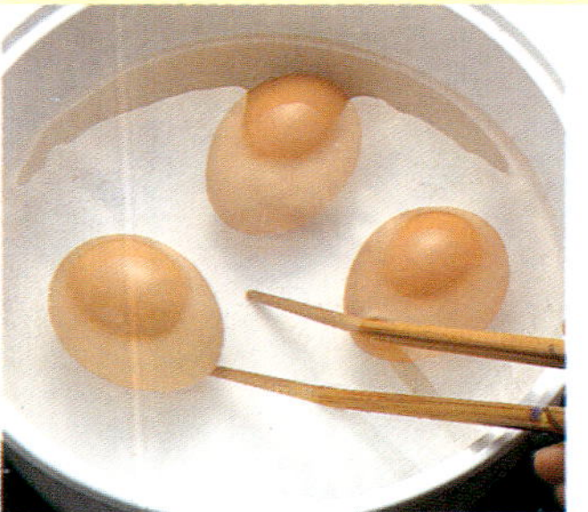

**2 젓가락으로 굴리기** 물이 끓을 때까지 천천히 굴려야 노른자가 가운데 온다.

**3 찬물에 담그기** 삶아서 곧 찬물에 담가야 껍질도 잘 벗겨지고 노른자 색도 곱다.

### 둥글게 썰기

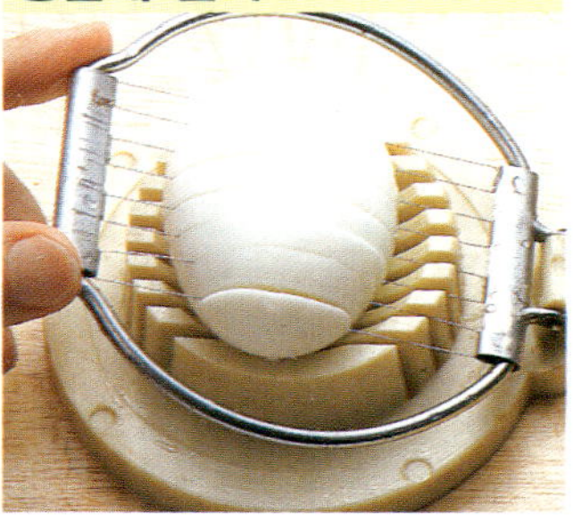

**1 둥글게 썰 때는** 달걀 전용 커터기를 이용하면 한번에 매끈하게 자를 수 있다.

### 삶는 시간과 달걀의 완숙 상태

**시간은 물이 끓고** 난 후부터 계산한다. 중간 크기의 달걀인 경우 날것에 가까운 반숙은 3분(왼쪽 첫번째), 보통 반숙은 5분(가운데), 완숙은 9분(오른쪽 끝) 정도면 된다.

### 꽃모양 썰기

**1 달걀 중앙에** 칼끝을 깊숙히 넣어 지그재그로 한바퀴 돌린다.

**2 장식용으로 쓸** 때는 그냥 둥글게 썬 것보다는 꽃 모양으로 자른 것이 화사하다.

### 삶은 메추리알 껍질 벗기기

**삶은 메추리알** 껍질 벗기기는 의외로 어렵다. 손가락으로 힘주어 굴린 후 벗기면 쉽다.

### 삶은 달걀 이용법

**1 달걀노른자를** 곱게 으깨서 마요네즈를 섞어 짜주머니에 넣어 흰자에 짜 담는다.

**2 야채, 토마토** 등과 섞어 마요네즈에 버무린 달걀 샐러드.

**3 크래커나 식빵** 조각 위에 얹어 간단하게 만든 달걀 까나페.

---

달걀 요리의 첫걸음인 달걀 삶은 요령에서부터 시작해보자. 그저 물에 넣고 끓이기만 하면 되는 간단한 것인데도 노른자가 한쪽으로 치우치거나 삶는 도중 흰자가 껍질 밖으로 터져 나온다거나 껍질 벗기는 것도 안 되어 흰자 살점이 껍질에 묻어나 두껍게 떨어져 나가는 등의 실수를 하게 된다. 그 이유는 무엇일까? 달걀 삶는 법이 서툴러서이다. 요령을 배우면 달걀 노른자가 가운데에 박힌 삶은 달걀을 만들 수 있다. 껍질도 살살 잘 벗겨지고 모양 좋은 삶은 달걀을 만들어보자.

**POINT 1.** 냉장고에 있던 달걀은 삶기 15~20분 전에 꺼내 놓는다. 차가울 때 열을 가하면 흰자가 껍질 바깥으로 튀어나오게 될 위험이 있다.

**POINT 2.** 물을 충분히 붓고 소금과 식초를 조금 넣는다. 이렇게 하면 껍질이 깨졌을 때 흰자가 밖으로 튀어나오는 것을 방지할 수 있다.

**POINT 3.** 달걀을 물에 넣고 물이 끓을 때까지 젓가락으로 굴려준다. 이렇게 하면 노른자가 한쪽으로 치우치지 않는다.

**POINT 4.** 익히는 정도는 물이 끓고 난 후 불을 조금 줄인 상태에서부터 시간을 계산한다. 중간 크기의 달걀인 경우 날 것에 가까운 반숙은 약 3분, 보통 반숙은 5분, 완숙은 9분 정도면 된다.

**POINT 5.** 아무리 완숙이라도 15분 이상 가열하면 노른자가 거무스레해지고 딱딱해진다.

**POINT 6.** 삶은 달걀은 곧바로 찬물에 담가 식힌다. 삶은 채 그냥 두면 노른자의 가장자리가 진녹색으로 변하고 또 껍질 벗기기도 힘들다.

**POINT 7.** 삶은 달걀을 보존할 때는 껍질을 벗기고 나서 랩에 싸서 냉장고에 넣는다. 껍질째 두면 나중에 껍질 벗기기가 힘들다.

# 달걀찜 푼 달걀을 체에 걸러서 중탕으로 쪄야 부드럽다.

**1 비율 정하기** 그릇에 찌는 달걀찜의 경우 국물과 달걀의 비율은 3 : 1.

**2 흰 점 제거하기** 노른자 바로 옆에 붙어있는 눈 같은 하얀 점액을 숟갈로 떠낸다.

**3 달걀 풀기** 젓가락을 그릇 바닥에 댄 채로 젓는다. 거품이 나지 않게 얌전히.

**4 체에 내리기** 푼 달걀은 다시 한번 체에 담아 숟갈로 문질러 끈적한 게 없도록 한다.

**5 속 뚜껑 덮기** 냄비에 물이 끓으면 달걀찜 그릇을 넣고 반드시 뚜껑을 덮도록 한다.

**6 키친타월 덮기** 뚜껑이 없는 그릇에 찔 경우에는 물방울이 떨어지지 않게 한다.

**7 중탕으로 찌기** 그 위에 다시 냄비 뚜껑을 덮은 후 센불에서 1~2분 두었다가 약한 불에서 20분 정도 찐다.

**8 달걀찜 완성** 그릇을 좌우로 흔들어 보아 내용물이 약간 찰랑거리는 상태라야 부드럽게 된 달걀찜이다.

# 수란 식초를 넣어 삶는 것이 포인트. 국자를 이용하면 예쁘게 만들 수 있다.

**1 식초 넣기** 냄비에 5cm쯤 올라오게 물을 붓고 식초 ⅔컵을 부어 끓인다.

**2 국자에 달걀 담기** 노른자가 터지지 않게 달걀을 국자에 가만히 옮겨 붓는다.

**3 끓는 물에 국자 담그기** 물이 끓으면 불을 줄이고 국자의 밑면만 물에 닿게 담근다.

**4 푹 담그기** 흰자가 서서히 엉기려고 하면 달걀 윗면까지 잠기게 국자를 푹 담근다.

**5 찬물에 식히기** 약 3~4분 정도 삶은 후에 꺼내서 찬물에 담가 식힌다.

**6 접시에 담기** 숟갈로 국자 가장자리를 돌아가며 살살 들추어 접시에 담는다.

---

그릇에 찌는 달걀찜의 매력은 매끄럽고 부드러운 감촉에 있다. 그러기 위해선 국물과 달걀의 비율에서부터 거품이 생기지 않게 푸는 요령, 찌는 방법 등 처음부터 끝까지 세심한 주의를 기울여야 한다.

보통 일식집에서나 맛보았던 그런 달걀찜을 내손으로 만들어보자.

*POINT 1.* 푼 달걀에 섞을 국물은 다시마국물이나 가다랭이 국물을 사용한다. 그러면 훨씬 감칠맛 나는 달걀찜을 만들 수 있다.

*POINT 2.* 국물과 달걀의 비율은 3 : 1. 국물이 너무 적으면 달걀찜이 단단해지고, 너무 많으면 질척하다. 비율이 적당해야 부드러운 달걀찜이 된다.

*POINT 3.* 달걀을 풀기 전 노른자 옆에 있는 하얀 눈 같은 것을 제거한다.

*POINT 4.* 거품이 생기지 않게 푼다. 달걀을 풀 때 그릇 바닥을 탁탁 쳐올리듯이 하면 거품이 생기고 이것은 달걀찜 표면이 매끄럽지 못한 원인이 된다. 젓가락을 바닥에 댄 채로 가만히 저어 끈기 없게 풀면 거품이 생기지 않는다.

*POINT 5.* 체에 한번 걸러서 사용한다. 아무리 잘 풀었다고 해도 점도가 높은 알끈은 잘 풀어지지 않는다. 다시 한 번 체에 내리고 그래도 풀어지지 않은 점액질은 버리도록 한다.

*POINT 6.* 약한 불에서 중탕으로 찌되 수증기가 달걀찜 안으로 떨어지지 않게 뚜껑있는 그릇을 이용한다. 뚜껑이 없을 때는 키친타월이나 깨끗한 마른 행주를 덮은 후, 냄비 뚜껑을 덮어 중탕한다.

### 수란 조리 포인트

뜨거운 물에 달걀을 떨어뜨려 둥글게 만들어 반숙 상태가 되었을 때 건져내는 것이다. 잘 만들기 위해서는 물을 듬뿍 넣고 식초를 넣어서 끓이다가 달걀을 조용히 떨어뜨린다. 그리고는 포크로 재빨리 흰자를 모아 노른자를 둥글게 감싸준 후 2~3분 후에 꺼내 찬물에 식혀 물기를 뺀 다음 그릇에 담아낸다.

그러나 국자를 이용하면 물속에 그냥 달걀을 떨어뜨려 익히는 것보다 훨씬 예쁘게 모양을 만들 수 있다.

# 달걀프라이 도중에 뜨거운 물을 부어 주면 실패하지 않는다

**1 달걀 붓기** 프라이팬을 달구어 기름을 두르고 여분의 기름을 닦아낸 다음 달걀을 프라이팬 중앙에 가만히 붓는다.

**2 물 넣고 뚜껑 덮기** 중불에서 익혀 흰자가 약간 굳어졌으면 뜨거운 물 1작은술을 가장자리로 흘려 넣어 뚜껑을 덮는다.

**왼쪽은** 신선한 달걀로 만든 달걀 프라이. 흰자도 노른자도 모두 봉긋 올라와 있다. 오른쪽은 선도가 나쁜 달걀로 만든 프라이. 노른자가 깨지고 흰자가 퍼져 있다.

## 달걀프라이 조리 포인트

노른자를 터뜨리지 않고 달걀프라이를 하는 알은 의외로 쉽지 않다. 먼저 달걀은 신선한 것이라야 하고 뚜껑 있는 프라이팬을 이용하면 편리하다.

*POINT 1.* 프라이팬을 잘 달구어 기름을 전체적으로 두르고 여분의 기름은 닦아 낸다.

*POINT 2.* 달걀은 프라이팬에서 직접 깨뜨리지 말고 다른 그릇에 깨 담아 선도를 확인한 후 프라이팬에 가만히 붓는다.

*POINT 3.* 흰자가 약간 굳어질 때쯤 프라이팬 가장자리로 뜨거운 물을 조금 붓는다.

*POINT 4.* 프라이팬의 뚜껑을 덮어 그대로 익힌다. 이렇게 하면 달걀 프라이를 뒤집지 않고도 노른자에도 열이 가해져 알맞게 익고 밑면도 타지 않는다.

햄에그일 경우는 먼저 햄을 구운 다음에 그 위에 달걀을 흘려 넣고 같은 방법으로 익히면 된다.

# 달걀지단 겉도는 기름은 닦아내고, 뒤집을 때 젓가락으로 가운데를 들어 올린다.

**1 달걀 풀기** 오목한 볼에 달걀을 담고 젓가락으로 노른자를 집듯이 저어 풀어 준다.

**2 체에 거르기** 푼 달걀은 체에 부어 끈기없이 다시 한 번 잘 걸러 낸다.

**3 기름 닦기** 기름이 많으면 달걀 지단이 부풀어 오른다. 여분의 기름은 닦아 낸다.

## 달걀지단 조리 포인트

달걀지단은 여러가지 음식에 고명으로 자주 사용되는데 종잇장처럼 얇고 매끈하게 부치는 게 비결이다. 중요한 건 달걀은 끈기없이 잘 풀고, 기름은 조금만 사용할 것, 그리고 뒤집개보다는 젓가락으로 뒤집는 게 찢어질 염려가 없다.

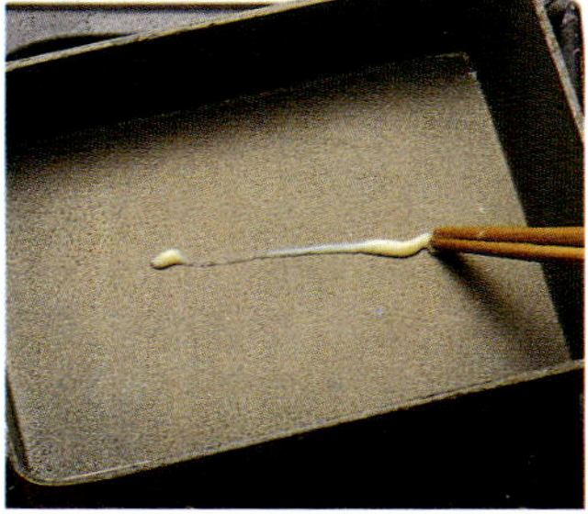

**4 프라이팬 달구기** 젓가락으로 찍어 그어 보아 바로 익으면 알맞게 달구어진상태.

**5 달걀 붓기** 사각 프라이팬이 편리. 달걀을 부은 후, 두께가 고르게 퍼지도록 한다.

**6 가장자리 들추기** 윗면이 반쯤 익으면 잘 뒤집어지게 젓가락으로 들춘다.

**7 뒤집기** 젓가락 한 개를 이용해 지단 가운데를 들어 올려 뒤집는다.



## 달걀 보존법

**냉장고에 넣어 둔다**

달걀은 상온(15℃)에서는 2~3주일, 27~28℃에서는 3~4일, 5~10℃라면 2개월 가까이 보존된다. 선도를 보다 오랫동안 유지하기 위해선 산 즉시 냉장고에 넣어 두도록.

**둥근 쪽이 위로 가게 한다**

냉장고에 넣어 둘 때는 공기집이 있는 둥근쪽이 위로 가도록 해서 꽂아 두면 노른자가 안정되어 보다 오랫동안 선도를 유지할 수 있다.

**식품 가까이 두지 않는다**

달걀은 냄새를 흡수하기 쉬우므로 냄새가 강한 식품 가까이에 두지 않도록 한다.

**팩에 넣어 냉장고에 보관한다**

## 여러 가지 모양의 지단 썰기

**적당한 길이로** 나누어 곱게 채썬다.

**너비가 2cm쯤** 되게 길이로 자른 다음 어슷하게 썰어 골패모양으로 썬다.

**꽃, 별, 동물 등** 여러 가지 모양틀로 찍어내면 아이들 음식에 장식용으로 좋다.

# 스크램블드에그   약한 중불에서 젓가락 몇 개를 사용해서 자주 휘젓는다

**1 달걀에 우유 섞기** 달걀 3개 분량에 우유 ½큰술 소금, 후춧가루를 넣고 푼다.

**2 달걀 붓기** 프라이팬에 버터 ½큰술을 녹여 부글부글 끓으면 달걀물을 붓는다.

**3 주걱으로 휘젓기** 약하게 줄인 중간불에서 주걱이나 포크로 크게 휘젓는다.

## 스크램블드 에그 조리 포인트

프라이팬에 푼 달걀을 붓고 젓가락이나 포크로 전체를 휘저어 주면서 만드는 것.

기본이 되는 것은 휘저어서 반숙 상태로 만드는 스크램블드 에그 그리고 여기에서 열을 더 가하면 달걀볶음이 된다.

프라이팬은 불소수지 또는 테프론 코팅이 된 두툼한 것이 눌어붙지 않아서 좋다. 불은 중간 불보다 약간 약하게 하고 젓가락 몇 개로 자주 휘저어 주는 것이 포인트.

**4 빨리 휘젓기** 전체적으로 굳어지면 주걱을 빨리 움직여 눌어붙지 않게 한다. 스크램블드에그는 반숙 상태에서 불을 끈다.

### 일본식 달걀 볶음

기름을 쓰지 않고 젓가락 4개로 재빨리 볶는다. 중국식 달걀 볶음의 경우는 참기름을 사용해 한층 더 고소한 맛을 낸다.

---

# 오믈렛   뜨거울 때 젖은 행주에 싸서 모양을 다듬는다

**1 달걀에 우유 섞기** 달걀을 푼 후 우유를 섞는다. 달걀 1개에 우유 1큰술이 적당.

**2 버터 녹여 달걀 붓기** 버터 1½큰술을 녹여 부글거리면 달걀을 한 번에 붓는다.

**3 휘젓기** 불을 약하게 줄이고 재빨리 휘저어 응고되기 전에 몽글몽글하게 해준다.

## 오믈렛 조리 포인트

특히 아침 식사 메뉴로 즐겨 사용되는 대표적인 달걀 요리 중의 하나다. 달걀만으로는 다소 뻣뻣해지므로 부드럽게 하기 위해서 우유를 조금 섞는 게 좋으며 푼 달걀을 프라이팬에 부은 후 즉시 젓가락으로 휘저어야 부드럽다.

달걀에 햄이나 치즈 다진 것을 섞어 햄오믈렛, 치즈오믈렛 등 여러 가지 오믈렛을 만들 수 있다.

**4 반으로 접기** 젓가락으로 저으면서 팬의 가장자리로 모아 반달모양 접는다.

**5 반대로 뒤집기** 가장자리로 젓가락을 넣어 프라이팬의 **반대편으로** 뒤집어 준다.

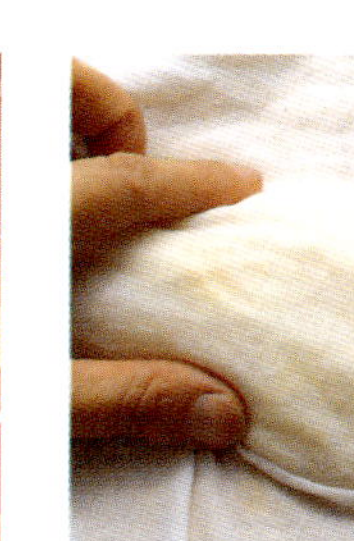

**6 익히기** 프라이팬 가장자리로 밀어 붙여 은근한 불에서 속까지 서서히 익힌다.

**7 모양 다듬기** 완성된 오믈렛을 뜨거울 때 젖은 행주로 **싸서** 타원형 모양을 잡는다.

---

# 신선도 비교   노른자가 봉긋하고 껍질이 까칠한 게 신선하다

**신선한 달걀은** 비중이 무겁기 때문에 물에 넣으면 바닥에 가라앉아 옆으로 눕는다.

**달걀이** 오래될수록 수분을 잃어 가벼워지므로 처음에는 비스듬해졌다가 수직으로 뜬다.

**편평한 그릇에** 달걀을 깨뜨렸을 때 노른자가 봉긋하고 흰자가 퍼지지 않는 게 신선한 달걀이다.

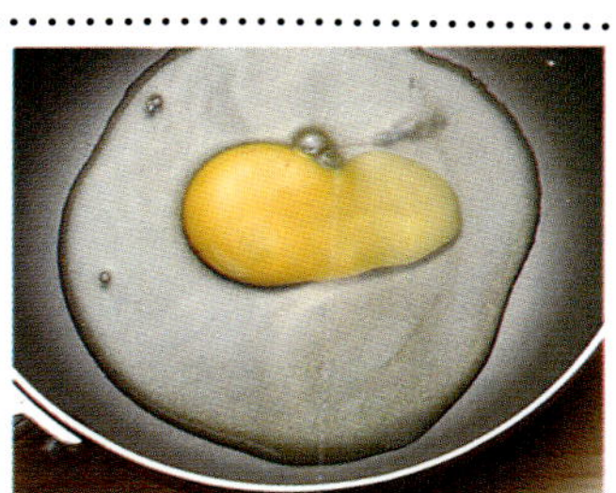

**오래된 달걀은** 노른자가 깨지고 흰자도 넓게 퍼져 흐른다.

# 두부 및 유부 반찬의 기초

두부나 유부, 곤약 등은 소화력이나 보존성을 높일 목적으로 가공한 식품들이다. 비교적 조리법이나 손질법이 단순하지만 그래도 주의가 필요하다. 예를 들어 두부 같은 것은 부서지지 않게, 또는 간이 잘 배게 하는 등의 조리 요령이 필요하고 유부나 곤약은 뜨거운 물을 끼얹어 냄새를 없애는 등의 밑손질이 필요하다.

## 두부 사온 즉시 물을 갈아서 냉장고에 넣어 둔다

**보존할 때의 요령**
물을 채운 그릇에 담아 아침, 저녁으로 물을 갈아주면서 랩을 씌워 냉장고에 보존한다.

**부서지지 않게 드는 요령**
잘 부서지므로 그릇에 넣었다 뺐다 할 때는 움직임을 최소화하고 손바닥 전체로 든다.

**부서지지 않게 써는 요령**
도마 위에 놓고 자르면 옮길 때 찌그러지거나 부서지기 쉽다. 손바닥에 놓고 썰면 편하다.

**적은 양의 두부 으깨기**
적은 양일 때는 도마 위에 올려 놓고 칼을 비스듬히 눕혀 칼면으로 으깨면 편하다.

**만두소에 넣는 두부 으깨기**
만두속이나 완자를 만들 때는 행주에 싸서 꼭 비틀어 짜면 곱게 부서지고 물기도 쏙 빠진다.

**튀김이나 볶을 때 밑간하는 요령**
볶음이나 튀김을 할 때는 소금을 뿌려 두면 간도 배고 내부에 있던 물기도 어느 정도 빠진다.

**두부의 물기 닦는 요령**
마른 행주나 키친타월로 표면의 물기를 말끔히 닦는다.

**두부 튀기기 요령**
그냥 또는 녹말가루를 묻혀서 튀기는데 온도는 170℃가 적당하다.

**두부 볶기 요령**
두부가 뭉개지지 않고 구석구석까지 열이 잘 전달되게 하려면 밑바닥부터 크게 뒤섞는다.

*POINT 1.* 두부는 생식품이므로 쉽게 상한다. 따라서 무엇보다도 보관이 중요하다. 사온 즉시 그릇에 옮겨 담고 두부가 잠길 정도로 물을 부어 냉장고에 넣는다. 아침, 저녁으로 물을 갈아주면 이틀쯤은 보존할 수 있다. 진공포장된 팩에 든 두부라면 그대로 냉장고에 두어도 제조일로부터 2~3일 동안은 괜찮다. 따라서 반드시 제조일자, 유통기한을 확인하고 사도록 한다.

*POINT 2.* 프라이팬에 지지거나 튀길 때는 반드시 물기를 뺀다. 두부에는 물이 많이 함유되어 있으므로 그대로 조리하면 기름이 튄다. 따라서 밑준비 단계에서 체에 밭치거나 무거운 것으로 눌러 물기를 빼야 한다.

*POINT 3.* 오래 가열하면 풍미가 떨어진다. 찌개를 끓일 때 처음부터 넣고 끓이면 두부의 구수한 맛도 적어지고 자꾸 휘젓다 보면 부서져서 음식도 지저분해진다. 국이나 찌개에 넣을 때는 간을 한 후 음식이 거의 다 되었을 때 넣어 잠깐만 더 끓여 낸다.

# 유부 뜨거운 물을 끼얹었거나 데쳐서 기름을 뺀 후에 조리한다

## 기본손질하기

**1 기름 빼기** 체에 밭쳐서 뜨거운 물을 끼얹거나 뜨거운 물에 살짝 데쳐 낸다.

**2 나무방망이로 밀기** 주머니로 만들어 쓸 때는 방망이로 밀면 모양이 반듯해진다.

**3 주머니 만들기** 반을 잘라서 찢어지지 않게 손으로 가만히 벌린다.

## 조리기

**1 뒤집어서 조리면** 속까지 간이 잘 밴다. 부드럽게 조리려면 먼저 설탕을 넣는다.

**2 2~5분 정도 끓인** 후에 간장을 넣는다. 간을 먼저 하면 단맛이 잘 배지 않는다.

## 보관하기

**조려서 남은 것**, 혹은 금방 쓰지 않을 것 등은 1회 분량씩 작게 나누어 냉동시키면 편하다.

기름에 튀긴 것이므로 두부보다는 덜 상하지만 시간이 지나면 기름이 산화되어 좋지 않다. 두부와 마찬가지로 냉장고에서 이틀 정도 보존 가능하므로 반드시 제조일자를 확인하도록 한다.

**·POINT 1.** 조리 전에는 반드시 뜨거운 물을 끼얹거나 살짝 데쳐서 기름을 빼준다. 이렇게 해서 표면의 기름을 제거해 두면 기름 냄새가 제거되고 간도 잘 밴다.

**·POINT 2.** 유부초밥 같은 것을 만들 때는 도마 위에 놓고 나무 방망이로 두드리거나 긴 젓가락으로 밀고 나서 벌리면 쉽게 벌어져 주머니 모양을 만들 수 있다.

**·POINT 3.** 주머니를 만드는 요령은 반듯하게 반으로 자르거나 혹은 사선으로 자른다. 때로 크게 만들려면 한쪽 끝만 잘라낸 자투리를 조림, 우동에 이용한다.

# 곤약 밑 삶기를 해서 석회 냄새를 뺀 후에 조리한다

## 보존하기

**곤약은 물에** 담가 냉장고에 보존하는 것이 오래 간다.

## 냄새 없애기

**1 소금을 약간** 뿌려 전체를 잘 문지르고 난 다음에 물로 씻으면 떫은 맛이 빠진다.

**2 곤약은 찬물에** 넣어 끓이는데 끓고 난 후 2~3분 동안 그대로 두어 냄새를 없앤다.

곤약은 석회수를 넣어 가열해서 굳힌 것으로 자주 이용되지는 않지만 전골이나 조림 등에, 때론 무칼로리라고 해서 다이어트용으로 사용되므로 기본 손질법에 대해서 알아두자.

**·POINT 1.** 봉지에 든 곤약은 그대로 보존하는 게 좋고, 쓰고 남았을 때는 물에 담가 냉장고에 둔다.

**·POINT 2.** 응고제로 석회를 쓰기 때문에 조리할 때는 반드시 소금으로 문질러 씻고 뜨거운 물에 삶아 냄새를 없앤 후 조리한다.

**·POINT 3.** 곤약은 수분이 많아서 간이 잘 배기 어려우므로 칼집을 넣거나 밀대로 두들겨 수분을 빼거나, 혹은 스푼으로 곤약을 떠 표면적을 넓게 해주는 것도 간이 잘 배게 하는 방법 중 하나다.

## 조리하기 전의 밑손질하기

**1 두드리기** 삶아서 방망이로 두들겨 수분을 빼거나 포크로 찔러 주면 간이 잘 밴다.

**2 숟가락으로 자르기** 손가락 또는 숟가락으로 떠내면 면적이 넓어져 간이 잘 밴다.

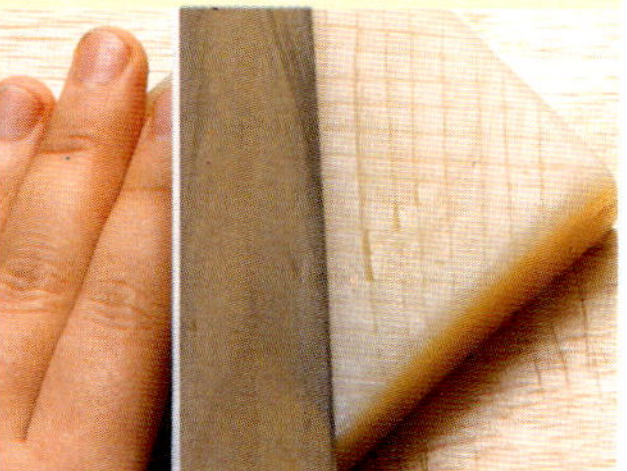

**3 칼집 넣기** 양면에 사방으로 어슷하게 얕은 칼집을 넣어 간이 잘 배게 한다.

**4 볶기** 밑 삶기를 한 후 중간 불에서 치이익 소리가 날 때까지 볶아 수분을 없앤다.

## 꽈배기 모양 만들기

**1 칼집 넣기** 3×4~5cm, 두께는 0.5cm쯤 되게 썰어 가운데와 좌우에 칼집을 넣는다.

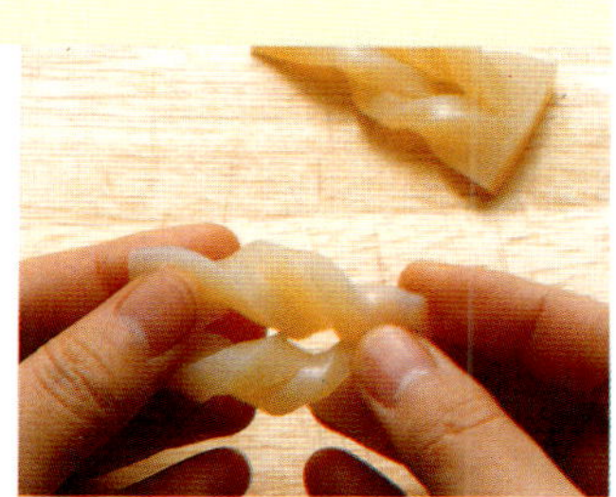

**2 칼집 사이에 넣기** 가운데 부분에 낸 칼집 사이로 한쪽 끝을 집어 넣는다.

**3 뒤로 잡아 빼기** 양쪽을 가볍게 잡아 당기면 꽈배기 모양이 된다.

# 달걀채소볶음

**달걀** 새우, 부추를 합하여 담백하게 볶은 중국식 반찬이다. 준비가 간단하고 센불에서 재빨리 볶아내는 스피드 요리이므로 갑작스럽게 찾아온 손님 접대요리로도 좋다.

부추, 새우살, 달걀 등을 빠르게 연달아 볶아야 하므로 모든 밑준비를 끝낸 후에 볶기 시작해야 실패하지 않는다.

## 재료/4인분　147 kcal　15

| | |
|---|---|
| 달걀 | 2개 |
| 양배추 | 150g |
| 애호박 | 100g |
| 당근 | 60g |
| 양파 | 1/3개 |
| 실파 | 30g |
| 다진 파 | ½큰술 |
| 다진 마늘 | 1작은술 |
| 깨소금·참기름 | ½큰술씩 |
| 소금·식용유 | 조금씩 |

### 스크램블과 양파샐러드

**재료** : 달걀 3개, 소금 1작은술, 우유 3큰술, 버터·식용유 ½큰술씩, 양파 1개, 적양파 ½개, 깻잎 2장, 소스(식용유 3큰술, 식초 2큰술, 설탕 1작은술, 소금 2작은술, 흰후춧가루 조금)

**만들기** : ❶달걀은 알끈 없이 젓가락으로 골고루 저어 푼 후 분량의 우유와 소금을 넣고 잘 섞는다. ❷팬을 달군 후 버터와 식용유를 두르고 만들어둔 달걀물을 부어 스크램블을 만들어 식힌다. ❸양파와 적양파는 링으로 얇게 썰어 물에 여러 번 헹궈 매운 맛을 뺀다. 깻잎은 흐르는 물에 한 장씩 씻어 물기를 빼고 잘게 채썬다. ❹채썬 양파와 깻잎을 고루 섞어 접시에 담고 중앙에 스크램블을 소복하게 올린다. ❺분량의 소스 재료를 그릇에 넣고 거품기로 잘 섞어 소스를 만든 후 먹기 직전에 스크램블 위에 끼얹는다.

**1 달걀 풀기** 달걀은 알끈 없이 젓가락으로 골고루 푼 후 소금을 조금 넣어 간을 한다.

**2 채소 썰기** 당근은 껍질 벗겨 길게 저며 썰고 양파는 1cm 폭으로 채썬다. 실파는 3cm 길이로, 양배추는 1×4cm로 썰고 애호박은 반달썰기 한다.

**3 달걀 익히기** 달군 팬에 기름을 조금 두르고 소금 간한 달걀물을 부어 젓가락으로 고루 저어가며 약한 불에서 볶는다.

**4 채소 볶기** 양배추, 애호박, 당근, 양파를 넣어 볶다가 어느 정도 익으면 파·마늘, 실파, 깨소금, 소금, 참기름을 넣고 센 불에서 재빠르게 볶는다. 채소가 다 익고 간이 맞으면 달걀을 넣고 살살 섞는다.

# 삼색달걀말이

**손쉽게** 만들 수 있을 것 같지만 잘 되지 않는 것이 달걀말이다. 두툼하게 말아서 썰어놓은 달걀말이는 도시락 반찬이나 노인들의 밥반찬으로도 좋고, 잘 배워두면 김밥 재료 만들 때도 문제없다. 푼 달걀을 체에 한 번 걸러서 하면 한층 매끄러운 달걀말이를 완성할 수 있다.

## 재료/4인분　　　185 kcal　**20**

| | |
|---|---|
| 달걀 | 6개 |
| 다시마 국물 | ½컵 |
| 간장·청주 | ½작은술씩 |
| 설탕 | 1작은술 |
| 시금치·당근 | 60g씩 |
| 우엉 | 80g |
| 식초 | ½큰술 |
| 소금·식용유 | 조금씩 |

**당근조림양념**

| | |
|---|---|
| 다시마 국물 | ⅓컵 |
| 간장 | 1작은술 |
| 설탕 | ½작은술 |

**우엉조림양념**

| | |
|---|---|
| 다시마 국물 | ⅓컵 |
| 간장 | ½큰술 |
| 설탕 | 1작은술 |

### Cooking Point

야채가 들어간 달걀말이를 잘 말기 위해서 우선 달걀을 다시마 국물, 간장 등의 간을 하여 달걀물을 만들어 놓는다. 달걀을 말 때는 팬 한쪽에만 달걀물을 부어 반숙 정도로 익으면 양념한 시금치를 가지런히 놓고 말아서 한쪽으로 밀고, 남은 달걀물을 두세 번 나누어 부으면서 만다.

**1** **달걀 풀기** 달걀을 풀어서 다시마 국물과 섞은 후 간장, 청주, 설탕, 소금으로 간해 체에 내린다.

**2** **시금치 무치기** 시금치는 다듬어서 끓는 물에 소금을 넣고 데친다. 데친 시금치는 찬물에 담가 식혀 물기를 꼭 짠 후 소금을 넣고 조물조물 무친다.

**3** **당근·우엉 조리기** 당근은 채썰어 끓는 물에 식초를 넣고 살짝 데친 후 조림양념을 넣어 조린다. 우엉은 껍질을 벗긴 후 채썰어 끓는 물에 식초를 넣고 살짝 데쳐서 우엉조림양념을 넣어 바짝 조린다.

**4** **재료 얹어 말기** 팬에 달걀물을 조금 붓고 불을 줄인다. 달걀이 살짝 익으면 양념한 시금치를 놓고 말아서 한쪽으로 밀고, 남은 달걀물을 두세 번 나누어 부으면서 만다. 우엉·당근도 같은 방법으로 만다.

**5** **달걀말이 썰기** 세 가지 색으로 만든 달걀말이는 뜨거울 때 김발에 놓고 돌돌 말아 식힌 후 원하는 모양으로 먹기 좋게 자른다.

# 스페니시 오믈렛

요리 / 노진화

## 기본형

오믈렛 만드는 법만 잘 알고 있으면 여러 종류의 오믈렛을 만들 수 있다. 스페니시 오믈렛은 소스가 특징. 보다 진하고 풍부한 맛을 즐길 수 있다.

**재료 /4인분**  116 kcal  75

| | |
|---|---|
| 달걀 | 3개 |
| 우유 | 2큰술 |
| 소금 · 후춧가루 | 조금씩 |
| 버터 | 10g |
| 바지락살 | 20g |

**오믈렛 소스**

| | |
|---|---|
| 양송이 | 3개 |
| 표고버섯 | 1개 |
| 베이컨 | 1장 |
| 피망 | ¼개 |
| 토마토케첩 | 1½큰술 |
| 육수 | ¼컵 |
| 소금 · 후춧가루 · 버터 | 조금씩 |

**1 프라이팬에 달걀 붓기** 달걀에 우유를 섞고 소금, 후춧가루로 간하여 잘 풀어준다. 프라이팬에 버터를 녹여 거품이 생기기 시작하면 달걀을 붓고 밑면이 익기 시작하면 나무젓가락으로 크게 휘저으며 섞는다.

**2 오믈렛 모양 다듬기** 전체가 거의 반쯤 익으면 불을 끄고 양쪽에서 접어 타원형으로 모양을 만들어 뒤집어서 은근하게 마저 익힌다.

**3 담기** 접시 가운데 오믈렛을 담고 바지락을 소금 조금 넣고 볶아 가지런히 얹은 다음 뜨거운 소스를 뿌린다. 바지락살은 물기를 뺀 후 센불에서 빨리 볶아야 물이 생기지 않는다.

## 오믈렛 소스 만들기

**1 재료 썰기** 표고버섯과 피망은 채썰고 양송이는 모양을 살려 얄팍하게 썬다. 베이컨은 1cm 크기로 썬다.

**2 볶기** 프라이팬에 버터를 녹여 지글거리면 먼저 베이컨을 지진 후에 준비한 피망과 버섯을 모두 넣고 볶는다.

**3 소스 끓이기** 재료가 어느 정도 익으면 토마토케첩과 육수를 붓고, 소금, 후춧가루로 간하여 걸쭉하게 끓인다.

# 두부김치

요리/김하진

두부의 부드러운 감촉과 볶은 김치의 풍미가 입맛을 돋우어주는 스피드 요리. 재료 준비가 쉽고 간단해서 언제라도 부담 없이 만들어 먹을 만한 음식이다. 두부를 삶는 대신 프라이팬에 노릇노릇하게 지져서 곁들여내기도 한다. 또한 먹다 남은 경우에는 김치 볶은 것은 그냥 먹어도 좋고 김치 볶음밥을 해도 좋으며 두부는 지져서 짭짤하게 조리면 좋은 밑반찬이 된다.

## 재료/4인분　　166kcal　15

| | |
|---|---|
| 배추김치 줄기 | 400g |
| 돼지고기 | 200g |
| 양파 | 60g |
| 두부 작은 것 | 1모 |
| 물 | ½컵 |
| 식용유 | 적당량 |
| 참기름 | 1큰술 |

### 고기 양념

| | |
|---|---|
| 다진 마늘·설탕·참기름 | 1큰술씩 |
| 생강즙 | 1작은술 |
| 간장 | 2큰술 |
| 후춧가루 | 조금 |

## Cooking Point

두부를 삶을 때는 소금을 조금 탄 물에 삶아야 두부의 부드러움을 유지할 수 있다. 두부를 반 갈라서 삶으면 좀더 빨리 두부 속까지 뜨겁게 할 수 있다. 또 두부를 데치는 대신 기름 두른 프라이팬에 노릇노릇하게 지져서 곁들이면 좀더 고소한 맛을 느낄 수가 있다.

**1** **배추김치 썰기** 배추김치는 줄기 부분만 한입 크기로 썬다.

**2** **돼지고기 썰기** 돼지고기는 얇게 한입 크기로 썬다. 양파는 채썰어 준비한다.

**3** **돼지고기 양념하기** 얇게 썬 돼지고기에 다진 마늘, 설탕, 생강즙, 간장, 참기름, 후춧가루를 분량대로 넣고 조물조물 무친다.

**4** **재료 볶기** 잘 달궈진 팬에 식용유를 조금 두르고 돼지고기, 배추김치를 볶다가 양파를 넣고 분량의 물을 부어 자작해질 때까지 볶는다. 물이 없어지면 참기름을 넣는다.

**5** **두부 데치기** 두부는 한입 크기로 썰거나 모양틀로 찍어 소금물에 살짝 데쳐 접시에 돌려 담고 제육김치를 얹어 낸다.

# 마파두부

요리 / 이향방

두부는 값도 싸고 영양도 풍부해서 우리에게는 매우 친숙한 반찬거리다. 찌개나 전골에는 물론, 간장에 짭짤하게 조려서 밑반찬으로도 먹고 프라이팬에 노릇노릇하게 지지거나 또는 끓는 물에 데쳐서 김치에 싸 먹으면 구수한 맛이 일품이다. 이에 반해 볼품 있는 두부요리를 원할 때는 단연 중국요리가 으뜸이다. 특히 두부를 깍두기 만하게 썰어 고추, 마늘 등을 이용해 매콤하게 만든 사천식 마파두부는 술안주로도 좋고 밥에 얹어 비벼 먹는 맛도 일품이다. 뜨겁게 해서 먹는 음식이므로 만든 즉시 바로 먹어야 제 맛을 즐길 수 있다.

## 재료/4인분　　210 kcal　25

| | |
|---|---|
| 두부 | 1모 |
| 돼지고기(다진 것) | 50g |
| 식물성 기름 | 3큰술 |
| 굵은 파 | ½뿌리 |
| 붉은고추 | 1개 |
| 다진 마늘 | 2큰술 |
| 두반장 | 1큰술 |
| 간장·청주 | 1작은술씩 |
| 소금 | 1작은술 |
| 설탕·후춧가루 | 조금씩 |
| 참기름 | 1작은술 |
| 육수 | 1컵 |

**녹말물**

| | |
|---|---|
| 녹말가루·물 | 1큰술씩 |

## Cooking Point

두부는 끓는 기름에 살짝 데쳐서 표면을 조금 단단하게 만들어 조리해야 모양이 흐트러지거나 부서지지 않는다. 많은 양의 기름에 튀기는 게 번거로울 때는 프라이팬에 지져서라도 조리하도록 한다. 또 두반장이 없다고 마파두부를 만들 수 없는 건 아니다. 중국요리다운 맛은 덜 하겠지만 고추기름이나 고춧가루로 대신해도 맛을 낼 수 있다.

### 철판두부

**재료** : 두부 1모, 돼지고기 50g, 피망·붉은고추 1개씩, 표고버섯 2개, 죽순통조림 ½개, 굵은 파 조금, 마늘 2쪽, 생강 1쪽, 간장·청주 2큰술씩, 육수 ½컵, 녹말물 1큰술, 참기름 조금, 식물성 기름 적당량

**만들기** : ❶두부는 0.5cm 두께로 네모나게 썰어 팬에 기름을 넉넉히 붓고 뜨거워지면 끓는 기름에 두부를 넣어 살짝 데치듯이 튀겨낸다. ❷돼지고기는 다져서 준비하고 피망은 씨를 빼고 큼직하게 썰고, 죽순과 표고버섯도 비슷한 크기로 썬다. ❸팬에 기름을 두르고 뜨거워지면 먼저 길쭉하게 썬 파와 마늘, 생강을 볶아 향을 낸 뒤 돼지고기를 넣고 간장과 청주로 양념하여 볶는다. ❹고기가 익으면 피망과 붉은고추, 표고버섯을 넣고 볶은 후 재료가 익으면 육수를 붓고 녹말물을 넣어 끓인다. ❺마지막으로 참기름을 한방울 넣고 고루 뒤적여준다. ❻그릇에 기름에 데친 두부를 담고 소스를 듬뿍 끼얹어 낸다.

**1 두부 썰기** 흐르는 물에 살살 씻어서 가로, 세로 1.5cm쯤 되게 깍뚝 썰어 물기를 닦아 놓는다. 물기가 있으면 기름에 데칠 때 기름이 튀어서 델 염려가 있다. 소금을 조금 뿌렸다가 키친타월로 닦으면 말끔하다. 파와 고추는 손질해서 송송 썬다.

**2 기름에 두부 데치기** 150℃ 정도의 끓는 기름에 두부를 넣어 날 냄새가 가시고 색이 나지 않을 정도로만 살짝 튀겨 건져서 기름기를 뺀다. 두부를 튀길 때 망에 한꺼번에 담아서 담갔다가 건지면 부서질 염려도 적고 간편하다.

**3 돼지고기 볶기** 뜨겁게 달군 프라이팬에 기름 3큰술을 두르고 기름이 뜨거워지면 돼지고기 다진 것을 넣어 센불에서 볶는다. 고기가 뭉치지 않게 빠르게 저어 헤쳐가면서 볶는다.

**4 두반장 넣기** 돼지고기가 하얗게 익으면 다진 마늘과 송송 썬 파 절반, 그리고 두반장을 넣고 볶아 향을 낸다. 계속 센불에서 볶아 수분을 날려 보내야 고기의 누린내가 나지 않는다. 두반장이 없을 때는 대신 고춧가루를 넣는다.

**5 두부 넣기** 프라이팬 가장자리로 간장과 청주를 넣고 소금, 후춧가루로 간한 뒤 기름에 데친 두부를 넣는다. 중국요리에서 간장을 넣을 때는 반드시 뜨겁게 달구어진 팬 가장자리로 넣어 태우듯이 해야 향미를 낼 수 있다.

**6 물녹말 풀기** 육수(닭 곤 국물) 1컵을 붓고 두부에 간이 밸 때까지 조린다. 국물이 끓고 두부가 어느 정도 조려지면 녹말가루와 물을 동량으로 섞은 물녹말을 풀어 걸쭉하게 끓인다.

**7 참기름·파 넣기** 한소끔 끓어 국물이 빨개지면 참기름을 넣어 맛을 내고 남은 파를 넣어 고루 뒤적여서 그릇에 담는다. 녹말물이 들어가 윤기도 나고 매끄러운 감촉도 좋으며 잘 식지도 않는다. 중국요리에서 참기름은 항상 맨 마지막에 넣는게 원칙.



## 육수 만들기

중국 요리에는 주로 닭 육수가 사용된다. 냄비에 찬물을 담고 닭뼈나 닭살, 굵은 파, 생강을 통째로 넣은 후 청주를 조금 치고 뭉근하게 끓여서 체에 걸러 사용한다.

하지만 마파두부를 만들어 먹기 위해 일부러 닭 한 마리 사서 육수를 낼 수는 없다. 평소에 닭 음식을 만들고 남은 재료나 닭뼈 등을 그냥 버리지 말고 고아서 육수를 내 냉장고에 보관해 두면 요긴하게 쓸 수 있다.

육수가 없을 때는 그냥 물을 사용해도 된다.

# 두부양념조림

요리/박종숙

요리/박종숙

가정에서 쉽게 해먹는 반찬 중 하나이다. 하지만 두부에 간이 덜 배거나 두부 바닥이 타는 경우가 생기곤 한다. 두부에 양념장 간이 잘 배게 하기 위해서는 먼저 두부의 물기를 빼는 것이 중요하다. 두부에 함유된 수분막을 제거해야 양념장이 고루 스며들기 때문. 또, 두부를 겹겹이 쌓아 조리면 뒤집기도 쉽지 않고 양념장이 바닥쪽에만 퍼지므로 두부를 조릴 때는 넓은 프라이팬에 한 켜로만 놓아 조리는 것이 좋다.

## 재료/4인분

185 kcal | 25

| | |
|---|---|
| 두부 | 1모 |
| 쇠고기 다진 것 | 50g |
| 들기름 | 적당량 |

**쇠고기양념**

| | |
|---|---|
| 간장·다진 파 | 1작은술씩 |
| 설탕·참기름 | ½작은술씩 |
| 후춧가루 | 조금 |
| 깨소금·다진 마늘 | ½작은술씩 |

**양념장**

| | |
|---|---|
| 간장·매실청 | 1큰술씩 |
| 다진 파 | 2큰술 |
| 다진 마늘 | ½큰술 |
| 후춧가루 | 조금 |
| 참기름·깨소금 | 1큰술씩 |
| 육수 | ½컵 |



### 두부빈대떡

**재료** : 두부 ½모, 달걀 3개, 당근·쪽파 20g씩, 불린표고버섯·양파·숙주 50g씩, 팽이버섯·미나리 30g씩, 식용유 조금, 양념장(다진 마늘·참치액젓 ½큰술씩, 소금·흰후춧가루 조금씩, 생강즙 ⅓작은술, 청주 ½큰술)

**만들기** : ❶두부는 체에 내려 으깬 다음 물기를 뺀다. ❷당근과 쪽파, 표고버섯, 팽이버섯, 미나리, 양파는 모두 굵게 다진다, 달걀은 곱게 풀어놓는다. ❸숙주는 머리와 꼬리를 다듬어 떼고 굵게 다져 놓는다. ❹두부와 채소를 합한 후 달걀물로 농도를 맞추고 다진 마늘, 참치액젓, 소금, 흰후춧가루, 생강즙, 청주로 간한다. ❺달군 팬에 반죽을 동그랗게 놓아 지진다.

**1 두부 굽기** 두부는 큼직하게 썰어 물기를 뺀 후 후춧가루를 뿌리고, 들기름을 두른 팬에서 노릇하게 부친다.

**2 쇠고기 양념하기** 쇠고기는 분량의 쇠고기양념으로 조물조물 무쳐 볶는다.

**3 양념장 부어 끓이기** 쇠고기볶음에 양념장 재료를 모두 합해 끓인다.

**4 두부 조리기** 두부 위에 양념장을 끼얹으면서 국물이 자박해질 정도로 조린다.

# 인스턴트요리의
## 기초 & 기본요리

인스턴트 식품의 종류는 소시지, 햄, 건어물, 생선 통조림, 야채 통조림, 어묵 등 매우 다양하다. 그 중에는 가공된 상태에서 그대로 먹는 것도 있지만 반 가공된 상태로 판매되는 것이 대부분이기 때문에 조리가 필요하다. 조리를 할 때는 각각 손질 요령이 다르므로 기초 테크닉을 익혀 두자. 예를 들어 육가공품은 소금기가 많고 지방이 많은 편이라 짜지 않게 조리하는 것이 기본이다. 또 통조림으로 처리된 식품은 기름기나 조미액을 적당히 따라내고 조리하는 것이 바람직하다.

# 인스턴트 반찬의 기본 테크닉

고기, 생선, 야채 등을 가공해 보존성을 높인 인스턴트식품. 반조리 과정을 거친 것이기 때문에 조리도 쉽고 간단해서
특히 시간이 없을 때 효과적으로 이용되는 재료이기도 하다. 하지만 인스턴트 식품이라고 해서 무조건 그냥
먹을 수는 없다. 조리전 꼭 필요한 몇 가지 밑손질을 익혀두자. 그래야만 인스턴트식품도 더 신선하게,
위생적으로, 맛있게 요리할 수 있다.

## 육가공품 간은 짜지 않게 기름은 적게 사용한다

### 소시지 칼집 넣기

**1** **긴 프랑크 소시지는** 비스듬하게 몇 군데 칼집을 넣는다. 서로 엇갈리게 칼집을 넣어도 보기 좋다.

**2** **칼집 넣은** 면에 열을 가하면 칼집대로 모양이 생긴다. 사선으로 엇갈리게 넣으면 다이아몬드형의 칼집이 드러난다.

**3** **여러 가지 모양으로** 썬 소시지. 문어, 게, 꽃 모양 등 원하는 디자인으로 칼집을 넣으면 도시락 쌀 때 재미있게 연출할 수 있다.

고기의 보존성을 높이기 위해 가공된 제품이기 때문에 소금기가 많고 지방도 많은 편이다. 따라서 음식을 만들 때는 간은 짜지 않게 신중하게 하고, 기름은 되도록 적게 사용하거나 일부는 제거한다.

조리 전 표면의 겉도는 기름을 닦아내거나 끓는 물에 데치기, 또 지진 후에 기름을 빼는 것 등이 좋은 방법이다.

### 소시지 데치기

**끓는 물에 넣은** 다음 곧 불을 끄고 5분 정도 둔다. 이렇게 데친 소시지를 겨자소스에 찍어 먹으면 소시지의 참맛을 즐길 수 있다. 끓는 물에 데치는 것 역시 기름을 제거하는 방법이다.

**햄을 구울 때는** 표면의 수분을 잘 닦아낸 다음에 굽는다.

### 햄굽기·스팸 다루기

**캔에 들어 있는** 스팸을 꺼내 보면 노란 기름이 굳어 있는 것을 볼 수 있다. 이 부분은 잘라내고 조리하는 것이 좋겠다.

### 햄 보관하기

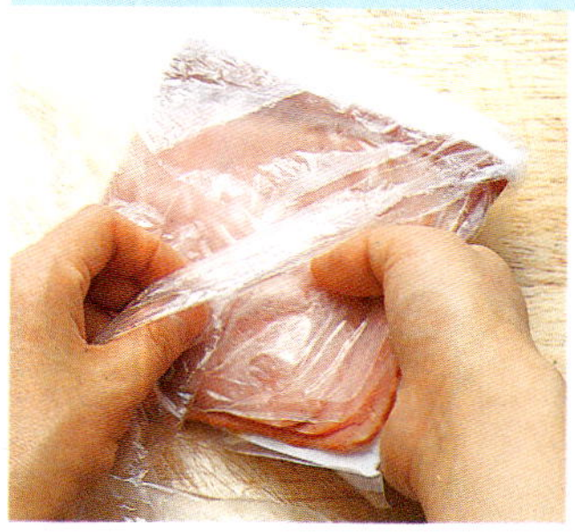

**1** **햄, 소시지** 등은 공기와 접촉하게 되면 그 부분이 말라서 딱딱해진다. 따라서 쓰고 남은 것은 다시 한 번 비닐 봉지에 담아 꼭 봉해 둔다. 오래 둘 것은 냉동 보관하는 게 안전하다.

**2** **캔에 들어 있던** 스팸류는 캔에서 꺼내어 다른 밀폐용기에 옮겨 담도록 한다. 한 번에 다 못 먹을 것 같으면 아예 알맞은 크기로 나누어 냉동보관하는 게 좋다.

## 베이컨

**1** 베이컨 자체에서 기름이 많이 나오므로 기름을 두르지 말고 바로 지진다.

**2** 군데 군데 연한 갈색이 나도록 앞뒤로 바싹 지진다.

**3** 지져낸 베이컨은 반드시 종이 타월에 놓아 기름기를 닦아낸 후에 조리하도록.

돼지고기의 삼겹살을 소금에 절인 다음 훈연한 제품으로 풍미가 아주 좋다. 프라이팬에 바싹 지져 기름을 빼는 것이 조리 포인트.

### 생선가공품 · 생선통조림

생선살을 갈아서 달걀, 녹말가루, 설탕, 소금 등을 섞은 뒤 치대어 여러 가지 모양으로 만들어 찌거나 구운 생선묵(또는 어묵)을 제외하고는 보존성을 높일 목적으로 통조림으로 가공된 것이 대부분이다.

어묵은 밑손질을 해야 하는 번거로움이 없어 도시락 반찬, 술안주 등 빨리 만들어야 하는 반찬으로 아주 편리하다. 조리할 때는 일단 끓는 물에 데쳐 기름을 빼고 사용하면 더 좋다.

통조림 제품도 역시 함께 들어 있던 기름이나 국물을 버리고 조리하는 것이 원칙이다.

# 생선 가공품  끓는 물에 데쳐 기름을 빼고 사용한다

## 어묵 데치기

어묵을 이용해 조리거나 국을 끓일 때, 혹은 볶을 때도 일단은 끓는 물에 살짝 데쳐서 조리해야 나쁜 기름을 제거할 수 있다.

## 참치통조림

기름을 줄인 제품도 나오긴 하지만 일단 뚜껑을 따 보면 기름이 고여 있는 것이 보인다. 참치통조림을 조리에 이용할 때는 기름을 따라낸 후에

## 골뱅이 통조림

조리할 때는 체에 밭쳐 물기, 조미액을 적당히 빼고 이용한다. 하지만 남은 것을 보관할 때는 국물과 함께 넣어두는 것이 좋다.

## 통조림 국물 따라내기

체에 쏟아 부어 국물이나 기름기는 따라내고 조리한다. 고등어와 정어리 통조림도 마찬가지.

### 야채 가공품

반 조리된 통조림 제품이 대부분이다. 따라서 생야채를 구하기 힘든 계절에 요긴하게 사용할 수 있어 좋다. 재료에 따라 끓는 물에 다시 한번 데친다거나 물에 잠시 담가두어 잡맛을 없애는 등의 손질이 필요하다. 조리에 사용할 때는 체에 쏟아 통조림 속에 들어있던 물기는 빼고 조리한다.

# 야채 가공품  물기를 빼고 잡맛을 없앤 후 사용한다

## 옥수수

**1** 체에 쏟아 부어 물기를 빼고 조리한다.

**2** 남은 것은 유리병이나 밀폐 용기에 옮겨 담아 둔다. 냉장고도 3~4일 이상은 금물.

## 완두

**1** 반 조리된 제품이긴 하지만 끓는 물에 다시 한 번 살짝 데친다.

**2** 바로 찬물에 담가두어 파란 색이 선명해지게 한 후 건져서 물기를 닦는다.

## 껍질콩

체에 담아 끓는 물을 끼얹거나 끓는 물에 살짝 데쳐 물기를 뺀 후 조리한다.

## 죽순

**1** 가공된 것이지만 통조림에서 꺼낸 죽순은 찬물에 담가 역한 맛을 충분히 우려낸다.

**2** 죽순은 빗살 무늬가 되게 써는 것이 기본. 사진처럼 우선 길게 반 가른다.

**3** 엎어 놓고 원하는 길이로 자른 후 모양을 살려 길게 썰면 예쁜 빗살무늬가 된다.

# 콘슬로우샐러드

옥수수는 인, 철분, 칼슘, 니아신, 비타민B군을 많이 함유하고 있다. 단백질은 옥수수 알갱이의 겉껍질 부분 각질층에 많은데 필수아미노산보다는 드레오닌이라는 유황함유 아미노산이 많다.

옥수수를 알알이 까는 것이 귀찮을 때는 캔을 이용하면 편리하다. 참고로 옥수수는 까서 모두 삶은 다음 냉동시켜두었다가 먹을 때마다 다시 쪄서 먹으면 오래 먹을 수 있다.

## 재료/4인분

| | |
|---|---:|
| 옥수수캔 | ½통 |
| 당근 | ⅓개 |
| 오이 | ½개 |
| 양배추잎 | 2장 |
| 소금 | 조금 |
| 마요네즈 | 3큰술 |
| 설탕·머스터드 | ½큰술씩 |
| 식초·레몬즙 | ½큰술씩 |
| 소금 | 조금 |

## 옥수수전

**재료** : 옥수수캔 1컵, 양파 ¼개, 홍피망 ¼개씩, 달걀 1개, 녹말가루 1큰술, 소금·후추 적당량씩

**만들기** : ❶옥수수는 대강 다진다. ❷양파와 피망은 옥수수알보다 조금 작은 크기로 다져 섞은 후 달걀과 녹말가루를 섞고 간을 한다. ❸ 달구어진 팬에 기름을 두르고 한숟가락씩 떠서 앞뒤로 노릇노릇하게 지져낸다.

**1** **옥수수 물기 빼기** 옥수수는 캔에서 꺼내 체에 밭친 다음 뜨거운 물을 끼얹어 물기를 뺀다.

**2** **오이 썰기** 오이는 소금으로 문질러 씻은 후 작고 네모지게 썬다.

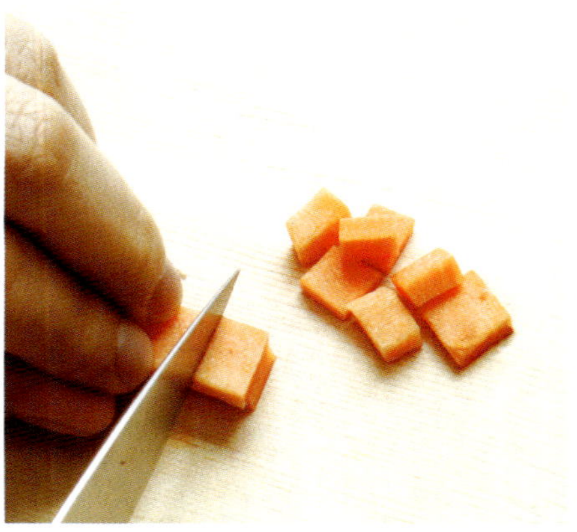

**3** **당근·양배추 썰기** 당근과 양배추도 손질하여 작고 네모지게 썬다.

**4** **소스 준비하기** 마요네즈와 머스터드, 식초, 레몬즙, 설탕, 소금을 분량대로 넣고 드레싱을 만든다. 그릇에 각각의 채소를 담고 드레싱을 끼얹는다.

# 탕수만두

**재료/4인분**

| | |
|---|---|
| 냉동만두 | 20개 |
| 식용유 | 적당량 |
| 오이·당근 | 1/4개씩 |
| 양파 | 1/2개 |
| 목이버섯 | 5장 |
| 청경채 | 2포기 |

**소스**

| | |
|---|---|
| 물 | 2컵 |
| 간장·케첩 | 1큰술씩 |
| 식초 | 3큰술 |
| 설탕 | 4큰술 |
| 물녹말 | 2큰술(물·녹말 2큰술씩) |
| 참기름 | 1/2작은술 |

### Cooking Point

만두를 바삭하게 튀겨 내려면 해동한 만두를 기름에 넣고 만두피에 연한 갈색이 돌 때 살짝 꺼내 공기를 쐬어 준 다음 다시 기름에 넣어 튀긴다. 두 번 튀기면 불필요한 수분이 제거되면서 더 바삭거리게 된다.

**1** **청경채 썰기** 청경채는 2~3등분 하고, 오이와 당근은 얇게 썬 뒤 모양틀로 찍고 양파는 사방 2cm 크기로 썬다.

**2** **버섯 썰기** 버섯은 물에 불려 먹기 좋은 크기로 찢는다.

**3** **만두 튀기기** 해동된 만두는 튀긴 후 종이타월로 기름을 빼둔다.

**4** **소스 만들기** 팬에 채소와 버섯을 넣어 볶다 분량의 소스를 넣어 끓인다. 끓으면 물녹말을 넣고 걸쭉해지면 참기름을 넣은 뒤 만두에 끼얹는다.

### 꼭 알아두자

## 냉동식품을 고르는 요령

**식품이 딱딱하게 굳어 있는 것을 택한다** 손가락으로 눌러보아 부드럽게 느껴지는 것은 보관 온도가 −18℃보다 높다고 보아야 한다. 따라서 신선도에 문제가 있을 수도 있으므로 피한다.

**식품에 서리가 많이 낀 것은 피한다** 포장 내부에 서리가 많이 끼어 있는 것은 일단 녹았다가 다시 얼린 것으로 보아도 좋다. 다만 수분이 많은 야채류는 다른 것에 비해 서리가 많은 편.

**제조년월일을 확인한다** 물론 보관이 잘 된 것은 1년이 넘어도 품질에 아무 이상이 없겠지만 일단 제조 후 1년이 지난 제품은 사지 않는 게 바람직하다.

# 게맛살적

요리 / 한복려

게살 맛을 낸 대표적인 인스턴트 식품인 게맛살은 색이 고와 모양을 내는 여러 가지 요리에 다양하게 이용된다. 붉게 물들인 생선 보푸라기 대신 김밥 속의 재료로도 사용되며, 가늘게 찢어서 오이와 함께 섞어 겨자 소스에 버무려 냉채를 만들면 입맛 없을 때 즉석에서 쉽게 만들 수 있는 재료로 그만. 또한 여러 가지 재료를 꼬치에 꿰어 지져내는 적을 만들 때도 게맛살이 애용된다. 색깔 내기도 좋고 맛도 담백하여 누구나 저항없이 먹을 수 있는 재료다.

## 재료 / 4인분  199 kcal  20

| | |
|---|---|
| 게맛살 | 150g |
| 실파 | 10뿌리 |
| 느타리버섯 | 100g |
| 표고버섯 | 5장 |
| 달걀 | 2개 |
| 밀가루 | ½컵 |
| 간장 | ⅓큰술 |
| 깨소금 · 참기름 | 1큰술씩 |
| 식물성 기름 | 적당량 |

### Cooking Point

달걀옷이 벗겨지지 않게 하려면 먼저 밀가루를 골고루 묻혀야 한다. 그러나 밀가루를 너무 많이 묻히면 텁텁하고 맛이 없다. 따라서 밀가루를 묻힌 후, 여분의 밀가루는 털어내고 달걀물에 적시도록 한다.

### 꼭 알아두자

## 아이들을 위한 게맛살 요리

게맛살은 달큰하기도 하고 맛이 담백해서 아이들이 특히 좋아한다. 인스턴트 식품이지만 다른 부재료들을 균형있게 섞어 아이들이 좋아할 만한 음식을 만들어 주는 것도 지혜로운 방법

**게맛살달걀말이** 도시락반찬으로 자주 만들게 되는 달걀말이. 그냥 달걀만 하는 대신 위에 게맛살을 놓아 돌돌 말면 모양도 예쁘다. 혹은 푼 달걀에 게맛살과 당근, 양파 등을 곱게 다져 넣고 한데 섞어 달걀말이를 해도 좋다.

**게맛살 김초밥** 한입에 쏙 들어가는 가느다란 꼬마김밥은 아이들에겐 재미있는 놀이가 될 수도 있다. 김을 작게 잘라 놓고 게맛살, 오이 등도 길이를 맞춰 잘라 놓은 뒤 스스로 만들어 먹을 수 있게 유도하는 것도 좋은 방법.

**1 버섯 손질하기** 느타리버섯은 끓는 물에 데쳐서 물기를 꼭 짠 후 굵은 것은 적당하게 찢어 놓고 표고버섯은 큼직한 것으로 준비해 부드럽게 불려서 기둥을 떼고 굵직하게 채썬다.

**2 버섯 밑간하기** 느타리버섯은 소금으로 심심하게 간하여 깨소금, 참기름으로 양념하고 표고버섯은 간장, 깨소금, 참기름으로 양념해 둔다. 재료의 색깔에 따라 소금과 간장을 구분해서 쓰는 게 바람직하다.

**3 게맛살 · 실파 썰기** 게맛살을 버섯 길이에 맞추어 잘라 속까지 잘 익도록 다시 얄팍하게 반을 저민다. 실파는 다듬어 씻은 뒤 게맛살의 길이에 맞추어 썬다. 파는 되도록이면 흰뿌리 부분을 써야 깔끔하다.

**4 꼬치에 꿰어 지지기** 대꼬치에 게맛살, 실파, 버섯, 게맛살을 순서대로 꿰어 앞뒤로 밀가루를 골고루 묻힌 후 푼 달걀에 담갔다가 건져 기름 두른 프라이 팬에 노릇노릇하게 지져낸다.

# 게맛살 냉채

요리 / 왕준련

로 나와 있는 게맛살을 이용하면 단 몇 분 내에 시원하고 산뜻한 맛의 냉채요리를 만들 수 있다. 중요한 건 소스 만들기. 육수, 식초, 설탕, 참기름, 간장, 소금 그리고 다진 마늘을 섞어 만든 마늘 소스는 미리 만들어서 차게 두어야 맛있다. 또 마늘소스에 겨자를 조금 섞으면 톡 쏘는 매콤함이 식욕을 돋운다.

## 재료 / 4인분　　114 kcal　10

|  |  |
| --- | --- |
| 게맛살 | 250g |
| 오이 | 1개 |
| 레몬 | 1개 |

**마늘 소스**

|  |  |
| --- | --- |
| 육수 | 5큰술 |
| 식초 | 3큰술 |
| 설탕 | 2큰술 |
| 다진 마늘 | 1큰술 |
| 간장 · 소금 | 1작은술씩 |
| 참기름 | 1작은술 |

### Cooking Point

냉채의 재료와 담을 그릇은 미리 차게 식혀 두는 것이 맛을 더할 수 있는 비결이다.

소스에 들어가는 마늘은 마구 으깨지 말고 칼로 가늘게 채썰어 곱게 다져야 깔끔하다. 또한 소스를 미리 뿌려 두면 음식이 축 처지고 향도 달아나므로 먹기 직전에 바로 뿌려 내도록 한다. 개개인의 기호가 다 다르므로 소스는 따로 조금 더 곁들여 내는 것이 좋겠다.

**1 마늘소스 만들기** 육수 5큰술에 식초 3큰술, 설탕 2큰술, 다진 마늘 1큰술을 넣어 섞은 뒤 소금으로 간을 하고 간장은 색을 내는 정도로만 넣는다. 여기에 참기름 1작은술을 섞어 냉장고에 넣어 차게 둔다.

**2 오이 썰기** 소금에 비벼 씻어 오이 겉면의 오톨도톨한 돌기를 다듬고 찬물에 깨끗이 헹구어 납작납작하게 어슷썬 뒤 가지런히 놓고 중간 굵기로 채썬다.

**3 게맛살 찢기** 채썬 오이와 같은 크기로 토막낸 후 비슷한 굵기로 찢어 놓는다. 게맛살은 손으로 찢어도 쭉쭉 잘 찢어지므로 칼을 대지 않는 것이 좋다.

**4 재료 섞기** 오이채와 게맛살채를 뭉치지 않게 젓가락으로 훌훌 털어가며 골고루 섞는다. 시간에 여유가 있다면 밀폐용기에 담아 냉장고에 두어 차게 해서 먹으면 더욱 산뜻하다.

**5 마늘소스 끼얹기** 오이채와 게맛살채 섞은 것을 접시 가운데 보기 좋게 담고 반달 모양으로 썬 레몬을 접시 가장자리에 돌려 담은 후 차게 해 둔 마늘소스를 끼얹는다.

# 참치전

참치 는 주로 냉동되어 횟감으로 이용되거나 혹은 통조림으로 가공된 인스턴트 식품이 주로 이용된다. 통조림 참치는 조리 용도에 따라 김치찌개용, 순한 맛, 매운 맛, 야채가 섞인 것 등 종류도 다양하다. 어느 것이나 조리에 이용할 때는 기름은 따라내고 되도록 살짝이라도 익혀 먹는 게 좋다.

**재료/4인분**　　　　　　234 kcal　**20**

| | |
|---|---|
| 참치캔 | 1개(500g) |
| 두부 | ¼모 |
| 다진 양파 | ¼컵 |
| 다진 당근 | ¼컵 |
| 다진 파·다진 마늘 | 1큰술씩 |
| 참기름 | 1작은술 |
| 녹말가루 | 1큰술 |
| 밀가루 | ½컵 |
| 달걀 | 2개 |
| 소금·후춧가루 | 조금씩 |
| 식용유 | 1큰술 |

**1 참치 기름 빼고 다지기** 참치는 기름을 빼고 잘게 다진다.

**2 두부 으깨 물기 짜기** 두부는 칼등으로 으깬 후 헝겊에 싸서 물기를 짜 보슬보슬하게 준비한다.

**3 반죽하기** 다진 양파와 당근을 팬에 볶다가 그릇에 참치, 두부, 양파, 당근과 파, 마늘, 참기름, 소금, 후춧가루, 녹말가루를 반죽해서 치댄다.

**4 완자에 달걀물 입혀 지지기** 재료를 넣은 반죽은 반 수저씩 떠서 둥글게 완자를 빚고 밀가루와 달걀물을 차례로 입혀 노릇하게 지진다.

---

**응용요리**

## 양배추참치샐러드

**재료** : 양배추 200g, 적색 양배추 100g, 참치캔 1개, 당근 50g, 양파 ⅓개, 레먼 2조각, 드레싱(양겨자 1작은술, 올리브유 3큰술, 식초 1큰술, 소금·후춧가루 조금씩, 설탕 1작은술, 물 1큰술)

**만들기** : ❶ 양배추는 4cm 길이로 곱게 채썰고 당근과 양파도 채썰어 물에 담가 싱싱하게 준비한다. ❷ 1캔 분량의 참치는 체에 밭쳐서 기름을 빼고 먹기 좋은 굵직한 크기로 뜯어 둔다. ❸ 그릇에 분량의 소스 재료를 넣고 잘 섞이도록 흔들어 드레싱을 만든다. ❹ 샐러드 그릇에 준비한 야채를 담고 참치와 드레싱을 먹기 직전에 끼얹는다.

# 햄베이컨꼬치구이

**인스턴트** 라도 잘 어울리는 부재료를 곁들여 조리법이나 모양, 담음새에 좀더 신경을 쓰면 아주 멋진 일품요리를 만들어낼 수 있다. 특히 베이컨은 소시지, 감자, 토마토 등과 맛이 잘 어울리므로 이들 재료를 이용하면 쉽고 빠르게 아이들 간식과 일품 술안주를 만들어낼 수 있다.

## 재료/4인분　241 kcal　20

| 재료 | 분량 |
| --- | --- |
| 스모크햄 | 100g |
| 프랑크소시지 | 100g |
| 베이컨 | 4줄 |
| 양송이 | 8개 |
| 소금 | 조금 |
| 식용유 | 조금 |

### 소스

| 재료 | 분량 |
| --- | --- |
| 칠리소스 | 1큰술 |
| 토마토케첩 | 1큰술 |
| 머스터드 | 1작은술 |
| 올리브유 | 1작은술 |
| 설탕·레먼즙 | 조금씩 |



## 베이컨마늘볶음

**재료** : 옥수수 전분 1컵, 푸른 계절야채(청경채, 참나물, 시금치 등) 200g, 베이컨 2장, 마늘 3톨, 소금 1작은술, 후춧가루 조금, 식용유 1큰술
**만들기** : ❶ 계절 야채는 하나하나 흐르는 물에 씻어서 망에 담아 물기를 뺀 다음 잎과 줄기를 나눈다. 줄기나 잎이 큰 경우 3~4cm 정도의 크기로 썬다. ❷ 베이컨은 길게 두 장을 겹쳐 2cm 폭으로 썬다. ❸ 마늘은 속껍질까지 완전히 벗긴 후 얇게 편으로 썰어 준비한다. ❹ 뜨겁게 달군 팬에 기름을 두르고 마늘을 넣어 볶다가 향이 나면 베이컨을 넣고 볶는다. ❺ 베이컨이 바삭해지면서 마늘이 황갈색을 띄기 시작하면 준비한 야채를 넣고 소금과 후춧가루를 뿌려서 재빨리 꺼낸다. 야채는 오래 익히지 않고 재빠르게 기름이 고루 돌 정도로만 익히는 것이 좋다.

**1 햄·소시지 썰어 데치기** 햄은 사방 3cm 크기로 잘라서 정사각형 모양으로 만든다. 프랑크소시지는 스모크햄과 같은 크기로 썬 후 스모크햄과 같이 끓는 물에 데쳐내 기름기를 뺀다.

**2 베이컨 말기** 베이컨은 프랑크소시지에 돌돌 만다. 양송이는 껍질을 벗기고 반으로 자른다.

**3 소스 만들기** 분량의 소스 재료를 골고루 섞어 매콤한 소스를 만든다.

**4 꼬치에 끼워 굽기** 꼬치에 햄, 양송이, 프랑크소시지를 순서대로 두 번씩 꽂은 다음 석쇠를 달군 뒤 햄꼬치를 양면으로 익힌 다음 소스를 곁들인다.

# 어묵잡채

**어묵**은 생선살을 갈고 이것저것을 섞어 반죽한 뒤 여러 가지 모양으로 만들어 찌거나 구운 것이다. 따라서 생선처럼 손질이 번거롭지도 않고 보관도 쉬워서 여러 가지 즉석 반찬으로 자주 이용한다. 구수한 멸칫국물과 함께 국을 끓이기도 하고 다른 야채와 함께 볶거나 조려도 먹는다. 때론 어묵만을 살짝 구워술안주 간식으로도 즐겨 먹는다. 특히 튀긴 어묵으로 음식을 만들 때 가장 중요한 것은 조리 전에 반드시 끓는물에 데쳐 기름을 빼고 조리하는 것이다.

## 재료/4인분  247 kcal

| 재료 | 분량 |
| --- | --- |
| 어묵 | 200g |
| 청·홍피망 | 100g씩 |
| 양파 | 80g |
| 생표고 | 100g |
| 식용유·소금 | 조금 |

### 채소무침 양념

| 재료 | 분량 |
| --- | --- |
| 참기름 | 1큰술 |
| 깨소금 | 1큰술 |
| 흰후춧가루·설탕 | 조금 |

### 어묵조림 양념

| 재료 | 분량 |
| --- | --- |
| 맛술 | ½컵 |
| 간장 | 1큰술 |
| 다진 마늘 | 1작은술 |



### 어묵떡볶이

**재료** : 납작 어묵 100g, 떡볶이 떡 200g, 쇠고기 100g, 당근 50g, 양파 ¼개, 피망 1개, 식용유 1큰술, 양념장(고춧가루 2큰술, 두반장 1작은술, 다진 마늘 1큰술, 설탕·깨소금 1큰술씩, 굴소스 1큰술, 청주 1큰술, 물 1컵, 참기름 1큰술, 후춧가루 조금)

**만들기** : ❶넓적한 어묵은 굵직하게 채썰고 떡은 한입 크기로 잘라 끓는 물에 살짝 데쳐 건져 놓는다. ❷당근과 양파, 피망은 손질하여 가늘게 채썰고 쇠고기도 가늘게 채썰어 놓는다. ❸고춧가루와 두반장, 굴소스 등 갖은 재료를 분량대로 섞어 양념장을 만든다. ❹팬에 기름을 두르고 당근과 양파를 먼저 넣어 볶다가 쇠고기를 넣고 볶는다. ❺볶은 재료에 양념장을 넣고 조금 더 볶다가 어묵과 떡볶이 떡을 넣고 물을 넣어 끓인다. ❻떡볶이 떡에 양념장이 고루 배면 피망을 넣고 살짝 더 끓인 다음 소금과 후춧가루로 간한다.

**1** **어묵 채썰기** 어묵은 4~5cm 길이로 채썰어 끓는 물에 데친 다음 어묵조림 양념에 넣어 졸인다.

**2** **피망 볶기** 청·홍피망은 반으로 잘라 채썬 다음 팬에 식용유를 둘러 소금을 넣고 볶는다.

**3** **양파·표고버섯 볶기** 양파는 채썰고 표고버섯은 기둥을 제거해 소금을 넣고 각각 볶아낸다.

**4** **양념에 무치기** 청·홍피망, 양파와 표고버섯을 섞은 후 분량의 양념을 넣고 조린 어묵을 넣어 잘 섞어 완성한다.

# 라볶이

**라면**은 간편하다는 점에서는 좋지만 영양적인 면은 부족한 것이 많다. 고기나 야채 등을 섞어 부족한 영양분과 맛을 보충하면 간단한 간식이나 밤참, 때로는 한끼 식사로도 손색없는 메뉴가 될 수 있다. 라볶이는 독특하면서도 매콤한 맛을 즐기는 요리로 라면을 반쯤 익혀 찬물에 헹군 다음 볶아야 붇지 않고 쫄깃한 맛이 살아난다.

### 재료/4인분　509kcal

| | |
|---|---|
| 라면 | 3개 |
| 양배추 | 100g |
| 당근 | 50g |
| 붉은 고추·양파 | 1개씩 |
| 풋고추 | 2개 |

**볶음 소스**

| | |
|---|---|
| 고추기름 | 4큰술 |
| 청주 | 1큰술 |
| 우스터소스 | 2큰술 |

**양념**

| | |
|---|---|
| 파 | 50g |
| 다진마늘 | 1큰술 |
| 마른고추 | 1개 |
| 소금·후춧가루 | 조금씩 |

### Cooking Point

보통 고추장과 케첩을 이용해 라볶이 소스를 만들므로 다소 텁텁하고 신맛이 강하다. 고추기름과 우스터소스를 이용해 라볶이를 만들면 매콤하면서도 간이 맞고 개운한 맛을 낼 수 있다. 매운맛의 라볶이 소스에 찐만두나 군만두를 찍어 곁들여 먹으면 간식과 밤참으로 더할 나위 없이 좋다.

**1 채소 손질하기** 고추는 씨를 빼고 채썰고, 마른고추도 가위로 잘라 채썬다. 양배추와 당근, 양파는 손질해 비슷한 길이로 채썬다.

**2 소스 만들기** 분량의 고추기름, 우스터소스, 청주를 섞어 볶음 소스를 만든다.

**3 라면 삶기** 끓는 물에 라면을 넣어 반쯤 익힌 후 건져 찬물에 헹궈둔다.

**4 야채 볶기** 팬에 기름을 두르고 다진마늘과 채썬 마른고추를 넣어 볶다가 향이 나면 준비한 양파와 양배추, 당근을 볶는다.

**5 라면 넣어 볶다가 소스 넣기** 야채가 어느 정도 익으면 라면을 넣고 함께 볶다가 소스를 넣어 고루 젓는다. 소금과 후춧가루로 간한다.

# 장아찌 담그기

짭짤하게 곰삭은 장아찌는 우리네 음식에서 빼놓을 수 없는 입맛 돋구는 밑반찬이다.
하지만 젊은 주부들이 가장 어려워하는 음식이기도 하다.
오이지를 비롯해 마늘, 고추장아찌, 무장아찌 등등 종류도 무척 많지만 크게 보면 소금에 삭힌 것, 간장에 담근 것, 된장·고추장에
묻어두는 것으로 구별된다. 따라서 이 세 가지 방법만 확실하게 알고 있으면 어떤 장아찌도 문제 없다.

## 풋마늘대장아찌

**재료** : 풋마늘대 1kg, 진간장 5컵, 설탕 1컵, 물
1½컵, 참기름·설탕 조금씩

### 이렇게 만드세요

❶**다듬기** 연한 것으로 골라 뿌리는 잘라내
고 겉껍질을 벗겨 깨끗이 씻어 4~5cm 길
이로 자른다.

❷**간장 붓기** 마늘대를 항아리에 차곡차곡
담고 간장에 물, 설탕을 넣어 팔팔 끓인 후
식으면 마늘대가 폭 잠기게 붓고 돌로 눌러
두어 삭힌다.

❸**무치기** 마늘대가 연해지고 잘 삭으면 건
져서 참기름, 깨소금, 설탕을 넣고 무쳐 먹
는다.

## 마늘종장아찌

**재료** : 마늘종 600g, 소금 1컵, 물 4컵, 고추장
1½큰술, 설탕 2작은술, 참기름 1작은술, 통깨
½작은술

### 이렇게 만드세요

❶**마늘종 손질하기** 연한 것으로 골라 끝의
억센 부분은 잘라내고 한끼에 먹을 만큼씩
묶어서 항아리에 담는다.

❷**소금물에 삭히기** 물 4컵에 식초를 시지
않을 정도로만 타고 거기에 식초 양의 10%
정도의 설탕과 소금 1컵을 넣어 팔팔 끓여
서 식힌 후에 마늘종에 붓는다.

❸**양념하여 무치기** 마늘종이 노랗게 삭으면
꺼내서 채반에 말려 4~5cm 길이로 썰어
고추장, 설탕, 참기름, 통깨를 넣어 무친다.

## 통마늘종장아찌

**재료** : 통마늘 50개, 식초 2컵, 소금·설탕 1컵씩,
물 5컵

### 이렇게 만드세요

❶**통마늘 손질하기** 마늘 껍질을 한겹 벗기
고 대가 1~2cm 정도 남게 자른다.

❷**소금물에 삭히기** 물 5컵에 소금 1컵을 섞
어 만든 소금물에 손질한 마늘을 넣어 약 1
주일쯤 삭힌 다음 건져서 물기를 빼고 항아
리에 담는다.

❸**식초·설탕물 붓기** 설탕과 식초, 물을 분량
대로 섞어 끓여 식힌 후에 2의 항아리에 붓
고 1주일쯤 지나면 국물만 따라내어 다시
팔팔 끓여 식혀서 붓는다. 이것을 몇 번 반
복한다.

---

### 간장에 담그기

**1** 간장은 반드시 끓여서 붓는다. 기본 재료
는 간장과 식초, 설탕, 물. 분량은 장아찌
마다 조금씩 차이가 있다. 여기에 마늘, 생강 저
민 것, 마른고추를 섞기도 한다.

**2** 장물은 장아찌 재료가 폭 잠기도록 부어
야 한다. 돌로 눌러두면 장아찌 재료가
위로 떠오르는 것을 막을 수 있다.

**3** 장물은 여러 차례 끓여 붓는다. 보통
2~3일이 지나면 장물을 따라내어 다시
팔팔 끓여 붓고 이것을 1주일, 보름, 한달 간격
으로 되풀이한다.

### 소금에 삭히기

**1** 보통 1주일에서 한달쯤 삭히는데 섬유질
이 질긴 것일수록 오래 삭힌다. 삭으면서
부드러워진다. 역시 재료가 뜨지 않게 돌로 눌
러둔다.

**2** 방법은 2가지. 처음부터 물에 식초, 설탕
을 타서 팔팔 끓여서 붓는 방법이 있고
소금물에만 담가 삭혔다가 설탕, 식초, 물을 섞
어 끓여서 붓는 방법이 있다. 국물만 따라내어
끓여서 붓기를 반복한다.

### 된장·고추장에 박기

**1** 고추장이나 된장에 박는 재료는 물기를
완전히 없애야 한다. 무는 채반에 널어
그늘에서 3~4일 꾸덕하게 말려서 박는다.

**2** 장에 박는 요령은 장아찌 재료와 장을
켜켜로 담는 것. 단, 맨 아래와 위는 장
으로 덮도록 한다.

**3** 먹을 땐 된장이나 고추장을 훑어내고 물
에 잠깐 담가 짠기를 뺀 후에 물기를 꼭
짜서 무쳐야 맛있다.

# 아이들 간식 도시락 싸기 기초&기본메뉴

빵·과자·케이크는 아이들 간식거리로 빼놓을 수 없는 아이템. 요즘은 아침 식사 메뉴로도 많이 이용한다. 어렵게 생각하지 말고 스펀지케이크 만들기에서부터 시작해 보자. 생각보다 훨씬 쉽게 아이들이 좋아하는 간식을 집에서 해결할 수 있다. 쿠키, 슈크림, 생크림케이크까지 얼마든지 종류를 달리해 만들 수 있으며 아이들도 함께 참여해 원하는 모양을 마음대로 만들어 구울 수 있는 재미도 있다. 또한 영양의 균형을 맞춘 도시락 싸기 테크닉도 함께 소개한다.

# 스펀지 케이크 만들기의 기초와 기본메뉴

우리가 흔히 먹는 생크림케이크, 롤케이크, 카스테라가 모두 스펀지 케이크 종류다. 따라서 기본이 되는 스펀지케이크만 구울 수 있으면 어떤 케이크도 문제없다. 스펀지 케이크는 모두 달걀흰자의 거품으로 부푸는 것이므로 무엇보다도 흰자의 거품이 사그라들지 않게 하는 게 중요하다.

## 밑반죽에서 구워 자르기까지 모든 재료를 완전히 갖추어 놓고 시작한다

### 밑준비하기

**1** **기본 배합 재료** 달걀 3개 분량이면 설탕, 박력분은 90g씩, 무염버터가 30g. (이것은 지름 18cm 짜리 표준형 둥근틀을 예로 한 것이다.)

**2** **틀에 버터를** 바른 후 강력분을 전체적으로 살짝 뿌린다. 밀가루를 뿌리는 건 버터로 인해 쉽게 타는 걸 막기 위해서다. 여분의 가루는 털어 낸다.

**3** **틀의 바닥에** 유산지를 깐다. 틀 전체에 종이를 깔 경우에는 굳이 버터나 밀가루를 바르지 않아도 된다.

**4** **박력분은** 체에 담아 두세번쯤 친다. 넓은 쟁반이나 종이 위에 펼치듯이 해야 가루에 공기가 듬뿍 들어가서 반죽이 가볍게 된다. 설탕도 체에 친다.

**5** **달걀은** 미리 실온에 두었다가 노른자와 흰자를 나눈다. 흰자에 노른자가 조금이라도 섞이지 않게 주의한다.

**6** **반죽이** 단숨에 이루어지려면 버터도 미리 녹여서 준비한다. 큰 냄비에 따뜻한 물을 붓고 버터가 든 그릇을 담가 중탕해서 사용한다.

### 반죽하기

**1** **노른자 풀어 젓기** 볼에 노른자를 넣고 거품기로 잘 푼 후 준비한 설탕 양의 ²⁄₃를 섞고 노른자가 크림색이 될 때까지 젓는다.

**2** **흰자 거품내기** 거품기로 저어 어느 정도 거품이 나면 남은 설탕을 조금씩 몇 번에 나누어 섞으면서 계속 힘있게 젓는다.

**3** **달걀거품 시험하기** 거품기로 거품을 떠 올려봐서 거품이 흘러 떨어지지 않고 거품 끝이 뾰족하게 뿔이 서면 된다.

**4** **흰자 거품에 노른자 섞기** 흰자 거품에 노른자 거품낸 것을 섞는다. 흰자 거품이 사라지지 않게 재빨리 섞는 게 포인트다.

**5** **달걀반죽에 박력분 섞기** 체에 친 박력분을 2~3회에 나누어 전체에 골고루 뿌리듯이 섞는다. 체에 치면서 섞는 게 가장 좋은 방법이다.

**6** **반죽에 녹인 버터 넣기** 녹인 버터는 반죽에 직접 붓지 말고 반드시 주걱에 대고 흘려 넣듯이 한다. 그래야 거품이 꺼지는 걸 조금이라도 막을 수 있다.

---

**POINT 1.** 재료와 도구는 완벽하게 갖추고 시작한다. 달걀을 거품내 놓고 그제서야 밀가루 퍼서 저울에 달고… 이렇게 시간이 지체되면 그만큼 달걀 거품은 사그라든다. 전과정이 단숨에 이루어질 수 있게 작업 순서에 맞추어 재료와 도구를 갖추어 놓고 시작한다.

**POINT 2.** 거품내는 도구에 물기가 있으면 안된다. 볼이나 거품기에 물이나 기름이 묻어 있으면 거품내기가 힘들다. 마른 행주로 말끔히 닦아 놓는다.

**POINT 3.** 초보자는 달걀 노른자와 흰자를 나누어 거품내는 게 쉽다. 우선 노른자부터 크림색이 될 때까지 거품내고 나서 흰자 거품을 내는 게 순서다.

**POINT 4.** 흰자 거품은 단단하게. 거품기로 들어올려 봐서 거품이 떨어지지 않을 정도로 한다. 설탕을 2~3번에 나누어 넣으면서 거품기로 볼의 바닥 안쪽을 힘있게 쳐올린다.

**POINT 5.** 녹인 버터는 반죽 전체에 돌려 붓는다. 버터는 거품을 죽이는 재료이다. 따라서 직접 거품 위로 한꺼번에 쏟아 붓지 말고 주걱을 대고 흘려 넣되 주걱을 옮겨 가면서 반죽 전체에 돌려 붓는 게 요령이다. 또 버터는 바닥에 가라앉는 경향이 있으므로 바닥을 뒤집어 올리듯이 섞는다.

**POINT 6.** 반죽은 주걱을 세워서, 자르듯이 가볍게, 재빨리 한다. 밀가루는 체에 담아 전체에 골고루 흩뿌려 넣는 게 가장 좋다. 또한 마구 치대어 섞으면 반죽에 끈기가 생기므로 주걱을 세워서, 자르듯이, 되도록이면 빨리 한다. 그러나 날가루가 보이지 않게 골고루 섞어야 한다.

## 굽기

**1 빵틀에 반죽 붓기** 반죽은 단숨에 붓는다. 여기서 어물어물하면 달걀 거품이 점점 사그라들어 잘 부풀지 않는다.

**2 반죽 고르기** 테이블 위에 가볍게 탁탁 쳐서 윗면을 편평하게 정리한 후 160~170℃로 예열된 오븐의 가운데 단에 넣어 35분쯤 굽는다.

**3 익었는지 체크하기** 빵 냄새가 나기 전까지는 절대로 오븐 문을 열지 말 것. 가장 더디 익는 가운데 부분을 깊숙이 찔러봐서 아무것도 묻어나지 않으면 OK.

## 꺼내기·자르기

**1 떼어내기** 오븐에서 꺼내면 바로 틀과 스펀지 사이에 나이프를 넣고 한바퀴 돌려 틀에 달라 붙은 스펀지를 떼어 놓는다.

**2 식혀서 종이 떼기** 반드시 석쇠처럼 생긴 케이크 쿨러 위에 엎어 놓았다가 뜨거운 기가 빠지면 바닥에 깔았던 종이를 뗀다.

**3 스펀지 케이크 자르기** 이쑤시개를 꽂아 놓고 자르면 한결 쉽다. 또 뜨거운 물에 빵칼을 담갔다가 자르면 매끈하게 잘라진다.

*POINT 7.* 케이크틀에 부을 때는 머뭇거리지 말자.
그래야 거품도 사그러들지 않고 또 반죽 속에 공기가 들어가는 것도 최대한 줄일 수 있다.

*POINT 8.* 반드시 충분히 예열된 오븐에 넣어 굽는다.
초보자들이 가장 많이 실패하는 원인 중 하나다. 오븐 속에 반죽을 넣고 그제서야 오븐을 켜게 되면 온도가 서서히 올라가는 사이에 달걀거품은 부풀어오르지 못하고 R대로 오그라들게 된다. 따라서 10분 전쯤 미리 오븐을 켜서 충분히 온도가 올라간 후에 넣어야 바로 열을 받아 부풀게 된다.

---

# 기본메뉴-<br>스펀지과일케이크

### 재료

밀가루(박력분) 90g, 설탕 90g, 달걀 3개,
무염버터 1큰술, 딸기잼 적당량
**생크림 장식** : 휘핑크림 ½컵, 설탕 1큰술,
바닐라엣센스 조금
**장식 과일** : 딸기·키위·파인애플·복숭아 적당량

### 이렇게 만드세요

**❶스펀지반죽 굽기** 거품낸 달걀에 밀가루와 녹인 버터를 섞어 기본 스펀지 반죽을 해서 준비해둔 사각팬에 붓고 윗면을 편평하게 하여 190~200℃ 오븐에서 약 13~15분간 굽는다.

**❷자르기** 꼬치로 찔러 보아 아무 것도 묻어나지 않으면 오븐에서 꺼내어 식힌 후 밑면의 기름종이를 떼고 크기에 따라 3~4등분으로 자른다.

**❸잼 발라 얹기** 스펀지 케이크의 한쪽면에 딸기 잼을 골고루 펴바른 후, 다시 케이크로 마주 덮어 알맞게 자른다.

**❹생크림 거품내기** 차게 해둔 생크림에 분량의 설탕을 넣어 거품을 낸다. 바닐라향을 조금 넣으면 향기롭다. 장식용으로 쓸 생크림은 흐르지 않게 단단하게 거품낸다.

**❺과일, 생크림으로 장식하기** ③의 케이크 위에 다시 딸기잼을 바르고 모양있게 썬 딸기나 키위, 복숭아 등을 얹은 후, 거품낸 생크림으로 장식한다.

## 만들기

**❶** 사각팬에 스펀지 반죽을 붓고 윗면을 다듬는다.

**❷** 빵이 다 구워지면 식은 후에 3등분으로 자른다.

**❸** 한쪽 면에 잼을 바르고 마주 덮는다.

**❹** 알맞은 크기로 잘라 생크림과 과일로 장식한다.

# 버터케이크의 기초와 기본메뉴

파운드케이크나 컵케이크, 머핀 종류처럼 가벼운 스펀지케이크와는 달리 버터 양이 많이 들어간 케이크 종류다.
따라서 버터의 크리밍 솜씨가 성공과 실패를 좌우하는 가장 중요한 요소다. 달걀과 버터가 분리되지
않게 반죽하는 법에서부터 굽기까지, 실패하기 쉬운 부분을 자세히 체크해 본다.

## 재료준비에서 굽기까지 달걀과 버터가 분리되지 않게 크리밍해야 한다

### 밑준비하기

**1** **기본 재료** 대개는 밀가루와 버터, 설탕, 달걀을 거의 같은 비율로 사용하며 베이킹파우더를 조금 섞기도 한다.

**2** **버터와 달걀 준비하기** 버터와 달걀은 실온에 꺼내 둘 것. 특히 버터는 일찍 꺼내서 말랑해져야 거품내기가 쉽다.

**3** **빵틀에 기름종이 깔기** 틀에 깔 기름종이는 네 귀퉁이에 가위집을 내어 틀 높이보다 1cm 정도 높이 올라오게 한다.

### 반죽하기

**1** **버터에 설탕 넣기** 처음부터 말랑한 버터로 거품을 내야 쉽다. 크림색이 되면 설탕을 2~3회에 나누어 넣는다. 매번 넣은 설탕이 완전히 섞인 후에 남은 분량을 넣도록.

**2** **버터에 거품내기** 버터에 공기가 많이 들어가 폭신한 느낌이 될 때까지 충분히 거품내는 게 중요하다.

**3** **반죽에 달걀 넣기** 달걀이 한꺼번에 들어가지 않게 젓가락으로 끊어준다. 3~4번에 나누어 넣고 버터와 완전히 섞인 후에 다시 달걀을 넣고 하는 식으로 반복한다.

**4** **반죽에 밀가루 더 넣기** 반죽도 치대지 말고 자르듯이. 체에 친 밀가루를 섞고 가볍게, 빠르게 섞는다. 그러나 날가루가 보이면 안된다.

### 굽기

**1** **빵틀에 반죽 넣기** 반죽은 틀 높이의 8할쯤 되게 담는 게 적당하다. 고무주걱이나 납작한 스패튤러를 이용해 매끈하게 다듬어준다.

**2** **반죽에 틈내기** 가운데 길고 가늘게 틈을 파주고 부드러운 버터를 짜 넣으면 다 구워진 후에 표면이 살짝 터지듯 갈라져 먹음직스럽게 보인다.

**3** **쿠킹호일로 싸주기** 큼직한 파운드케이크일수록 굽는 시간이 오래 걸려 자칫 가운데는 설익고 밑면은 타기 쉽다. 쿠킹호일로 싸주면 타는 걸 막을 수 있다.

**POINT 1.** 버터는 충분히 말랑한 것으로 크리밍을 해야 부드럽게 잘 된다. 서두르지 말고 버터가 폭신해질 때까지 충분히 젓는다.

**POINT 2.** 달걀을 한꺼번에 넣는 건 절대 금물이다. 조금씩 넣고 완전히 섞인 후에 또 넣고 하는 식으로 반복한다. 한꺼번에 넣으면 분리되고 만다.

**POINT 3.** 밀가루를 치대듯이 마구 섞으면 딱딱해지고 끈기가 생겨 잘 부풀지도 않는다.

**POINT 4.** 특히 크기가 크고 두툼한 파운드케이크는 오븐의 온도가 중요하다. 불이 세면 겉은 타고 속은 설 익는다. 따라서 중간이나 아랫단에 넣어 굽는 게 적당하다. 밑불이 센 오븐인 경우엔 틀 주변을 쿠킹호일로 싸서 구우면 전체적으로 고르게 구워진다.

### 드라이푸르츠 파운드 케이크 만들기 포인트

**❶** 달걀은 젓가락을 대고 조금씩 섞어야 분리되지 않는다.

**❷** 건포도는 밀가루에 살짝 버무려서 섞는다.

**❸** 파운드틀에 기름종이를 깔고 반죽을 담는다.

**❹** 어느 정도 구운 후에 호두와 체리를 박아 다시 굽는다.

# 기본메뉴 ①－머핀

밀가루 100g, 설탕 80g, 버터 80g, 달걀 2개, 우유 1큰
술, 베이킹파우더 1작은술, 아몬드슬라이스·피칸 적
당량

### 이렇게 만드세요

❶ **버터 크리밍하기** 볼에 버터를 담고 거품기로
저어 부드러워지면 설탕을 2~3회에 나누어 넣
으면서 계속 젓는다.

❷ **달걀 섞기** 분리되지 않게 푼 달걀을 조금씩
넣으면서 저어 폭신한 크림 상태가 될 때까지
젓는다.

❸ **반죽하기** ②에 체에 친 밀가루와 베이킹파우
더를 넣고 가볍게 섞어 반죽한다. 이때 반죽이
너무 된 듯하면 우유를 조금 넣어 반죽한다.

❹ **아몬드 슬라이스 섞기** 날밀가루가 거의 보이
지 않으면 아몬드 슬라이스를 넣고 가볍게 섞
어 반죽을 마무리한다.

❺ **피칸 얹어 굽기** 머핀컵에 종이를 깔고 반죽을
약 7~8할쯤 되게 담은 후 피칸을 얹어 220℃로
예열된 오븐에서 12~15분 정도 굽는다.

# 기본메뉴 ②－드라이푸르츠 파운드 케이크

### 재료

박력분 120g, 무염버터·설탕 100g씩, 달걀 2개, 베이
킹파우더 ⅓작은술, 건포도 50g, 체리 30g, 호두알맹이
20g, 럼주 1½큰술

### 이렇게 만드세요

❶ **버터 크리밍하기** 말랑한 버터에 설탕을 2~3
회로 넣고 부드러운 상태가 될 때까지 거품기
로 젓는다. 먼저 넣은 설탕이 서걱거리는 느낌
없이 잘 섞이고 난 후에 또 설탕을 넣고 하는
식으로 한다.

❷ **달걀 섞기** 푼 달걀을 젓가락에 대고 조금씩
넣은 후 거품기로 저어 잘 섞이면 또 달걀을 조
금 넣고 거품내기를 반복하여 폭신해질 때까지
젓는다.

❸ **반죽하기** 체에 친 밀가루와 베이킹파우더를
넣고 가볍게 섞은 후 럼주에 담가 두었던 드라
이푸르츠에 밀가루를 묻혀 반죽에 넣고 살살
섞는다. 절대 치대지 말 것.

❹ **틀에 담아 굽기** 기름종이를 깔아 둔 파운드케
이크틀에 ③의 반죽을 담고 표면을 다듬어서
약 160℃로 예열된 오븐에 넣어 굽는다.

❺ **호두, 체리 얹어 굽기** 20분쯤 구워 약간 부풀
어 오르면 일단 오븐에서 꺼내어 남겨둔 호두
와 체리를 가볍게 누르듯이 위에 얹어 다시 20
분쯤 더 굽는다. 가운데 부분을 대꼬치로 찔러
봐서 묻어나지 않으면 잘 구워진 상태다.

### 머핀 만들기 포인트

❶ 반죽에 아몬드 슬라·이스를 넣고 가볍게 섞는다.

❷ 머핀 틀에 7~8할쯤 되게 담고 피칸을 얹는다.

# 쿠키 만들기의 기초와 기본메뉴

쿠키 종류는 수없이 많지만 기본이 되는 과정은 똑같다. 버터에 설탕 넣고 거품 내서 달걀 섞고, 밀가루 섞고,
모양 만들어 구우면 된다. 다만 이들 재료의 섞는 비율에 따라 반죽 농도가 달라지고 그에 따라 모양 내는
방법이 달라지는 것뿐이다. 가볍고 파삭한 쿠키 만드는 법을 소개한다.

## 기본재료 준비에서 모양만들어 굽기까지 반죽 농도를 잘 맞추는 것이 포인트

### 기본 재료

**짜는 쿠키의 기본 재료** 박력분 200g에 설탕
100g, 무염버터 75g, 달걀 2개가 기본. 향을 위
해 바닐라 오일도 조금 섞는다.

**틀로 찍어내는 쿠키의 기본 재료** 짜는 쿠키에
비해 달걀은 적고 가루가 조금 더 많다. 부푸는
걸 돕기 위해 베이킹파우더를 섞는다.

**냉동쿠키의 기본 재료** 버터의 양이 많은 게 특
징. 달걀은 노른자만 쓰기도 한다.

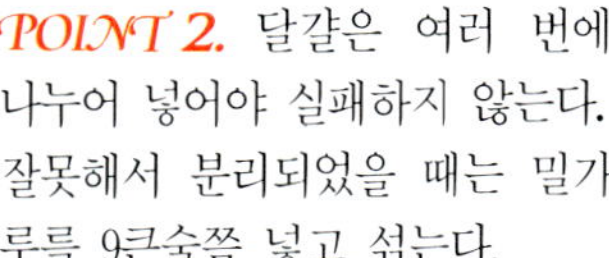

### 반죽하기

**1** 버터는 말랑한 것이라야 크리밍하기가
쉽다. 너무 단단한 건 손으로 부수어도
된다. 버터를 으깨면서 거품기로 젓는다.

**2** 설탕을 2~3회에 나누어 조금씩 넣으면서
섞는다. 이때도 공기가 들어가게 거품
내듯 젓는다.

**3** 섬세하고 폭신해질 때까지 하얀 크림
상태가 될 때까지 젓는다.

**4** 달걀은 풀어서 조금씩 섞는다. 버터와
분리되지 않게 먼저 넣은 것이 완전히
섞인 후에 조금씩 넣고 젓는다.

**5** 가루는 체에 내리면서 섞는다. 베이킹파
우더가 들어가는 쿠키는 함께 쳐서 섞
고 한번에 다 섞지 말고 반죽 농도를 보아가며
섞는다.

**6** 너무 치대면 쿠키가 딱딱해진다. 반죽을
자르듯이 주걱을 세워서 빠르게 섞는
다. 반죽을 밀어서 모양을 찍는 쿠키는 대충 섞
인 후에 손으로 뭉친다.

### 모양 만들기

**1** 버터가 많이 들어간 냉동쿠키는 길게 말
아 유산지에 싸서 냉동실에 1시간 이상
두어 단단하게 굳은 후에 썬다. 그래야 썰기가
쉽다.

**2** 밀어서 찍는 쿠키는 반죽을 랩에 싸서
냉장고에 30분 정도 두었다가 민다. 그
래야 밀기가 편하다. 모양틀에 밀가루를 살짝
묻혀 찍으면 달라붙지 않는다.

**3** 짜는 쿠키는 반죽이 좀 부드러워야 힘들
지 않고 잘 짜진다. 또는 스푼으로 떠
놓기도 한다. 구우면 부푸는 걸 생각해서 모양
을 만든다.

*POINT 1.* 쿠키에 사용하는 버
터 역시 말랑한 게 거품내기가 쉽
다. 딱딱할 때는 손으로 주물러서
부드럽게 한 후에 거품기로 젓기
시작한다.

*POINT 2.* 달걀은 여러 번에
나누어 넣어야 실패하지 않는다.
잘못해서 분리되었을 때는 밀가
루를 9큰술쯤 넣고 섞는다.

*POINT 3.* 반죽이 너무 되직하
면 쿠키가 딱딱하게 된다. 따라서
달걀 크기에 따라 수분 양이 달라
질 수 있으므로 밀가루를 한 번에
다 넣지 말고 ¼쯤은 남겼다가 반
죽 상태를 보아가며 조절한다.

*POINT 4.* 치대는 건 금물. 특
히 버터 양이 적은 찍는 쿠키는
우물 '정'자를 쓰는 기분으로 섞
는다.

*POINT 5.* 밀어서 만드는 쿠키
는 반죽을 랩에 싸서 냉장고에 30
분쯤 두면 버터 맛도 골고루 배고
약간 굳어서 밀기도 편하다. 또
밀다가 반죽이 자꾸 밀대에 붙고
늘어질 때도 반죽을 뭉쳐서 냉장
고에 두었다가 하면 깨끗하게 할
수 있다. 또 이렇게 버터가 약간
굳은 상태에서 열을 받으면 단번
에 팽창해서 파삭하다.

*POINT 6.* 가운데 구멍이 뚫린
쿠키를 만들고 싶으면 부풀어 오
를 것을 감안해 생각보다 구멍을
크게 만든다.

*POINT 7.* 모양을 만드는 동안
버터가 녹은 것 같으면 오븐 팬에
담긴 채 냉장고에 30분쯤 넣었다
가 굽는다.

*POINT 8.* 쿠키는 얇아서 자칫
밑면이 타기 쉽다. 따라서 윗단에
넣어 굽고, 또 경우에 따라서 오
븐 팬을 이중으로 겹쳐 놓는다.

*POINT 9.* 다 구워진 쿠키는
쿨러에 놓아 한김 식은 후에 옮겨
담는다.

# 기본메뉴 – 피넛쿠키



박력분 200g, 소금·베이킹파우더 ¼작은술씩, 버터·
땅콩버터 50g씩, 설탕 100g, 달걀 2개, 뜨거운 물 2작은
술, 아몬드슬라이스·초콜릿 알맹이 조금씩



❶ **버터 젓기** 큰 볼에 버터와 땅콩버터를 반씩
섞어 담고 거품기로 부드럽게 젓는다. 버터가
부드러워지면 설탕을 조금씩 넣어가며 계속 젓
는다. 설탕의 서걱거리는 느낌이 들지 않을 때
까지 젓는다.

❷ **달걀 섞기** 푼 달걀을 조금씩 넣으면서 젓는
다. 역시 분리되지 않게 주의할 것. 완전히 섞
인 후에 조금씩, 조금씩 넣는 게 요령이다.

❸ **밀가루 섞어 반죽하기** 체에 친 밀가루를 넣고
주걱을 세워서 자르듯이 섞는다. 밀가루 역시
한꺼번에 넣지 말고 조금씩 섞어가면서 첨가한
다. 혹시 반죽이 너무 되직하면 가루를 조금 남
길 수도 있다. 치대어 섞으면 쿠키가 바삭하지
않고 딱딱해지므로 주의한다.

❹ **모양 만들기** 반죽을 크게 한숟갈 떠서 기름
종이를 깐 팬 위에 놓고 포크, 또는 젓가락을
이용해 모양을 둥글게 만든다. 서로 붙지 않게
간격을 둔다.

❺ **굽기** 아몬드 슬라이스와 초콜릿 알맹이를 군
데군데 박아 200℃로 예열된 오븐의 중단에 넣
어 10분간 굽는다.

❶ 버터와 땅콩버터를 반씩 섞는다.

❷ 버터가 부드러워지면 설탕을 조금씩 넣는다.

❸ 달걀은 아주 조금씩 넣고 분리되지 않게 젓는다.

❹ 밀가루를 넣고 주걱을 세워서 가볍게 섞는다.

❺ 숟갈로 떠서 놓고 포크로 모양을 다듬는다.

❻ 아몬드와 초콜릿 알맹이를 박아 굽는다.

# 슈크림빵의 기초와 기본메뉴

슈만 제대로 구울 줄 알면 모양도 자유자재로 만들 수 있다. 맛의 차이는 슈가 얼마나, 가볍게 잘 부푸느냐 하는 것.
슈의 반죽 요령과 잘 부풀게 하기 위한 테크닉을 하나씩 짚어 본다. 또 여러 가지
모양과 장식 요령도 소개한다.

## 반죽하기에서 크림 만들기까지 굽기 전에 스프레이를 하면 슈가 잘 부푼다

### 반죽하기

**1** 냄비에 물 1컵을 붓고 버터 80g을 넣어 중불에서 녹인다.

**2** 버터가 녹았으면 불을 아주 약하게 한 다음 밀가루를 넣고 나무주걱으로 빨리 저어 익반죽한다.

**3** 불 위에서 계속 젓다 보면 몽글몽글하던 반죽이 매끈하게 뭉쳐지면서 투명해진다.

**4** 냄비를 불에서 내려 놓고 푼 달걀을 한 개 분량씩만 넣고 젓는다.

**5** 처음엔 미끌미끌하게 반죽이 분리되는 것 같지만 한참 저으면 다시 뭉쳐진다. 이때 다시 달걀을 또 조금 넣는다.

**6** 농도를 보아가며 달걀 양을 조절하는데 반죽이 삼각형 모양으로 떨어지면 적당하다.

### 모양 만들기·굽기

**1** 슈 반죽을 짜주머니에 담아 원하는 모양으로 짠다. 간격은 2배 정도 띈다.

**2** 굽기 전에 스프레이를 뿌려주면 표면이 마르는 것을 막을 수 있고 슈가 가볍게 부푸는 데도 도움이 된다.

**3** 뜨거울 때 꼬치로 찔러 슈에 구멍을 내거나 칼집을 넣어 숨구멍을 내면 부푼 슈가 찌그러지지 않는다.

### 커스터드크림 만들기

**1** 우유 3컵에 설탕 1컵, 버터 2큰술을 넣고 중불에서 저으면서 약하게 끓여 버터를 녹인다.

**2** 버터가 녹으면 일단 불을 끄거나 아주 약한 불에서 밀가루와 전분을 넣고 재빨리 저어 멍울지지 않게 한다.

**3** 달걀이 응고되지 않게 약한 불에서 노른자를 넣으면서 잘 풀어준다.

---

*POINT 1.* 슈의 반죽은 익반죽이다. 특히 서툰 초보자는 버터가 녹았으면 불을 끈 상태에서 밀가루를 섞는 게 실패율이 적다.

*POINT 2.* 달걀은 아주 조금씩 섞는다. 한번에 많이 들어가면 미끌하게 반죽이 분리되고 만다. 한참 저어 반죽이 다시 뭉쳐진 후에 또 달걀을 넣는다.

*POINT 3.* 농도가 중요하다. 되면 슈가 푸석하고 반대로 너무 질면 슈가 질기다. 주걱으로 흘려봐서 삼각형 모양으로 떨어지면 적당하다.

*POINT 4.* 굽기 전에 스프레이로 물을 뿌려 주면 가볍게 부푸는 데 도움이 된다.

*POINT 5.* 충분히 예열된 오븐에 넣어 굽는다. 그래야 단번에 확 부푼다.

*POINT 6.* 도중에 문을 열면 부풀던 슈가 찌그러진다. 또 다 구워진 후에는 바로 오븐에서 꺼낸다.

*POINT 7.* 뜨거울 때 구멍을 내야 부푼 슈가 찌그러지지 않고 통통하게 구워진다.

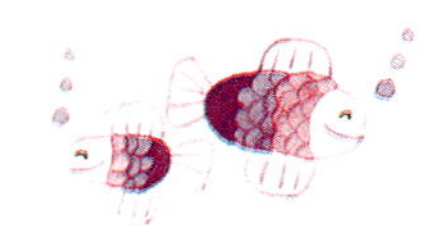

---

### 꼭 알아두자

볼에 생크림을 담고 설탕을 넣어 거품기로 계속 친다. 이때 그릇을 얼음물에 담근 채 하면 거품 내기가 좀더 쉽다. 짜주머니에 담아 짜서 쓸 때는 거품기로 들어 봐서 흘러내리지 않을 만큼 단단하게 거품을 낸다. 이때 바닐라 엣센스를 조금 넣으면 생크림 특유의 비린듯한 냄새를 없앨 수 있고 더 향기롭다.

### 생크림초코슈

슈반죽을 8~9cm 길이로 길게 짜서 구운 후, 반 잘라 아래쪽 슈에 초코 크림과 생크림을 짜서 얹고 잘라낸 윗부분의 슈에는 초콜릿 녹인 것을 묻혀서 덮는다.

**4 풀 쑤듯이** 잘 저으면서 걸쭉해질 때까지 끓인다. 혹시 멍울진 게 있으면 체에 담아 으깨어 거른다.

**5 크림이** 완성되면 냄비째 찬물에 담가 식힌다.

초코크림 만들기

만들어 놓은 커스터드크림에 초콜릿 녹인 것을 섞어 거품기로 잘 섞는다.

딸기크림 만들기

커스터드크림에 딸기 으깬 것이나 딸기맛 시럽을 넣고 잘 섞어준다.

# 기본메뉴 ① - 베이비슈

## 재료

**슈** : 박력분 100g, 버터 80g, 물 1컵 (200cc), 달걀 3~4개
**커스터드크림** : 우유 3컵, 버터 2큰술, 전분 3큰술, 밀가루 4큰술, 설탕 1컵, 달걀노른자 4개 분량

### 슈에 크림 얹기

베이비슈의 윗부분을 자르고 커스터드크림을 듬뿍 짜 넣는다.

## 이렇게 만드세요

❶**슈 반죽 짜기** 앞에서 설명한대로 기본 슈 반죽을 해서 짜주머니에 담아 동그랗게 짜낸다. 약간 봉긋하게 짜야 부푼 모양이 먹음직스럽게 된다.

❷**굽기** 200℃로 예열된 오븐에 넣어 약 20분 정도 굽는다. 중간에 오븐 문을 열지 말고 내부 등을 켜고 확인한다. 표면이 알맞게 터지고 노릇하면 가장 좋은 상태다.

❸**슈에 칼집 넣기** 뜨거울 때 오븐 팬에서 떼어 쿨러에 놓고 ⅓위치에 칼집을 넣어 식힌다.

❹**커스터드 크림 넣기** 식은 슈에 식힌 커스터드크림을 듬뿍 넣는다. 그냥 작은 숟갈로 떠서 얹기도 하고 혹은 짜주머니에 담아서 짜 넣기도 한다.

# 기본메뉴 ② - 슈크림과일 케이크

❶ 슈반죽은 동그랗게 3겹 짜서 굽는다.

❷ 반으로 잘라 아래 슈에 커스터드크림과 생크림을 얹는다.

❸ 슈를 덮고 생크림과 딸기로 장식한다.

## 재료

**커스터드 크림** : 생크림 1컵, 설탕 10g, 장식용 과일 적당량

## 이렇게 만드세요

❶**모양 만들기** 오븐 팬에 기름종이를 깔고 기본 슈 반죽을 짜주머니에 담아 둥글게 원을 그리며 한 겹 짠 다음 다시 그 위에 모양을 만들어 더 짜서 세 겹을 만든다.

❷**굽기** 200℃로 예열된 오븐에 넣어 25~30분간 굽는다.

❸**반 자르기** 슈를 오븐 팬에서 떼어 쿨러 위에 놓고 한김 식은 후 윗부분에서 ⅓위치쯤 되는 곳을 자른다.

❹**크림 얹기** 아래 부분의 슈에 커스터드크림을 짜서 얹고 슈를 덮은 후 생크림을 짜서 장식한다. 그 위에 갖가지 과일을 얹는다.

# 도시락 싸기의 기초 테크닉과 기본 메뉴

도시락은 작은 그릇 안에 밥과 반찬을 골고루 해서 한끼 식사를 대신 할 수 있게 담아야 하는 만큼 어쩜 상차리는 일보다 더 어려운
일인지도 모른다. 또 시간이 지난 후에 먹는 것이어서 조리법이나 담는 방법에도 신경을 써야 한다.
하지만 몇 가지, 기본 원칙만 알고 있으면 그렇게 어려울 것도 없다. 엄마의 사랑과 정성이 담긴
도시락 반찬 만들기의 조리 테크닉과 보다 멋지게 담는 요령을 소개한다.

## 조리 포인트

**조림은 도시락 반찬을** 만들 때 가장 좋은 조리법이다. 단 국물이 거의 없어질때까지 바싹 조려서 담아야 국물이 흐르지 않는다.

**구이는 프라이팬에** 기름을 조금 두르고 지지거나 또는 양념을 발라 굽는 게 촉촉해서 좋다. 또 도시락 반찬으로는 맛이 약간 진한 게 맛있다.

**조리법은 서로 중복되지 않게 한다.** 짭짤하고 진한 맛의 조림, 담백하고 고소한 전 종류, 산뜻한 야채 요리를 어우러지게 담는다.

## 담기 포인트

**주먹밥을 랩에 싸서** 담으면 모양 만들기도 쉽고, 밥도 마르지 않아서 좋다. 또 아이들에게는 한 개씩 풀어 먹는 재미도 있다.

**덩어리가 작은 반찬은** 꼬치에 몇 개씩 끼워서 담는다. 모양도 가지런하게 정리되고 손에 들고 한 개씩 빼먹기도 쉽다.

**야채는 집어 먹기** 편한 것으로 썰어서 담는다. 고추장도 밀폐용기에 따로 담으면 흐르지 않고 깔끔하다.

**반찬은 서로 섞이지 않게 담는다.** 따라서 도시락 반찬 통은 칸이 여럿으로 나누어진 게 좋으며 때론 푸른잎으로 구분을 해도 산뜻하다.

**반찬과 밥은** 식은 후에 담는다. 뜨거운 것과 차가운 것을 함께 담으면 김이 서려 맛이 없어지므로 밥과 반찬을 따로따로 식혀서 담는 것이 좋다.

## 샌드위치 도시락싸기 포인트

 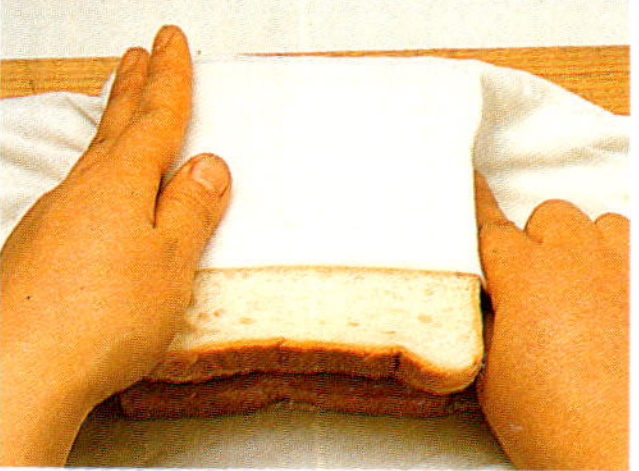 

**1 샌드위치의 속재료를** 얹기 전에 반드시 빵에 버터나 마요네즈를 바른다. 그래야 시간이 지나도 눅눅해지는 걸 어느 정도 막을 수 있다.

**2 젖은 행주로 싸서** 무거운 것으로 눌러 두었다가 썰어서 담아야 빵도 부드럽고 속 재료도 잘 붙어 있다.

**3 특히 어린아이의 샌드위치는** 말아서 작게 썰어 담는 게 한입에 쏙쏙 먹기 좋다. 꼬치에 끼워 담으면 모양도 좋고, 집어 먹기도 편하다.

*POINT 1.* 영양에 균형이 잡히도록 한다. 도시락은 기본적으로 하루 필요한 영양의 ⅓을 충족시켜야 한다. 단 유치원생의 경우는 간식 회수가 많으므로 ¼ 정도로도 충분하다. 또한 반찬의 종류도 다양하게 준비해서 영양 섭취가 골고루 이루어질 수 있게 한다.

*POINT 2.* 반찬은 밥과 비슷한 양, 또는 좀더 많이 담는다. 예를 들어 밥이 1이라면 반찬은 1.3 정도가 바람직하며 그중, 단백질 식품이 1이라면 야채류와 감자류가 2~3이 되게 담는다.

*POINT 3.* 맛도 균형있게, 조리법도 가능한 한 중복되지 않게 조화시킨다. 짭짤한 맛이 강한 멸치조림이나 콩자반 장아찌 등이 있으면 담백한 달걀요리나 상큼한 초무침, 매콤한 양념구이 등을 곁들이면 좋다.

*POINT 4.* 국물이 흐르지 않는 조리법을 선택한다. 그렇다고 너무 마르고 빡빡해도 먹기가 나쁘다. 가장 좋은 조리법은 국물이 잦아들 때까지 조리고, 굽고, 튀겨서 조리고, 아니면 볶거나 양념 발라 굽는 것 등이다. 또 야채는 피클 종류나 신선한 야채를 그냥 썰어서 담는다. 또한 고추장이나, 케첩 같은 소스 종류는 밀폐용기에 따로 담거나 쿠킹호일에 싸서 흐르지 않게 해준다.

*POINT 5.* 맛과 색의 조화를 생각한다. 일단 뚜껑을 열었을 때 먹음직스럽게 보이도록 싸야 한다. 고기가 있으면 하얀 빛의 감자볶음, 오이나물, 거기에 멸치볶음을 곁들이면 훨씬 화려해 보이고 맛있어 보인다. 이것이 바로 메뉴를 짜는 테크닉이다.

*POINT 6.* 집어 먹기 쉽게, 한입에 쏘옥 들어가게 만든다. 특히

장만하려면 너무 힘들다. 시금치무침이나 멸치볶음, 호박전 같은 밥상에 올렸던 반찬들도 활용하고 전날 먹던 반찬을 약간 조리법을 달리해서 싸 주는 등의 지혜가 필요하다.

# 유부초밥

유부는 반드시 조려서 해야 간이 어우러져 맛있는 유부초밥이 된다.

**재료**: 밥 2공기, 유부 5장, 간장 2작은술, 설탕 1작은술, 물 2큰술, 당근·피망·표고버섯 조린 것 각 50g씩, 흑임자·소금 약간씩 **배합초** 식초 2큰술, 설탕 ½큰술, 소금 ½작은술



❶ **유부 조리기** 유부는 팔팔 끓는 물에 데쳐 나쁜 기름을 뺀 후 찬물에 헹구어 물기를 꼭 짜고 간장, 설탕, 물을 넣고 약한 불에서 은근히 간이 배게 조린다. 반듯하게 반으로 자르거나 삼각형 모양이 되게 대각선으로 자른다.

❷ **야채 볶기** 당근과 피망은 깨끗이 손질해서 잘게 다져 기름 두른 프라이팬에 소금 간을 해서 볶는다. 표고버섯은 부드럽게 불려서 곱게 다져 간장, 설탕으로 양념하여 조린다

❸ **밥에 배합초 섞기** 식초에 설탕과 소금을 분량대로 섞어 잘 젓는다. 설탕이 빨리 녹게 하려면 약간 따뜻하게 데운다. 고슬고슬하게 지은 뜨거운 밥에 배합초를 넣고 나무주걱으로 재빨리 섞는다. 밥알이 으깨지지 않게 주걱을 세워서 자르듯이 한다.

❹ **유부에 넣기** 밥이 한김 식으면 볶은 야채와 흑임자를 넣고 골고루 섞는다. 작게 한주먹씩 뭉쳐서 조린 유부에 꼭꼭 채워 담는다. 유부를 뒤집어서 밥을 넣으면 쉽게 담아진다.

---

어린아이들의 도시락은 먹기가 쉬워야 한다. 젓가락질이 서툰 아이에게는 둥글고 네모지게 썬 것보다는 길고 가늘게 썬 것이 좋다. 또 김밥이나 샌드위치를 쌀 때도 한입에 들어가기 쉽게 작은 크기로 썰어서 담아 주는 게 바람직하다.

*POINT 7.* 모양이 흐트러지지 않게 담는다. 그러려면 도시락에 꼭꼭 채워 담아야 하는데 먹는 양에 비해 도시락이 너무 커도 곤란하고 또 되도록이면 가방에 반듯하게 넣어가지고 다닐 수 있는 디자인의 도시락이 좋다.

*POINT 8.* 반찬은 서로 섞이지 않게 담는다. 몇 가지의 반찬을 함께 담을 때는 칸이 나누어진 게 좋다. 부득이 한 공간에 같이 담아야 할 때는 맛이 서로 섞이지 않게 작은 알루미늄 케이스나 쿠킹호일, 랩 등으로 칸을 나누어 준다. 패스트푸드점에서 사용하는 1회용 케첩 그릇이나 또는 작은 젤리통을 깨끗이 씻어서 사용하면 좋다. 또 병원에서 주는 물약 병은 간장이나 케첩을 담아 주는데 쓰면 편리하다. 또 조리법이 비슷한 경우에는 푸른 잎으로 구분해 주는 것도 깔끔하다.

*POINT 9.* 식은 후에 담는다. 도시락에 담을 때는 뜨거운 것은 반드시 식혀서 담고, 밥도 김이 빠진 후에 뚜껑을 닫도록 한다. 특히 더운 것과 찬 것을 함께 담지 않도록 한다.

*POINT 10.* 좋아하는 반찬과 싫어하는 반찬을 적당히 섞어 담는다. 유치원에 가면 어떻게 해서든 싫어하는 반찬도 먹겠지 하는 건 엄마의 욕심이다. 일단은 아이가 잘 먹을 수 있는 반찬을 중심으로 하되 평소에 잘 먹지 않는 것을 한 가지 정도만 섞어서 싸 주는 게 바람직하다.

*POINT 11.* 집에 있는 반찬을 활용한다. 도시락 반찬이라고 따로 정해놓고 매일 서너 가지쯤을

❶유부는 반드시 조려서 사용한다.

❷밥에 넣을 야채는 곱게 다져서 소금간하여 볶는다.

❸밥에 배합초를 섞을 때는 설탕이 완전히 녹은 후에 섞는다.

❹유부에 밥을 쌀 때는 밥이 식은 후에 꼭꼭 눌러서 담는다.

# 롤 샌드위치

속 재료로 과일을 사용해서 상큼한 맛을 더해준 롤샌드위치. 한입에 쏙쏙 먹기 좋아 유치원생 도시락으로 안성마춤이다. 빵은 젖은 행주에 싸서 촉촉하게 해주어야 잘 말아지며 가장자리에 버터를 발라주어야 안 풀어진다.

**재료** : 식빵 4장, 슬라이스햄 2장, 오이, 사과 ¼개씩, 천도복숭아 ½개, 마요네즈 1½큰술, 소금·설탕 조금씩, 버터 1큰술



❶ **식빵 손질하기** 식빵은 되도록이면 얇은 것으로 준비해 네 가장자리를 잘라내고 깨끗한 젖은 면 행주에 촉촉하게 싸둔다.

❷ **샌드위치 속 준비하기** 복숭아·사과, 오이는 껍질을 벗기고 4~5cm 길이로 채썬다. 햄도 같은 길이로 채썰어 한데 섞어 마요네즈로 버무린다. 소금, 설탕으로 약하게 간을 한다.

❸ **빵 말기** 식빵을 젖은 행주에 올려 놓은 채 빵 가장자리에 버터를 바른 후 마요네즈에 버무린 과일을 가지런히 길게 놓고 김밥 싸듯 말아준다. 끝에 아무린 쪽이 밑으로 가게 해서 젖은 행주에 싸 놓는다.

❹ **썰기** 어린아이 도시락이라면 한입에 쏙쏙 들어갈 수 있게 작게 썬다.

## 오이볶음

오이는 소금으로 문질러 깨끗이 씻어 0.2cm 두께로 동글게 썰어 소금에 살짝 절였다가 꼭 짜서 다진 파, 마늘, 깨소금을 넣고 고루 양념해서 뜨겁게 달구어진 프라이팬에 기름을 두르고 센불에서 살짝 볶는다.

## 우엉채조림

우엉은 깨끗이 손질해서 4cm 길이로 가늘게 채썰어 끓는 물에 데쳐 물기를 뺀 다음 간장, 설탕, 청주를 3 : 1 : 1의 비율로 넣고 재료가 잠길만큼 물을 부어 조린다. 국물이 반으로 줄면 물엿을 조금 넣고 바싹 조려 통깨를 뿌린다.

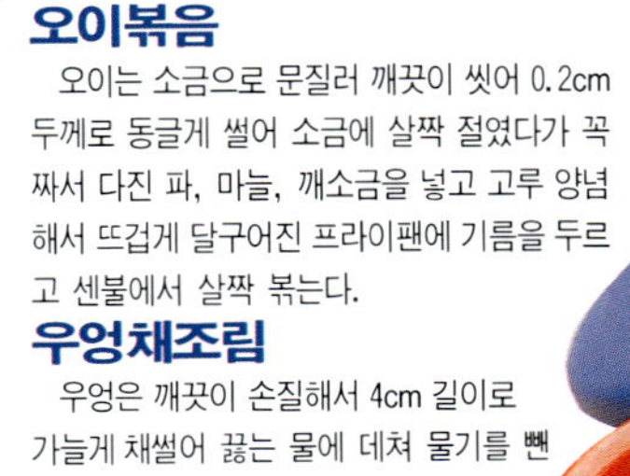

# 닭고기야채조림도시락

먹기 좋게 닭고기 살만 준비해서 당근, 연근, 감자, 양파 등 여러 가지 야채를 섞어 만든 것으로 이것 한 가지만으로도 영양의 균형이 잡힌 도시락 반찬이다.

**재료** : 닭고기살 150g, 생강즙·청주 조금씩, 감자 2개, 당근 ¼개, 양파·피망 ½개씩, 표고버섯 3개, 연근 50g, 식용유 2큰술

**조림장** : 간장 3큰술, 설탕 1½큰술, 청주 2큰술, 참기름·깨소금 1큰술씩, 후춧가루 약간, 물 1컵



❶ **닭고기 썰어 밑간하기** 닭고기는 안심이나 가슴살로 준비해 큼직하게 썰어 생강즙과 청주에 재어 놓았다가 분량의 재료를 섞어 만든 조림장을 반만 넣어 조물조물 주물러 밑간해 둔다.

❷ **야채 썰기** 감자와 당근은 삼각형 모양으로 닭고기와 비슷한 크기로 썰어 모서리를 둥글게 다듬는다. 피망과 양파는 사방 2cm 크기로 썰고 연근은 껍질을 벗겨 1cm 두께로 썰어 4등분으로 썬다. 표고버섯은 부드럽게 불려서 뒷기둥을 떼고 4등분한다

❸ **닭고기 볶기** 냄비에 기름을 두르고 ①의 밑간해 둔 닭고기를 볶다가 피망을 뺀 나머지 야채를 모두 넣고 볶은 후 물 또는 육수 1컵을 부어 끓인다.

❹ **양념장 넣어 조리기** 국물이 거의 졸아들고 고기와 야채가 충분히 익었으면 남은 양념장을 마저 넣고 뚜껑을 연 채 불을 세게 해서 볶으면서 마지막에 피망을 넣고 바싹 조린다.

# 주먹밥

학교에서, 야외에서도 별다른 반찬 없이도 맛있게 먹을 수 있는 간편한 도시락이다. 속재료도 고기, 표고버섯, 김치, 멸치 등을 넣어 다양한 맛을 낼 수 있는데 되도록이면 짭짤하게 조리거나 볶은 것이 좋다. 또 겉모양도 여러 가지로 변화를 줄 수 있다.

**재료** : 밥 3공기, 참기름·소금 조금씩, 통깨 ¼컵, 김치(다진 파, 마늘, 깨소금, 참기름) 100g, 쇠고기(불고기 양념) 100g, 멸치(술·물엿·식용유) 30g



❶ **밥 양념하기** 밥은 약간 고슬하게 지어서 참기름과 소금으로 간하여 버무려 준비한 고명 종류에 맞게 대충 4등분으로 나눈다.

❷ **고명 준비하기** 김치는 속을 털어내고 송송 썰어 물기를 꼭 짜서 갖은 양념을 하여 살짝 볶는다. 쇠고기도 곱게 다져서 갖은 양념을 하여 보슬하게 볶는다. 잔멸치는 기름 두른 팬에 달달 볶다가 술, 물엿을 넣고 통깨를 뿌려 섞는다.

❸ **밥 뭉치기** 밥을 수북히 한 숟갈씩 떠서 둥글게 뭉친 다음 가운데를 움푹하게 눌러서 각각 준비한 고명을 넣고 랩으로 싸서 부서지지 않을 정도로 단단하게 뭉쳐 윗부분을 비틀어 모양을 만든다. 한 가지는 겉에 볶은 통깨를 묻힌다.

# 삼각치킨밥구이

**재료** : 밥 2공기, 닭안심살 6쪽, 청주 2작은술, 실파 3뿌리, 당근 1/5개, 양파 1/4개, 식용유 1큰술, 참기름 1/2큰술, 소금·후춧가루 조금씩

## 이렇게 만드세요

❶ **닭 손질하기** 닭안심은 먹기 좋은 크기로 썰어 소금과 후추로 간한 뒤 청주를 넣어 누린내를 없앤다.

❷ **채소 준비하기** 실파 뿌리는 잘라 송송 썰고, 당근과 양파는 씻어 잘게 다진다.

❸ **재료 넣어 밥 볶기** 달군 팬에 기름을 두르고 닭안심과 양파를 넣어 달달 볶다가 밥을 넣어 고슬하게 볶으면서 소금과 참기름으로 간한다. 불에서 내리기 직전에 실파를 넣어 고루 뒤적인다.

❹ **모양 만들기** 삼각 초밥틀에 밥을 담고 꼭꼭 눌러 삼각 모양으로 만들어 도시락에 담는다.

# 모닝샌드위치

**재료** : 모닝빵 8개, 슬라이스햄 4쪽, 슬라이스체다치즈 4쪽, 청피망 1개, 토마토 2개, 머스터드 1큰술, 마요네즈 2큰술 반, 꿀 1/2작은술

## 이렇게 만드세요

❶ **빵에 소스 바르기** 모닝빵은 가로로 반을 갈라 머스터드와 마요네즈, 꿀을 섞은 허니마요네즈 소스를 모닝빵 안쪽에 얇게 펴 바른다.

❷ **햄·치즈 준비하기** 슬라이스햄과 슬라이스체다치즈는 삼각형으로 반을 자른다.

❸ **피망·토마토 손질하기** 청피망은 얄팍하게 슬라이스해서 씨를 도려내고 토마토도 0.5cm 두께로 썰어 씨를 빼고 종이타월로 수분을 없앤다.

❹ **샌드위치 속 넣기** 모닝빵 한쪽에 햄, 치즈, 청피망, 토마토를 차례로 올리고 다른 모닝빵으로 덮은 뒤 랩으로 낱개 포장한다.

# 비엔나소시지와 메추리알

**재료** : 밥 2공기, 비엔나소시지 10개, 메추리알 10개, 식용유 1큰술, 소스(바비큐소스 1/3컵, 설탕 2작은술, 다진 마늘 1작은술, 토마토케첩 2큰술)

## 이렇게 만드세요

❶ **비엔나소시지 굽기** 비엔나소시지는 엑스자로 칼집을 넣어 팬에서 굽다가 칼집 넣은 곳이 꽃처럼 벌어지면 접시에 덜어둔다.

❷ **메추리알 삶기** 메추리알은 5~6분 정도 완숙으로 삶아 재빨리 찬물에 담가 껍질을 벗긴다.

❸ **꼬치에 끼우기** 비엔나소시지와 메추리알을 번갈아 꼬치에 어우러지게 꿴다.

❹ **소스 만들기** 바비큐소스와 설탕, 다진마늘, 토마토케첩을 냄비에 담아 한소끔 팔팔 끓여 소스를 만든다.

❺ **소스 발라 굽기** 메추리알과 비엔나소시지를 끼운 꼬치에 소스를 발라가며 다시 한 번 팬에서 굽는다.

❻ **도시락에 담기** 도시락에 한김 식힌 밥을 담고 꼬치를 곁들인다.

# 누드캘리포니아롤

**재료** : 밥 3공기, 김 3장, 맛살 3줄, 단무지 50g, 달걀 2개, 날치알 50g, 통깨 조금, 식용유 조금, 밥양념(참기름 1큰술, 소금·참기름 조금씩)

## 이렇게 만드세요

❶ **밥 양념하기** 따뜻한 밥에 참기름, 설탕, 소금을 넣고 골고루 버무린 후 식힌다.

❷ **김·맛살 준비하기** 김은 손으로 비벼 잡티를 턴 후 살짝 굽고 맛살은 길이로 반을 갈라서 기름 두른 팬에 넣고 살짝 볶는다.

❸ **단무지·지단 준비하기** 단무지는 나무젓가락 굵기로 자르고 달걀은 지단을 도톰하게 부쳐 단무지와 같은 크기로 썬다.

❹ **캘리포니아롤 말기** 김 위에 편평하게 밥을 깔고 랩을 덮어 뒤집은 다음 김 위에 단무지, 달걀, 맛살을 넣고 밥이 보이게 돌돌 만다.

❺ **캘리포니아롤 썰기** 돌돌 말은 롤은 먹기 좋게 자른 후 랩을 풀고 도시락에 담는다.

❻ **날치알 얹기** 롤 위에 통깨와 날치알을 조금씩 얹어준다.

# 후식＆음료 만들기

식사 후 음료 한 잔은 필수. 기왕이면 손수 음료를 만들어 보자. 다행히 요즘은 계절에 관계없이 과일을 구할 수 있고
믹서기를 갖춘 가정도 많으므로 조금만 신경을 쓰면 우리집만의 특별한 음료를 만들 수 있다.

## 수박셔벗

**재료** : 수박 갈은 것 4컵, 레몬즙 2큰술, 설탕 적당량, 과립 초콜릿 1작은술,
레몬 ½개

### 이렇게 만드세요

❶ 수박은 껍질을 벗겨 작게 썰어 씨를 빼고 믹서에 간다. 입자가 고
운 셔벗을 원한다면 체에 한 번 거른다.
❷ 수박 갈은 것에 레몬즙과 기호에 따라 설탕을 넣어 섞는다.
❸ ②를 플라스틱 용기에 담아 냉동실에 넣어 2시간 정도 얼린 후 포
크로 긁어 섞는 과정을 두 번쯤 반복한다.
❹ 레몬은 얇게 저민다.
❺ 접시에 레몬을 깔고 충분히 얼린 수박셔벗을 한 숟갈씩 담은 후
과립 초콜릿을 조금씩 뿌린다.

## 키위사과 스무디

**재료** : 키위 3개, 사과 ½개, 우유 ½컵, 꿀 1큰술, 얼음 4개

### 이렇게 만드세요

❶ 키위와 사과는 껍질을 벗겨낸 후 작게
등분한다.
❷ 믹서에 과일 썬 것과 우유, 꿀,
작은 얼음을 넣고 1분 정도 간다.
❸ 냉장고에 넣어 차게 한 유리컵에
담는다.

수박셔벗

스크루 드라이버

푸르츠 와인펀치

## 스크루 드라이버

**재료** : 보드카 3온스(6큰술), 오렌지주스 2컵, 각 얼음 2개, 레몬즙 1큰술,
설탕 1작은술, 오렌지 2쪽

### 이렇게 만드세요

❶ 칵테일을 담을 유리컵은 미리 냉장고에 넣어 차게 보관한다.
❷ 유리컵의 입이 닿는 부분에 레몬즙을 묻히고 다시 설탕을 묻힌다.
❸ 셰이커에 보드카, 얼음, 오렌지주스를 함께 넣고 3~4회 흔든 후,
차게 한 유리컵에 담고 반달 모양으로 썬 오렌지로 장식한다.
＊1 온스＝ 30cc ＝ 2큰술

## 푸르츠 와인펀치

**재료** : 멜론·수박 200g씩, 사과 ½개, 키위 1개, 레몬 ¼개, 사이다 1½컵,
와인 ¼컵, 레몬즙 2큰술, 얼음 적당량

### 이렇게 만드세요

❶ 멜론, 수박, 사과, 키위는 껍질을 벗기고 동그랗게 파거나 사방
1~2cm 크기로 네모지게 썬다.
❷ 레몬 중 일부는 반달 모양으로 얇게 썬다.
❸ 펀치 볼에 과일을 담고 레몬즙을 골고루 뿌린다.
❹ ③에 사이다, 와인, 얼음을 넣고 잘 섞는다.
❺ 냉장고에 넣어 차게 한 유리컵에 담아낸다. 민트 같은 허브 한잎
띄우는 것도 좋다.

레몬에이드

과일대추차

허브티

# 레몬에이드

**재료** : 레몬 2개, 사이다 1컵, 얼음물 1컵, 꿀 2큰술, 레몬 껍질 조금

## 이렇게 만드세요

❶ 레몬은 껍질째 깨끗이 씻어서 반 잘라 즙을 낸다.
❷ 레몬즙에 꿀을 넣어 고루 섞은 후, 얼음물과 사이다를 같은 비율로 넣고 젓는다.
❸ 냉장고에 넣어 차게 해둔 유리컵에 레몬에이드를 담고 가늘게 썬 레몬껍질로 장식한다.
✽ 다용도 조리기가 있을 때는 레몬 과육과 꿀, 얼음, 사이다를 모두 넣고 곱게 갈면 편하다.

# 과일대추차

**재료** : 사과·배 속씨방 부분 2개씩, 대추 10개, 통계피(5cm 길이) 1조각, 꿀 적당량

## 이렇게 만드세요

❶ 사과, 배 등을 깎고 난 속 씨방 부분을 두세개 정도 준비한다.
❷ 대추와 계피는 물로 깨끗이 씻어 건진다. 대추 1개는 씨를 발라내고 과육만 둥글게 말아 얇게 썬다.
❸ 냄비에 과일 씨방과 대추, 계피를 넣고 물을 넉넉히 부어 계피향이 우러나도록 푹 끓인다.
❹ 체에 걸러 맑은 찻물만 컵에 담고 둥글게 썬 대추를 띄운다. 기호에 따라 꿀을 타 마신다.

# 허브티

**재료** : 골든 레몬타임(7~8cm) 4줄기, 생수 3컵

## 이렇게 만드세요

❶ 골든 레몬타임은 흐르는 물에 깨끗이 씻는다.
❷ 찬물에서부터 골든 레몬타임을 함께 넣고 3~4분 정도 끓인다.
❸ 충분히 끓인 허브 티는 망에 거른다.
❹ 찻잔에 맑은 허브 티를 담고 허브 잎을 띄운다.
꿀이나 설탕을 넣어 달콤하게 마셔도 괜찮다.
✽ 요즘엔 티백으로 나온 허브티가 많아 쉽게 이용할 수 있다.

# 오미자차

**재료** : 오미자 1/4컵, 생수 2컵, 배 1쪽, 꿀 2큰술

## 이렇게 만드세요

❶ 오미자는 체에 담아 흐르는 물에 씻은 후 생수 1컵을 부어 4시간 이상 불린다. 뜨거운 물에 불리면 떫은 맛이 많이 나므로 반드시 찬물에 불린다.
❷ 충분히 불린 오미자는 체에 밭쳐 생수를 부어 적당한 농도로 희석한 다음 꿀을 넣어 새콤달콤한 맛을 낸다.
❸ 배는 얇게 썰어 작은 모양 틀로 찍는다.
❹ 찻잔에 차게 한 오미자차를 담고 배를 띄운다.
✽ 겨울에는 따뜻하게 해서 마셔도 좋다.

# 과일주 담그기

과일주를 담그는 일은 음식 만들기와는 또다른 즐거움이 있다. 과일주가 익어가면서 내는 오묘한 빛깔과 향긋한 풍미를 느껴보자. 과일에 대한 손질 요령만 알면 만드는 방법은 어떤 것이든 똑같다. 가정에서 제일 많이 담그는 포도주, 매실주 등을 기본으로 과일주 담그기의 기본 테크닉을 소개한다.

**point 1.** 과일주의 재료가 되는 과일은 깨끗이 씻어서 물기를 말끔히 닦아 준비한다. 매실은 시원한 곳에서 하룻밤 정도 건조시키기도 한다.

**point 2.** 과일은 신선한 것, 흠집 없는 것을 고른다. 대개 술 담그는 과일은 질좋은 상품보다 허드레 과일로 담그기 십상인데 사실은 신선하고 제대로 된 좋은 과일로 담가야 맛있는 과일주가 된다.

**point 3.** 과일의 씨나 껍질은 종류에 따라 손질한다. 포도나 자두, 매실처럼 작은 알맹이를 그대로 담글 때는 구태여 씨를 제거하지 않지만 잘라서 담글 때(사과나 레몬, 오렌지 등)는 씨를 제거하는 게 보통이다.

**point 4.** 과일이 술이 되기 위해선 일정 기간의 발효 과정이 필요하다. 술을 담가 발효시키는 용기는 완전 밀봉해야 한다.

**point 5.** 빛을 피해야 한다. 햇빛은 술의 색상을 잃게 하고 맛을 떨어뜨린다. 따라서 유리병에 담그는 경우는 상자에 넣어 보관하는 게 좋으며, 항아리에 담가 땅 속에 묻어두는 게 가장 좋은 조건이다.

**point 6.** 매실처럼 과육이 단단한 것은 숙성 후에도 열매를 그대로 두는 것이 괜찮다. 하지만 포도나 자두처럼 과육이 무른 것은 오래 지나면 뭉그러져서 술이 탁해지므로 숙성 후에는 건져 낸다.

## 매실주

**재료** : 푸른 매실 2kg, 설탕 600g, 소주 9컵



❶ 단단하고 흠집이 없는 푸른 매실을 깨끗이 씻어서 물기를 닦아 시원한 곳에서 하룻동안 말린다.

❷ 병이나 항아리에 매실과 설탕을 켜켜로 담고 소주를 부어 뚜껑을 단단히 봉해서 서늘한 곳에 둔다.

✻ 보통 3~6개월 정도 지나면 숙성되어 술이 되는데 열매는 그대로 두어도 괜찮다. 오래 익힐수록 맛과 향이 좋으므로 3~4년 정도 숙성시키는 것이 좋다.

## 사과주

**재료** : 사과(홍옥) 1kg, 설탕 200~300g, 소주 9컵



❶ 사과는 신맛과 단맛이 어우러진 홍옥이 좋으며 껍질째 담가야 약효과 더욱 좋다. 깨끗이 썰어 물기를 닦은 후 길게 4~8등분하여 속과 씨를 도려낸다.

❷ 병에 사과와 설탕을 켜켜로 담고 소주를 부어 밀봉하여 서늘한 곳에서 3개월 정도 숙성시킨다.

❸ 술이 익으면 체에 밭쳐 사과는 건져내고 면보를 깔고 걸러서 술만 입이 작은 술병에 옮겨 담아 둔다.

## 포도주

**재료** : 포도 2kg, 설탕 1kg, 소주 10컵



❶ 포도는 신맛이 강한 것을 알알이 떼서 깨끗이 건져 물기를 닦는다.

❷ 항아리에 포도와 설탕을 켜켜이 담고서 소주를 부어 밀봉해서 어두운 곳에 둔다.

❸ 3~6개월쯤 지나 알맹이는 체로 건져내고 포도주만 받아서 다시 잘 보관한다.

## 레몬주

**재료** : 레몬 1kg, 설탕 200~300g, 소주 9컵



❶ 레몬은 껍질을 벗기고 알맹이만 둥글게 슬라이스한다.

❷ 병이나 항아리에 둥글게 썬 레몬 알맹이와 설탕을 켜켜로 담고 소주를 붓는다.

❸ 껍질은 5~7일 후에 꺼내고 알맹이는 1개월쯤 후에 건져 낸다.

## 모과주

**재료** : 모과 1kg, 설탕 200g, 소주 9컵



❶ 모과는 껍질이 얇고 색이 고운 자그마한 것으로 고른다. 깨끗이 씻어서 물기를 닦고 길게 4쪽으로 자른 후 씨를 제거하고 얄팍하게 부채꼴 모양으로 썬다.

❷ 병에 모과와 설탕을 켜켜로 담아 밀봉하여 약 1주일 정도 절인다.

❸ 모과가 절여지면 소주를 붓고 밀봉하여 서늘한 곳에서 3~6개월 정도 두어 발효 숙성시킨다.

❹ 술이 익으면 체에 베보자기를 깔고 부어서 모과 건더기는 건져내고 술만 작은 병에 옮겨 담는다.

# 과일차 만들기

유자나 모과로 차를 많이 담그지만 배, 사과, 귤, 레몬 등 어떤 과일로도 가능하다. 원리는 설탕에 절여 두는 것. 만드는 방법은 간단하다. 중요한 것은 오래 두어도 맛이 변하지 않고 하얀 곰팡이가 생기지 않게 하는 것. 그러기 위해서는 다음 원칙을 알아두자.

## 모과차

재료 : 모과 3개(11g분량), 설탕 3컵, 설탕시럽(설탕 3컵, 물 3컵)

### 이렇게 만드세요

❶ 밀폐가 잘 되는 병이 좋다. 끓는 물에 담가 열탕 소독하거나 끓는 물로 여러 번 헹구어 씻은 후 마른 행주 위에 엎어 놓아 물기를 완전히 말린다.

❷ 모과는 노랗게 잘 익은 것으로 준비해 껍질째 깨끗이 씻어서 표면의 물기를 닦은 후 길게 4등분하여 씨를 제거하고 과육만 얄팍하게 부채꼴 모양으로 썬다.

❸ 큰 볼에 모과 썬 것을 담고 설탕 3컵을 뿌려 고루 버무린다.

❹ 냄비에 설탕 3컵과 물 3컵을 담아 젓지 말고 그대로 끓인다. 팔팔 끓으면 불을 줄여 반으로 줄어들 때까지 끓인다. 숟갈로 떠보아 끈끈한 농도가 생기면 된다. 끓인 시럽은 차게 식힌다.

❺ 설탕에 버무린 모과를 병에 꾹꾹 눌러 담은 후 식힌 시럽을 모과가 푹 잠기도록 붓는다. 병에 담을 때는 7할 이상을 넘지 않게 한다.

❻ 뚜껑을 꼭 덮어서 냉장고나 서늘한 곳에 보관한다. 약 5~7일이 지나면 먹을 수 있다.

❼ 주전자에 모과 건더기와 시럽을 적당히 건져 넣고 한소끔 끓여서 마신다. 대추나 잣을 띄워도 좋고 더 단맛을 원하면 꿀을 조금 탄다.

## 유자차

재료 : 유자 10개(1kg 분량), 설탕 3컵, 설탕시럽(설탕 3컵, 물 3컵)

### 이렇게 만드세요

❶ 유자는 껍질이 울퉁불퉁하고 진한 오렌지색을 띠는 게 좋다. 껍질째 깨끗이 씻어서 물기를 잘 닦는다.

❷ 유자는 4등분하여 속알맹이를 떠낸 후 따로 분리해 놓고 씨는 빼버린다(씨째 하면 씁쓸한 맛이 나기도 한다). 껍질은 그대로 큼직하게 하거나 또는 가늘게 채썬다. 크게 하면 저장성은 좋지만 먹을 때 채썰어야 하는 번거로움이 있고 채썰면 저장성이 떨어져 빨리 먹어야 한다.

❸ 속과 껍질을 따로 그릇에 담아 각각 설탕 1컵반씩을 넣어 버무린다.

❹ 병 2개를 준비해 각각 설탕에 버무린 껍질과 속알맹이를 꾹꾹 눌러 담고서, 설탕 시럽을 찰랑하게 부은 후 뚜껑을 꼭 덮어 서늘한 곳에 보관해 둔다.

❺ 일주일쯤 지나면 먹는다. 속알맹이는 찬물에 넣고 끓여 체에 걸러서 잔에 따르고 껍질은 채썰어 띄운다.

## 감잎대추차

재료 : 감잎 20g, 대추 10개, 물 5컵, 꿀 적당량

### 이렇게 만드세요

❶ 어린 감잎을 깨끗하게 씻어 김이 오른 찜통에 살짝 쪄낸 다음 햇볕에 말려 둔다.

❷ 깨끗하게 씻은 대추는 씨를 뺀 후 돌려 깎고 물 5컵에 넣어 은근히 끓인다. 대추 맛이 진하게 우러나면 감잎을 넣고 뚜껑을 덮어 우리면서 식힌다.

❸ 감잎차는 물에 끓이면 비타민이 파괴되므로 따뜻한 물로 우리는 것이 좋다. 감잎차는 차게 보관해두고 기호에 따라 꿀을 타서 마신다.

## 솔잎콩차

재료 : 솔잎 100g, 노란콩 1/3컵, 물 4컵, 꿀 1/2컵

### 이렇게 만드세요

❶ 솔잎은 물에 씻어 건진 후 물기를 없앤다.

❷ 솔잎은 블렌더에 넣고 갈아 꿀을 넣고 버무린다. 이렇게 섞은 것을 3개월 정도 잰다.

❸ 노란콩은 깨끗이 씻어 물기를 빼고 마른 팬에 넣고 살짝 볶는다.

❹ 물 4컵에 노란콩을 넣고 은근히 끓인다. 콩 끓인 물이 3컵 정도가 되면 재 놓은 꿀과 섞은 솔잎을 넣어 살짝 끓인 후 고운 망에 걸러 잔에 담는다.

모과차

유자차

감잎대추차

솔잎콩차

# TPO별 와인 선택하기

와인셀러를 가득 채우고 있는 수많은 와인들을 보는 것만으로도 가슴 설레지만 때와 장소, 분위기뿐 아니라 준비한 안주에 맞게 와인을 고르는 것이 중요하다.
부부의 나이트 타임, 포트럭 파티를 위한 선물, 여자들이나 가족 모임의 분위기 메이커로 마실 와인 리스트를 알아보자.

## 추천! 여자 와인

**베린저 화이트 진판델**
신선한 여러 과일 맛들이 특징으로 특히 딸기, 버찌의 상큼한 신맛과 단맛이 일품이다. 와인을 처음 접하는 사람도 쉽게 즐길 수 있는 와인이다.

**킴 크로포드 소비뇽 블랑**
정갈한 구스베리와 풀 향기가 적절한 조화를 이룬 산도가 돋보이며 좋은 질감을 갖추고 있는 와인으로 여자들만의 가벼운 파티에 가져가기 무난하다.

**빌라 마리아 프라이빗 빈 소비뇽 블랑**
옅은 짚색을 띠며, 구스베리, 열대 과일 향이 강하다. 달콤한 과일 맛과 향기로운 끝맛을 가진 와인으로 파티의 흥을 돋워준다.

## 추천! 와인 선물

**브라께또 다뀌 로사 리갈, 비네 레갈리**
아름다운 은은한 장밋빛과 우아한 색감이 어우러진 로제 스파클링 와인으로 섬세하고 복합적인 맛을 지녀 선물아이템으로 무난하게 사랑받는 와인이다.

**모스까또 스푸만떼, 발레벨보**
강렬한 복숭아와 리치의 단맛과 신맛이 어울린 맛있는 와인으로 음료처럼 가볍게 즐기기 좋아 술을 잘 마시지 못하는 사람들에게 추천한다.

**제이콥스 크릭 리슬링**
투명한 연둣빛 볏짚색을 띠며 잘 익은 라임, 오렌지 향, 은은한 꽃향기를 느낄 수 있다. 신선한 맛으로 생선이나 과일요리가 함께 하는 파티에 잘 어울린다.

## 추천! 커플 와인

**샤또 깔롱 세귀르**
크랜베리, 체리, 허브, 숲과 흙의 아로마를 가진 미디엄 보디 와인으로 농축한 과실의 특성과 우아함을 겸비했다. 강한 타닌이 돋보이는 와인으로 로맨틱 무드를 한층 고조시킨다.

**뜨레, 브란까이아**
과일의 향긋함과 오버하지 않는 타닌의 부드러움이 마시기에 편안함을 주는 미디엄 보디 와인으로 부부끼리 안주 없이도 가볍게 즐기기 좋다.

**꼰차 이 또로 까시제로 델 디아블로 까베르네 소비뇽**
잘 익은 까베르네 소비뇽 특유의 깊은 베리 향이 돋보이고 부드러운 타닌이 주는 느낌이 부담이 없어 이제 막 와인을 마시기 시작한 초보부부에게 추천한다.

## 추천! 다이닝 와인

**몬테스 알파 시라**
짙은 레드루비 빛깔에 매우 아름답고 유혹적인 커피, 넛맥, 검은 체리 향을 자랑하며 스모키 향과 약간의 가죽 향도 느낄 수 있다.

**투 핸즈 벨라스 가든 쉬라즈**
블랙베리, 플럼, 다크초콜릿, 베이컨, 스위트까시스 향이 나며, 여운이 길게 남아 디너파티에 어울린다.

**스탁콘데 스탁 까베르네 소비뇽**
퍼플레드 빛깔이 매혹적이며, 제비꽃, 삼나무 향과 민트 향 등 긴 저녁식사 내내 다양한 향을 즐길 수 있다.

**마르께스 데 까세레스 크리안자**
진한 루비색으로 붉은 열매 향과 약간의 바닐라와 후추 향이 입 안을 꽉 채우면서 미각을 즐겁게 해주는 와인으로 육류요리와 궁합이 잘 맞는다.

책속부록
요리하다
막혔을 때
속 시원히
알려드려요
국·찌개 ●찜&조림 ●볶음&구이&무침

# 국·찌개

## 국물내기의 기초

우리 식탁에서 없어서는 안될 국과 찌개를 좀 더 맛나게 끓이려면 기본 국물이 맛있어야 한다. 해물이나 생선, 고기를 넣고 끓이면 재료 자체에서 맛이 우러나서 특별히 국물을 만들어 끓일 필요가 없다. 콩나물국, 된장찌개, 우거지국 등은 각각 특유의 맛을 살려서 끓여야 더욱 감칠 맛 나는 국과 찌개가 된다. 주로 멸치, 다시마, 조개 등으로 맛을 낸다.

### *멸치국물 내기
10~15분 정도 끓이다가 멸치는 건져낸다

**1** 멸치 다듬기

**2** 멸치 비린내 없애기

**3** 찬물 부어 끓이기

**4** 국물 밭이기

### *다시마국물 내기
잠깐만 끓였다가 건져낸다

**1** 다시마 닦기

**2** 다시마 끓이기

**3** 다시마 건지기

**4** 고명감 만들기

### → 멸치국물 내는 법

**1 멸치 다듬기** 국물용 멸치는 머리를 떼내고 검은 내장을 빼낸다.

**2 멸치 비린내 없애기** 손질한 멸치는 식용유를 두르지 않은 냄비나 팬에 살짝 볶는다. 그래야 멸치 특유의 비린내가 나지 않는다.

**3 찬물 부어 끓이기** 살짝 볶은 멸치는 찬물에서부터 끓인다. 뜨거운 물에 넣어 끓이면 비린내가 나기 쉽다.

**4 국물 밭이기** 멸치 국물이 진하게 우러났으면 멸치를 건져낸다. 맑은 국물로 쓰고 싶다면 베보자기에 걸러서 사용한다.

### → 다시마국물 내는 법

**1 다시마 닦기** 다시마는 표면에 있는 하얀색의 가루를 털어내고, 젖은 행주로 닦아낸다.

**2 다시마 끓이기** 4×4cm 크기로 자른 4장의 다시마에 4컵 분량의 물을 부어 30분 정도 불린 다음 5분 정도 끓인다.

**3 다시마 건지기** 다시마 국물은 오래 끓이지 않는다. 5~10분 정도만 끓여도 국물이 충분히 우러난다. 더 이상 두면 다시마에서 끈적거리는 점액질이 나오므로 국물이 우러나면 바로 건져내도록 한다. 깨끗한 국물로 쓰려면 베보자기에 내려 맑게 준비해 둔다.

**4 고명감 만들기** 다시마를 고명으로 쓰고 싶다면 국물 낸 다시마를 가늘게 채 썰어 사용한다.

# *쇠고기국물 내기 핏물을 빼야 누린내가 나지 않는다

1 고기 핏물 빼기

2 고기 누린내 없애기

3 거품 걷어내기

4 국물 베보자기에 밭이기

## → 쇠고기국물 끓이는 법

**1 고기 핏물 빼기** 덩어리 고기로 국물을 낼 때는 누린내가 나지 않도록 찬물에 두 시간 정도 담가 둔다.

**2 고기 누린내 없애기** 냄비에 쇠고기를 넣고 물을 부은 다음 파와 통마늘을 넣고 끓인다. 고기 600g 정도에 물 15컵 정도를 넣고 끓이는 것이 적당하다.

**3 거품 걷어내기** 고기를 끓이는 동안 위로 떠오르는 거품은 숟가락으로 걷어낸다. 한소끔 끓으면 불을 줄여 은근하게 푹 곤다.

**4 국물 베보자기에 밭이기** 고기가 부드럽게 익었으면 건져 놓고, 국물은 식힌 다음 베보자기에 내려 맑게 걸러 필요한 국물에 사용한다.

---

# *토장국물 내기

쌀뜨물로 끓여야 구수하다

1 간 보충하기

2 된장 풀기

3 고추장 풀기

4 주재료 넣기

## → 토장국 끓이는 법

**1 간 보충하기** 토장국은 된장과 고추장을 넣어서 끓이는 것이므로 부족한 간만 소금으로 보충한다.

**2 된장 풀기** 된장의 양은 1인분에 1작은술 반~2작은술이 적당하다. 한꺼번에 넣지 말고 조금씩 넣어가면서 입맛에 맞추는 것이 중요하다.

**3 고추장 풀기** 국 맛이 뭔가 좀 모자란 듯할 때 고추장을 섞으면 토장국 특유의 구수한 맛을 낼 수 있다. 고추장을 너무 많이 넣으면 텁텁해지므로 된장의 1/6 정도로만 잡아서 넣는다.

**4 주재료 넣기** 시금치나 냉이, 쑥처럼 연한 재료는 오래 끓이면 신선한 맛이 떨어지므로 국물에 된장을 먼저 풀어서 끓인 다음 나중에 넣는다.

---

# *사골국물 내기

양파나 마늘, 통후추를 함께 넣고 끓인다

1 사골 핏물 뺀 후 초벌 끓이기

2 누린내 없애기

3 파·마늘·양파 건지기

4 기름기 걷어내기

## → 사골국물 내는 법

**1 사골 핏물 뺀 후 초벌 끓이기** 사골을 찬물에 1시간 정도 담가 핏물을 빼고 팔 팔 끓는 물에 넣고 살짝 데쳐내듯이 잠깐 끓여 검게 우러난 첫 번째 물은 따라 버린다.

**2 누린내 없애기** 뼈에 엉겨붙은 찌꺼기를 다시 한 번 씻어 냄비에 담고, 다시 찬 물을 부어 푹 끓인다. 양파나 마늘, 파, 통후추 등을 넣으면 누린내가 없어진다.

**3 파·마늘·양파 건지기** 국물이 끓으면 불을 줄여 푹 곤다. 물러진 파나 마늘, 양파 등은 중간에 건져내야 국물이 깨끗해진다.

**4 기름기 걷어내기** 우려낸 국물은 차갑게 식혀 위에 굳은 기름은 걷어낸다. 미 처 건져내지 못한 자잘한 기름이 떠 있을 때는 국물을 베보자기에 내려 맑게 준 비한다.

# 시금치조개된장국

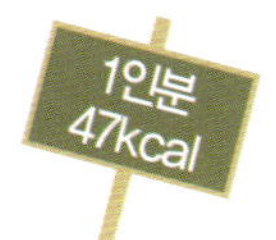

1인분 47kcal

달큼한 시금치와 시원한 조개, 구수한 된장이 어우러진 봄철의 별미국

Q 해감을 뺀 조개를 넣었는데
국물에서 흙 같은 것이 씹혀요

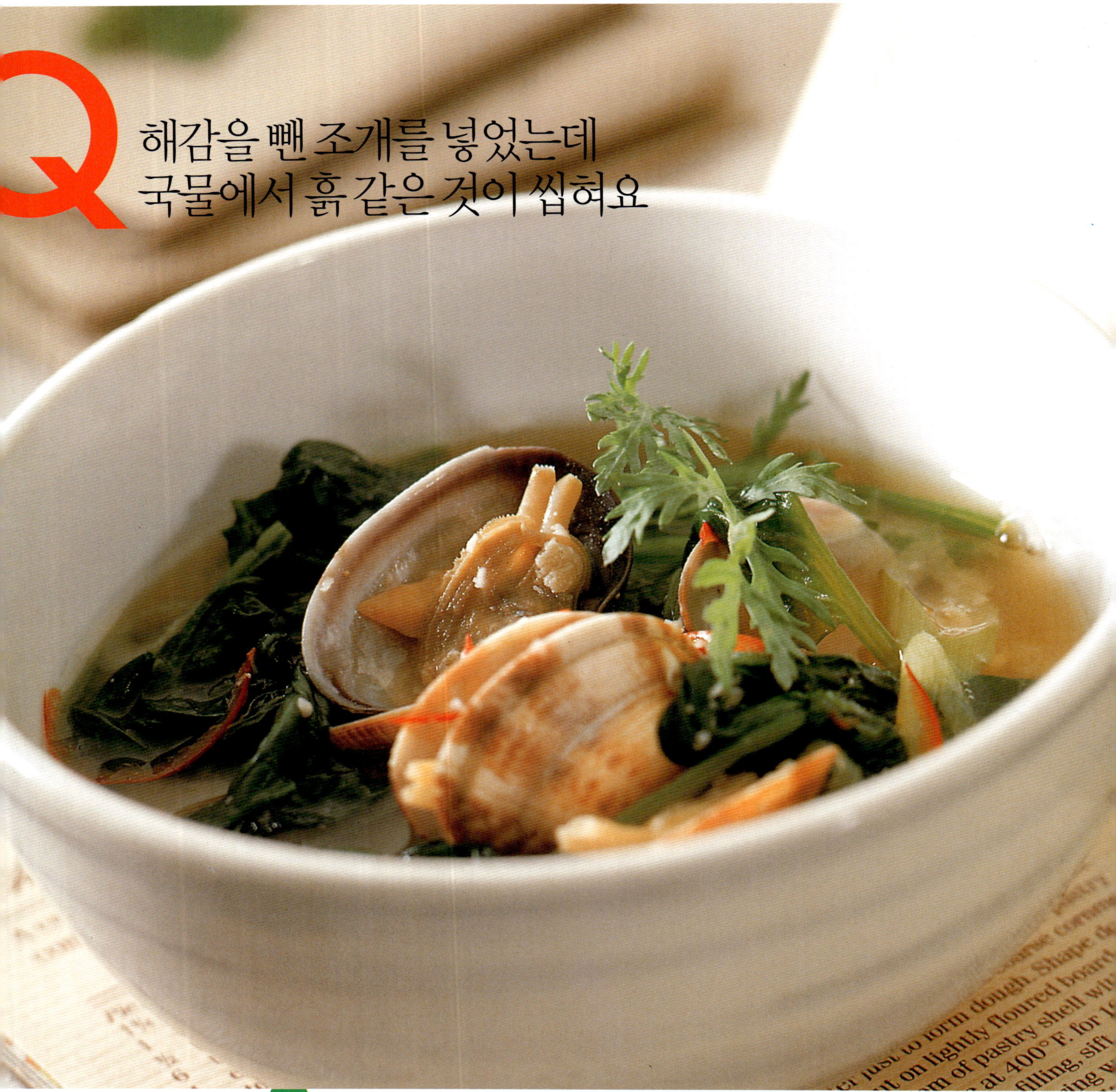

A 조개 국물은
베보자기에 내려서 이용하세요

## 시금치는 데쳤다가 나중에 넣으세요

요리를 할 때 레시피에 나온 그대로 재료를 준비할 필요는 없어요. 냉장고 안에 든 재료에 따라 충분히 응용해서 만들면 되죠. 시금치가 없다면 아욱, 근대, 우거지 등으로 만들어도 돼요. 끓이는 방법은 모두 같답니다. 시금치를 처음부터 넣고 끓이면 시금치가 너무 흐물거리므로 한 번 데쳤다가 나중에 넣으세요.

### P O I N T

**초봄에는 조개를** 넣어 푹 끓인 시금치국이 진미다. 조개는 해감을 했다 하더라도 국을 끓이다보면 조개 입이 벌어지면서 개흙이 나올 수 있다. 그러므로 조개는 슴슴한 소금물에 넣고 어두운 곳에 두거나 신문지를 덮어 해감을 토하게 한 다음 서로 부딪치도록 문질러 씻어 헹구어 찬물에 담가두었다가 냄비에 담고 물을 부어 끓인다.

국물이 뽀얗게 우러나고 조개의 입이 벌어지면 조갯살을 꺼내고 국물은 깨끗한 베보자기에 내려서 이용하면 된다.

### ★ 재료

바지락(기타 조개) ─────── 1/2컵
시금치 ──────────── 1/2단
대파 ───────────── 1뿌리
홍고추 ──────────── 1개
고춧가루 ─────────── 조금

**국국물**
　멸치다시마 조개국물 ──── 4컵
　된장 ──────────── 3큰술
　간장 ──────────── 1큰술
　청주 · 소금 ─────── 1큰술씩
　다진마늘 ──────────── 1큰술



### 바지락 해감 시키는 방법

바지락은 맹물에서 해감을 토해내게 하는데 성긴 체에 담아 물에 담궈 신문지를 덮어둔 다음 여러 번 물을 갈아준다.

1 조개는 연한 소금물에 1시간 정도 담가 해감을 빼고 씻어 건진다.

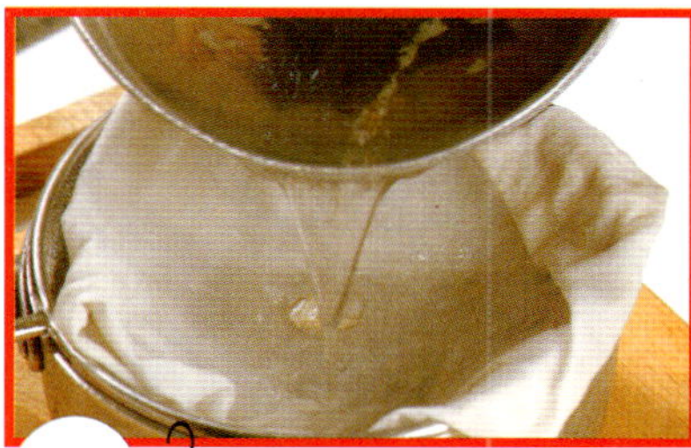

point 2 조개가 벌어지면 건져내고 조개국물은 베보자기에 내려 둔다.

3 끓는 물에 시금치를 넣고 살짝 데쳐 바로 찬물에 헹궈 건져 놓는다.

4 데친 시금치는 5cm 길이로 썰고 대파는 깨끗이 다듬어 어슷 썬다.

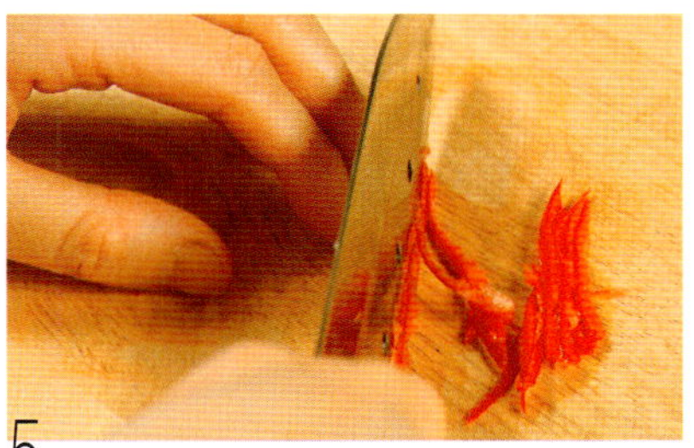

5 홍고추는 반으로 갈라 속씨를 털어 내고 어슷하게 채썬다.

6 조개 국물에 된장을 풀어 체에 내려 끓인다.

point 7 된장 푼 조개국물에 건져 둔 조개를 넣는다.

8 간장과 청주, 소금으로 애벌간을 맞춘다.

9 대파와 시금치, 홍고추채를 넣고 더 끓인다.

10 다진 마늘을 넣고 고춧가루는 입맛대로 약간 넣고 간을 확인한다.

북어국
무맑은국   콩나물국

# 북어국 

애주가들의 쓰린 속을 확실하게 풀어주는 해장국의 대표, 단골 속풀이국

## ★ 재료

| | |
|---|---|
| 북어포 | 1마리 |
| 참기름 | 1작은술 |
| 다시마물 | 5컵 |
| 무 | 100g |
| 송송 썬 대파 | 1큰술 |
| 다진마늘 | 1큰술 |
| 건홍고추 | 1개 |
| 청양고추 | 2개 |
| 대파 | 1/3뿌리 |
| 간장 | 1큰술 |
| 소금 · 후춧가루 | 조금씩 |
| 쑥갓 | 5줄기 |

## ☆ 만드는 법

1 북어포에 물을 약간 뿌린 다음 머리와 지느러미, 꼬리를 가위로 잘라 낸다.

2 북어포는 반폭으로 길게 잘라 2cm 폭으로 자른다.

3 무는 2cm 사방, 1cm 두께로 썰고, 대파는 4cm 길이로 잘라 반으로 나누어 썬다.

4 매운 청양고추와 건홍고추는 송송 썰어 속씨를 털어 낸다.

5 냄비에 참기름을 두르고 북어포를 넣고 타지 않게 볶다가 분량의 물을 부어 낮은 불에서부터 서서히 끓인다.

6 북어 국물이 뽀얗게 우러나면 썰어 놓은 무를 넣고 낮은 불에서 서서히 끓인다.

7 북어국이 푹 끓으면 대파와 청양고추를 넣고 좀 더 끓인다.

8 끓는 국에 다진 마늘을 넣고 간장, 소금, 후춧가루를 넣어 간을 맞춘다.

9 다 끓인 국은 그릇에 담고, 쑥갓과 송송 썬 대파를 얹어 낸다.

2 북어는 길게 잘라 2cm폭으로 자른다.

5 냄비에 참기름을 두르고 북어포가 타지 않게 볶는다.

---

# 무맑은국 

쇠고기와 무에서 우러난 국물맛이 부드럽고 구수하다

## ★ 재료

| | |
|---|---|
| 무 | 200g |
| 대파 | 1/2대 |
| ┌ 쇠고기 | 150g |
| │ 다시마(5×5cm 크기) | 2쪽 |
| │ 물 | 5컵 |
| │ 마늘 | 3쪽 |
| └ 대파 | 1/3뿌리 |
| 청양고추 | 1개 |
| 간장 | 1큰술 |
| 소금 · 후춧가루 | 조금씩 |

## ☆ 만드는 법

1 무는 3×3 크기로 나박 썰고 대파는 4cm 길이로 쪼개 썬다.

2 청양고추는 송송 썰어 씻어 속씨를 제거한다.

3 쇠고기는 덩어리째로 분량의 물과 다시마, 마늘을 넣고 끓이며 떠오르는 거품은 걷어 낸다.

4 다시마를 건져내고 고기가 푹 무르면 건져서 저며 썰거나 찢는다. 육수는 따로 준비해 둔다.

5 육수를 베보자기에 내려 냄비에 붓고 무를 먼저 넣어 끓이다가 대파, 청양고추, 건져 둔 고기를 넣고 끓인다.

6 장국에 간장, 소금, 후춧가루를 분량대로 넣어 간을 맞춘다.

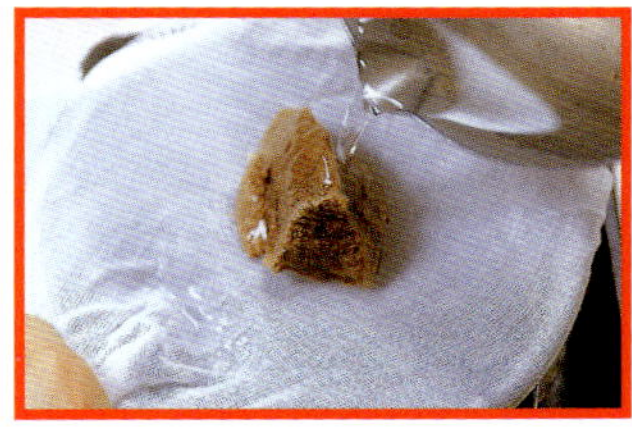

5 육수는 베보자기에 걸러 맑은 국물을 받는다.

---

# 콩나물국



손쉽게 끓일 수 있는 담백한 맛의 맑은 해장국

## ★ 재료

| | |
|---|---|
| 콩나물 | 300g |

**기본국물**

| | |
|---|---|
| ┌ 쪽마늘 | 3개 |
| │ 생강편 | 3쪽 |
| │ 대파 토막 | 1/2대 |
| │ 대파 뿌리 | 3개 |
| │ 다시마쪽 | 2장 |
| │ 물 | 4컵 |
| └ 국간장 · 소금 | 적당량씩 |
| 송송 썬 청 · 홍고추 | 1개씩 |
| 실파 | 2뿌리 |

## ☆ 만드는 법

1 짧고 연한 콩나물을 준비하여 지저분한 꼬리만 잘라내고 다듬어 씻어 건진다.

2 쪽마늘은 얇게 저며 썰고, 껍질 벗긴 생강은 얇게 저며 썰어 3쪽으로 나누어 준비한다.

3 대파의 흰부분은 두어 토막으로 썰어 반으로 가르고, 대파 뿌리는 깨끗하게 씻어 건진다.

4 대파의 1/5정도 분량은 송송 썰고, 실파는 6cm 길이로 썰어 한번 가른다.

5 분량의 물에 다시마쪽과 저며 썬 마늘, 생강, 대파 뿌리와 대파 토막을 넣고 서서히 끓여 기본 국물을 우려낸다.

6 맛을 우려낸 국물은 베보자기에 내려 맑은 콩나물장국으로 준비한다.

7 장국에 콩나물을 넣고 뚜껑을 덮어 서서히 끓인다.

8 콩나물국이 부드럽게 끓여졌으면 국간장과 소금으로 간한다.

9 국에 실파채를 넣고 한소끔 더 끓여 그릇에 담는다. 송송 썬 청 · 홍고추와 대파를 얹어 낸다.

# 참치김치찌개

1인분
177kcal

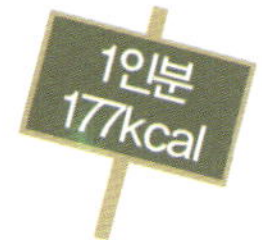

김치를 싫어하는 아이도 OK! 아이의 두뇌발달을 돕는 DHA가 함유된 발육기 어린이를 위한 영양찌개

**Q** 김치찌개 안의
참치가 모두 흩어져요

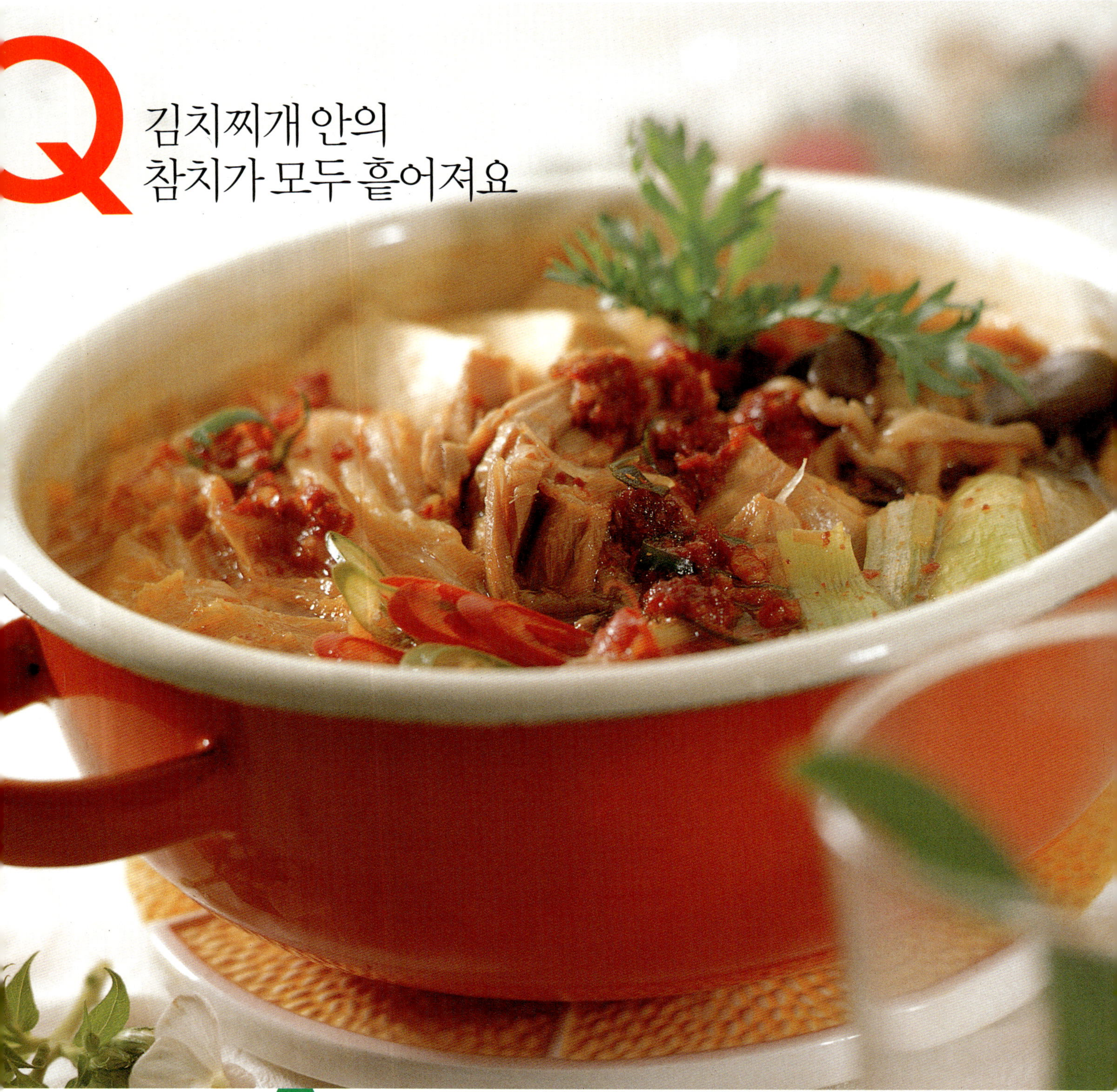

**A** 찌개의 간을 모두 맞춘 다음
마지막에 참치를 넣어서 끓이세요

## P O I N T

**김치와 기타** 모든 재료를 넣고 찌개를 끓여 간을 맞춘 다음 마지막에 통조림 참치를 넣는다. 참치를 넣고 나서도 숟가락으로 휘휘 젓지 말고 밑 국물을 위로 끼얹어 가면서 끓이면 고깃살이 부서지지 않아 찌개가 깔끔하게 된다.

김치찌개를 할 때 넣는 재료로는 참치 외에도 멸치, 돼지고기, 조개, 어묵, 햄, 소시지 등이 있는데 햄이나 소시지를 넣으면 부드러운 감칠맛이 나서 김치를 싫어하는 아이들도 잘 먹는다. 멸치를 쓰면 개운한 맛이 나고 돼지고기를 쓰면 부드럽고 깊은 맛이 나므로 취향대로 다양한 김치찌개를 만들어 보자.

### ★ 재료

| | |
|---|---:|
| 배추 김치 | 250g |
| 통조림 참치 | 1통 |
| 양파 | 1/3개 |
| 대파 | 1/2뿌리 |
| 청 · 홍고추 | 1개씩 |
| 두부 | 1/4모 |
| 애기 느타리버섯 | 조금 |
| 멸치 다시마물 | 3컵 |
| 소금 · 후춧가루 · 쑥갓 | 조금씩 |

### 찌개양념

| | |
|---|---:|
| 고춧가루 | 1큰술 |
| 간장 | 1큰술 |
| 다시마물 | 1큰술 |
| 송송 썬 청 · 홍고추 | 1큰술 |
| 다진 마늘 | 1큰술 |
| 청주 | 1작은술 |
| 후춧가루 · 참기름 | 조금씩 |

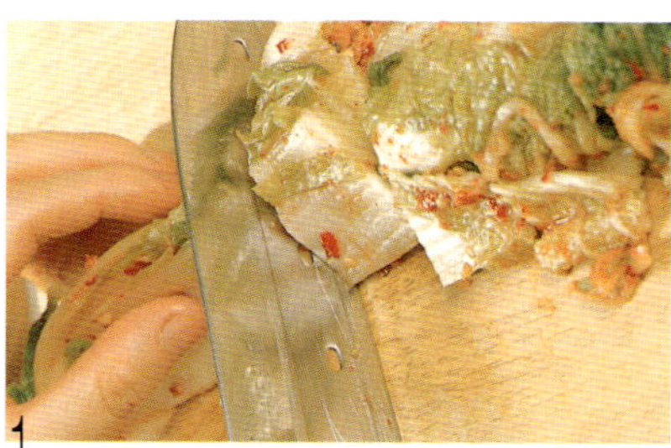

1 김치는 속을 대강 털어내고 4~5cm 길이로 자른다. 넓은 것은 반포기로 쪼갠다.

point 2 통조림 참치는 그대로 체에 쏟아 기름을 내린다.

3 양파는 2cm 폭으로 썰고, 대파는 4cm 길이로 썰어 반으로 가른다.

4 청 · 홍고추는 어슷 썬 것과 송송 썬 것으로 준비한다. 속씨는 대강 털어낸다.

5 애기 느타리버섯은 가닥을 분리하고 두부는 2×4cm 크기, 0.6cm 두께로 썬다.

6 찌개 양념은 분량대로 만들어 골고루 젓는다.

point 7 찌개 냄비에 손질한 양파, 대파, 고추, 느타리버섯, 김치를 담고 멸치 다시마물을 부어 끓인다.

point 8 끓는 찌개에 소금으로 애벌 간을 한 다음 참치를 넣는다.

9 마지막으로 찌개양념과 후춧가루를 넣어 간을 확인한 다음 쑥갓을 올려 낸다.

# 된장찌개

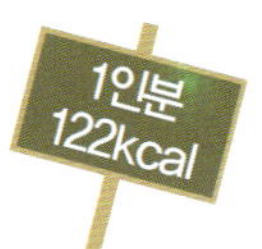

1인분
122kcal

질리지 않는 맛, 사계절 식탁에서 빼놓을 수 없는 구수한 우리집 전통 단골찌개

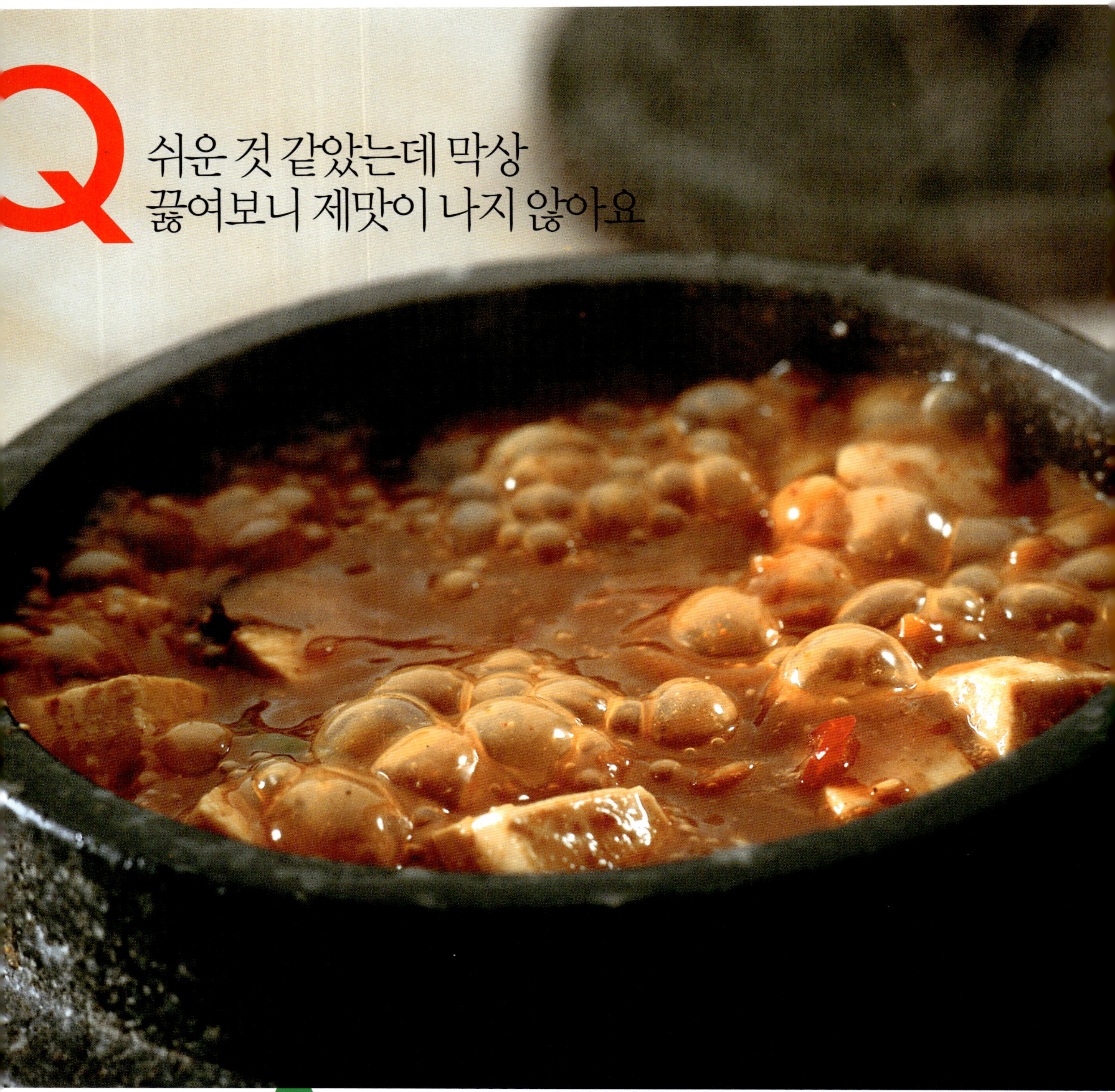

Q 쉬운 것 같았는데 막상
끓여보니 제맛이 나지 않아요

A 된장을 볶다가 끓여야
진한 맛이 나요

## 찌개는 국물 1컵 분량에 된장 수북하게 1큰술이 적당해요

새내기 주부들은 된장찌개에 된장을 얼마나 넣어야 할 지 감이 안 잡혀요.
그야 물론 간을 봐서 하면 되겠지만 그래도 어느 정도 어림치를 알고 있으면 도움이
되겠지요. 집집마다 된장 맛이 다르니까 일률적으로는 말하기 힘들지만, 보통 찌개라고
하면 국물 1컵을 기준으로 된장을 넉넉히 1큰술 넣으면 적당할 거예요.

## P O I N T

**된장찌개를** 진하게 끓이고 싶을 때는 된장을 볶다가 끓인다. 우선 뚝배기에 참기름을 조금 두르고 쇠고기와 잘게 썬 양파를 넉넉히 넣고 달달 볶은 후에 고기가 익으면 된장을 넣고 볶는다. 물론 여기에 고추장을 조금 섞으면 감칠맛이 더해진다. 그리고 된장을 볶을 때는 타지 않게 약한 불에서 오래 볶아야 깊은 맛이 난다.

### ★ 재료

| | |
|---|---|
| 쇠고기 | 60g |
| 양파 | 1/3개 |
| 참기름 | 1작은술 |
| 된장 | 3큰술 |
| 고추장 | 1/2큰술 |
| 멸치다시마물 | 3컵 |
| 두부 | 1/4모 |
| 애호박 | 1/4개 |
| 표고버섯 | 3개 |
| 대파 | 1/2뿌리 |
| 청·홍고추 | 1개씩 |
| 다진마늘 | 1큰술 |
| 고춧가루 | 1/2큰술 |

1 쇠고기는 기름기가 약간 끼어 있는 것으로 준비해 납작하게 썰고 양파는 너무 곱지않을 정도로 다진다.

2 두부와 애호박은 1.5cm 크기로 깍둑 썰고 표고버섯은 지저분한 밑동만 잘라내고 4~6등분한다.

3 대파는 어슷썰고 청·홍고추는 어슷 썰어 씨를 털어 낸다.

point 4 뜨겁게 달군 뚝배기에 참기름을 두르고 쇠고기와 양파를 넣어 볶는다.

point 5 고기 표면이 익으면 된장과 고추장을 넣고 타지 않게 약한 불에서 볶는다.

6 된장을 충분히 볶은 후에 맑게 걸러둔 멸치다시마물을 붓고 끓인다.

7 된장국물이 한소끔 끓고 나면 표고버섯, 홍고추, 애호박, 두부, 대파 순으로 넣고 끓인다.

| cooking plus |

### 찌개를 맛있게 끓이려면

처음에는 불을 세게 하여 국물이 끓기 시작하면 불을 줄이고 약한 불에서 보글보글 끓여야 제대로 된 찌개 맛을 낼 수 있어요. 물의 양은 재료가 자작자작 잠길 정도가 적당하며, 간은 처음에는 삼삼하게 해서 끓여야 제맛을 낼 수 있답니다.

8 두어번 끓고 나서 풋고추를 넣고 고춧가루, 다진 마늘을 넣어 한소끔만 끓여 마무리한다.

동태찌개
통조림꽁치찌개    부대찌개

# 동태찌개 

1인분 221kcal

**겨울철 특별 메뉴, 무와 두부를 넣고 얼큰하게 끓이는 속풀이 생선찌개**

## ★ 재 료

| | |
|---|---|
| 동태 | 2마리 |
| 무 | 200g |
| 두부 | 1/4모 |
| 애호박 | 1/4개 |
| 청 · 홍고추 | 1개씩 |
| 대파 | 1/2대 |
| 다시마물 | 3 1/2컵 |
| 고추장 | 2큰술 |
| 간장 | 1큰술 |
| 고춧가루 | 1큰술 |
| 다진마늘 | 1큰술 |
| 생강즙 | 1작은술 |
| 소금 · 후춧가루 | 조금씩 |

## ☆ 만드는 법

1 동태는 비늘을 긁어내고, 지느러미와 꼬리를 가위로 잘라낸다.

2 동태의 머리를 자르면서 내장을 끄집어낸 다음 연한 소금물에 씻어 건진다.

3 씻어 건진 물기를 닦아서 4cm 크기로 자른다.

4 무는 3×4cm 크기, 0.5cm 두께로 썰고, 두부는 2×4cm크기, 0.6cm 두께로 썬다.

5 애호박은 두부와 같은 크기로 썰고, 청 · 홍고추는 송송 썰어 속씨를 제거한다. 대파는 4cm길이로 잘라 반쪽으로 가른다.

6 분량의 다시마물에 분량의 고추장과 간장을 풀어 넣고 무를 넣어 끓인다.

7 무가 반정도 익었을 때 손질해 놓은 동태를 넣고 끓인다.

8 ⑦에 애호박, 대파, 두부 순서로 넣고 끓여 맛이 어우러지면 고춧가루, 청 · 홍고추, 다진 마늘을 넣는다.

9 끓인 동태찌개는 생강즙, 소금, 후춧가루로 간을 하여 그릇에 담아낸 다음 위에 쑥갓을 올려 장식한다.

7 무는 다른 재료에 비해 더디익으므로 무 먼저 끓이다가 동태를 넣는다.

---

# 통조림꽁치찌개 

1인분 251kcal

**반찬거리가 떠오르지 않을 때 간단하게 끓이는 찌개**

## ★ 재 료

| | |
|---|---|
| 꽁치통조림 | 1캔 |
| 감자 | 1개 |
| 애호박 | 1/4개 |
| 쪽파 | 4뿌리 |
| 청 · 홍고추 | 2개씩 |
| 우거지 혹은 김치 | 100g |
| 물 | 3컵 |
| 다진매운양념 | 2큰술 |
| 간장갖은양념 | 1큰술 |
| 소금 · 후춧가루 | 조금씩 |

## ☆ 만드는 법

1 꽁치통조림은 체에 담아 물기를 빼고 그 국물은 베보자기에 걸러둔다.

2 껍질 벗긴 감자는 0.6cm 두께의 반달 모양으로 썰고 애호박도 같은 모양으로 썬다.

3 쪽파는 4~5cm 길이로 썰고, 청 · 홍고추는 반으로 갈라 속씨를 털어 내고 4cm 길이로 썬다.

4 김치는 속을 대강 털어 내고 4~5cm 길이로 썬다.

5 분량의 물에 1/2컵 정도의 통조림 국물을 넣고 다진매운양념과 간장갖은양념을 넣고 푼다.

6 냄비에 손질한 통조림꽁치와 감자, 애호박, 쪽파, 고추, 김치를 담고 양념장 넣은 국물을 부어 끓여 소금, 후춧가루로 간을 맞춘다.

---

# 부대찌개 

1인분 283kcal

**특별한 재료가 필요없는 인스턴트 즉석찌개**

## ★ 재 료

| | |
|---|---|
| 돼지고기 | 100g |

**돼지고기양념**

| | |
|---|---|
| 고춧가루 | 2큰술 |
| 고추장 | 1큰술 |
| 간장 | 1큰술 |
| 다진양파 | 4큰술 |
| 다진마늘 | 1큰술 |
| 다진생강 | 조금 |
| 청주 | 1/2큰술 |
| 깨소금 · 후춧가루 · 참기름 | 조금씩 |
| 소금 · 후춧가루 | 조금씩 |
| 멸치다시마물 | 3컵 |
| 김치 | 200g |
| 팽이버섯 | 1봉지 |
| 대파 | 1/2뿌리 |
| 두부 | 1/4모 |
| 소시지 | 1개 |
| 청 · 홍고추 | 1개씩 |
| 애호박 | 1/4개 |

## ☆ 만드는 법

1 돼지고기는 납작하게 저며 썬 다음 양념에 버무른다.

2 김치는 속을 대강 털어내 4~5cm로 썰고 팽이버섯은 밑동을 잘라내고 가닥을 분리하고 대파는 4cm 길이로 잘라 반으로 가르고, 두부는 3×4cm 크기, 0.6cm 두께로 썬다.

3 소시지는 도톰하게 어슷 썰고, 청·홍고추도 어슷 썰어 속씨를 털어낸다. 애호박은 0.6cm 두께로 반달썰기한다.

4 냄비에 참기름을 두르고 돼지고기를 볶다가 어느 정도 볶아지면 멸치다시마물을 부어 끓인다.

5 돼지고기가 익으면 김치, 소시지, 두부, 애호박, 대파, 청·홍고추를 넣고 끓인 다음 팽이버섯을 넣고 간을 맞춘다.

# 해물탕



싱싱한 해물과 갖가지 채소의 맛이 어우러져 자연의 맛을 한껏 느낄 수 있는 건강전골

## Q 해물탕 국물이 시원하지 않아요

## A 신선한 해물을 고르고 국물은 다시마 물을 사용하세요

## 해물탕에 청주를 넣으세요, 비린내가 안나요

매운 양념은 처음에는 레시피대로 해보다가 자신의 기호대로 맞춰서
다르게 만들어 보세요. 가족들의 입맛에 맞게 응용해서
요리하는 것도 주부의 몫이잖아요. 해물탕을 좀 더 맛나게 끓이려면 마지막에
청주를 몇 방울 넣어보세요.

### P O I N T

신선한 해물을 고르는 방법이 있다. 우선 꽃게는 배에 알이 다닥다닥 붙은 것은 피하고 손끝으로 발을 눌러보아 탄력이 있는 것을 고른다. 배쪽을 보아 넓은 삼각형 모양이 있는 암게가 알이 있어 더 맛있다. 새우는 다리와 머리가 제대로 붙어 있어 모양이 반듯한 것이 좋은 새우다. 껍질에 광택이 있어야 신선하다. 그리고 조개는 되도록 살아있는 것을 고르도록 한다. 낙지는 너무 큰 것보다는 중간 것이 맛있다. 오징어와 마찬가지로 눌러보아 탄력이 있는 것을 고르는 것이 현명한 주부의 선택이다. 또한 전골 국물은 다시마 물을 붓고 끓여야 시원한 맛이 난다.

### ★ 재료

꽃게 — 1마리
조개 종류 — 1/3컵
전골 새우 — 8마리
주꾸미 — 4마리
쑥갓 · 무 — 150g씩
미나리 — 조금
대파 — 1/3뿌리
다시마물 — 4컵씩
소금 · 후춧가루 — 조금

#### 매운양념

고춧가루 — 3큰술
간장 — 1큰술
다진 양파 — 3큰술
청주 — 1/2큰술
다진 파 · 마늘 — 1큰술씩
다진 홍고추 — 1큰술
해물 육수 — 2큰술
깨소금 · 후춧가루 · 참기름 — 조금

1 조개는 3% 정도의 소금물에 2시간 이상 담가 해감을 토하게 하고 씻어 건진다.

2 꽃게는 솔로 문질러 씻은 다음 가위로 게 꼬리와 게 다리, 끝마디를 잘라낸다.

3 게의 꼬리 부분을 손으로 잡고 게딱지를 벌리고, 지저분하게 붙어 있는 아가미를 잘라 낸다.

4 기본적인 손질을 한 게는 먹기 좋도록 알맞은 크기로 자른다.

5 먹물 부위와 내장을 잘라낸 주꾸미와 전골 새우는 연한 소금물에 씻어 건진다.

6 고춧가루, 간장, 다진양파, 다진파, 다진홍고추 등을 분량대로 넣고 골고루 저어 매운양념을 만든다.

7 무는 4×5cm 크기, 0.4cm 두께로 썬다. 대파는 5cm 길이로 잘라 반으로 가른다.

8 미나리는 줄기만 씻어 도마에 가지런히 놓고 6cm 길이로 썰고 쑥갓은 깨끗이 씻어 준비한다.

point 9 전골냄비에 준비해 놓은 여러 가지 해물과 무를 담고 다시마물을 부어 끓인다.

10 끓을 때 떠오르는 거품은 걷어내고 잘라놓은 대파와 미나리를 넣는다. 쑥갓은 먹기 직전에 넣는다.

# 감자탕

1인분
308kcal

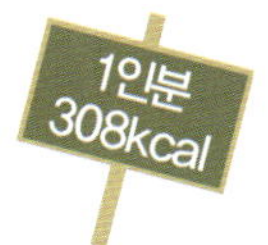

연한 돼지갈비 살을 뜯는 재미가 있고 푸짐한 통감자가 식욕을 돋구는 얼큰한 영양탕

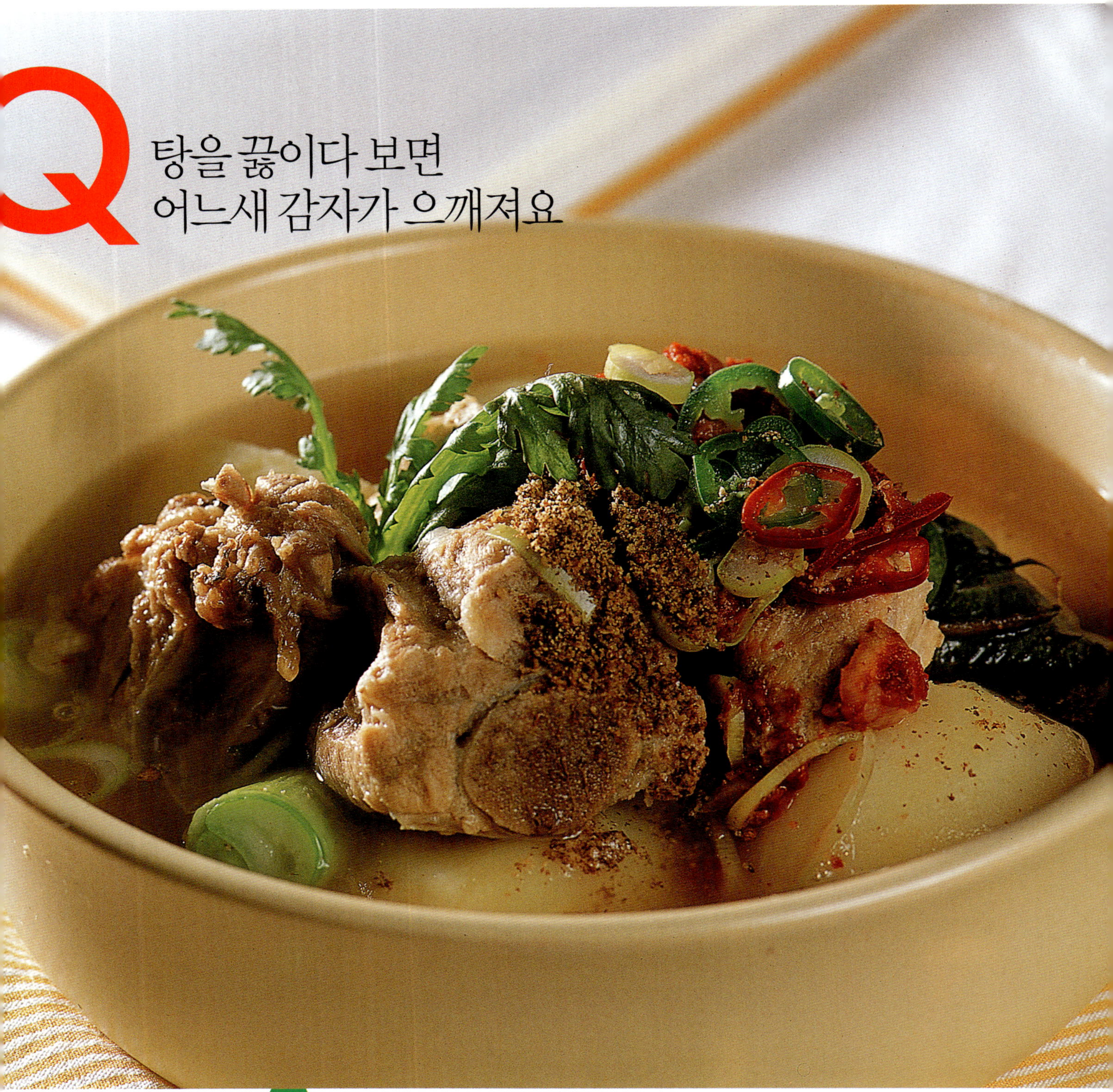

**Q** 탕을 끓이다 보면
어느새 감자가 으깨져요

**A** 감자 모서리를 다듬고
마지막에 감자를 넣고 끓이세요

## 탕 국물을 끓이는 재료는 맛이 우러나면 건져내세요

탕 국물을 끓이는 재료인 양파와 대파, 대파 뿌리 등은 어느 정도 끓여서
국물에 충분히 우러났다 싶으면 건져내세요. 오래 끓인다고 해서
맛이 더 우러나지는 않거든요. 그리고 양파나 대파 등은
너무 익으면 흐늘거리기 때문에 요리가 지저분해 보입니다.

## P O I N T

돼지 뼈로 감자탕을 끓일 경우는 뼈를 6~
7시간 정도 찬물에 담가 핏물과 냄새
를 제거하는 것이 중요하다.

준비해 놓은 뼈는 끓는 물에 데친 후
본격적으로 끓여야 한다. 그렇지 않으
면 국물맛이 텁텁하고 탁해진다.

진국이 나올 정도로 끓이면서 기름과
불순물은 수시로 걷어 내고 탕국에 넣
을 모서리 다듬은 감자는 맨 나중에 넣
는다.

### ★ 재료

| | |
|---|---|
| 돼지갈비 | 300g |
| 감자 | 400g |
| 청·홍고추 | 적당량씩 |
| 깻잎 | 4장 |
| 송송 썬 대파 | 조금 |

**탕국물**

| | |
|---|---|
| 멸치다시마물 | 5컵 |
| 양파 | 1/2개 |
| 생강쪽 | 조금 |
| 대파뿌리 | 4개 |
| 대파토막 | 1뿌리 정도 |
| 통후추 | 10개 |
| 쪽마늘 | 5개 |
| 청·홍고추 | 1개씩 |
| 청주 | 1큰술 |

**다데기양념**

| | |
|---|---|
| 고춧가루 | 3큰술 |
| 다진양파 | 3큰술 |
| 다진마늘 | 2큰술 |
| 다진생강 | 1/2큰술 |
| 간장 | 2큰술 |
| 청주 | 1큰술 |
| 다진파 | 2큰술 |
| 깨소금·후춧가루·참기름 | 조금씩 |

**1** 돼지갈비는 토막친 것으로 준비하여 표면의 기름
을 잘라 내고, 찬물에 1시간 정도 담가 핏물을 뺀다.

**2** 핏물을 뺀 갈비는 끓는 물에 넣고 10분 정도 삶아
건진다.

**point 3** 감자는 껍질을 벗겨 반으로 갈라 모서
리를 다듬은 다음 찬물에 씻어 건진다.

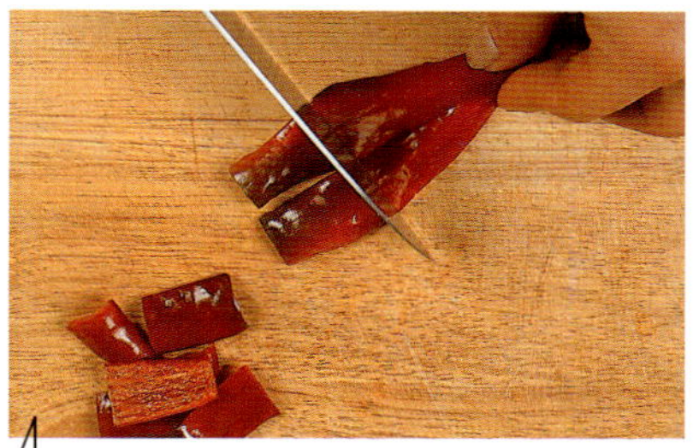

**4** 홍고추는 반으로 갈라 속씨를 털어 내고 3~4 토
막으로 큼직하게 썬다.

**5** 양파는 거리 부분을 붙인 상태에서 3~4쪽으로 나
눈다. 대파는 4cm 길이로 썬다.

**6** 멸치다시마물에 탕 국물 재료를 분량대로 넣고 끓
여 탕 국물을 만든다.

**7** 탕 국물 맛이 우러나면 삶아 건져 둔 갈비를 넣고
부드러워질 때까지 끓인다.

**point 8** 탕국에 모서리를 손질해 둔 감자를 넣
고 서서히 끓여 알맞게 익힌다.

**9** 분량대로 만든 다데기양념을 넣고 잠깐만 더 끓여
간을 맞추고 깻잎, 대파, 청·홍고추를 넣는다.

| cooking plus |

### 돼지고기의 누린내를 없애려면

우리 나라에서는 대개 돼지고기의 누린
내를 제거하기 위해 파나 마늘을 함께 넣고
익혀 조리하지만 중국에서는 팔각이나 산
초, 통후추처럼 향이 진하고 독특한 향채를
넣어 풍미를 살린다.

# 조림&찜

## 조림요리의 기초

조림을 하는 재료는 각각 다르지만 어떤 것이든 재료에 양념 맛이 골고루 스며들고, 간이 잘 배도록 하는 것이 중요하다. 일반적으로 간을 조금 진하게 해서 두고두고 먹을 수 있도록 만든다. 밑반찬으로 사용할 것은 살이 연한 재료보다는 단단하고, 쫄깃한 것으로 선택하는 것이 요령. 살이 연한 재료를 오래 조리면 쉽게 부스러지고, 저장성도 떨어진다.

### *기본 조림반찬
마지막에 녹말물을 넣으면 윤기가 난다

1 조림 냄비 준비하기

2 간장과 물 섞기

3 재료모서리 둥글게 깎기

4 윤기나게 조리기

→ 조림반찬 만들기

**1 조림 냄비 준비하기** 조림을 할 때는 바닥이 넓고, 편평한 냄비가 좋다. 그래야 재료를 겹쳐지지 않게 놓을 수 있고, 간이 고루 배어 빨리 익는다.

**2 간장과 물 섞기** 조림 간장에는 물이나 육수를 섞는다. 비율은 간장 3큰술에 물 1/4컵 정도가 좋다.

**3 재료 모서리 둥글게 깎기** 감자나 당근 등은 딱딱한 재료가 어느정도 익은 다음에 모서리를 둥글게 깎아서 넣어야 뭉그러지지 않는다.

**4 윤기나게 조리기** 마지막에 녹말물을 넣으면 윤기가 나고, 요리가 잘 식지 않는다.

### *생선조림
조림 국물을 자주 끼얹어야 간이 잘 배고, 맛도 좋다

1 생선 비스듬히 자르기

2 바닥에 무깔기

3 무 위에 생선토막 놓기

4 생선 비린내 없애기

→ 생선조림 만들기

**1 생선 비스듬히 자르기** 생선은 칼을 눕혀서 비스듬하게 자른다. 그래야 단면적이 넓어져 간이 잘 밴다.

**2 바닥에 무깔기** 바닥에 도톰하게 썬 무를 깐다. 생선이 눌어붙는 것을 막고, 맛도 시원하다.

**3 무 위에 생선토막 놓기** 무 위에 생선을 겹쳐지지 않게 놓은 다음 조림 국물을 자작하게 붓는다. 조리는 도중에 조림 국물을 자주 끼얹어 주어야 간이 골고루 잘 밴다.

**4 생선 비린내 없애기** 비린내가 날 수 있는 생선조림에는 깻잎과 같은 향미 채소나 마늘, 생강, 술을 넣으면 냄새가 없어진다.

# 찜요리의 기초

찜에는 국물을 자작하게 붓고 뭉근하게 끓여내는 방법과 수증기의 열로 익히는 방법이 있다. 끓여서 조리는 찜은 대개
육류 요리에 많이 이용되고, 수증기 열로 찌는 찜은 흰살 생선, 달걀처럼 담백한 재료에 잘 맞는다.

## *양념하여 끓이는 고기 찜요리  칼집 넣고 핏물 뺀 고기를 물에 살짝 데친 다음 조리해야 고기가 연해진다

**1** 칼집 넣어 핏물 빼기

**2** 갈비 살짝 익히기

**3** 양념장에 재워두기

**4** 찜하기

### → 고기찜 하는 법

**1 칼집 넣어 핏물 빼기** 고기가 속까지 잘 익고 간이 배게 하려면 군데군데 칼집을 넣는 것이 좋다. **2 갈비 살짝 익히기** 갈비나 꼬리처럼 뼈가 붙은 고기로 찜을 할 때는 끓는 물에 살짝 데쳐 조리한다. **3 양념장에 재워두기** 양념장에 버무려서 1시간 정도 지난 다음 조리면 고기도 연하고 양념도 골고루 잘 스며든다. **4 찜하기** 압력솥에 야채를 깔고, 양념한 고기를 차곡차곡 안친다. 국물을 붓고 뚜껑을 닫아 센 불에서 익힌다.

---

## *달걀찜

달걀물을 체에 밭여 거른 다음에 찜해야 부드럽다

**1** 재료 손질하기

**2** 달걀 풀기

**3** 체에 거르기

**4** 찌기

### → 달걀찜 하는 법

**1 재료 손질하기** 달걀찜에 들어갈 새우, 표고버섯, 쑥갓 등을 각각 손질한다.

**2 달걀 풀기** 그릇에 달걀 2개를 깨뜨려 넣고 물 1/4컵과 멸치국물 2큰술, 새우젓 국물을 조금 넣어 간을 하여 골고루 섞는다.

**3 체에 거르기** 달걀물을 고운 체에 한번 걸러내면 달걀의 감촉이 매끈하여 한결 부드러운 맛을 낸다.

**4 찌기** 찜그릇에 달걀물과 손질해 놓은 새우, 어묵, 표고버섯 등을 넣고 찜통에 넣어 중불에서 10분 정도 찌다가 불을 약하게 줄여서 찐다.

## *수증기로 찌는 찜

뜨거운 김이 오른 다음에 찜통에 재료를 넣어야 맛있는 찜이 된다

**1** 간하기

**2** 물을 끓여 찜통에 안치기

**3** 찜통에 행주 깔기

**4** 접시에 담아서 찌기

### → 수증기로 찌는 법

**1 간하기** 수증기로 찔 때는 가열중 간을 할 수 없으므로 처음부터 간을 해서 찐다.

**2 물을 끓여 찜통에 안치기** 아래쪽의 냄비에 물을 붓고 팔팔 끓여 뜨거운 김이 오르면 그 때 찜통에 재료를 넣는다. 물을 보충할 때도 뜨거운 둘을 부어야 한다.

**3 찜통에 행주 깔기** 찜통 뚜껑의 수증기가 재료에 바로 떨어지지 않도록 재료 자체를 깨끗한 행주로 싸거나, 키친 타월을 얹는다.

**4 접시에 담아서 찌기** 적은 재료를 찔 때는 접시에 담아서 찌면 간편하다.

# 알감자조림

1인분
110kcal

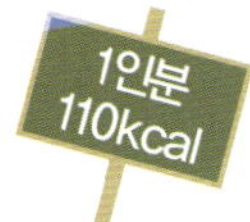

전세계인의 주식대용인 감자, 넉넉히 조려두면 반찬 걱정 없애주는 짭짤달콤한 영양밑반찬

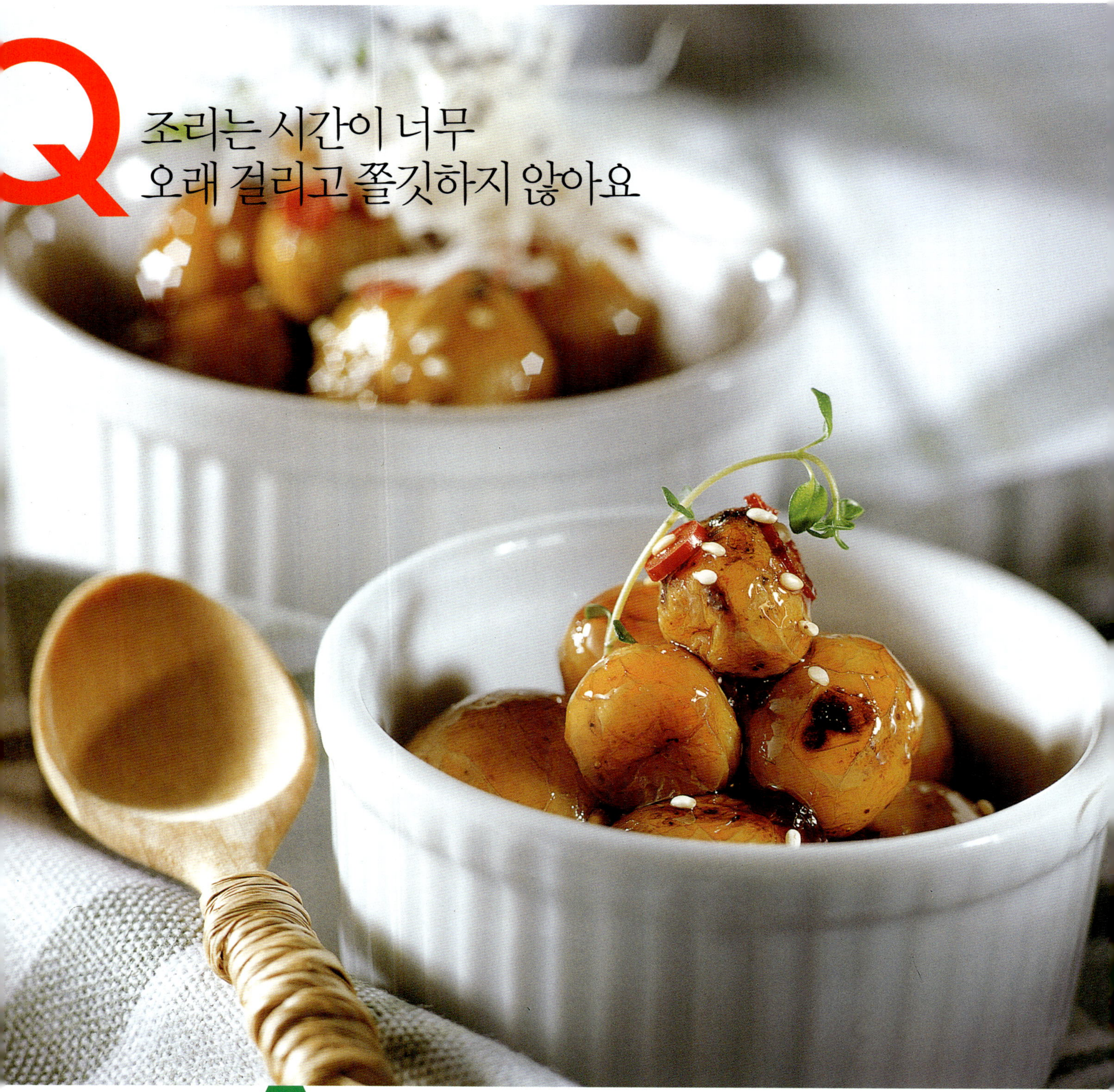

## Q

조리는 시간이 너무
오래 걸리고 쫄깃하지 않아요

## A

알감자를 전자레인지에서
한 번 익힌 다음 조리세요

## 간장에 절이거나 기름에 튀겨서 하는 방법도 있어요

씻은 알감자를 하루 정도 간장에 절인 다음 건져서 조림양념을 넣고 조려보세요.
더 쫄깃해요. 알감자를 기름에 튀겨 속까지 익힌 다음 조림 양념을 넣고 조려도
맛이 좋답니다. 이것은 냉장고에 넣어두고 오랫동안 먹어도 돼요. 알감자가 많이
날 때 넉넉히 사서 이렇게 해 놓으면 한동안은 반찬 걱정 없이 지낼 수 있어요.

## P O I N T

**알감자 조림은** 껍질이 쪼글쪼글해지도록
조려야 맛이 좋다. 그런데 실제로 해
보면 껍질은 팽팽하고, 감자에 간도 잘
배지 않는다. 그럴 때는 껍질을 깨끗이
씻어서 키친타월과 비닐봉지에 넣고
전자레인지에서 11분 정도 익힌 다음
조려보자. 그러면 감자의 수분이 줄어
들어 조림을 하면 껍질이 쪼글쪼글해
진다. 이렇게 하면 조리는 시간도 줄일
수 있고 감자에 간도 잘 배서 맛있는
알감자조림을 만들 수 있다.
감자를 조리는 도중에 조림 국물을 자
주 끼얹는 것도 잊지 말도록.

### ★ 재료

| | |
|---|---|
| 알감자 | 300g |
| 홍고추 | 2개 |
| 대파 | 1/2뿌리 |
| 통깨 | 조금 |
| 쪽마늘 | 3개 |

### 조림양념

| | |
|---|---|
| 간장 | 4큰술 |
| 다시마물 | 2컵 |
| 설탕 | 1큰술 |
| 물엿 | 조금 |
| 청주 | 1큰술 |
| 생강즙 | 1큰술 |

1 씻은 감자는 키친 타월에 싸서 물기를 닦아내고 비닐
봉지에 담아 전자레인지 '강'에서 11분 정도 익힌다.

2 홍고추는 송송 썰어 속씨를 제거하고 대파는 4cm
통으로 썬 다음 심을 빼고 채썬다.

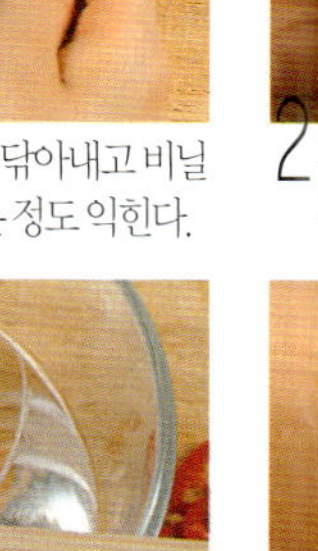

3 채로 썬 대파는 찬물에 헹궈 건진다.

4 간장, 다시마물, 마늘, 설탕, 물엿, 청주에 생강즙
을 분량대로 넣어 조림양념을 만든다.

5 조림양념을 냄비에 옮겨 넣고, 쪽마늘을 저며 썰
어 넣고 끓인다.

6 양념장에 손질해둔 감자를 넣고 서서히 조린다.

point 7 감자에 간이 골고루 배게 하려면 조리
는 도중에 조림국물을 자주 끼얹는다.

8 알감자가 어느 정도 조려지면 송송 썬 홍고추를 넣
는다.



## 햇감자의 파삭한 맛을 즐기려면

감자를 애벌 익힐 때 찜통에 넣고 쪄도 되지만 이렇게 하면 수증기가
올라와 질척해지고 맛이 없어진다. 햇감자의 파삭한 맛을 즐기려면 전자
레인지에 넣고 수분을 완전히 증발시키도록 한다.

# 두부양념조림

1인분 85kcal

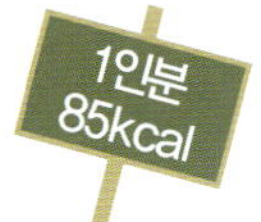

가장 서민적이면서 영양이 풍부한 두부에 조림장을 끼얹어 국물 없이 바특하게 조려내는 사계절반찬

**Q** 두부를 썰 때 자주 부서져요

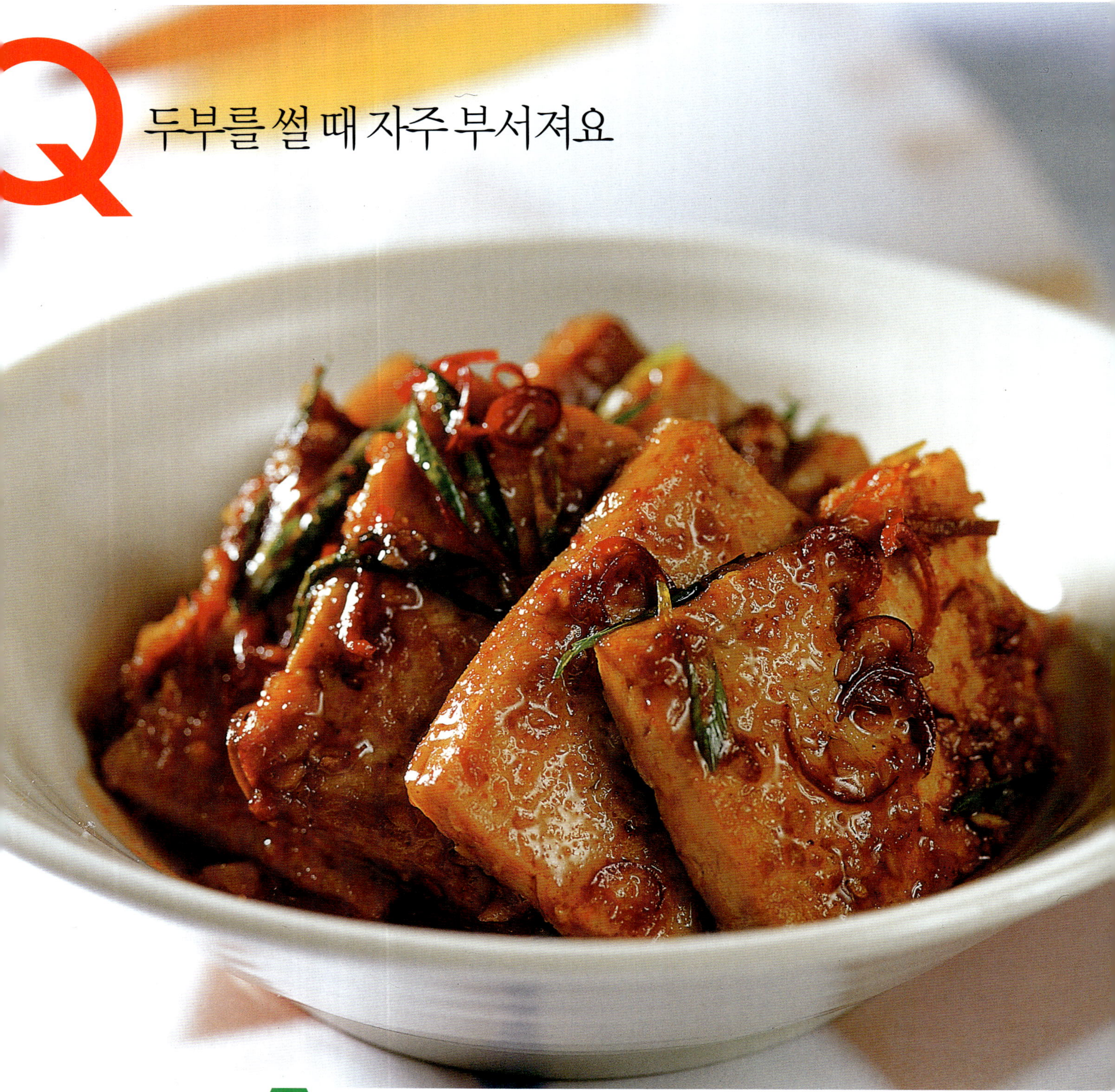

**A** 두부를 소금물에
미리 담갔다가 썰어 보세요

## P O I N T

**두부조림의** 모양이 반듯하게 나오도록 하려면 두부를 소금물에 잠깐 담가 두자. 삼투압 현상으로 두부 내부의 수분이 빠져나가서 두부가 좀더 단단해진다. 썰어놓은 두부 위에도 소금과 후춧가루를 조금씩 흩뿌려야 간이 속까지 잘 배어 맛있는 두부가 된다.

두부양념조림만이 아니라 두부구이나 두부장 같은 요리를 할 때도 미리 두부의 수분을 없앤 다음 요리를 해야 두부 요리를 완성했을 때 보기가 좋다.

### ★ 재료

| | |
|---|---|
| 두부 | 1/2모 |
| 소금 · 후춧가루 · 식용유 | 조금씩 |
| 실파 | 1뿌리 |
| 홍고추 | 조금 |
| 다시마쪽 | 2개 |

### 조림양념

| | |
|---|---|
| 간장 | 2큰술 |
| 다진마늘 | 1큰술 |
| 고운 고춧가루 | 1/2작은술 |
| 설탕 | 조금 |
| 청주 | 1작은술 |
| 생강즙 | 조금 |
| 깨소금 · 참기름 | 조금씩 |



## 생다시마 위에 두부를 얹어 조림해보세요

두부조림을 할 때 두부 밑에 생다시마를 깔아보세요. 두부의 양념 때문에 밑부분이 타기 쉬운데 그럴 염려도 없고, 두부조림에 다시마의 맛이 배어 더욱 맛있어집니다. 기호에 따라 양념에 다진 쇠고기를 함께 넣기도 합니다. 두부조림에 양념이 골고루 배도록 중간 중간에 양념물을 끼얹어 주는 것도 잊지 마세요.

**point 1** 두부는 10% 정도의 짜지 않은 소금물에 30분 이상 담가 둔다.

**2** 두부는 건져서 물기를 거둔 다음 4×5cm 크기, 0.7cm 두께로 썰어 소금과 후춧가루를 뿌린다.

**3** 프라이팬에 식용유를 두르고 밑간해 둔 두부를 놓은 후 양면을 노릇하게 지져 낸다

**4** 실파는 뿌리를 떼어내고, 겉잎을 정리하여 얇고 어슷하게 썬다.

**5** 홍고추는 반으로 갈라 씨가 있는 부분을 저며낸 다음 길이가 짧은 쪽으로 곱게 채썬다.

**6** 조림양념 재료를 분량대로 넣고 골고루 저어 양념장을 만든다.

**point 7** 팬에 생다시마를 깔고 그 위에 간격이 벌어지지 않게 구운 두부를 놓는다.

**8** 만들어 놓은 조림양념을 두부 위에 골고루 얹고, 어슷 썬 실파와 홍고추채를 그 위에 올린다.

**9** 두부 두께의 반 정도가 되도록 물을 부어 자작하게 끓인다. 양념을 끼얹어 가며 간이 배게 조린다.

| cooking plus |

## 두부 보관법

두부를 사게 되면 빨리 포장 용기에서 꺼내 조리하기 직전까지 물에 담가놓는 것이 좋다. 포장한 채 그대로 두면 이수현상에 의해 물기가 빠지고 부피도 줄어들어 맛이 나빠진다. 또 두부를 익힐 때 조림 국물에 소금을 조금 넣으면 딱딱해지지 않는다.

# 굵은멸치매운 조림

1인분
152kcal

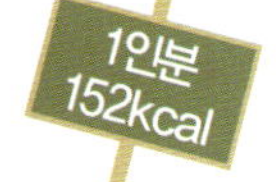

골다공증 예방에 탁월한 능력을 발휘하는 멸치를 매콤한 양념으로 조려 만든 영양만점 칼슘요리

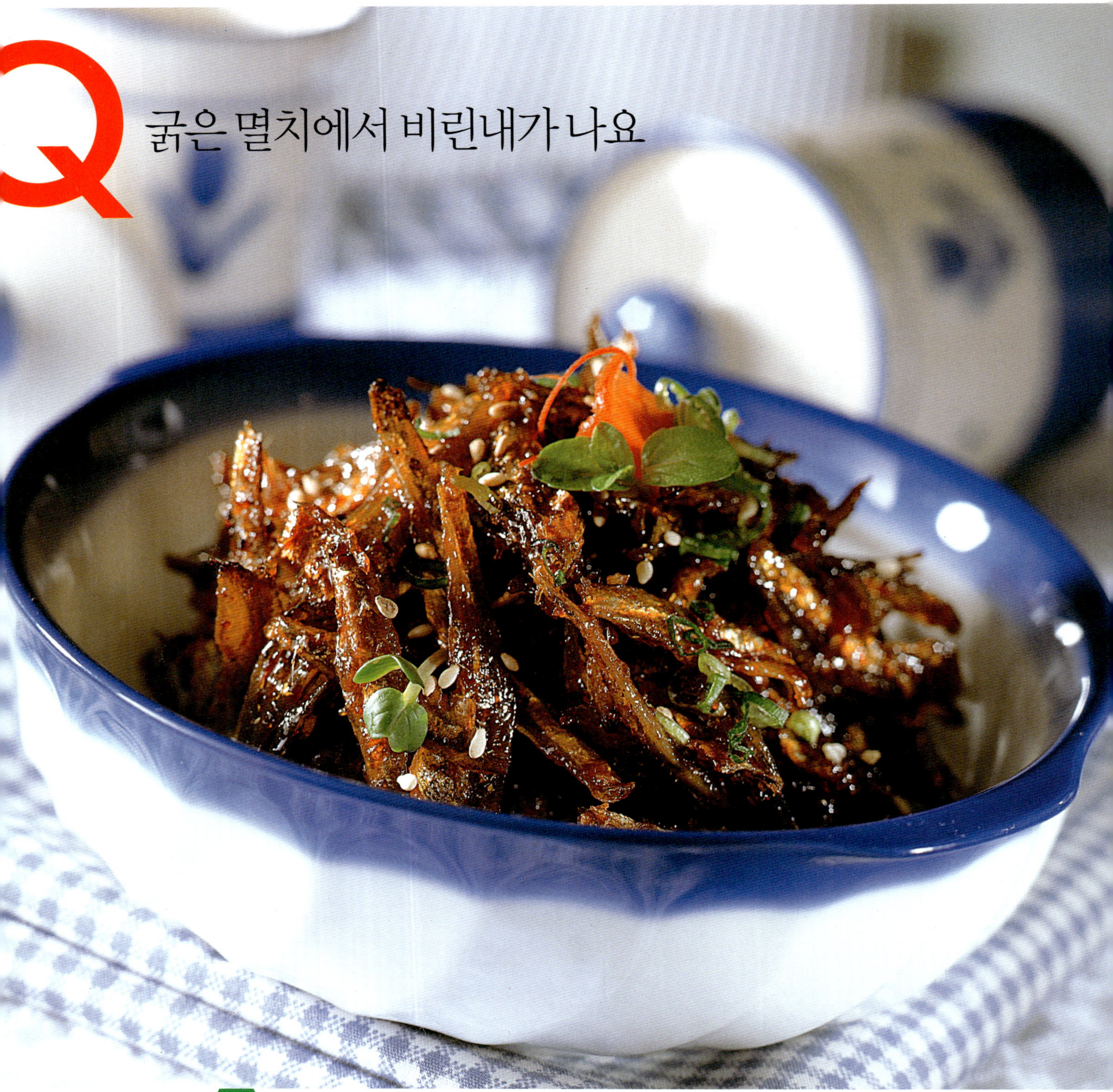

**Q** 굵은 멸치에서 비린내가 나요

**A** 멸치를 기름 두르지 않은 프라이팬에 넣고 가볍게 볶아낸 다음 조려보세요

## 양념이 잘 배도록 여러 번 뒤적이세요

굵은 멸치조림은 보통 국멸치로 많이 이용하지만 조림으로 만들어도 맛이 좋아요.
굵은 멸치에 양념이 제대로 배도록 여러 번 뒤적이세요.
멸치를 체에 내리는 과정은 굳이 필요하지는 않지만
멸치조림을 깔끔하게 하려면 체에 밭여 부스러기를 제거하세요.

## P O I N T

양념을 아무리 맛있게 해도 멸치 자체에서 비린내가 나면 정말 맛이 없는 게 바로 멸치매운조림이다. 비린내를 없애려면 조림을 하기 전에 멸치 머리를 떼내고 내장을 빼낸 다음 기름 두르지 않은 프라이팬에 미리 한 번 볶은 후 조리면 비린내가 훨씬 덜하다.

떼낸 멸치 머리는 버리지 말고 두었다가 멸치다시물을 낼 때 사용하면 좋다. 물 1컵에 국멸치 4마리 정도면 국물내기에 적당하다.

### ★ 재료

| | |
|---|---|
| 굵은 멸치 | 100g |
| 청 · 홍고추 | 1개씩 |
| 통깨 · 식용유 | 적당량씩 |
| 참기름 | 조금 |

#### 조림양념

| | |
|---|---|
| 고춧가루 · 고추장 | 1큰술씩 |
| 간장 | 1큰술 |
| 청주 | 1큰술 |
| 설탕 · 물엿 | 1큰술씩 |
| 다진마늘 | 1큰술 |
| 생강즙 | 1작은술 |
| 다시마물 | 4큰술 |

1 굵은 멸치는 머리를 잘라내고 반으로 갈라 내장을 빼낸다.

point 2 식용유를 두르지 않은 프라이팬에 손질한 멸치를 넣고 한 번 볶아낸다.

3 볶은 멸치는 체에 내려 부스러기를 걸러 낸다.

4 청 · 홍고추는 얇고 어슷하게 썰어 속씨를 털어 낸다.

5 분량대로 재료를 넣고 골고루 저어 조림양념장을 만든다.

6 팬에 조림양념을 부어 보글 보글 끓인다.

point 7 조림양념이 끓으면 멸치를 넣고 주걱으로 뒤적이면서 조린다.

8 적당히 조려지면 어슷 썬 청 · 홍고추를 넣어 마저 조려 담고 통깨를 뿌린다.

### 멸치 다시물 내는 방법

멸치 국물을 내는 데 쓰이는 멸치는 대개 큰 멸치이다. 큰 멸치는 반드시 머리를 떼고 배쪽의 검은내장을 제거한 다음 사용한다. 멸치 다시물은 멸치를 넣고 그냥 끓이면 씁쓸한 맛이 나므로 먼저 손질한 멸치를 살짝 볶아 비린내를 없앤 다음 찬물에 넣고 끓이도록 한다. 이때 멸치와 물의 비율은 물 5컵당 멸치 10마리쯤이면 적당하다. 끓어오르는 거품은 반드시 걷어낸다. 그래야 국물맛이 깨끗하다. 그리고 국물을 낸 멸치는 반드시 건져내도록.

9 다 조려낸 다음에 마지막으로 참기름을 둘러 한 번 뒤적여 낸다.

# 오징어야채말이조림

1인분
127kcal

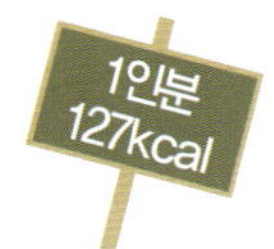

쫄깃한 오징어와 아삭한 야채의 조화, 아이들 도시락반찬으로도 OK

**Q** 말이가 풀어져 속이 빠져 나와요

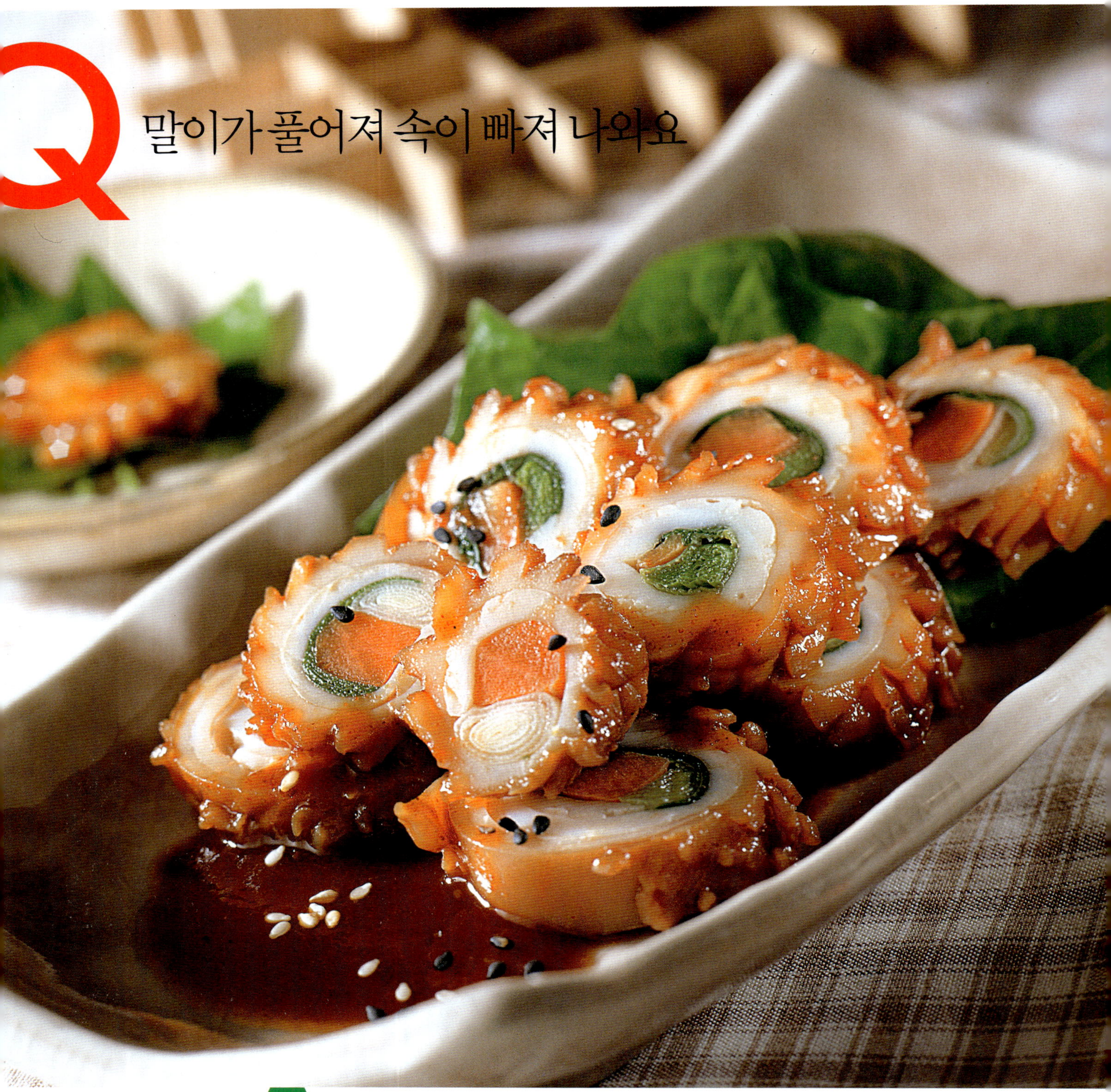

**A** 야채를 넣고 말 때 꼭꼭 말고
꼬치를 짧은 간격으로 여러 개 꽂으세요

## POINT

오징어에 야채를 넣고 말 때는 처음부터 힘을 주어 꼭꼭 만다. 만 다음에는 꼬치로 고정을 시켜야 하는데 짧은 간격으로 여러 개 꽂는다. 안에 든 재료를 더욱 완벽하게 말고 싶다면 꼬치 대신 실을 이용해서 말아보자. 안에 든 재료가 절대 바깥으로 흐르지 않는다.

크기가 작은 오징어로 말이를 하면 안의 재료가 말아지지 않을 수 있으므로, 큰 오징어를 준비하도록 한다.

### ★ 재료

| | |
|---|---|
| 물오징어 | 1마리 |
| 당근 | 50g |
| 마늘종 | 40g |
| 소금 · 통깨 | 조금씩 |

### 조림양념

| | |
|---|---|
| 간장 | 1큰술 |
| 고추장 | 1큰술 |
| 청주 | 1큰술 |
| 설탕 | 2큰술 |
| 다시마물 | 1/2컵 |
| 쪽마늘 | 3쪽 |
| 생강즙 | 조금 |



### 오징어 껍질을 쉽게 벗기려면

오징어는 굵은 소금을 몸통에 뿌리고 껍질을 벗기면 쉽게 벗길 수 있다. 왼손은 몸통 끝을 꽉 붙잡고 오른손으로 귀를 잡은 채 쭉 잡아당겨 귀가 달려 있는 채 몸통 가운데 부분의 껍질을 벗긴다. 그리고 몸통에 남아있는 나머지 껍질도 벗겨낸다.



## 오징어말이를 실로 말면 안전해요

당근과 마늘종이 없을 때는 시금치를 데쳐서 넣거나 불린 박고지, 다시마, 삶은 우엉 등 냉장고에 있는 재료를 넣으세요. 단, 색을 예쁘게 내고 싶으면 한가지는 푸른 색깔 계통, 한가지는 붉은 색깔 계통으로 하여 넣으면 더욱 맛깔스럽겠죠. 오징어에 칼집을 넣을 때는 약간 사선으로 하여 촘촘하게 넣는 것이 보기 좋아요.

1 오징어는 반으로 갈라 내장을 들어내고 껍질을 벗긴다.

2 오징어의 안쪽에 사선으로 칼집을 넣는다. 촘촘하게 넣어야 보기가 좋다.

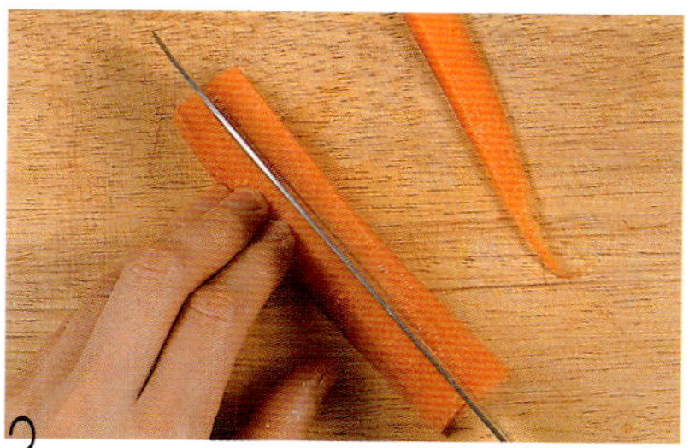

3 당근은 깨끗이 씻어 껍질을 벗기고 오징어 폭의 길이 1cm 굵기로 잘라 준비한다.

4 마늘종은 깨끗이 씻어 당근과 같은 길이로 자른다.

5 소금을 넣은 끓는 물에 당근과 마늘종을 넣고 살짝 데쳐낸다.

6 재료를 섞어 조림양념장을 만든다음 쪽마늘을 편으로 썰어 섞는다.

point 7 오징어의 칼집 넣은 반대편에 당근과 마늘종을 2~3개씩 놓고 돌돌 만다.

point 8 오징어말이는 짧은 간격으로 꼬치로 여러 개꽂은 다음 조림양념에 넣고 조린다.

point 9 오징어말이는 서서히 조리되 끓는 도중에 자주 밑국물을 끼얹는다.

10 조린 오징어말이는 꼬치를 빼고 1.5cm폭으로 잘라 접시에 담고 통깨를 뿌린다.

# 통조림꽁치김치조림

1인분
2681kcal

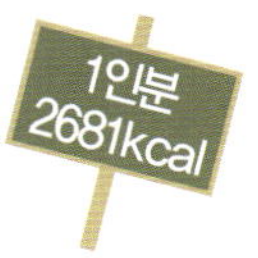

통조림 꽁치에 김치와 고추를 넣고 칼칼하게 조린 군침 도는 밥반찬

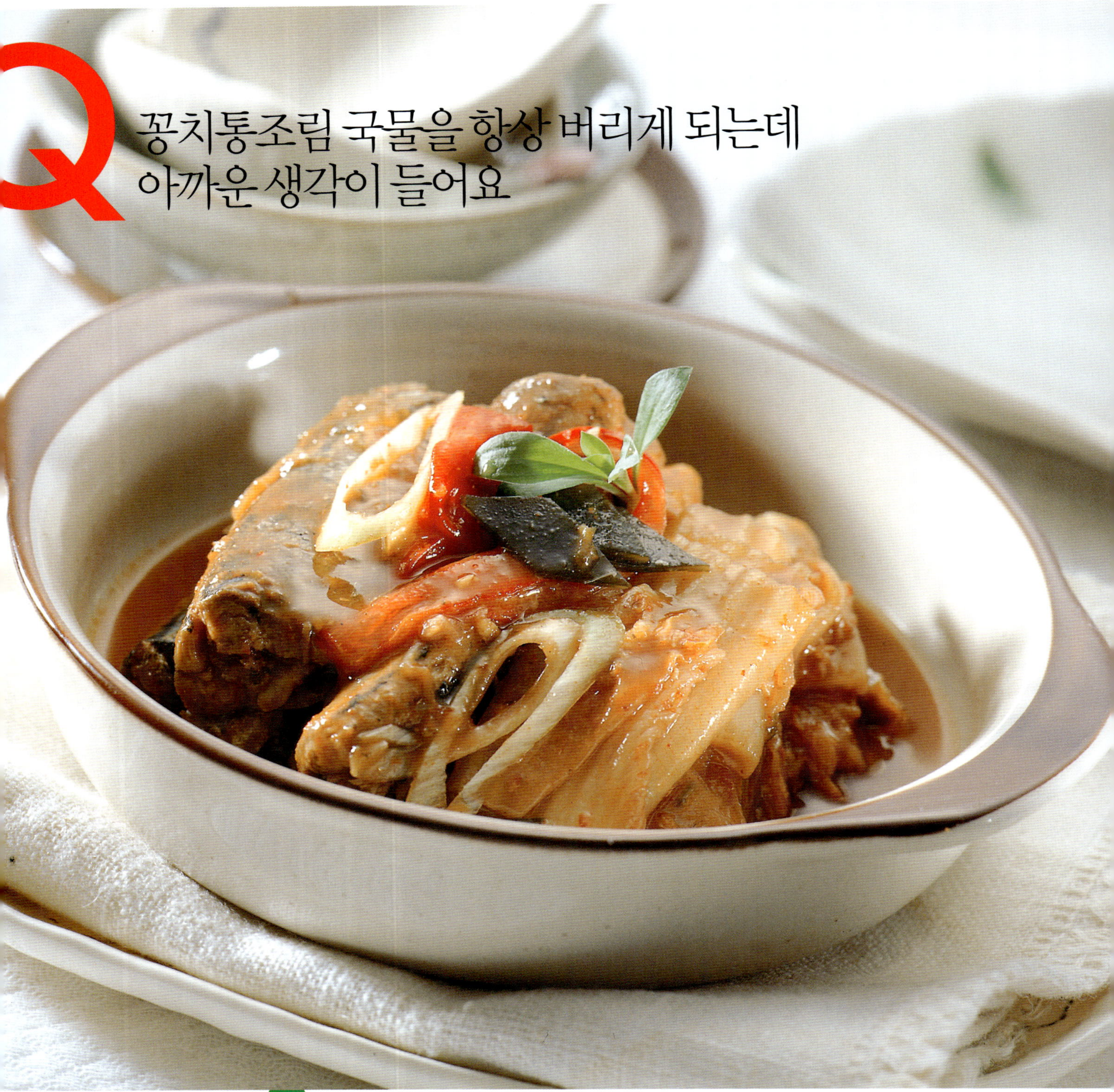

**Q** 꽁치통조림 국물을 항상 버리게 되는데
아까운 생각이 들어요

**A** 기름을 제거한다음 베보자기에 내려
조림국물로 이용하면 맛이 더 좋아집니다

## POINT

**통조림은 열에** 파괴되기 쉬운 비타민 $B_1$, C 를 제외하면 다른 영양소는 그대로 보존되는 것이 특징이다. 특히 꽁치는 뼈째 먹을 수 있기 때문에 칼슘의 공급원으로서는 아주 훌륭하다. 이처럼 영양상 여러모로 이로운 통조림을 최대한 이용하는 것도 요리를 잘 하는 비결중 하나일 수 있다.

남은 꽁치 통조림국물은 버리지 말고 두었다가 조림 국물로 이용하면 훨씬 맛있는 조림이 된다.

### ★ 재료

| | |
|---|---|
| 통조림 꽁치 | 1캔 |
| 다시마(4×4cm 크기) | 3쪽 |
| 청 · 홍고추 | 1개씩 |
| 양파 | 1/3개 |
| 대파 | 1/2뿌리 |
| 배추김치 | 200g |
| 통조림 꽁치 국물 | 적당량 |
| 물 | 적당량 |

### 조림양념

| | |
|---|---|
| 간장 | 2큰술 |
| 다진 마늘 | 1큰술 |
| 청주 | 1큰술 |
| 생강즙 | 1/2큰술 |
| 설탕 | 1큰술 |
| 고춧가루 | 1큰술 |
| 고추장 | 1큰술 |
| 깨소금 · 후춧가루 · 참기름 | 조금씩 |



### 통조림 생선은 부스러지지 않게 조심해서 조리하세요

통조림 생선은 이미 익힌 상태이므로 자칫하면 생선살이 흩어지기 쉬워요.
조릴 때 숟가락으로 젓지 말고 밑 양념을 끼얹어 가면서
생선 토막 그대로 조려내야 해요. 김치,
우거지, 무, 감자, 풋고추 등을 넣고 조려도 맛있어요.

**point 1** 통조림 통에서 꽁치가 부스러지지 않게 꺼내 체에 붓고, 국물은 받아둔다.

**2** 그릇에 받아냈던 국물은 기름을 걷어내고 남은 것은 베보자기에 내려 조림국물로 준비한다.

**3** 고추는 0.5cm 폭으로 썬 다음 정사각형 모양으로 작게 썰고 양파는 3cm 폭, 대파는 4cm 길이로 썬다.

**4** 배추김치는 속을 털어 내고 4cm 길이로 썬다. 약간 익은 김치가 더 맛있다.

**5** 간장, 마늘, 청주, 생강즙, 설탕, 고춧가루, 고추장 등을 분량대로 넣고 섞어 조림양념을 만든다.

**point 6** 냄비에 양파와 다시마 3쪽씩을 깐다.

**7** 양파와 다시마 위에 통조림 꽁치와 손질한 김치, 토막으로 썬 대파를 순서대로 담는다.

**8** 분량대로 섞어서 만들어 둔 조림양념을 꽁치와 야채 위에 골고루 끼얹는다.

**9** 재료가 적당히 잠길만큼 통조림 국물과 물을 붓고 끓인다.

**point 10** 밑 양념을 위로 끼얹어 가면서 조린다. 물기가 거의 없도록 조려 담는다.

# 쇠고기장조림



쪽쪽 찢어지는 홍두깨살의 짭쪼름한 맛이 일품인 영양반찬 · 밑반찬

**Q** 장조림 고기가 질겨서
살 찢어지지 않아요

**A** 고기를 한 번 삶은 후에 조려야
고기가 부드럽고 잘 찢어져요

## P O I N T

장조림의 맛은 고기 준비에서부터 차이가 난다. 고기 선택을 잘 해야 쪽쪽 찢어지는 장조림 맛을 즐길 수 있기 때문이다. 장조림 고기는 홍두깨살로 준비하자. 홍두깨살로 조림을 하면 잘 찢어지고 탄력이 있다.

준비한 고기는 미리 삶아 건져낸 후 양념간장에 다시 끓인다. 고기가 부드럽게 삶아져야 질기지 않으므로 한 번 삶은 후에 장조림간장에 조려내도록 한다.

### ★ 재료

쇠고기 홍두깨살 ──────── 400g

**조림국물**

| | |
|---|---|
| 다시마물 | 3컵 |
| 홍고추 | 2개 |
| 쪽마늘 | 4개 |
| 생강편 | 3쪽 |
| 통후추 | 5개 |
| 양파 | 1/2개 |
| 파뿌리 | 조금 |

**장조림간장**

| | |
|---|---|
| 간장 | 6큰술 |
| 청주 | 3큰술 |
| 설탕 | 3큰술 |
| 육수 | 2컵 |



### 장조림의 고기는 홍두깨살로 준비하세요

토막썬 장조림 고기는 장조림간장으로 조리기 전에 충분히 삶으세요. 장조림 국물은 바특하게 남을 정도로 조리고 간장의 양은 고기 100g당 1큰술로 넉넉하게 잡아주어야 해요. 조림간장은 청주와 설탕으로 맛을 내주고 고기 삶은 물을 육수로 이용하면 좋아요.

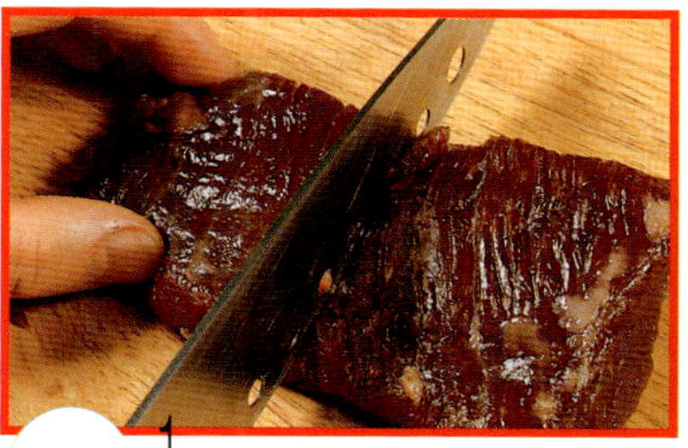

**point 1** 쇠고기는 고깃결 방향으로 길이 5~6cm, 굵기 4cm 정도로 자른다.

**2** 다시마물에 홍고추, 쪽마늘, 생강편, 통후추, 양파, 파뿌리를 넣고 끓여 조림국물을 만든다.

**3** 끓인 다시마물에 쇠고기를 넣고 부드럽게 무를 때까지 중간불에서 서서히 끓인다.

**point 4** 나무젓가락으로 고기를 찔러보아 부드럽게 들어가면 익은 것이다.

**5** 푹 끓여 익힌 쇠고기는 체에 건져 따로 담아 놓는다.

**6** 고기를 건져낸 쇠고기 국물은 베보자기에 내려 깨끗한 육수로 준비한다.

**7** 간장, 청주, 설탕을 분량대로 섞어 장조림 간장을 만든다.

**point 8** 깨끗하게 걸러놓은 육수 2컵에 만들어둔 장조림간장을 부어 섞어 끓인다.

**9** 조림 간장이 끓으면 고기를 넣어 국물이 자작하게 남을 때까지 조린다.

---

**cooking plus**

### 맛있는 육수를 내려면

쇠고기나 닭고기로 육수를 낼 때는 덩어리 고기가 푹 익을 때까지 약한 불에서 은근히 조려야 한다. 그래야 고기에서 녹아나오는 육즙과 조림간장의 맛이 어우러져 조림국물도 맛있고 고기도 풍미가 있다.

# 갈비찜 1인분 464kcal

뭉근한 불에서 오래오래 끓여야 제맛이 나는 찜요리. 잔치나 손님상에 빠지지 않는 단골 메뉴

**Q** 고기가 질기고 단단해요

**A** 애벌로 살짝 삶은 다음 그 육수로 간을
하여 찜을 해 보세요

## P O I N T

갈비는 양념을 하기 전에 충분히 익혀 주어야 부드럽고, 간이 쉽게 밴다. 고기가 질기면 살짝 삶은 후에 그 육수로 간을 해 본다. 고기에 칼집을 넣은 다음 양념을 부어 끓이는 것도 고기를 부드럽게 하는 방법 중 하나다.

버섯 등의 다른 재료를 더 넣을 경우에는 간장의 양을 좀 더 늘린다.

### ★ 재료

| | |
|---|---|
| 쇠갈비 | 600g |
| 무 | 200g |
| 은행 | 5개 |
| 밤 | 5개 |
| 대추 | 5개 |
| 표고버섯 | 4장 |

#### 갈비 삶는 물

| | |
|---|---|
| 물 | 3컵 |
| 대파 뿌리 | 3개 |
| 쪽마늘 | 4개 |
| 통후추 | 6개 |
| 간장 | 1큰술 |
| 청주 | 1큰술 |
| 양파 | 1/3개 |

#### 찜양념

| | |
|---|---|
| 찜육수 | 2컵 |
| 간장 | 5큰술 |
| 청주 | 1큰술 |
| 설탕 | 2큰술 |
| 배즙 | 4큰술 |
| 참기름 | 조금 |

#### 고명

| | |
|---|---|
| 황 · 백 달걀 지단채 | 1개 분량씩 |



## 갈비 손질을 잘 해야 양념이 잘 배어요

갈비를 손질할 때는 기름이 너무 많은 부위를 적당히 잘라 떼어내고, 갈비뼈의 단면이 보이도록 얇게 저며 썰어야 해요. 너무 굵거나 크게 썰면 익힐 때 시간이 오래 걸리고 양념장도 고루 배지 않거든요. 또한 양념장에 잴 때도 30분 이상 재워놓아야 간이 골고루 배어서 맛있답니다.

**1** 쇠갈비는 기름이 있는 부분을 잘라내고 찬물에 3시간 정도 담가 핏물을 뺀다.

**2** 은행은 기름 두른 팬에 볶아 껍질을 벗긴다. 밤도 껍질을 벗겨 찬물에 담가두고 대추도 물에 씻어 건진다.

**3** 무는 끓는 물에 데쳐 삼각지게 썰어 모서리를 다듬고 표고버섯은 따뜻한 물에 불려 기둥을 자른다.

point **4** 분량대로 갈비 삶는 물을 만들어 끓이다가 핏물 뺀 갈비를 넣고 푹 삶는다.

**5** 갈비가 부드럽게 삶아지면 건져내고, 국물은 기름을 걷고 베보자기에 내려 찜육수로 준비해 둔다.

**6** 찜양념 재료를 분량대로 넣고 골고루 섞어둔다.

point **7** 준비한 육수에 삶은 갈비를 넣고 찜양념을 넣은 다음 낮은 불에서 끓인다.

**8** 어느 정도 끓으면 무를 넣고, 간이 배어들 때까지 좀 더 끓인다.

**9** 갈비와 무가 거의 익었으면 밤, 대추, 은행, 표고버섯을 넣고 조금 더 끓이다가 황 · 백 지단을 올린다.

| cooking plus |

### 갈비찜의 기름을 없애려면

갈비찜은 식으면 하얗게 기름이 굳는데, 이 기름을 없애려면 요리하기 전에 한 번 끓여 기름을 걷어낸다. 기름을 걷어내기 힘들 때는 차가운 곳에 두어 기름을 굳힌 뒤 걷어내면 쉽게 걷어낼 수 있다.

안동찜닭

1인분
363kcal

최근 인기 상승인 찜닭 요리. 큼직하게 썰은 갖은 야채와 매콤한 양념이 술안주로도 그만이다

Q 찜닭의 거무스름한 색은
어떻게 내나요?

A 캐러멜 소스에
양념을 넣어서 색을 만들어요

## 건홍고추로 매운 맛을 내세요

닭은 손질을 할 때 살에 붙어 있는 기름기는 떼어내는 것이 좋아요. 그래야 국물에
기름기가 둥둥 뜨지 않거든요. 양념을 하는 키포인트는 바로 건홍고추예요.
한번 데친 닭고기와 함께 볶듯이 하면 닭 특유의 냄새도 없어지고, 매콤한 맛이 들어요.
매운 맛을 좀 더 내고 싶다면 건홍고추의 양을 늘리세요.

## P O I N T

**거무스름한 색을** 내기 위해 간장을 많이 사용하면 너무 짜게 될 뿐 아니라 예쁜 색깔이 나지 않는다. 먹음직스러워 보이는 색을 내려면 캐러멜시럽을 찜 양념에 섞어서 사용하면 된다.

캐러멜 소스는 설탕과 물을 같은 비율로 섞어 끓이면 되는데, 끓이면서 저으면 거품이 일어나므로 젓지 않도록 한다. 나중에 캐러멜 소스가 굳으면 물만 조금 붓고 끓여 쓴다.

### ★ 재료

| | |
|---|---|
| 닭(중간크기) | 1마리 |
| 감자 | 2개 |
| 당근 | 1/2개 |
| 오이 | 1/2개 |
| 대파 | 1/2뿌리 |
| 건홍고추 | 4개 |
| 참기름 | 적당량 |
| 다시마물 | 2컵 반 |
| 불린당면 | 300g |
| 소금 · 후춧가루 | 조금씩 |

### 캐러멜시럽

| | |
|---|---|
| 설탕 | 1/2컵 |
| 물 | 1/2컵 |

### 찜양념

| | |
|---|---|
| 캐러멜시럽 | 만들어놓은 분량 |
| 설탕 | 1큰술 |
| 간장 | 3큰술 |
| 청주 · 물엿 | 1큰술씩 |
| 생강즙 | 1큰술 |
| 다진 마늘 | 4큰술 |
| 다진 양파 | 3큰술 |
| 고운 고춧가루 | 1큰술 |
| 후춧가루 · 참기름 | 조금씩 |

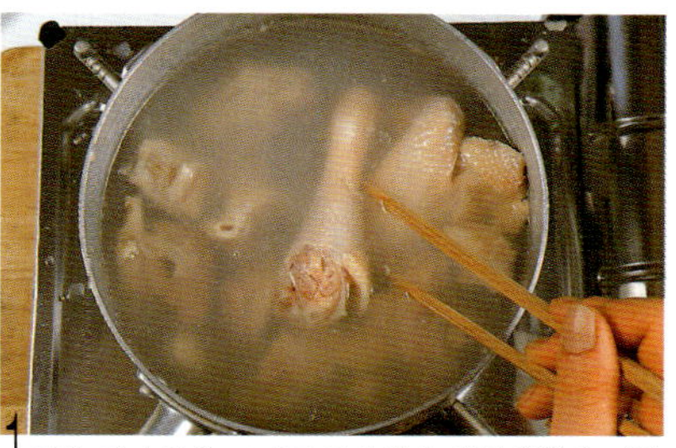

1 닭은 먹기 좋은 크기로 토막낸다. 닭살에 붙은 기름기는 가위로 잘라내고, 끓는 물에 데쳐 건진다.

2 감자는 껍질을 벗겨 둥근 모양이나 반원 모양으로 두껍게 썰고, 당근과 오이는 감자보다 얇게 썬다.

3 대파는 5cm 길이로 썰어 1/4쪽으로 가르고, 건홍고추는 1cm 길이로 어슷하게 썰어 속씨를 턴다.

4 캐러멜 시럽을 만들어 약한 불에서 끓이다 분량의 설탕, 간장, 청주, 물엿, 생강즙을 분량대로 넣는다.

5 찜양념이 어느정도 끓으면 마늘, 양파, 고춧가루, 후춧가루, 참기름을 넣고 찜양념을 완성하여 식힌다.

6 오목한 팬에 참기름을 두르고 건홍고추와 닭고기를 볶다가 매운맛이 나면 찜양념을 넣고 볶는다.

7 어느 정도 볶아지면 다시마 우린 물을 자박하게 붓고 뚜껑을 덮어 끓인다.

8 닭이 거의 익었을 때 감자와 당근, 대파를 넣고 중불 이하에서 끓인다.

9 닭이 부드러워지고 감자, 당근이 익으면 오이와 불린 당면을 넣고 소금 · 후춧가루로 간을 맞춘다.

---

**| cooking plus |**

## 닭고기 밑손질하기

닭고기는 밑 손질이 기본. 튀기든, 찌든 닭 특유의 냄새를 없애고 닭살이 속까지 익을 수 있도록 닭살 군데군데 칼집을 넣어 익혀야 한다. 또한 껍질째 굽거나 간을 할 때는 껍질에 구멍을 내서 고기 의 수축을 방지하고 간이 잘 배게 해준다.

# 깻잎찜 1인분 56kcal

비타민과 엽록소가 풍부한 깻잎에 갖은양념하여 쪄낸 질리지 않는 사계절 밑반찬

## Q 깻잎찜에서 물이 많이 나와요

## A 깻잎을 간장에 잠깐 절인 다음 그 간장으로 양념장을 만드세요

## POINT

**깻잎찜을 할** 때 간장에 한 번 절인 다음에 찜을 해보자. 그러면 깻잎에 양념이 잘 배어 맛이 더 좋아지고, 깻잎 안에 있는 수분이 줄어들어 나중에 질퍽하게 물이 생기지 않는다.

절인 간장물을 이용해서 양념장으로 만들면 깻잎찜이 짜지도 않고 적당하게 간이 잘 맞게 된다. 또한 깻잎찜을 더 맛있게 하려면 맹물대신 다시마 물과 간장을 섞으면 더 맛이 좋다.

### ★ 재료

| | |
|---|---|
| 깻잎 | 60장 |
| 간장 | 3큰술 |
| 실고추 · 통깨 | 조금씩 |

**찜양념**

| | |
|---|---|
| 깻잎 절였던 간장 | 3큰술 |
| 다진양파 | 2큰술 |
| 다진멸치가루 | 1/2큰술 |
| 다진파 · 마늘 | 1큰술씩 |
| 깨소금 · 후춧가루 · 참기름 | 조금씩 |



### 깻잎이 뻣뻣하면 약간 더 오래 찌세요

깻잎찜은 부드러워야 먹기가 편하고 맛도 좋은데, 깻잎이 너무 크거나 뻣뻣한 것은 1~2분 정도 더 찌는 시간을 늘리도록 하세요. 깻잎의 섬유질 성분이 잘 익어야 부드러운 맛이 나거든요. 양념을 바를 때는 깻잎을 3장씩 잡은 다음 그 위에 양념을 한 번씩 뿌리세요. 3장 정도가 양념이 배는 데는 가장 적당해요.

1 깻잎은 씻어서 가지런히 모아 잡고 살짝 털어서 물기를 제거하고, 잎줄기는 가위로 짧게 자른다.

2 깻잎을 3~4장씩 놓고 그 위에 간장을 뿌려 10분 정도 절인다.

point 3 깻잎이 절여졌으면 간장을 다른 그릇에 따라 담는다.

4 깻잎 절였던 간장에 다진양파와 내장을 빼고 갈아서 만든 다진 멸치가루를 넣고 젓는다.

point 5 양념장에 다진 파 · 마늘, 깨소금, 후추, 참기름을 넣어 찜양념을 만든다.

6 깻잎을 3장씩 겹친 후 찜양념을 발라 켜켜로 쌓는다.

point 7 양념을 바른 깻잎 위에 2~3cm로 자른 실고추와 통깨를 조금씩 뿌린다.

8 김이 오른 찜통에 양념한 깻잎을 그릇째로 넣고 7분 정도 쪄낸다.

---

| cooking plus |

### 깻잎을 찔 때는

찜통에 찔 때 마른 베 보자기를 덮지 않고 뚜껑을 덮으면 수증기가 물이 되어 찜 안으로 그대로 떨어질 수 있다. 수증기가 들어가면 싱거워지고 맛도 덜하게 되므로 번거롭더라도 베 보자기를 까는 것이 좋다.

조금 색다른 깻잎찜을 해보고 싶다면 다진 쇠고기를 양념해 볶은 다음 깻잎 사이사이에 켜켜이 넣거나 풋고추를 채썰어 중간중간 섞어도 맛있다. 켜켜이 넣기가 번거로울 때는 파랗게 데쳐 냉수에 헹군 다음 쇠고기와 함께 볶아 나물을 만들어 먹어도 맛있다.

# 볶음&구이&무침

## 볶음요리의 기초

여러 가지 반찬 중에서 빠지지 않고 거의 매일 등장하는 것이 바로 볶음 반찬이다. 볶음은 국물이 생기지 않도록 단숨에 익히는 것이 포인트. 불의 세기를 잘 조절하고, 손도 빨리 놀려야 맛있는 볶음을 만들 수 있다.

### *맛내기 포인트
생강이나 마늘을 볶아 향을 낸 다음에 주재료를 볶는다

**1** 재료 일정하게 썰기

**2** 프라이팬 달구기

**3** 향신료 먼저 볶기

**→ 볶음을 맛있게 하려면**

**1 재료 일정하게 썰기** 볶음 재료는 일정한 크기로 썬다. 재료의 크기가 같아야 익는 속도가 비슷해져서 단숨에 익힐 수 있다.

**2 프라이팬 달구기** 프라이팬은 뜨겁게 달군 다음 기름을 골고루 두르고 재료를 볶는다. 프라이팬이 뜨겁기 전에 재료를 넣고 볶으면 익히는 데 시간도 많이 걸리고 색깔과 맛도 볼품이 없어진다.

**3 향신료 먼저 볶기** 주재료를 볶기 전에 마늘이나 생강, 양파와 같은 향이 나는 것을 먼저 볶는다. 그래야 주재료에 양념의 향이 섞여 더욱 감칠맛이 난다.

### *야채볶음
뜨거운 팬에 재빨리 볶아내야 맛있는 볶음이 된다

**1** 단단한 재료부터 볶기

**2** 재빨리 볶기

**3** 거의 익었을 때 간하기

**→ 야채볶음을 하려면**

**1 단단한 재료부터 볶기** 뜨겁게 달군 팬에 당근이나 우엉, 죽순처럼 단단한 것부터 넣고 볶는다. 색깔을 살려야 하는 피망이나 파 등의 푸른 야채는 맨 마지막에 넣어 볶는다.

**2 재빨리 볶기** 볶음을 할 때는 팬을 뜨겁게 달구어 재빨리 볶아내야 한다. 그래야 영양의 손실도 줄어들고, 맛도 더 좋다.

**3 거의 익었을 때 간하기** 볶음 요리를 할 때 간은 재료가 70% 정도 익었을 때 맞추는 것이 좋다. 간장으로 간을 맞출 때 팬의 가장자리로 간장을 흘려 넣으면 독특한 풍미를 낸다.

# 구이요리의 기초

구이용 도구는 팬이나 석쇠, 그릴, 오븐 등으로 다양하다. 어떤 도구를 사용하여 요리를 하든 구이 요리를 할 때 가장 중요한 것은 타지 않도록 굽고, 맛깔스런 색을 내는 것이다. 물론 간도 골고루 잘 배도록 해야 한다.

## ✴ 생선소금구이   석쇠나 팬은 뜨겁게 달군 다음 생선을 구워야 잘 익는다

**1** 생선에 칼집넣기

**2** 생선에 소금뿌리기

**3** 석쇠에 기름이나 식초 바르기

**4** 생선 굽기

### → 생선소금구이 하는 법

**1 생선에 칼집넣기** 생선은 굽기 전에 칼집을 넣으면 껍질이 부풀어오르거나 벗겨지는 일이 없고, 간도 골고루 잘 밴다. **2 생선에 소금뿌리기** 생선은 소금을 뿌리고 오래 두면 고기에 물기가 생기므로 소금을 뿌린 즉시 굽는다. 소금은 굵은 소금이 좋다. **3 석쇠에 기름이나 식초 바르기** 석쇠는 기름이나 식초를 바른 다음에 뜨겁게 달구어 생선을 올려놓는다.
**4 생선 굽기** 고등어나 꽁치 같은 붉은 살 생선은 바싹 구워야 풍미가 있고, 흰살 생선은 살짝 구워야 부드러운 맛이 난다.

---

## ✴ 고기구이

칼집을 넣고, 양념에 재웠다가 굽는다

**1** 고기 두드리기

**2** 밑양념해서 재워두기

**3** 쇠고기 익히기

**4** 돼지고기 익히기

### → 고기구이 하는 법

**1 고기 두드리기** 고기살 사이에 잔칼집을 군데 군데 넣는다. 고기용 망치로 자근자근 두들겨서 살을 얇게 펴도 된다.
**2 밑양념해서 재워두기** 고기류는 양념에 충분히 재워 두었다가 굽는다.
**3 쇠고기 익히기** 쇠고기는 살짝 덜 익힌 것이 부드럽고 맛있다. 육즙이 빠지지 않도록 처음에는 센불에서 구워 표면을 익히고, 불을 줄여 속까지 익힌다.
**4 돼지고기 익히기** 돼지고기는 완전히 익혀서 먹어야 한다. 기름이 밑으로 떨어지는 구이용 팬을 사용하여 굽는 것이 좋다.

## ✴ 서양식구이

여분의 밀가루는 털어내고 굽는다

**1** 밀가루 체에 밭여 뿌리기

**2** 센불에서 초벌굽고 속까지 익히기

### → 서양식구이 하는 법

**1 밀가루 체에 밭여 뿌리기** 밀가루를 체에 담아서 소금과 후춧가루로 밑간한 생선에 골고루 뿌린다.
**2 익히기** 한쪽 면이 갈색이 나도록 구워졌으면 뒤집어서 굽는다. 센 불에서 30초 정도 굽다가 불을 줄여 속까지 익힌다.

## ✴ 꼬치구이

센 불에서 구워 겉면을 익힌 다음 불을 줄여 서서히 속까지 익힌다

**1** 양념 바르기 전에 굽기

**2** 양념 발라 굽기

### → 꼬치구이 하는 법

**1 굽기** 양념을 바르기 전에 꼬치에 꿴 재료들을 먼저 굽는다.
**2 양념 바르기** 재료가 거의 익을 무렵에 양념장을 발라 굽는다. 굽는 도중에 계속 양념장을 끼얹어야 윤기나게 구워진다.

# 양배추베이컨볶음

1인분
126kcal

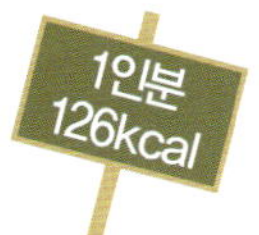

바삭한 베이컨과 양배추의 아삭함이 어우러진 양배추베이컨볶음은 남편 술안주로도 그만

**Q** 볶다 보니까 간이
너무 짜게 되었어요

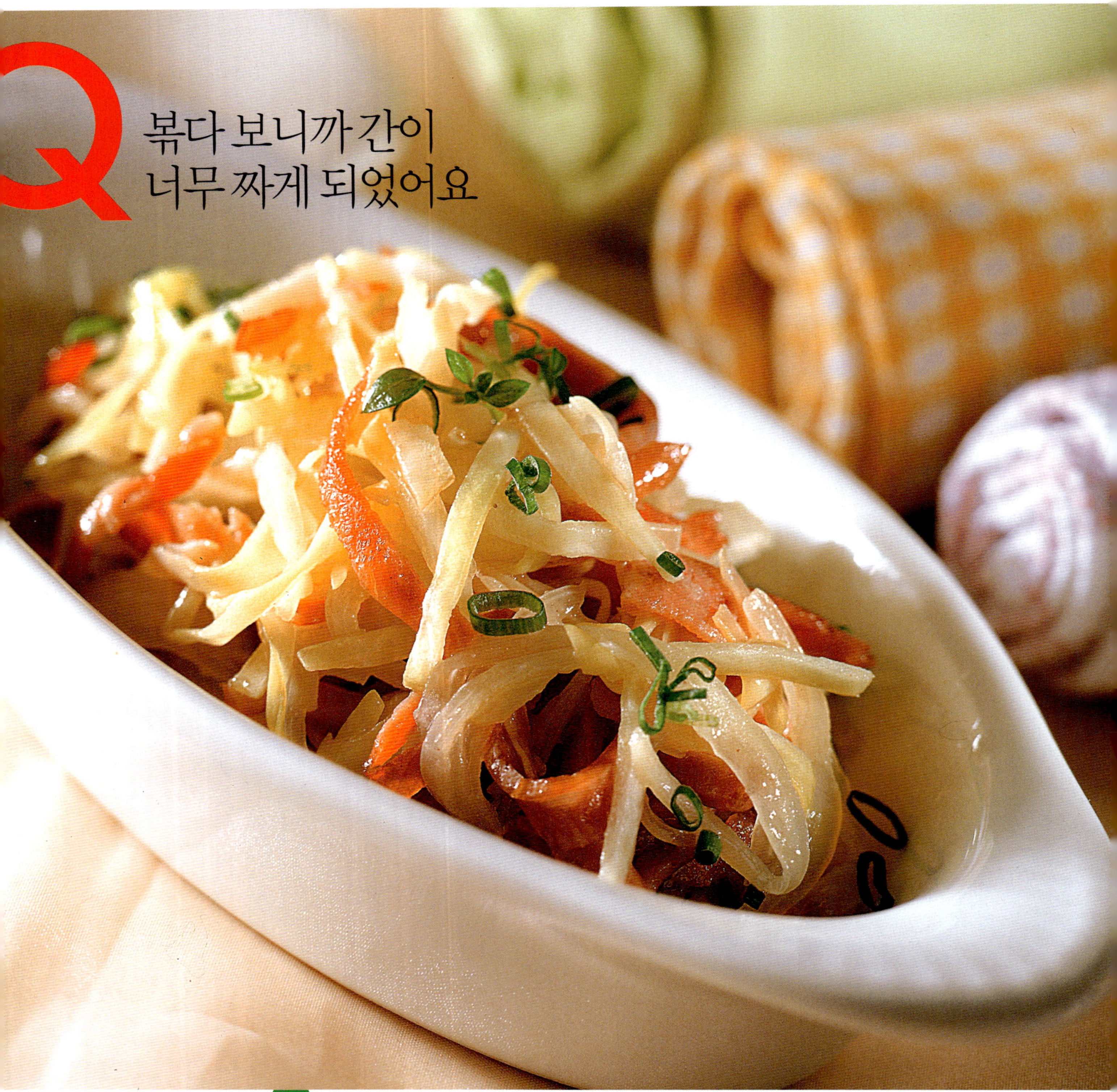

**A** 베이컨은 훈제 소금절임이에요.
그러므로 간을 약하게 하세요

## 양배추는 가장 마지막에 넣어야 맛있어요

양배추는 흔히 샐러드로 많이 만들어 먹는데, 이처럼 볶음으로 요리를 할 때는
익히는 순서에 신경써야 해요. 양배추는 생으로 먹을 수도 있고, 사각 사각 씹히는
맛이 좋기 때문에 재료 중에서 가장 마지막에 넣으세요. 미리부터 넣으면 양배추가
뭉그러지게 되어 별 맛이 없거든요.

## P O I N T

새내기 주부들이 요리를 처음 할 때 이런
실수를 많이 한다. 재료 자체에 소금간
이 되어 있는 줄을 모르고 소금을 덜컥
넣는 경우다. 베이컨이나 오이지 등 소
금간이 되어 있는 것으로 반찬을 만들
때는 꼭 중간 중간에 간을 봐가면서 소
금을 넣도록.

특히 베이컨은 짭짤한 소금간이 돼 있
을 뿐 아니라 요리할 때 자체 내에서 기
름도 많이 나오므로, 야채와 볶을 때 기
름을 너무 많이 넣지 말고 간도 거의 안
하는 수준으로 생각한다.

### ★ 재료

| | |
|---|---|
| 양배추 | 200g |
| 베이컨 | 1쪽 |
| 소시지 | 80g |
| 양파 | 30g |
| 송송 썬 실파 | 조금 |
| 저며 썬 마늘 | 2쪽 분량 |
| 식용유 · 청주 | 1/2큰술씩 |
| 소금 · 후춧가루 · 참기름 | 조금씩 |

1 양배추는 씻어서 물기를 닦은 다음 굵은 줄기 부분
을 얇게 저며낸다.

2 한 장씩 떼어 낸 양배추를 5~6cm 길이, 0.5cm의
폭으로 채 썰어 놓는다.

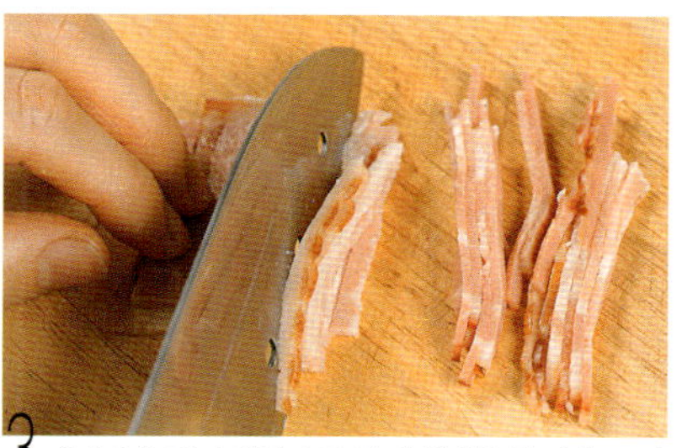

3 베이컨은 길이 방향으로 하여 양배추와 같은 크기
로 썬다.

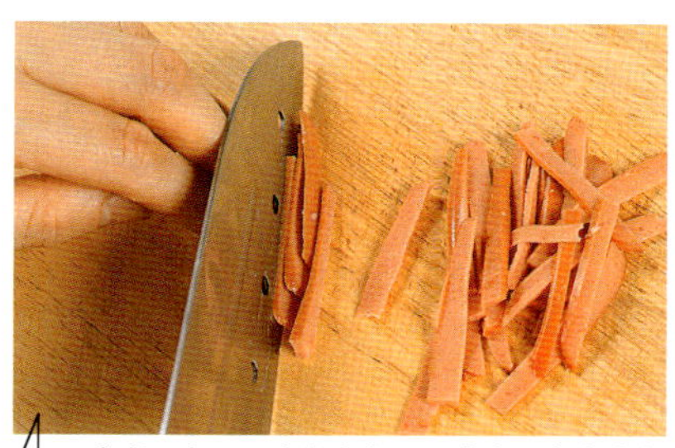

4 소시지는 반으로 길게 갈라 5cm 길이로 얇게 썬다.

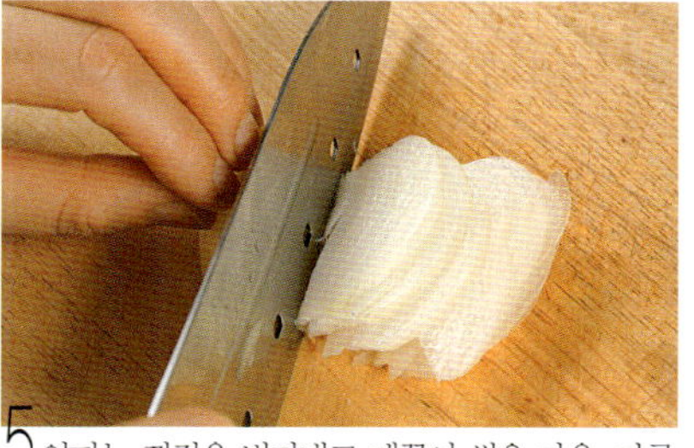

5 양파는 껍질을 벗겨내고 깨끗이 씻은 다음, 다른
재료와 비슷한 굵기로 채썬다.

6 프라이팬에 식용유를 두르고 저며 썬 마늘과 베이
컨을 넣고 먼저 볶는다.

7 베이컨을 볶다가 양파채, 소시지를 넣고 살살 저
으면서 볶는다.

8 베이컨과 소시지 특유의 냄새를 없애기 위해 볶음
에 청주를 뿌려 준다.

point 9 마지막으로 채썰어 놓은 양배추를 넣
고 조금 더 볶는다.

point 10 볶다가 어느 정도 익혀졌으면 소금과
후춧가루로 간을 맞춘다.

# 마른새우볶음

1인분
89kcal

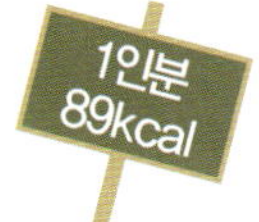

많이 만들어 두고 먹어도 상하지 않고, 바삭바삭 씹히는 맛이 재미있어 남녀노소 누구나 좋아하는 마른반찬

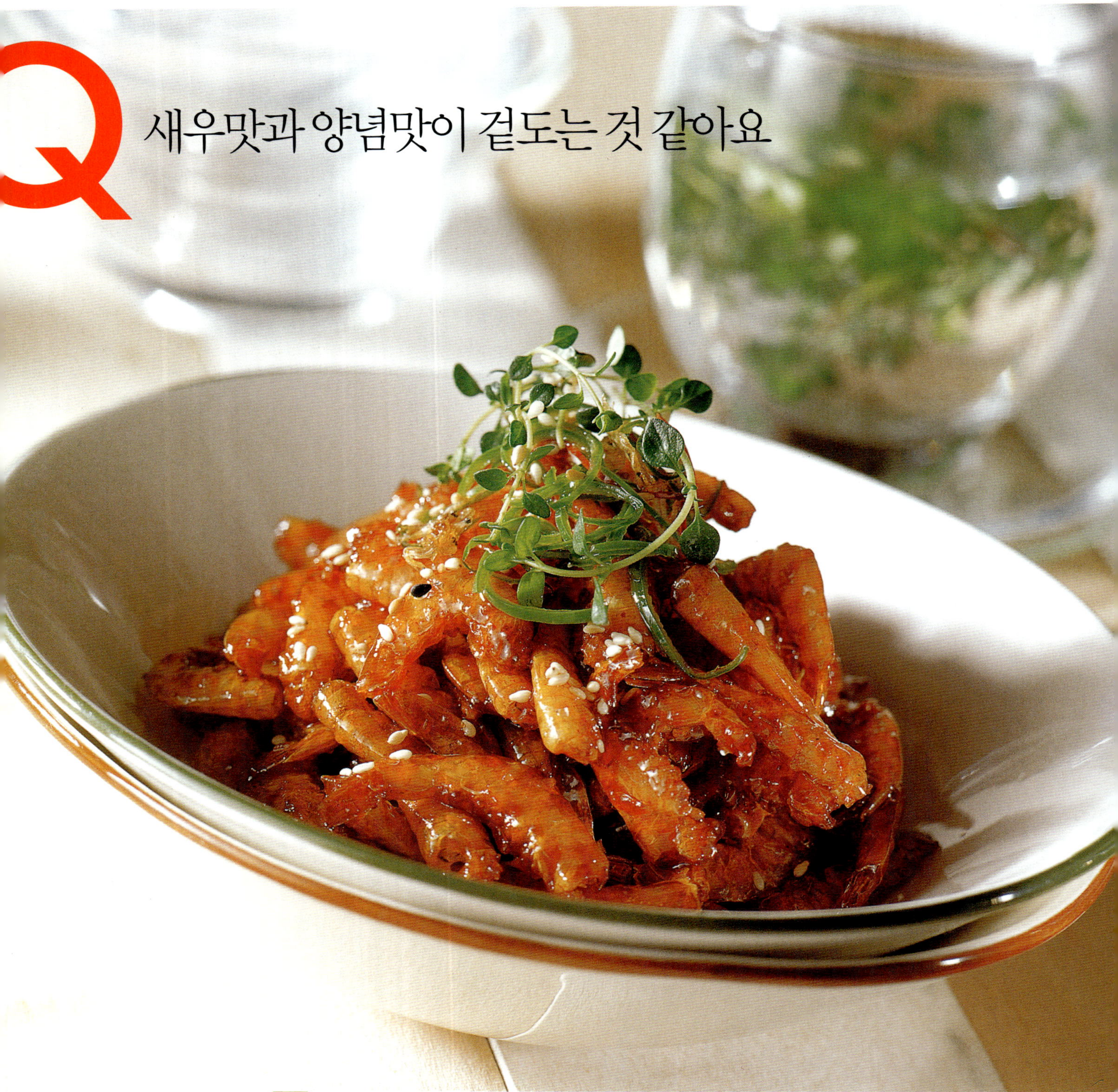

## Q 새우맛과 양념맛이 겉도는 것 같아요

## A 볶음양념을 먼저 만들어 끓이다가 새우를 넣고 볶아야 맛이 납니다

## POINT

새우 **볶음을** 할 때는 볶음양념을 따로 만들어 보글보글 끓이다가 마른 새우를 넣고 볶아야 맛있다. 마른 새우는 타기 쉬우므로 조리할 때는 타지 않게 불 조절에 신경을 쓰도록.

또 마른 새우는 볶기 전에 간단하게 손질을 하는 것이 좋다. 기름을 두르지 않은 프라이팬에 살짝 볶거나 혹은 체에 담아 흔들면 부스러기들을 쉽게 제거할 수 있다. 그래야 까실까실하지 않다.

### ★ 재료

| | |
|---|---|
| 마른 새우 | 1컵 |
| 통깨 | 1/2큰술 |
| 홍고추 | 1개 |
| 물엿 | 1/2큰술 |

### 볶음양념

| | |
|---|---|
| 토마토케첩 | 1큰술 |
| 고추장 | 1큰술 |
| 간장 | 1/2큰술 |
| 설탕 | 1큰술 |
| 다진마늘 | 1큰술 |
| 생강즙 | 1작은술 |
| 청주 | 1/2큰술 |
| 다시마물 | 3큰술 |
| 참기름 | 조금 |



## 다시마물을 넣으면 새우가 부석해지지 않아요

볶음용으로 좋은 마른 새우는 너무 자잘하지 않고 새우의 향기가 신선하게 나는 햇것이 좋아요. 새우를 볶을 때 다시마물을 조금 넣어 보세요. 새우가 수분을 흡수해서 부석거리는 것을 막아주고 맛도 좋아져요. 물엿은 볶음에 윤기를 주지만 새우끼리 들러붙으므로 너무 많이 넣지 마세요

1 마른 새우는 머리와 다리를 잘라내고 티없이 깔끔하게 다듬는다.

2 point 프라이팬에 다듬은 새우를 넣고 살짝 볶은 후 체에 밭여 부스러기를 턴다.

3 point 볶음양념장 재료를 분량대로 넣고 골고루 저어 양념장을 만든다.

4 홍고추는 송송 썰어 속씨를 털어 낸다.

5 프라이팬에 볶음양념을 넣고 잘 저어가며 바글바글 끓인다.

6 point 볶음양념이 끓으면 마른 새우를 넣고 볶는다.

7 마른 새우를 볶다가 송송 썬 홍고추를 넣고 함께 볶는다.

8 다 익으면 마른 새우 볶음에 통깨를 뿌려 담는다.

| cooking plus |

## 골다공증 예방에는 마른 새우가 최고

칼슘이 많은 식품으로는 마른 새우가 최고, 멸치, 뱅어포 등에도 많으므로 꾸준히 섭취하는 것이 건강에 좋다.

마른 새우를 고를 때는 불그레하고 윤이 나며 통통하게 마른 것을 고르고, 국을 끓일 때는 보리새우를, 조림을 할 때는 크고 하얀 빛을 띠며 살이 많은 새우를 고르도록 한다.

낙지볶음
꼴뚜기건고추볶음
컬리플라워볶음

# 낙지볶음

국물을 자작하게 해서 양념에 밥을 비벼 먹으면 더욱 맛있는 요리

## ★ 재료

| | |
|---|---|
| 낙지 | 2마리 |
| 굵은소금 | 조금 |
| 당근 | 30g |
| 표고버섯 | 3개 |
| 양파 | 1/2개 |
| 청·홍고추 | 2개씩 |
| 쪽파 | 2뿌리 |
| 식용유 | 조금 |

**볶음양념**

| | |
|---|---|
| 고춧가루 | 2큰술 |
| 간장 | 1큰술 |
| 조미술 | 1/2큰술 |
| 다진파·마늘 | 1큰술씩 |
| 다진생강 | 1/2큰술 |
| 깨소금·참기름 | 1큰술씩 |
| 후춧가루 | 조금 |

## ☆ 만드는 법

1 낙지는 머리의 한쪽을 자른 다음 조심해서 내장을 떼어낸다.

2 머리와 다리 사이에 있는 까만 눈 같은 것도 제거한다.

3 다리 빨판 속에 뻘흙이 고여 있으므로 굵은 소금을 뿌려 거품이 나도록 바락바락 주물러 씻은 후, 깨끗이 헹군다.

4 팔팔 끓는 물에 소금을 조금 넣고 손질한 낙지를 살짝 데친 후, 바로 건진다.

5 다리는 6cm 길이로 썰고 머리 부분도 1cm 폭으로 길쭉하게 썬다.

6 당근은 1×5cm 크기로 얇게 썰고 표고버섯은 저며 썬다. 양파는 0.7cm 폭으로 썰고, 고추는 어슷 썬다.

7 분량의 볶음양념을 되직하게 만들어 골고루 젓는다.

8 팬에 기름을 두르고 볶음양념을 부어 약한 불에서 서서히 끓인다. 양념을 볶는 과정에서 깊은 맛이 생긴다.

9 양념에서 수분이 날아가고 조려진다 싶을 때까지 끓인 후에 양파, 홍고추, 당근, 표고버섯 순으로 넣고 볶는다.

10 야채가 볶아지면 낙지와 청고추, 쪽파를 넣고 살짝만 볶은 후, 간을 보아 싱거우면 소금으로 간을 맞추고 그릇에 담아낸다.

---

# 꼴뚜기건고추볶음

쫀득한 꼴뚜기와 향긋한 건고추가 어우러진 별미 반찬

## ★ 재료

| | |
|---|---|
| 꼴뚜기 | 6마리 |
| 건홍고추 | 2개 |
| 송송 썬 실파 | 조금 |
| 저며 썬 마늘 | 2쪽 |
| 식용유 | 적당량 |

**볶음양념**

| | |
|---|---|
| 간장 | 1큰술 |
| 생강즙 | 1작은술 |
| 청주 | 1/2큰술 |
| 후춧가루 | 조금 |
| 깨소금 | 조금 |
| 설탕 | 1/2작은술 |
| 참기름 | 조금 |

## ☆ 만드는 법

1 꼴뚜기는 내장을 잘라내고 씻어 건져 끓는 물에 소금을 넣고 데쳐 건진다. 건홍고추는 어슷 썰고 씨를 제거한다.

2 볶음양념 재료를 분량대로 섞어 볶음양념장을 만든다.

3 오목한 팬에 식용유를 두르고 저며 썬 마늘과 건홍고추를 넣어 타지 않게 볶아 향을 낸다.

4 향이 나면 꼴뚜기를 넣고 볶다가 분량의 볶음양념을 넣고 섞는다. 간이 맞으면 송송 썬 실파를 뿌린다.

3 오목한 팬에 기름을 두르고 얇게 저며 썬 마늘과 건홍고추를 넣고 볶아 향을 낸다.

4 마늘과 건홍고추를 볶다가 꼴뚜기와 볶음양념을 넣고 볶는다.

---

# 컬리플라워볶음

야채에 아몬드를 곁들여 고소하고 담백한 요리

## ★ 재료

| | |
|---|---|
| 컬리플라워 | 100g |
| 생표고버섯 | 4개 |
| 올리브유 | 조금 |
| 저며 썬 마늘 | 2쪽 |
| 슬라이스 아몬드 | 1큰술 |
| 청주 | 1/2큰술 |
| 청·홍고추 | 1/2개씩 |
| 소금·후춧가루 | 적당량씩 |
| 송송 썬 실파 | 조금 |

## ☆ 만드는 법

1 컬리플라워는 끓는 물에 소금을 넣고 잠깐 삶은 다음 찬물에 식혀 건진다.

2 데친 컬러플라워는 얇게 저며 썰고, 생표고버섯은 기둥을 자르고 0.2cm로 저며 썰어 연한 소금물에 헹군다.

3 프라이팬에 올리브유를 두르고 저며 썬 마늘과 슬라이스 아몬드를 볶다가 컬리플라워와 생표고버섯을 넣고 청주를 뿌려 볶는다.

4 재료가 거의 익으면 청·홍고추를 송송 썰어 넣고 소금, 후춧가루로 간을 맞춘 후 송송 썬 실파를 뿌린다.

| cooking plus |

### 컬리플라워 손질하기

컬리플라워는 흰색의 꽃송이가 녹색 잎에 싸여 있으므로 잎이 달린 부분에 칼을 넣어서 녹색 잎을 떼내고 칼끝으로 심을 도려낸다. 그런 다음 반으로 잘라 밑동에 칼집을 넣어 원하는 크기로 썬다. 데칠 때 식초와 밀가루를 조금 넣으면 색이 하얗게 예뻐진다.

1 컬리플라워는 소금을 넣고 물러지지 않게 끓는 물에서 잠깐 삶아 재빨리 찬물에 식힌다.

# 생선 소금 구이

1인분
99kcal

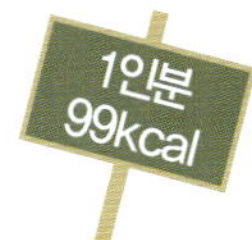

소금으로 간을 하여 꽁치의 담백한 맛을 즐길 수 있고 생선 자체의 맛있는 성분도 그대로 맛볼 수 있는 저칼로리구이

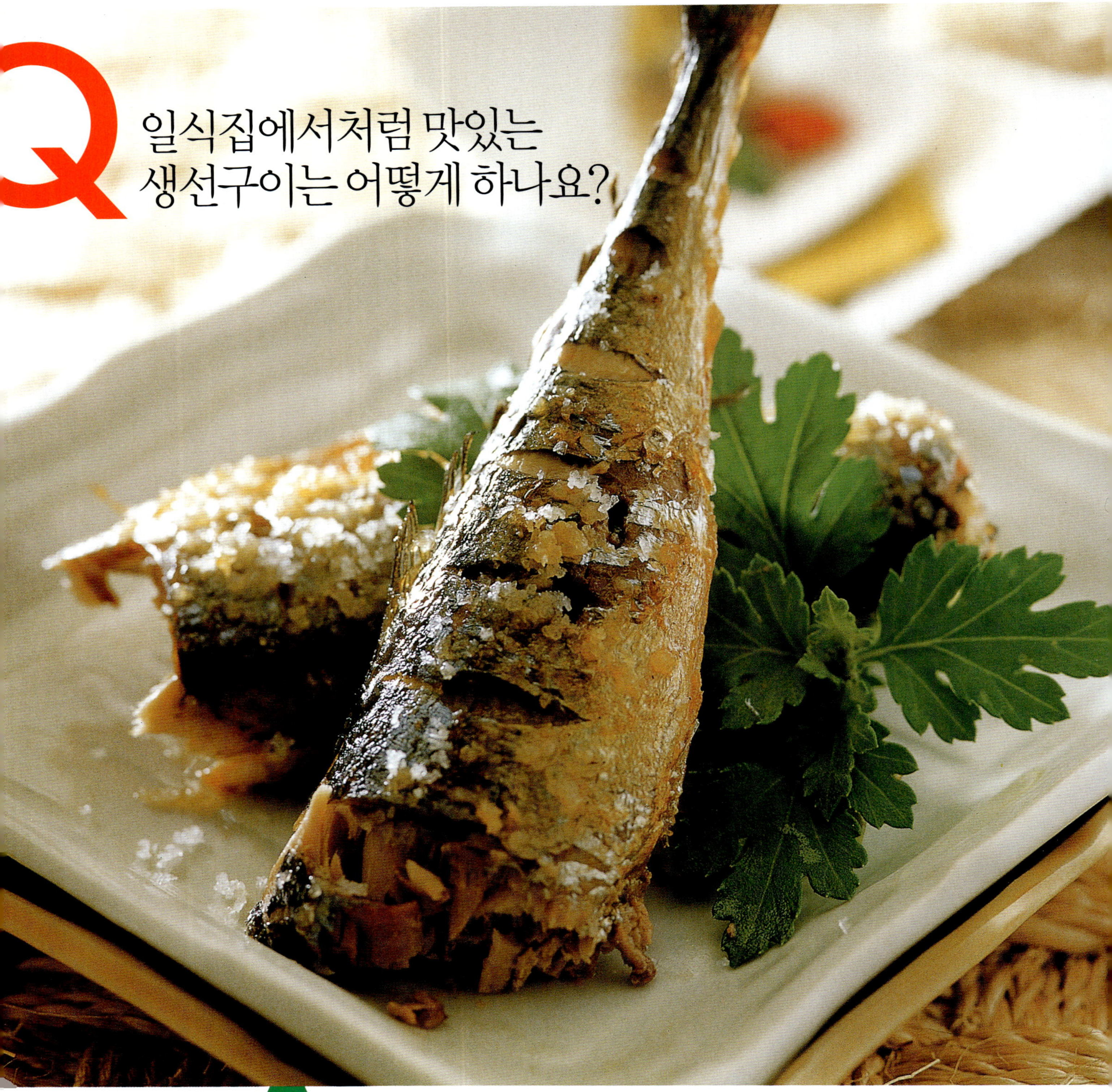

**Q** 일식집에서처럼 맛있는
생선구이는 어떻게 하나요?

**A** 신선한 생선에 꽃소금을 뿌려 석쇠에
놓고 구워보세요

## 프라이팬에 구울 때는 소금간하여 뚜껑을 덮고 구우세요

식용유를 두른 팬에서 구울 때는 소금간을 한 다음 생선의 물기를 닦아 내고
구우세요. 팬의 뚜껑이 있다면 덮어서 굽고, 없다면 호일로 뚜껑처럼 만들어서
덮으면 생선이 제대로 익고, 기름이 바깥으로 튀지도 않아요. 꽁치는 다 구운 다음
상에 낼 때는 레몬 한쪽을 곁들여 비린내를 없애주세요.

## P O I N T

생선을 맛있게 요리하려면 우선 신선한 재료를 고르는 것이 가장 중요하다. 생선의 눈이 맑고, 튀어나와 있으며 탄력이 좋은 것, 아가미를 들춰보아 깨끗한 선홍색을 띤 것, 생선의 표면에 광택이 있는 것들이 싱싱한 생선이다. 이런 생선을 골라 손질한 다음 굽기 직전에 꽃 소금을 뿌려 석쇠에 굽는다. 프라이팬에서 구운 것보다 훨씬 더 맛있는 구이를 할수 있다.

### ★ 재료

| | |
|---|---|
| 꽁치(혹은 조기, 청어) | 2마리 |
| 생강즙 | 1/2큰술 |
| 후춧가루 · 꽃소금 | 조금씩 |
| 레먼쪽 | 조금 |

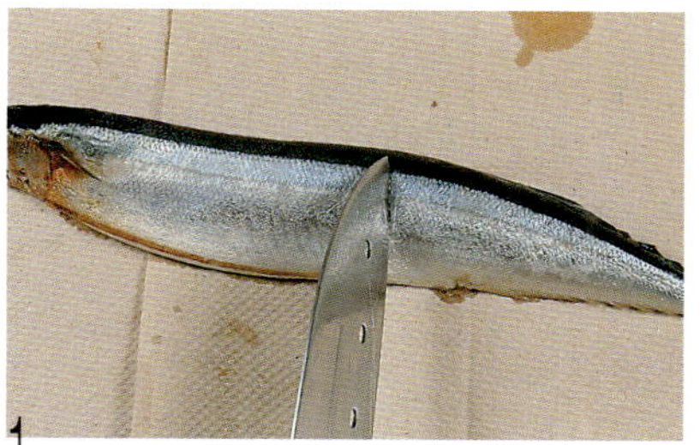

1 칼을 세워서 꽁치의 비늘을 긁어낸다.

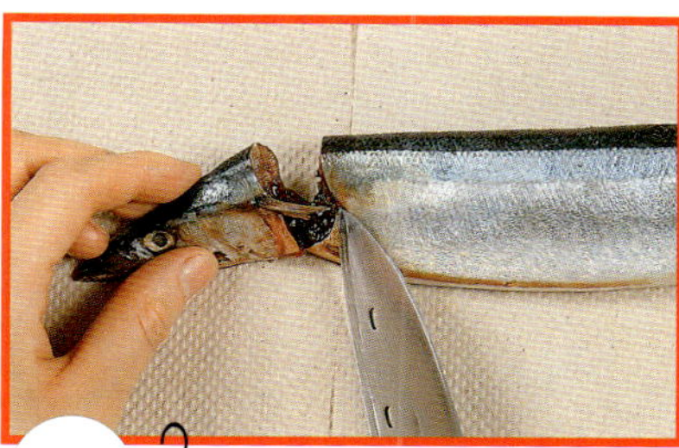

point 2 꽁치의 머리를 잘라 내면서 안에든 내장도 함께 제거한다

3 수용성 영양 성분이 덜 빠져 나오게 하기 위해 소금물에 꽁치를 씻는다.

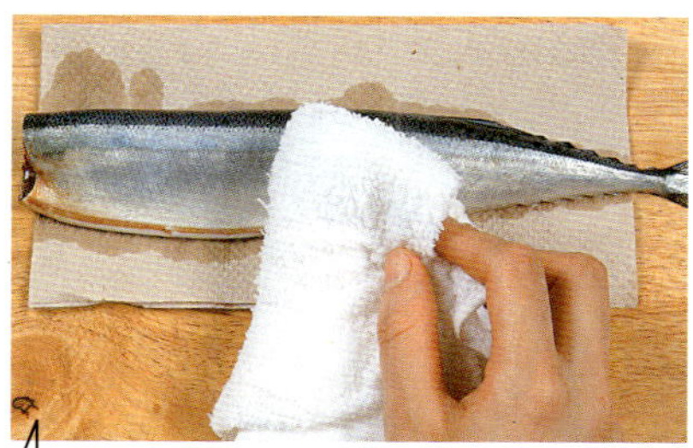

4 꽁치는 건져서 도마 위에 펼쳐놓고 마른 행주나 키친타월로 물기를 닦아낸다.

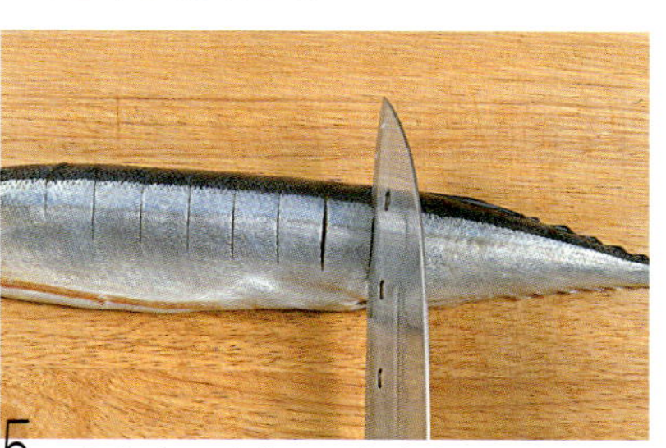

5 꽁치의 한쪽 면에 2cm의 간격으로 칼집을 넣는다.

6 칼집 넣은 꽁치에 생강즙과 후춧가루를 뿌려 밑간을 한다.

7 석쇠를 뜨겁게 달군 다음 키친타월에 식용유를 발라 석쇠를 문질러 길을 들인다.

point 8 석쇠 위에 밑간한 꽁치를 올려놓고 꽃소금을 양면에 뿌린다.

9 꽁치가 타지 않게 속까지 잘 익으면 접시에 담고 레먼쪽을 곁들여 낸다.



### 석쇠에 굽는 생선요리

기름기가 전부 밑으로 떨어지기 때문에 석쇠에 생선을 굽는 것은 이상적인 저칼로리 조리법이다. 오븐에 구울 때도 식물성 기름을 바른 오븐 석쇠에 얹어서 구우면 기름기가 녹아내려 지방 섭취를 줄일 수 있다.

# 삼치생강간장구이



레먼으로 생선의 비린내를 없애고 생강 간장으로 독특한 맛을 낸 맛깔스런 생선구이

## Q 생강간장의 간이 너무 약한 것 같아요

## A 삼치를 굽는 도중에 2~3번 정도 양념을 덧바르세요

## P O I N T

생강간장을 제대로 조리지 않으면 삼치구이가 싱거울 수도 있다. 때문에 생강간장을 조릴 때 양이 1/2로 줄어들 때까지 조려야 제 맛이 나고, 고기 표면에도 윤기가 흐른다. 조리는 도중에 생강간장을 여러 번 덧발라 주면 양념이 깊이 배어 더욱 맛있어진다. 이런 생강간장을 넉넉하게 만들어 두고 여러 가지 구이(고등어, 장어, 오징어, 돼지고기, 닭고기)에 이용해 요리하면 독특한 맛을 낼 수 있다.

### ★ 재료

| | |
|---|---|
| 삼치 | 1마리 |
| 생강초 · 레먼쪽 | 조금씩 |

### 생강간장

| | |
|---|---|
| 간장 | 3큰술 |
| 생강물 | 3큰술 |
| 청주 | 3큰술 |
| 다시마물 | 3큰술 |
| 설탕 | 3큰술 |
| 물엿 | 1큰술 |
| 통후춧가루 | 5개 |



## 접시를 따뜻하게 하여 담으세요

생강간장은 생강의 맛과 다양한 양념이 어우러져 맛이 독특하죠. 생선이나 닭고기의 비린내도 없애주고, 감칠맛을 더해줘요. 특히 생강간장을 발라 구운 삼치를 더욱 맛있게 하려면 접시를 따뜻한 물에 담갔다가 마른 행주로 닦아 따뜻하게 만든 다음 그 위에 삼치를 담고, 생강초와 레먼쪽을 곁들여 담아보세요.

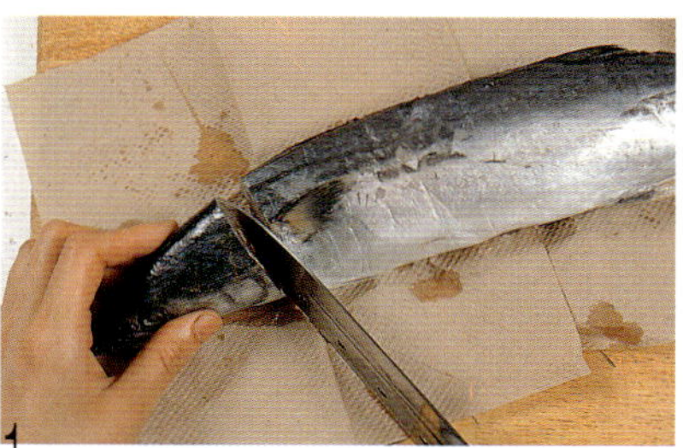

1 삼치는 머리를 잘라내고 내장을 제거한 다음 소금물에 씻어 건진다.

point 2 물기를 닦은 삼치는 양면의 살만 떠내어 3~4토막으로 자른다.

3 양쪽으로 갈라낸 삼치는 껍질 쪽에 1cm폭으로 칼집을 넣는다.

4 삼치 토막의 양쪽 면에 레먼즙을 살짝 뿌려 비린내를 없앤다.

5 생강 간장에 들어가는 재료를 분량대로 맞추어 섞어 놓는다.

point 6 생강 간장을 서서히 끓여 반분량이 되도록 조리면서 거품을 걷어 낸다.

7 석쇠에 쿠킹호일을 깔고 그 위에 삼치를 놓는다.

point 8 쿠킹호일에 얹은 삼치에 생강간장을 발라가면서 굽는다.

---

| cooking plus |

## 생선을 맛있게 구우려면

생선을 구울 때는 윗면부터 굽기 시작하고 윗면과 아랫면은 6:4 비율로 굽는다. 또 붉은 살 생선은 바싹 구워야 풍미가 있고, 흰 살 생선은 은근하게 구워야 부드럽다. 흰 살 생선은 살부터 굽는 것이 순서다.

남은 생선을 저장할 때는 머리를 자르고 내장을 꺼낸 뒤 통째로 씻어 물기 없앤 후 알맞은 길이로 토막을 내 소금을 뿌려둔다. 그리고 손질한 생선에 간장, 정종으로 밑간하여 플라스틱 밀폐 용기에 넣어서 냉동시켜 보관하면 된다. 저장된 생선은 조리하기 직전에 해동해서 굽기만 하면 OK.

# 오징어버섯불고기

1인분 235kcal

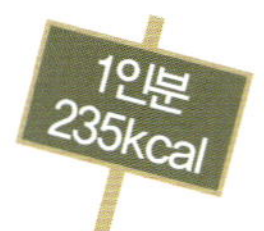

고기나 비린 생선을 싫어하는 사람에게 권해 봄직한 요리이자 손님상에 볼품있게 올릴 수 있는 메뉴

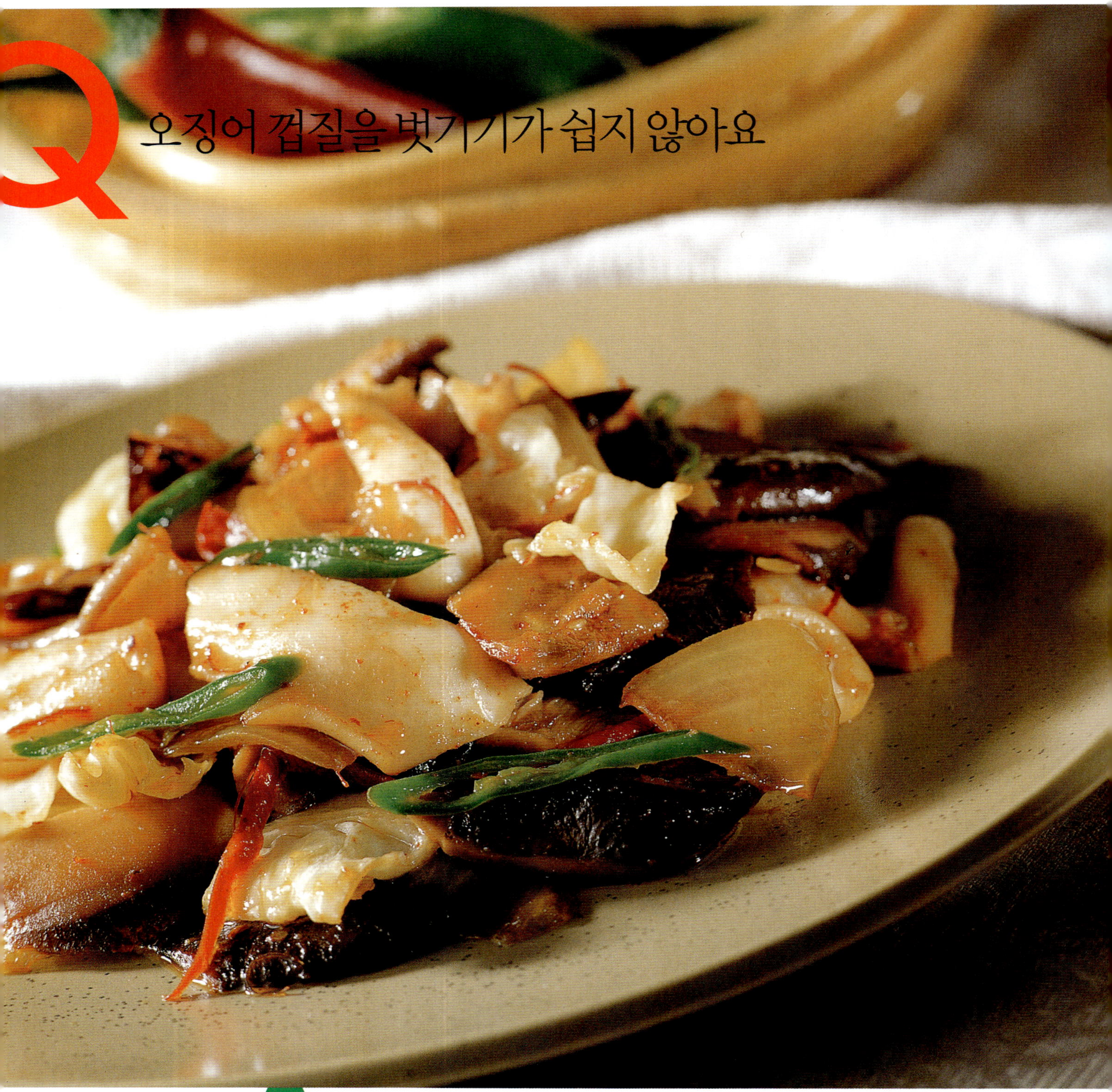

Q 오징어 껍질을 벗기기가 쉽지 않아요

A 껍질에 굵은 소금을 묻혀 벗기거나 마른 천으로 감싸서 잡아당기세요

## 야채는 약간 사각거릴 정도로만 익히세요

양배추, 양파, 청·홍고추 등을 함께 사용하면 맛도 좋아지고, 영양 성분도 적당히 잘 맞아요. 그리고 오징어와 버섯을 뜯듯이 하여 만들면 직사각형으로 썰어서 하는 것보다 더 먹음직스러워요. 양배추나 양파는 완전히 익히는 것보다는 약간 사각거릴 정도로만 익히는 것이 씹는 맛이 더 좋다는 것 알고 계시죠?

## P O I N T

오징어는 굳이 껍질을 벗기지 않아도 된다. 다만 오징어 껍질에서 색깔이 흘러나와 다른 양념과 야채에 뒤섞여 보기에 좋지 않을 수 있기 때문에 집에서 가족끼리 편하게 먹을 때는 껍질을 그대로 두고 요리해도 상관없지만 손님을 초대했을 때는 껍질을 벗기는 것이 보기에도 좋고, 맛도 깔끔하다.

껍질을 벗길 때는 마른 수건으로 껍질을 들어올리거나 소금을 손가락에 묻히고 잡아당겨서 벗긴다.

### ★ 재료

| | |
|---|---|
| 오징어 | 2마리 |
| 불린 표고버섯 | 4개 |
| 양파 | 1/2개 |
| 양배추 | 1잎 |
| 대파 | 1뿌리 |
| 청·홍고추 | 1개씩 |

### 불고기양념

| | |
|---|---|
| 간장 | 2큰술 |
| 고운 고춧가루 | 1작은술 |
| 청주 | 1큰술 |
| 설탕 | 2큰술 |
| 실고추 | 조금 |
| 다진마늘 | 2큰술 |
| 생강즙 | 1큰술 |
| 소금·후춧가루 | 조금씩 |
| 깨소금·참기름 | 조금씩 |

**point** 1 오징어의 다리는 칼날로 긁어내듯이 하여 대강 껍질을 벗겨낸다.

2 다리는 각각을 분리해서 먹기 좋은 크기로 썰어두고, 몸통은 물기를 닦은 다음 넓고 얇게 저며 썬다.

3 불린 표고버섯은 버섯기둥을 잘라내고 얇게 포로 뜨듯이 하여 저며 썬다.

4 양배추는 3cm 크기 사각으로 썰고, 양파는 양배추와 비슷한 크기로 하여 얇게 저며 썬다.

5 청·홍고추는 어슷 썰어 속씨를 털어내고 대파도 어슷 썬다.

6 분량대로 오징어 불고기양념을 만들어 골고루 젓는다.

7 오징어와 양파 썬 것에 불고기 양념을 넣고 버무린다.

8 불고기 양념장에 표고버섯, 청·홍고추, 대파, 양배추를 넣고 버무린다.

9 프라이팬에 양념에 버무린 무침을 판판하게 펴서 구워낸다.

### | cooking plus |

## 물 좋은 오징어 고르기

원래 오징어는 투명한 젖빛이지만 공기 중에 노출되면 색이 적갈색으로 변하고 시간이 지나면 붉은 보라색을 띠게 된다. 때문에 오징어를 고를 때는 적갈색이나 유백색으로 몸통에 탄력이 있고 광택이 도는 것을 선택하도록 한다.

# 불고기 1인분 309kcal

쇠고기를 얇게 저며 양념을 했다가 불에 굽는 불고기는 손님접대나 명절 상차림에 빠지지 않는 한국의 대표적인 고기요리

## Q 불고기 맛이 텁텁하고 깊은 맛이 없어요

## A 고기의 핏물은 물을 뿌려 씻어내듯이 빼내야 맛있어요

## 불고기에 양파채와 대파는 꼭 넣으세요

쇠고기 중에서 불고기감으로 가장 좋은 부위는 지방의 가는 줄이 골고루
퍼져 있는 등심 부위. 얇은 불고기감에 양파채와 대파를 섞어서 양념하면
구울 때 고기가 서로 엉키지도 않고 맛도 좋아져요. 불고기에 버섯 등의
부재료를 더 넣을 때는 간장을 조금 더 넣도록 하세요.

### P O I N T

**불고기 감으로** 준비한 쇠고기는 알맞은
크기로 자르고 1/2컵 정도의 찬물을 뿌
려 소쿠리에 담아 핏물을 빼는 것이 포
인트. 고기의 덩어리가 클 때는 덩어리
째 물에 담가 두지만 불고기처럼 얇을
때는 이처럼 씻어 내듯이 하는 것이 육
즙이 빠지지 않아 더 맛있다. 또 이렇게
고기의 핏물을 빼면 고기 맛이 텁텁하
지 않고 산뜻하다.

### ★ 재료

| | |
|---|---|
| 쇠불고기감 | 600g |
| 대파 | 1/2뿌리 |
| 양파 | 1/2개 |
| 물 | 1컵 |

**불고기양념**

| | |
|---|---|
| 간장 | 4큰술 |
| 설탕 | 2큰술 |
| 청주 | 2큰술 |
| 다진마늘 | 3큰술 |
| 배즙 | 1/4컵 |
| 깨소금 | 1큰술 |
| 후춧가루 | 1작은술 |
| 참기름 | 1/2큰술 |

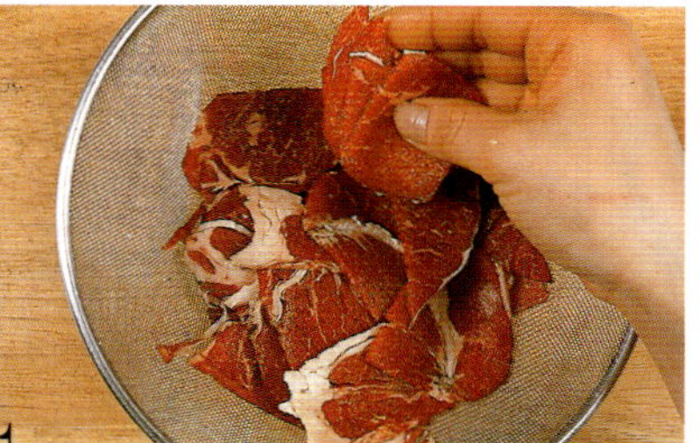

1 쇠불고기감은 알맞은 크기로 썰어 체에 펼치듯이
담는다.

point 2 고기 위에 1/2컵 정도의 찬물을 부어
핏물이 아래쪽으로 빠지게 한다.

3 배는 껍질을 벗긴 다음 강판에 갈아 배즙으로 준비
한다.

4 불고기양념을 분량대로 준비하여 볼에 넣고 골고
루 저어 준비해 둔다.

5 대파는 길게 어슷썰어 놓는다.

6 양파는 얇게 채 썬다. 불고기 사이에 양파와 파가
들어가면 고기가 서로 엉키지 않고, 맛도 좋다.

7 핏물을 뺀 고기에 어슷 썰어놓은 대파와 얇게 썰어
놓은 양파채를 넣고 섞는다.

8 양파와 대파채 넣은 고기에 불고기 양념을 넣고 골
고루 버무려 30분 이상 재운다.

9 불고기 판을 달군 후 양념한 고기를 펴서 놓고 즉
석에서 구워 먹는다.



### 쇠고기 부위별 조리법

부위에 따른 알맞은 조리법은 음식의 맛
을 살리는 비결. 질이 좋은 연한 살코기는
속에 있는 육즙이 흘러나오지 않도록 높은
온도에서 살짝 조리하여 풍미를 돋우고, 근
육 부분은 약한 불에서 천천히 삶아야 살코
기가 퍼석퍼석해지는 것을 막을 수 있다.

# 무나물



무나물은 뭉근한 불에서 푹 익어야 제 맛이 난다. 잘 익힌 무채에 갖은 양념으로 무쳐 놓으면 어린아이나 어른 모두 좋아한다.

**Q** 무가 알맞게 익혀지지 않아요

**A** 불조절이 중요해요. 중불, 약불,
뜸들이는 불의 순서로 조절하세요

## POINT

무나물은 소화가 잘 되고, 맛도 부드러워서 누구나 즐기는 반찬. 그런데 처음부터 생각처럼 쉽게 만들기는 힘들다. 자칫하면 너무 익고, 좀 일찍 들어내면 덜 익고…
바로 불조절을 하는 데 포인트가 있다. 중간 정도의 불에서 시작하여 점점 낮춰서 맨 마지막에는 가장 낮은 불로 뜸 들이듯이 하면 무나물의 맛이 제대로 난다.

### ★ 재료

무 ———————————— 200g

**무침양념**

| | |
|---|---|
| 실파채 | 조금 |
| 청·홍고추 실채 | 조금 |
| 다진 마늘 | 1큰술 |
| 생강즙 | 1작은술 |
| 잣가루·소금·참기름 | 조금씩 |
| 물 | 적당량 |



### 뚜껑을 덮고 끓이세요

냄비에 앉혀 놓은 무나물이 끓기 시작하면 뚜껑을 덮으세요. 그래야 무나물이 제대로 익고 부드러운 맛이 나요. 무가 반 정도 익었을 때 양념을 넣고 다시 뚜껑을 덮어서 뜸을 들이세요. 무나물은 국물이 자작자작 있는 반찬으로 뚜껑을 열고 끓이면 수분이 날아가 버려서 맛이 없어져요.

**1** 무를 보통채보다 조금 굵게 채 썰려면 6~7cm 길이로 토막 내어 껍질을 벗긴다.

**2** 껍질 벗긴 무는 섬유질 방향으로 0.2cm 두께로 저며 썬다.

**3** 저며 썬 무를 가지런히 놓은 다음 똑 같은 굵기의 채로 썬다.

point **4** 냄비에 무채를 담고 자작해질 정도로 물을 붓는다.

**5** 무와 생강은 서로 맛이 잘 어울리므로 생강즙을 넣고 소금으로 간을 맞춘다.

point **6** 간맞춘 무나물에 참기름 1~2방울을 떨어뜨린 다음 뚜껑을 덮고 뜸을 들인다.

### 응용 무전 만들기

**재료**

무 1개, 밀가루 1컵반, 물 1컵, 소금 1작은술, 통깨 2작은술, 다진 마늘 1큰술

**만드는 방법**

1 깨끗이 손질한 무를 3mm 두께로 납작하게 썰어 끓는 물에 데쳐 물기를 없앤 후 마른 밀가루를 살짝 묻힌다.
2 밀가루에 소금, 통깨, 다진 마늘을 넣고 물 1컵을 부어 되직하게 반죽한다.
3 마른 밀가루를 묻힌 무에 밀가루 반죽을 고루 씌워 기름 바른 프라이팬에 노릇노릇하게 지진다.

**7** 무나물에 뜸이 다 들었으면 실파채와 청·홍고추 실채를 섞어 담고 잣가루를 뿌린다.

# 콩나물·시금치 나물

1인분
42kcal

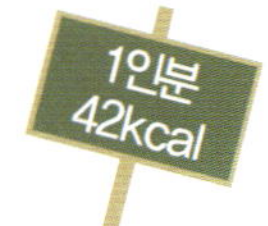

간단해 보이지만 그 맛도 모양도 제대로 나오지 않는 음식 중 하나가 바로 나물 무침. 제대로 맛을 살릴 수 있는 무침 방법에 대해 알아본다

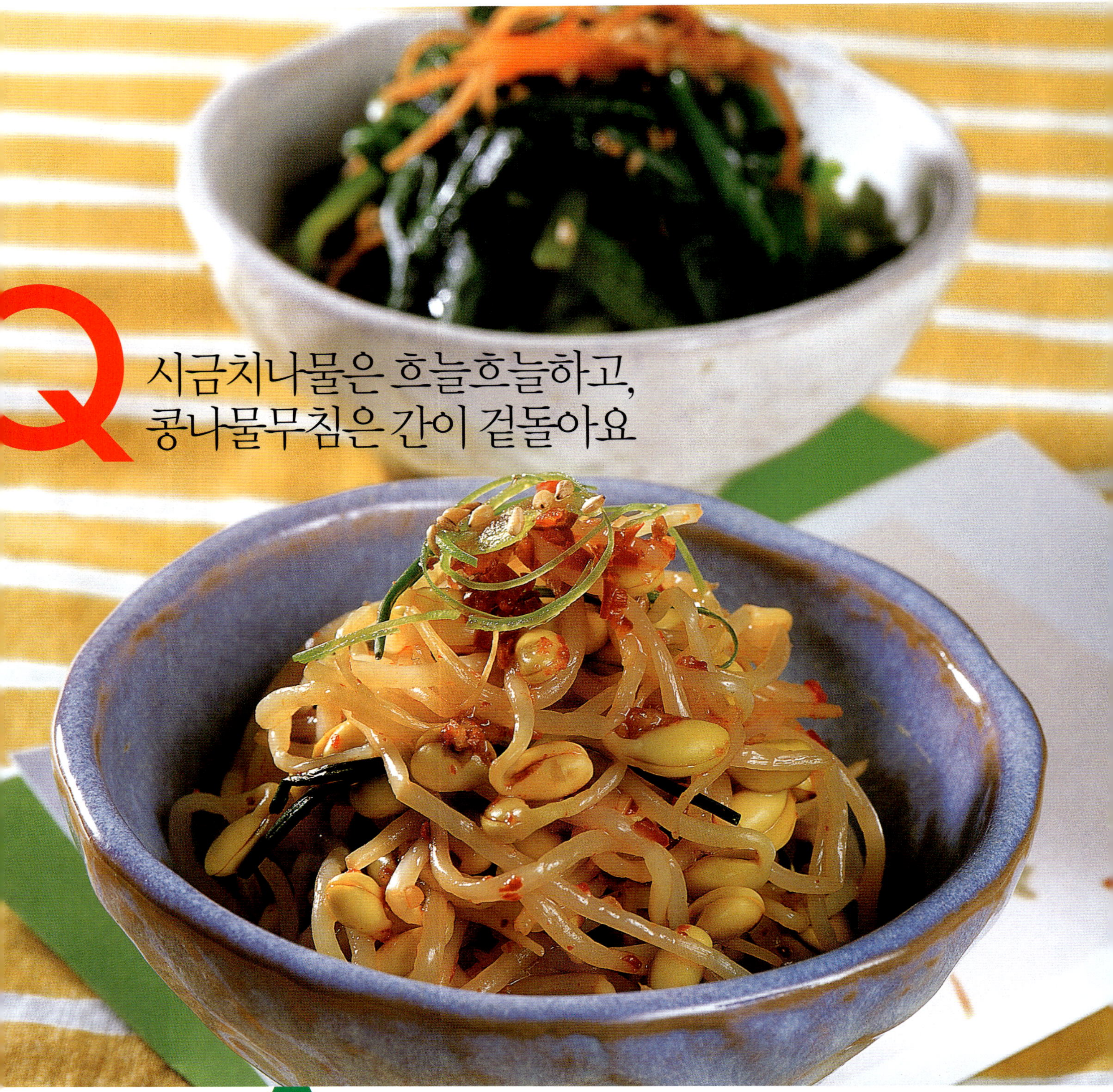

## Q 시금치나물은 흐늘흐늘하고, 콩나물무침은 간이 겉돌아요

## A 시금치는 줄기 부분부터 살짝 데쳐내고, 콩나물은 익혀서 뜨거울 때 간을 하세요

## 콩나물은 삶지 말고 찌면 더 부드러운 맛이 납니다

짧은 콩나물은 꼬리 부분을 잘라 주지 않아도 돼요. 콩나물무침을 할 때
콩나물을 물에 삶아서 양념하는 것 보다 찜통에서 쩌 낸 다음 무치면 영양 손실이
줄어드는 것은 물론이고, 콩나물의 맛이 더 부드럽게 됩니다.

## P O I N T

콩날물은 익혀서 뜨거울 때 여러 가지 양
념을 넣고 버무려야 간이 콩나물 속까
지 잘 스며들어 맛이 겉돌지 않는다. 손
으로 버무리기가 뜨겁다 싶으면 젓가
락으로 대강 버무려도 된다. 시금치는
데칠 때 줄기가 있는 부분부터 끓는 물
에 넣어 살짝 데친 다음 곧바로 차가운
물로 헹구는 것이 중요하다. 그래야 시
금치가 뭉그러지지 않는다.

또한 시금치의 줄기 밑부분은 철분이
나 비타민이 많이 함유되어 있다. 한창
자라는 아이나 빈혈이 있는 주부는 이
부분을 잘라내지 말고 조리하여 먹으
면 좋다.

### ★ 재료

**콩나물 무침**

| | |
|---|---|
| 콩나물 | 300g |
| 실파 | 1뿌리 |
| 다진 마늘 | 1큰술 |
| 고춧가루 | 1큰술 |
| 청 · 홍고추 | 1개씩 |
| 간장 | 1/2큰술 |
| 소금 · 깨소금 · 참기름 | 조금씩 |

**시금치 무침**

| | |
|---|---|
| 시금치 | 300g |
| 데친 당근 | 조금 |
| 실고추 | 조금 |
| 곱게 간 마늘 | 1큰술 |
| 실파 실채 | 조금 |
| 소금 · 참기름 · 잣가루 | 조금씩 |

### 시금치 무침

point 시금치는 소금을 약간 넣고 물에 줄기
부분부터 넣어 데쳐 냉수에 헹궈 낸다.

2 데친 시금치는 4cm 길이로 자른 뒤 배보자기에 싸
서 물기를 꼭 짠다.

3 당근은 데친 다음 4cm의 길이로 썰어 곱게 채썬다.

4 시금치와 당근채를 그릇에 담고 실고추, 간 마늘, 실
파채를 넣어 대강 버무린다.

5 버무린 시금치 나물에 소금, 참기름을 넣고 양념한
다음 잣가루를 뿌린다.

### 콩나물 무침

1 청 · 홍고추는 반으로 갈라 속씨를 털어 내고 잘게 다
진다. 실파는 5cm의 길이로 썬 다음 채썬다.

2 다듬어 씻은 콩나물을 김이 오른 찜통에 넣고 10분
이내로 뚜껑을 덮고 찐다.

point 3 찐 콩나물에 간장, 소금, 고춧가루, 마
늘을 분량대로 넣고 버무린다.

4 초벌 양념한 콩나물에 실파, 깨소금, 다진 청 · 홍
고추, 참기름순으로 넣어 버무려 담는다.

---

| cooking plus |

### 시금치 색깔 내서 삶는 법

시금치와 같은 푸른 잎 채소들을 잘 삶
으려면 우선 물을 넉넉하게 붓고 소금을 조
금 넣은 끓는 물에 재빨리 데쳐내야 야채의
색이 선명해 진다. 또한 뚜껑은 연 상태로
삶아야 시금치가 뭉그러지지 않는다.

# 감자수제비

1인분 435kcal

반죽을 하루 전에 미리 해 두었었다가 끓이면 더욱 맛있는 여름철 별미

**Q** 수제비 반죽이 쫄깃하지가 않아요

**A** 반죽을 할 때
식용유를 조금 넣어 보세요

## 수제비 반죽은 미리 해 두었다가 끓이면 더 쫄깃해요

수제비 반죽은 하루 전 날 미리 해 두었다가 끓여야 반죽이 숙성되어 쫄깃하면서
부드러운 맛이 납니다. 반죽을 할 때 식용유나 달걀을 넣는 것도 방법이고요.
좀 더 색다른 수제비를 먹고 싶다면 김치국에 넣어 '김치수제비'로
만들 수도 있고, 미역국에 넣어 '미역수제비'로 만들 수도 있어요.

### P O I N T

수제비 반죽을 떼어 끓는 국물에 넣을 때
손에 붙지 않게 하려고 대개 손가락에
물을 축이면서 떼어 넣는 경우가 많다.
하지만 그렇게 하면 반죽이 질어질 수
있으므로 반죽에 식용유를 넣도록. 식
용유를 넣은 반죽은 손에 붙지도 않고
쫄깃한 맛을 낸다.

### ★ 재료

**수제비반죽**

| | |
|---|---|
| 밀가루 | 3컵 |
| 식용유 | 1큰술 |
| 달걀 | 조금 |
| 소금 | 1작은술 |
| 물 | 2/3컵 |

**수제비 국물 재료**

| | |
|---|---|
| 멸치국물 | 5컵 |
| 다진 마늘 | 1큰술 |
| 간장 | 2큰술 |
| 감자 | 2개 |
| 애호박 | 1/3개 |
| 실파 | 4뿌리 |
| 송송 썬 청 · 홍고추 | 조금씩 |
| 송송 썬 대파 | 조금 |
| 소금 · 후춧가루 | 조금씩 |

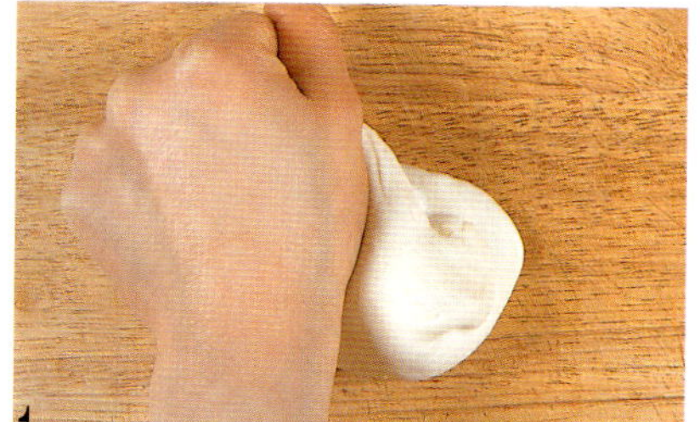

**1** 수제비 반죽 재료를 분량대로 넣고 충분히 치댄다.
많이 치댈수록 수제비가 쫄깃해진다.

point **2** 야채를 준비하는 동안 수제비 반죽은
젖은 베보자기로 덮어놓는다.

**3** 감자는 껍질을 벗겨 0.4cm 두께의 반달 모양으로
썰어 찬물에 담가 둔다.

**4** 애호박은 반으로 갈라 감자와 같은 모양과 두께로
썰어 놓는다.

**5** 실파는 4~5cm 길이로 썰고, 청 · 홍고추는 송송
썰어 속씨를 털고 대파는 송송 썬다.

**6** 멸치국물에 간장과 다진 마늘을 넣고 끓이다가 소
금으로 간을 하고, 간장은 색깔을 내는 정도만 쓴다.

**7** 끓는 멸치장국에 찬물에 담가 두었던 감자를 넣고
끓인다.

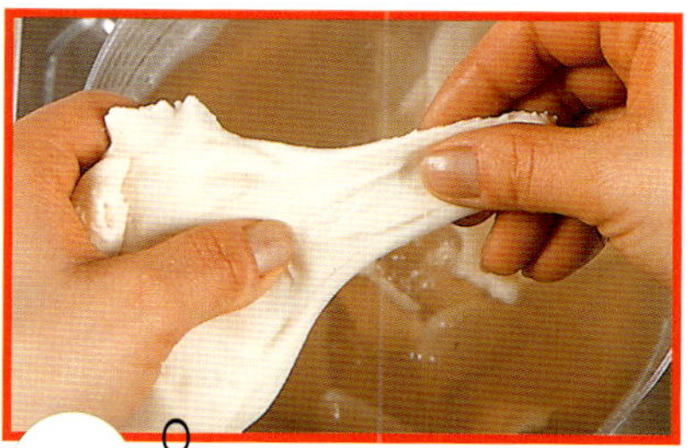

point **8** 감자국이 끓으면 수제비 반죽을 얇게
떼어 넣고, 애호박을 넣는다.

**9** 수제비가 떠오르면 실파를 넣고 소금, 후춧가루로
간을 한 후 송송 썬 청 · 홍고추와 대파를 넣는다.

| cooking plus |

### 감자의 제맛나는 시기는?

다른 야채에 비해 저장성이 좋아 1년내
내 시장에 나온다. 하지만 음력 절기인 하
지가 지난 후 7~8월쯤이 제철이다. 이때
나오는 햇감자를 하지감자라 하는데 껍질
이 얇고 포실포실해서 제일 맛이 좋다.

# 잔치국수

1인분 217kcal

입맛이 없을 때 가볍게 만들어 먹을 수 있는 간편 음식

**Q** 야채는 어떻게 볶아야 하나요

**A** 얇게 채썬 다음 소금, 후춧가루로
간을 하고 각각 볶아내세요

## POINT

국수 위에 얹는 고명을 맛있게 만들어야 국수 맛이 살아난다. 먼저 표고버섯은 기둥을 잘라내고 저며 썬 다음 채썰어 소금, 후춧가루, 참기름으로 무치고 다른 재료들도 양념에 무쳐 놓았다가 뜨겁게 달군 프라이팬에 가볍게 볶아낸다.

### ★ 재료

| | |
|---|---|
| 삶은 소면 | 400g |
| 쇠고기 육수 | 4인분 |
| 다진 쇠고기 | 80g |
| 애호박 | 1/3개 |
| 황 · 백지단채 | 조금씩 |
| 불린 표고버섯 | 2개 |
| 청 · 홍고추 실채 | 조금씩 |
| 간장 | 1/2큰술 |
| 불린 석이버섯 | 30g |
| 소금 · 후춧가루 | 조금씩 |

### 고기양념

| | |
|---|---|
| 간장 | 1/2큰술 |
| 다진 파 · 마늘 | 조금씩 |
| 설탕 | 1작은술 |
| 깨소금 · 후춧가루 · 참기름 | 조금씩 |



### 육수를 낼 때는 찬물에 고기를 넣고 끓이세요

쇠고기로 육수를 낼 때는 반드시 찬물에 고기를 넣어 끓이세요. 그래야 육수가 잘 우러나거든요. 편육을 만들 때는 그 반대예요. 처음부터 끓는 물에 넣고 삶아야 합니다. 만약 쇠고기가 한우가 아니라면 대파 뿌리, 양파, 통후추, 무 등을 넣고 끓여 육수를 만들면 누린내를 없앨 수 있어요.

1 다진 쇠고기는 분량의 고기양념으로 버무려 보슬보슬하게 볶아 낸다.

2 애호박은 0.3cm 두께로 어슷하게 저며 썬 다음 채썰어 약간의 소금을 뿌려 밑간을 한다.

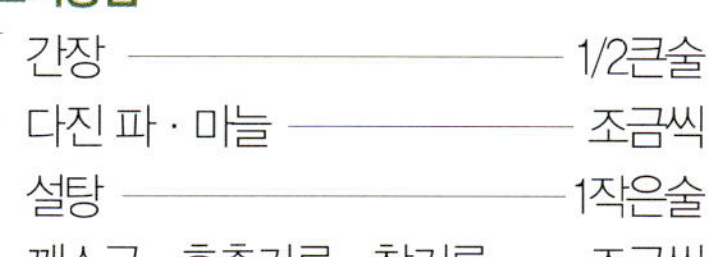

point 3 곱게 채썬 표고버섯을 소금, 후춧가루, 참기름으로 무친다.

4 청 · 홍고추 실채도 소금 조금 넣고, 참기름으로 무쳐둔다.

5 불린 석이버섯은 맑은 물이 나올 정도로 비벼 씻어 물기를 닦고 채썰어 소금, 참기름으로 버무린다.

6 팬에 기름을 두르고 준비해 놓은 애호박, 표고버섯, 청 · 홍고추 실채, 석이버섯을 가볍게 볶아 낸다.

7 분량의 육수에 간장으로 색을 내고, 소금으로 간을 하여 끓인다.

8 그릇에 삶은 소면을 사리지어 담고 볶아둔 애호박, 표고버섯, 쇠고기볶음을 보기 좋게 올린다.

9 그 다음 석이버섯, 황 · 백지단채, 청 · 홍고추 실채를 고명으로 올린 후 끓는 육수를 부어 낸다.



### 국수 삶는 법

물을 넉넉하게 끓여 국수를 부채 모양으로 퍼지도록 헤쳐 넣고 젓가락으로 저어 열이 고르게 가도록 한다. 하얀 거품이 위로 올라오면 찬물을 1컵 부어 열을 식히고, 다시 한 번 끓어오르면 체에 쏟아 붓고 재빨리 찬물에 담가 식히면서 손으로 비벼 씻는다.

해장라면
쫄면   비빔국수

# 해장라면

## 술독을 풀어주는 김치, 콩나물, 북어를 넣고 끓이는 특별 해장국

### ★ 재료

| | |
|---|---|
| 라면 | 3봉지 |
| 배추김치 | 150g |
| 찢은 북어포 | 50g |
| 콩나물 | 200g |
| 양파채 | 30g |
| 대파 | 1뿌리 |
| 송송 썬 청·홍고추 | 1개씩 |
| 멸치다시국물 | 6컵 |

**국물맛 양념**

| | |
|---|---|
| 라면 수프 | 2봉지 |
| 고춧가루 | 1/2큰술 |
| 다진 마늘 | 1큰술 |
| 간장 | 1큰술 |
| 소금·후춧가루 | 조금씩 |
| 깨소금·참기름 | 적당량씩 |

### ☆ 만드는 법

1 배추김치는 속을 털어 내고 0.5cm 폭으로 송송 썰어 깨소금, 참기름으로 무쳐 둔다.

2 콩나물은 다듬어 씻어 건지고, 양파는 얇게 채 썬다.

3 대파는 어슷 썰고, 청·홍고추는 1/2길이로 잘라 나무젓가락으로 속씨를 긁어내고 송송 썬다.

4 물 6컵에 멸치를 다듬어 넣고 끓여 체에 밭여 다시국물을 만든다

5 찢은 북어포는 참기름으로 볶다가 멸치다시물을 부어 끓인다.

6 북어 국물이 우러나면 양파채와 콩나물을 넣어 끓인다.

7 끓는 북어콩나물국에 라면 수프를 넣고 끓이다가 대파를 넣는다.

8 북어 콩나물 국에 고춧가루, 다진 마늘을 넣고 조금 더 끓여 간장, 소금, 후춧가루로 슴슴하게 간을 맞춘다.

9 재료의 맛이 우러난 북어콩나물국에 라면을 넣고 알맞게 끓여 담는다.

10 북어 콩나물국 라면 위에 김치 무침, 송송 썬 청·홍고추를 올린다.

4 물 6컵에 다시 멸치를 넣고 다시국물을 만든다

8 북어 콩나물국에 고춧가루, 다진 파·마늘, 소금·후춧가루를 넣어 국맛을 낸다

---

# 쫄면

## 얼큰하면서도 단맛이 돌게 비벼야 제맛

### ★ 재료

| | |
|---|---|
| 쫄면 | 400g |
| 콩나물 | 150g |
| 실파 | 3뿌리 |
| 오이 | 1/2개 |
| 당근 | 30g |
| 달걀 | 1개 |

**비빔양념**

| | |
|---|---|
| 고추장 | 3큰술 |
| 고춧가루 | 1큰술 |
| 설탕 | 2큰술 |
| 물엿 | 1큰술 |
| 간장 | 조금 |
| 식초 | 2큰술 |
| 다진 마늘 | 1큰술 |
| 통깨 | 1큰술 |
| 참기름 | 1큰술 |

### ☆ 만드는 법

1 쫄면은 비벼 가닥을 분리한 다음 넉넉한 끓는 물에 5분 정도 삶아 건져서 흐르는 물에 충분히 씻어 건져 놓는다.

2 콩나물은 다듬어 씻어 찜통에 넣고 약간의 소금을 뿌려서 찐다.

3 실파는 다듬어 씻어 5cm로 썬다.

4 오이는 어슷하고 얇게 저며 썬 다음 0.2cm 두께로 채 썬다.

5 당근은 껍질을 벗기고 어슷하게 썬 다음 0.2cm 두께로 채 썬다.

6 달걀은 소금을 넣은 끓는 물에 넣고 노른자가 가운데 오도록 삶는다.

7 삶은 달걀은 찬물에 식힌 다음 껍질을 벗겨 반으로 자른다.

8 비빔양념장 재료를 분량대로 넣고 골고루 젓는다.

9 물기를 뺀 쫄면에 실파채, 찐 콩나물, 비빔양념을 넣고 버무려 담고 그 위에 오이채, 당근채와 삶은 달걀을 1/2개 올린다.

---

# 비빔국수

## 칼로리 걱정 없는 다이어트 국수

### ★ 재료

| | |
|---|---|
| 삶은 소면(3인분) | 400g |
| 불린 표고버섯 | 3개 |
| 쇠살코기 | 100g |
| 오이 | 1개 |
| 황·백지단채 | 조금씩 |
| 청·홍고추 실채 | 조금씩 |
| 소금·후춧가루·참기름 | |
| | 조금씩 |

**버섯고기양념장**

| | |
|---|---|
| 간장 | 1큰술 |
| 설탕 | 1/2큰술 |
| 청주 | 1/2큰술 |
| 다진 파·후춧가루·참기름 | |
| | 조금씩 |

**비빔양념**

| | |
|---|---|
| 간장 | 2큰술 |
| 설탕 | 1/2큰술 |
| 깨소금 | 1큰술 |
| 참기름 | 1큰술 |

### ☆ 만드는 법

1 불린 표고버섯은 기둥을 잘라내고 곱게 채 썬다.

2 쇠살코기는 고깃결의 방향대로 5cm길이로 곱게 채 썬다.

3 버섯고기 양념장을 넣고 만들어 버섯과 고기채를 무친다.

4 오이는 0.3cm 두께로 돌려 깎아 채썰어 소금을 조금 뿌린다.

5 황·백 지단을 얇게 부쳐 한 김 식힌 다음 길게 채 썬다.

6 기름을 두른 팬에 오이채를 살짝 볶는다.

7 기름 두른 팬에 양념한 고기채와 표고버섯채를 볶아 낸다.

8 비빔양념장을 만들어 삶아서 씻어 건진 국수에 넣고 버무린다.

9 양념에 버무린 국수에 볶아 놓은 재료들을 얹고 청홍고추 실채를 올린다.

책 속 부록
요 리 하 다  막 혔 을  때  속  시 원 히  알 려 드 려 요

# **i**ndex 찾아보기

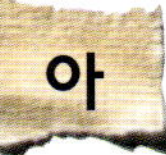
아

## 자

## 차



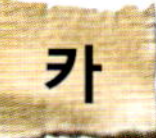

## 카

## 타

## 파





## 하

## 맛도 영양도 최고!
## 제철식품이 바로 보약이다!

328쪽 / 값 19,500원

1월부터 12월까지, 월별로 제철식품을 알려주고 각 제철식품이 어떠한 효능을 가지고 있으며, 어떤 것을 고르고, 어떤 식품과 함께 먹으면 좋은지도 소개한다. 그리고 그 식품으로 만드는 요리를 소개한다. 더불어 초보주부들을 위하여 1월에는 설, 2월에는 정월대보름, 7~8월엔 초복·중복·말복, 9월엔 추석 상차림을 소개하고, 제철야채와 제철생선의 기본 손질법과 손바닥으로 계량하는 100g 어림법, 계량컵과 계량스푼 적극 활용법, 냉동과 해동의 기초 테크닉 등도 함께 소개한다.

## contents